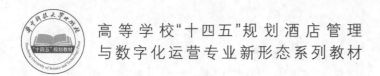

高等学校"十四五"规划酒店管理
与数字化运营专业新形态系列教材

中外饮食文化

ZHONGWAI YINSHI WENHUA

U0278903

主　编：储德发
副主编：韩　絮　徐茂一　赵小丽
参　编：贡湘磊　侯大鹏　曾兴林
　　　　冯　爽　姚　远

华中科技大学出版社
http://press.hust.edu.cn
中国·武汉

内 容 提 要

本教材依据职业教育最新理念和人才培养模式编写，精选教材内容与资源，并吸纳产业教授参与其中，目的是做好职业教育与行业的精准对接。本教材打破了传统的饮食文化教材编写体例，按照"三贴近"的原则重组目录，创新性地设置了饮食文化与生活、饮食文化与社交、饮食文化与文学艺术、饮食文化与地理、饮食文化与食艺等项目，既增加了可读性，也更符合职业学校学生的学习习惯。

本教材突出"职"教特点，配套教学课件、案例集、视频库等资源，将纸质教材与数字化资源有机结合，增加了可读性、趣味性。本教材强调思政融合，以党的二十大精神为指引，将思政元素有效融入教材，体现在教学内容中。

本教材内容在保证质量的同时，努力做到碎片化、趣味化，结合经典案例和热点事件，打破教材与社科类读物的壁垒。本教材除作为教材使用外，可供酒店、餐饮类从业人员以及饮食文化爱好者使用，还可用作"一带一路"酒店管理、餐饮服务类留学生的培训教材。

图书在版编目（CIP）数据

中外饮食文化 / 储德发主编 . — 武汉 : 华中科技大学出版社，2024.1（2024.7 重印）
ISBN 978-7-5772-0252-5

Ⅰ.①中… Ⅱ.①储… Ⅲ.①饮食 – 文化 – 世界 Ⅳ.①TS971

中国国家版本馆 CIP 数据核字（2023）第 243744 号

中外饮食文化
Zhongwai Yinshi Wenhua

储德发　　主编

策划编辑：李家乐

责任编辑：李家乐　　仇雨亭

封面设计：原色设计

责任校对：阮　敏

责任监印：周治超

出版发行：华中科技大学出版社（中国·武汉）　　　电话：（027）81321913
　　　　　武汉市东湖新技术开发区华工科技园　　　邮编：430223

录　　排：孙雅丽

印　　刷：武汉市籍缘印刷厂

开　　本：787mm×1092mm　1/16

印　　张：18.75

字　　数：422千字

版　　次：2024 年 7 月第 1 版第 2 次印刷

定　　价：59.90元

前言
QIANYAN

　　党的二十大报告指出,要发展民族的科学的大众的社会主义文化,增强中华文明传播力影响力,坚守中华文化立场,讲好中国故事、传播好中国声音,展现可信、可爱、可敬的中国形象,推动中华文化更好走向世界。

　　民以食为天,烹饪文化是中华优秀传统文化的重要组成部分,具有民族性、大众性的特征。中国饮食文化不仅仅来源于一日三餐。只要是解渴充饥,往往都蕴含着中国人认识事物、理解事物的哲理。中国饮食文化反映了饮食活动过程中饮食品质、审美体验、情感活动、社会功能等方面的独特文化意蕴,也反映了饮食与中华优秀传统文化的密切联系。它在与世界各国文化的碰撞中,博采众长,完善和发展,保持不衰的生命力,同时在传播饮食观念的同时,也传播了中华文化的意蕴和价值理念。

　　中华优秀传统文化是中华民族的根和魂。饮食文化是优秀传统文化的重要组成部分,职业院校有义务有责任传承和保护好。本教材是在长期教学实践的基础上,提炼升华校本教材的成果。本教材编写内容范围包括饮食文化的概念、内涵、外延、特征;中外饮食的主要原料、器具、制作工艺,及其文化意蕴、呈现方式、价值导向;中外饮食文化交流碰撞取得的成就,尤其是"一带一路"相关国家和地区饮食文化交流融合的成就,并嵌入了家国情怀和中华文明的认同感、自豪感等内容。中国传统文化强调"文以载道"。本教材意图通过"文"(饮食文化)的学习,体悟"道"(家国情怀)的升华。

　　本教材在继承前人的基础上,进行了一定程度的创新,主要体现在以下几个方面:

　　(1)理念先行,突出"职"教。

　　依据职业教育最新理念和人才培养模式,紧扣行业新变化,吸纳新的知识点,编选教材内容与资源。教材编写团队吸纳产业教授参与编写,做到了职教与行业精准对接。

（2）文以载道，思政融合。

将思政元素有效融入教材，体现在教学内容中。以党的二十大精神为指引，融入新思想，体现时代性；在中外饮食文化呈现方式、价值取向的比较学习中引导学生体会并认同"中国特色"；在中外饮食文化交流碰撞尤其是"一带一路"相关国家和地区饮食文化的交流融合中，嵌入家国情怀教育和中华文明认同感、自豪感教育。

（3）创新体例，贴近生活。

打破传统的饮食文化教材编写体例，按照"三贴近"的原则重组目录，创新性地设置了饮食文化与生活、饮食文化与社交、饮食文化与文学艺术、饮食文化与地理、饮食文化与食艺等项目，既增加了可读性，也更符合职业学校学生的学习习惯。

（4）全面配套资源，打造立体化互动教材。

依托出版社和教学编写单位的资源服务平台，将纸质教材与数字化资源有机结合，配套教学课件、案例集、视频库等资源。

本教材既可以作高职酒店类、餐饮类专业教材使用，也可作为自学考试、相关资格证考级、餐饮企业、文旅部门的培训教材使用。此外，本教材内容在保证质量的同时，努力做到碎片化、趣味化，结合经典案例和热点事件，配套微视频库，融知识性、趣味性、可操作性于一体，打破教材与社科类读物的壁垒，可供酒店、餐饮类从业人员以及饮食文化爱好者使用；还可用作"一带一路"酒店管理、餐饮服务类留学生的培训教材。

尽管我们力求创新，也努力对标"双高计划"和"金课"建设水平，希望编写出一部高质量的《中外饮食文化》教材，努力做到为酒店管理和餐饮类人才培养提供最契合的样本，但由于水平有限，疏漏在所难免，恳请各位方家批评指正。

储德发

2023 年 10 月

目录
MULU

项目一
饮食文化概述

 项目描述

 中国饮食文化有着悠久漫长的发展历程。在整个发展历程中,中国饮食文化以创造华夏文明史的中华民族及其祖先为主体,以祖国的物产为物质基础,以中华民族在历史演进的时序中所进行的饮食生产与消费的一切活动为基本内容,以不同时期烹饪活动中烹饪器械和烹饪技艺的不断出新为文化技术体系的发展主线,以中国人在饮食消费活动中的各种文化创造为文化价值体系的表现形态,由简而繁,与时俱进,潮起潮落,相激相荡,形成了宽广深厚的历史文化积淀。

 项目目标

知识目标

1. 掌握中国饮食风俗、中国饮食礼仪的基本情况。
2. 掌握中国饮食的交流历史和现状。

能力目标

1. 能从文化的视野里解读不同的烹饪现状。
2. 能把内在文化素养在创新菜肴中体现出来。

素养目标

传承中西方传统饮食文化的博大精深,提高学生的文化素养和综合素质。

知识导图

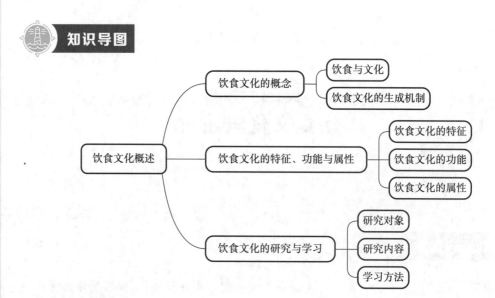

学习重点

中国饮食文化的概念及研究内容。

项目导入

　　商汤时期,成汤的辅佐大臣伊尹以前是厨子,后来作为有莘氏公主的陪嫁奴隶,来到了成汤的麾下。某次,他为成汤做了一顿天鹅肉(鹄羹),让成汤吃出了情怀,立马召见他。伊尹进一步讲出了"以鼎调羹""调和五味"等理论,很快成为成汤的座上宾,随后被任命为宰相,帮助成汤灭掉夏,建立商朝。伊尹的事迹,堪称先秦时期最为经典的逆袭案例。

任务一　饮食文化的概念

一、饮食与文化

　　中国烹饪文化有着悠久漫长的发展历程。在整个发展历程中,中国烹饪文化以创造华夏文明史的中华民族及其祖先为主体,以祖国的物产为物质基础,以中华民族在历史演进的时序中所进行的饮食生产与消费的一切活动为基本内容,以不同时期烹饪活动中烹饪器械和烹饪技艺的不断出新为文化技术体系的发展主线,以中国人在饮食消费活动中的各种文化创造为文化价值体系的表现形态,由简而繁,与时俱进。

多年来,专家学者们从不同的角度对饮食文化的发展历史阶段做了各种形式的划分,皆有见地。本教材根据中国烹饪文化在发展历程中自身表现出的时代特点,将中国烹饪文化的发展史分为萌芽阶段、形成阶段、发展阶段、成熟阶段和现当代阶段。以下是对中国饮食与文化的特点进行的概述。

（一）饮食

饮食是一种文化,它是物质文化和社会风俗中最能反映民族和地区特色的一个组成部分。中华美食誉满天下。几千年来,人们不断地总结,创造出了中华美食的八大菜系,即鲁菜、川菜、粤菜、苏菜、浙菜、闽菜、湘菜、徽菜。

"饮食"一词有如下两种解释。

1. 吃喝

《周书·酒诰》:"尔乃饮食醉饱。"宋张齐贤《洛阳缙绅旧闻记·焦生见亡妻》:"满身及手足多棘刺,血污狼藉,不饮食,不知亲疏。"《史记·孝武本纪》:"因巫为主人,关饮食。所欲者言行下。"清纪昀《阅微草堂笔记·滦阳消夏录五》:"(聂松岩)言其乡有与狐友者,每宾朋宴集,招之同坐。饮食笑语,无异于人,惟闻声而不睹其形耳。"

2. 饮品和食品

《诗经·小雅·楚茨》:"苾芬孝祀,神嗜饮食。"郑玄笺:"苾苾芬芬有馨香矣,女之以孝敬享祀也,神乃歆尝女之饮食。"宋苏轼《和王巩六首并次韵》之一:"况子三年囚,苦雾变饮食。"《二十年目睹之怪现状》:"他自从听了那朋友这句话之后,连人家送他的饮食也不敢入口,恐怕人家害他。"巴金《三一》:"他吞了这些话,好像吞下好的饮食。"

中国菜肴在烹饪中有许多流派。其中最有影响和代表性,也最为社会所公认的有鲁、川、粤、苏、浙、闽、湘、徽八大菜系,即常被人们提起的中国"八大菜系"。一个菜系的形成和它的悠久历史与独到的烹饪特色是分不开的,同时也受到这个地区的自然地理、气候条件、资源特产、饮食习惯等影响。中国"八大菜系"的烹调技艺各具风韵,其菜肴风味也各有千秋。

一谈到中国饮食文化,许多人会对中国食谱以及中国菜的色、香、味、形赞不绝口,但是如果要从比较的角度来探讨饮食文化,可操作的办法是把握住中国饮食文化的精髓。没有比较就没有鉴别。本教材认为,比较可行的办法是从饮食生活方式的角度讨论中国饮食文化。而实际上,中国饮食文化,实际上也是指中国人的饮食生活方式。而要谈中国饮食文化就必须涉及中国文化,两者的关联是极其紧密的。

中国文化的诸多特征,体现在饮食文化之上,直接影响着中国饮食文化的发展。

第一,因为人口压力大以及其他多种原因,中国人的饮食从先秦开始,就是以谷物为主,以菜蔬为辅,肉少粮多。这是一种典型的饭菜结构。其中,饭是主粮,而菜则是为了下饭,即助饭下咽。为什么要助饭下咽呢?因为主食并不可口,必须有一种物质来辅助人们咽下主食。这促使中国的烹饪的首要目的是装点饮食,使不可口的食物变得精妙绝伦。

第二,由于中国文化源远流长,手工业发达,所以烹饪中的饮食加工技术在世界上首屈一指。所有这些,使中国饮食文化有以下特征。

其一,中国烹饪技术发达,许多在西方人看来不可食的物品,经过中国厨师的烹饪,变得人一见就食欲顿开。其二,中国人的食谱广泛,凡能够食者皆食,毫无禁忌。其三,中国救荒的著述特别多,以备饥荒之年以野菜充饥之用。其四,中国人将食作为人生至乐来追求,吃饭成为第一要求。由于古人在吃的方面不能够随心所欲,有诗为证:"红日巡天过午迟,腹中虚实自家知。人生一饱非难事,仅在风调雨顺时。"很难做到吃穿不愁,所以吃在古人的生活中占有特殊的位置。

但是我们还要指出的是,中国饮食的另一些特征,在老百姓日常生活中是看不到的。宫廷饮食、市肆饮食才能够表现出这些特征。平民的节日饮食,如春节,也许能够部分地表现出这些特征来,但是春节对于一年来说毕竟是短暂的。

文化无优劣,饮食文化也无优劣。各种饮食文化之间有区别只不过是因为不同的环境和条件下的生活方式或者饮食方式不同罢了。如何理解和分析这些区别则是非常重要的。本教材正是基于这一点而做出的一点尝试,至于是否能够得到广大读者的认可,不得而知。在大多数情况下,本人属于"远庖厨"者,并不懂得烹饪,也不是美食家,但是本人深知"一饭一粥,当思来处不易"。为了践行这种信念,我把对于中国饮食文化的某些看法,行于笔端,希望得到方家的指教。

(二)文化

广义的文化,指人类在社会实践过程中所获得的物质,精神的生产能力和创造的物质、精神财富的总和。狭义的文化,指精神生产能力和精神产品,包括一切社会意识形式:自然科学、技术科学、社会意识形态,有时又专指教育、科学、艺术等方面的知识与设施。

"文化"乃是"人文化成"一语的缩写。此语出于《易经》:"刚柔交错,天文也;文明以止,人文也。观乎天文,以察时变,观乎人文,以化成天下。"

所谓文,就是指一切现象或形相。天文就是指自然现象,也就是由阴阳、刚柔、正负、雌雄等两端力量交互作用而形成的错综复杂、多姿多彩的自然世界。

所谓人文活动,就是指人认识、点化、改造、重组自然现象的活动。

人文活动可以分为两个层次,第一个是认识的层次,第二个是运用的层次。

对一切已存在的自然现象加以观察、认识、了解,使之凝定为确定的知识,便是初级的人文活动,也就是前引《易经》中的"文明以止"的意思(使天文被照明而且贞定为知识)。这一级的人文活动的目的与意义是为晋级的人文活动打基础、做准备。

晋级的人文活动便是运用由初级人文活动中所凝定的种种知识来为人生服务。这种服务也可以分为两层:

一层是单纯为增加生活的方便而做的,如先民耕田以食、织布以衣、架木以居、斲轮以行,以至当今所有工业产品的制作。它们都是人利用知识将自然物的存在结构加以改造、重组的过程。这可以说是一种以实用为重点的服务。

至于在实用之上的另一层服务,我们可以称为以彰显意义为重的服务。那就是以这些自然物或人为加工物为代表与象征,呈现出人所独具的生活方式。这些独特的生活方式就是所谓礼仪,包括各种法规制度、风俗习惯。

例如饮食,除了具有果腹的实用目的之外,还能表显精神上的意义。如与人共食时,借让食、劝食等联谊互敬;一人独食时,借洁其粢盛、谨其举措来对越在天;或者,借种种自定义的戒规以自律(如佛徒之茹素),借特殊食物以怀古(如端午节粽子);乃至单纯地借食物的精美、进食的优美仪态来表显人文的丰盛。凡此都足以显示,人的生活实能超越一己的封限而具有无限扩展延伸的意义。这种能指向无限的特质便是人文活动真正的价值所在。所以相关的活动被称为晋级的人文活动。因此有"观乎人文,以化成天下"的说法,可约称之为"人文化成",或更约称之为"文化"。

于此,我们乃可约述"文化"一词的主要含义,即它特指一种晋级的人文活动,其目的在于点化生活中所涉及的外物,以使之具有无限的意义。

以上是"文化"一词最核心的含义。若放宽一些,则一切人文活动,包括初级和晋级人文活动,都可称为文化。若再由此延伸,更可不特指这种人文活动本身,而指一切人文活动的结果,即种种自然现象经人认识、改造、重组后的状态。所谓人文者,称为文化。此时所谓文化,即不再具有活动的创造义,而只具有静态的客观存在义。

"文化"一词,近世以来亦用以翻译英文之culture,二者内涵亦略可相通。culture源于拉丁文colere,原义乃指对人的能力进行培养及训练,使之超乎单纯的自然状态。至十七、十八世纪,此概念的内涵已有相当的扩展,指一切人为力量加诸自然物之上的成果,即一切文化产品的总和。此相当于前文所述之最后一层引申义。总而言之,西方观念中之文化更侧重于指人文之静态的客观存在义,而较不重于指活动的创造义。

文化大致可以表述为:(1)广泛的知识并能将之活学活用;(2)内心的精神和修养。

传统的观念认为,文化是人类在社会历史发展过程中所创造的物质财富和精神财富的总和。它包括物质文化、制度文化和心理文化三个方面。物质文化是指人类创造的物质文明,包括交通工具、服饰、日常用品等,它是一种可见的显性文化;制度文化和心理文化分别指生活制度、家庭制度、社会制度,以及思维方式、宗教信仰、审美情趣,它们属于不可见的隐性文化,包括文学、哲学、政治等方面的内容。

人类所创造的精神财富,包括宗教、信仰、风俗习惯、道德情操、学术思想、文学艺术、科学技术、各种制度等。

广义的文化,是人类在社会历史实践过程中所创造的物质财富和精神财富的总和。"文化是一切生命文明行为的代称,大自然是人类文化的根本导师和启蒙者。我们几乎没有一样科学发明是凭空想来的,莫不受自然的启示。人类的文化是大自然的恩赐。"

狭义的文化指社会的意识形态以及与之相适应的制度和组织机构。狭义的文化就是在历史上一定的物质生产方式的基础上发生和发展的社会精神生活形式的总和。

1871年,英国文化学家泰勒在《原始文化》一书中提出了狭义文化的早期经典学说,即文化是包括知识、信仰、艺术、道德、法律、习俗和任何人作为一名社会成员而获得的能力和习惯在内的复杂整体。因此,我们也可以称文化为社会团体共同的思维特征。

不过,不管"文化"有多少定义,有一点是很明确的,即文化的核心问题是人。有人才能创造文化。文化是人类智慧和创造力的体现。不同种族、不同民族的人创造了不同的文化。人创造了文化,也享受文化,同时也受约束于文化,最终又要不断地改造文化。我们都是文化的创造者,又都是文化的享受者和改造者。人虽然要受文化的约束,但人在文化中永远是主动的。没有人的主动创造,文化便失去了光彩,失去了活力,甚至失去了生命。我们了解和研究文化,其实主要是观察和研究人的创造思想、创造行为、创造心理、创造手段及创造成果。

(三)饮食文化

"饮食文化"应当是一个涉及自然科学和社会科学的普泛的概念,是介于"文化"的狭义和广义二者之间而又融通二者的一个边缘不十分清晰的文化范畴。可以说,任何一个民族的文化在一定意义上讲都是一种饮食文化,全面地了解了一个民族的饮食文化,也就从一定意义上了解了这个民族的历史。反过来说,只有全面了解了一个民族的历史,才可能全面了解这个民族的饮食文化。

中国有句古老的俗语叫作"一方水土养一方人",换成时下西方流行的表述就是 You are what you eat(人如其食)。这句话更学术一点的表述则是 Do you want to understand another culture? Then you ought to find out about its food.(你想了解某一种文化吗? 那么你就必须认识它的食物。)

因此,我们应当这样表述饮食文化的内涵:"饮食文化是指食物原料开发利用、食品制作和饮食消费过程中的技术、科学、艺术,以及以饮食为基础的习俗、传统、思想和哲学,即由人们食生产和食生活的方式、过程、功能等结构组合而成的全部食事的总和。"

人类的食事活动包括这样一些内容:

食生产:食物原料开发(发掘、研制、培育)、生产(采摘、渔猎、种植、养殖);食品加工制作(家庭饮食、社会餐饮、工厂生产);食料与食品保鲜、安全贮藏;饮食器具制作;社会食品生产管理与组织。

食生活:食料、食品获取(如购买食料、食品);食料、食品流通;食品制作(如家庭饮食烹调);食物消费(进食);饮食社会活动与食事礼仪;社会食生活管理与组织。

食事象:人类食事或与之相关的各种行为、现象。

食思想:人们的食认识、知识、观念、理论。

食惯制:人们的食事习惯、风俗、传统等。

也就是说,饮食文化是关于人类(或一个民族)在什么条件下吃、吃什么、怎么吃、吃了以后怎样等的学问。因此,饮食文化的学科领域由食物原料(生产、开发、选择、分类等)、加工技术和制作工艺、保藏、保鲜、加工工具和饮食器具、商业和服务,以及有关习俗、制度、心理、思想等构成。对上述领域的具体研究,分别形成了诸如原料学、烹饪工艺学及食疗保健、饮食思想、饮食考古、饮食商业、餐饮楼馆建设与服务设施、饮食心理、公共关系、饮食风格、饮食典籍和生物化学、营养学、储藏保鲜等科技文化、思想理论研究的分支。以上诸项,又均可从历史的角度做分别和总体的研究,从而构成了饮食文化作为一门独立学科的体系。其中研究的重点为食事的形态、方式、过程、规律与社会、历史功能。

二、饮食文化的生成机制

（一）人类饮食的起源

我国夏朝以前漫长的原始社会时期是饮食文化萌芽阶段。20世纪60年代,考古学家在云南省元谋县170万年前的古文化遗址中发现了大量的炭屑和两块被火烧过的黑色骨头。据此,很多学者猜测,距今180万年以前的元谋人已经发现甚至可能学会利用火了,但还没有证据表明当时的人类已经开始尝试以火熟食。

人类在学会用火以前,茹毛饮血,度过了相当漫长的黑暗岁月。人类以火熟食,起初并非自觉。雷火燃起大片森林,许多动物来不及逃脱而被烧死。先民在火烬中发现烧熟的动物肉,觉得吃起来比生吞活剥的猎物美味百倍,后来在自然火灾中反复吃到这样的熟食,于是逐渐认识了火的熟食功能,由此开始使用自然火。

人类在长期的劳动实践中(尤其是制造劳动工具时),发现了"木与木相摩则然(燃)"(《庄子·外物》)的道理,从而悟出了"钻木取火"的方法。这是我们的祖先对人类文明的巨大贡献。研究表明,人类发明钻木取火并开始真正意义上的用火熟食,至少已有50万年的历史。中国考古学家在北京周口店地区的原始人遗址中,发现了大量的灰烬层和许多被烧过的骨头、石头等,据此做出了这样的判断:距今50多万年的北京人已经能够发明火、管理火以及用火熟食了。

用火熟食,使人类从此告别了茹毛饮血的饮食生活,是人类与动物划清界限的重要标志。恩格斯在《自然辩证法》中指出了人类用火熟食的意义:"(人类用火熟食)更加缩短了消化过程,因为它为口提供了可说是已经半消化了的食物。"并认为可以把这种发现看作人类历史的发端。恩格斯称:"(用火)第一次使人支配了一种自然力,从而最终把人同动物分开"。可以说,用火熟食既是一场人类生存的大革命,也是人类第一次能源革命的开端。用火熟食标志着人类从野蛮走向文明。用火熟食结束了人类的生食状态,使自身的体质和智力得到更迅速的发展。

用火熟食孕育了原始的烹饪,奠定了中国烹饪史上一大飞跃的物质基础。中国烹饪的历史由此展开。在整个原始社会里,我们的先祖在熟食活动中大致经历了火烹、石烹和陶烹三个阶段。

1.火烹

第一阶段的火烹,就是将食物直接置于火上进行烹制。这是人类学会用火后最先采用的烹饪方法。具体的方法有古文献记载的将食物架在火上的"燔""烤""炙""煨"等。

2.石烹

第二阶段的石烹,包括古文献记载的"炮"在内。"炮"等相关记载充分反映了原始烹饪的进一步发展。"炮"等烹饪方式的实质是,先民在烤食过程中开始利用中介传热,

以求食物受热均匀,不致烤焦。

《礼记·礼运》中有"其燔黍捭豚"。注曰:"加于烧石之上而食"。显而易见,这种烹饪方式比火烹前进了一大步。另外,原始人还发明了"煏""石煮"等熟食方法。煏,就是将食物埋入烧热的石子堆中,最终使食物成熟。石煮,就是在掘好的坑底铺垫兽皮,然后将水注入坑中,再将烧红的石子不断地投入水中,水沸而使食物成熟。

在中国新石器时代文化遗址中,北方遗址中发现有粟和黍,如半坡文化遗址中有大量粟等谷类出土;南方遗址中有稻,如河姆渡文化遗址中发现了大量的粳、籼等稻类作物。这说明了当时的先民已开始了原始农业的生产。就养殖业而言,河姆渡人、半坡人已能圈养家畜、家禽。烹饪原料已有了相对稳定的来源。

3.陶烹

考古研究表明,早在距今1.1万年以前,中国人就发明了陶器。中国原始先民的熟食活动进入了第三个阶段。我们的祖先通过长期的劳动实践(不排除炮食这一饪食活动)发现,被火烧过的黏土会变得坚硬如石,不仅保持了火烧前的形状,而且不易水解。于是人们就试着在荆条筐的外面抹上厚厚的泥,风干后放入火堆中烧,待取出时里面的荆条已化为灰烬,剩下的便是形成一个筐的坚硬之物了,这就是最早的陶器。

先民们制作的陶器,绝大部分是饮食生活用具。考古学家在距今6000年至5700年的河北省境内的磁山文化遗址中,发现了陶鼎。这说明,至此,严格意义上的烹饪开始了。在时间更晚的河姆渡文化、仰韶文化、大汶口文化、良渚文化、龙山文化等遗址中,考古学家更是发现了数量可观的陶制饪食器、食器和酒器,如鼎、鬲等。河姆渡遗址和半坡遗址中,出现了原始的灶。这说明,六七千年以前的中国先民就能自如地控制明火、进行烹饪了。陶烹是烹饪史上的一大进步,是原始烹饪时期里饮食发展的最高阶段。

陶烹阶段在持续时间上与火烹阶段和石烹阶段相比要短得多,但它处于原始社会生产力发展水平最高的时期。与前两个阶段的原始先民相比,陶烹阶段原始先民的饮食生活质量大大提升了。而原始农业和畜牧业的出现,粟、稻、芝麻、蚕豆、花生等农作物的大量栽培,牛、羊、马、猪、狗、鸡等的大量养殖,弓箭、渔网等工具的发明和不断改进,使原始先民所获得的烹饪原料比采集和渔猎的要更为可靠和丰富。这些都为陶烹阶段的大发展提供了物质条件。在中国烹饪的萌芽阶段末期,调味也出现了,此时人们已学会用酸梅、蜂蜜等调味。

陶器的发明和普遍使用,使人们在运用陶器熟食时发现,混合烹饪不同的原料会产生妙不可言的味道。陶器的发明还使"煮海为盐"有了必要的生产条件,用盐调味应运而生。由于陶器的发明,酿酒条件亦已具备。仰韶文化遗址中出土的陶质酒器表明,早在7000年前,原始先民们已经初步掌握了酿酒技术。酒不仅可以直接饮用,也作为调味品进入了人们的烹饪活动。至此,中国烹饪进入了烹调阶段。

我国原始社会的先民已开始朦胧地制作药膳。由于"饥不择食""茹毛饮血",自然环境恶劣,先民遭受许多病痛的折磨。这个时期,人们在寻觅食物时,有时会误食某些食物,引起中毒,引发呕吐、腹泻等;有时无意间又吃了一些其他食物,使呕吐、腹泻症状减轻,甚至消除。在生活实践中,人们就在腹泻时,吃止泻的食物,这样逐渐开始积累一些医药知识。

总之,在此阶段,人类定居下来,发展了农牧业。人类发明了陶器,因陶器可以煎熬药物和烹蒸食物,给人们提供了良好的生活条件。谷物发酵成酒的技术也是人们在这个时期掌握的。人们在发酵的水果中发现了酒,后来人们认识到,酒"善走窜",能"通血脉""引药势"。酒与药物结合既能治疗疾病,又可供人饮服。于是,属于药膳饮料的药酒出现了,从而推动了医药和药膳的发展。

筵宴也是在这一时期产生的。远古时期,中国原始先民过着群居生活,共同采集狩猎,然后聚在一起共享劳动成果。进入陶烹阶段后,人们开始农耕畜牧,但在丰收时仍会相聚庆贺,共享美味佳肴,同时载歌载舞,抒发喜悦之情。《吕氏春秋·古乐》记载:"昔葛天氏之乐,三人操牛尾,投足以歌八阕。"当时聚餐菜品多,且有一定的就餐程序,渐渐发展出了祭祀这一活动。当时人们对自然现象和灾异之因了解甚少,便产生了对日月山川及先祖等的崇拜。人们认为,食物是神灵所赐,因此祭祀神灵必须用食物。人们祭祀,一是感恩,二是祈求神灵消灾降福,获得更好收成。祭祀后的丰盛食品常常被人们聚而食之。

酿酒出现后,这种原始的聚餐发生了质的变化,产生了筵宴。中国最早有文字记载的筵宴,是虞舜时代的养老宴。《礼记·王制》:"凡养老,有虞氏以燕礼……"孔颖达疏解读:"'燕礼'者,凡正享食在庙,燕则于寝,燕以示慈惠,故在于寝也。燕礼则折俎,有酒而无饭也,其牲用狗。"《诗毛传》云:"燕,安也。其礼最轻,行一献礼,毕而说(脱)履,升堂坐饮,以至醉也。"可见,燕宴是一种较为简单、随便的宴席。

(二)饮食文化的生成机制

纵观整个中国饮食文化史,可以看出有五个特点。

其一,中国饮食文化起源阶段的发展历程可谓最为漫长、最为艰难。从火的发现、利用到取火,从火烹、石烹到陶烹,从采集、渔猎到发明原始种植业、养殖业,不仅凝结着原始先民们发明创造的血汗和智慧,也说明生产力的低下,是阻碍烹饪发展变革的根本原因。

其二,以火熟食和陶器发明,是中国饮食文化发展的重要里程碑,它们不仅结束了人类的茹毛饮血的时代,更使中国社会文明出现了一次大飞跃。

其三,中国饮食文化的形成时期与中国的灿烂辉煌的青铜器文化时期正是同期。这一时期由于青铜器的出现,生产力的提高,社会经济、政治、思想、文化的全面发展,中国饮食文化的发展水平跃上了一个新的台阶,在多方面出现了光辉成就,例如,烹饪原料的扩充,烹饪工具的革新,烹饪工艺水平的提高,烹饪产品的丰富精美等。各种烹饪产品形成了各自的特色,由此形成了中国传统烹饪体系,为中国传统烹饪的发展奠定了坚实的基础。

其四,中国饮食文化在发展阶段取得了重大成就:一是原料范围进一步扩大,品种进一步增多,域外原料大量引进,海产品大量使用。二是植物油用于烹饪,使烹饪工艺的某些环节出现了新的变化。三是铁质烹饪器具用于烹饪,"炒""爆"工艺出现,实现了中国烹调工艺的一大飞跃；花拼出现，令烹饪造型有了更为广阔的创造空间。四是瓷器和高桌座椅普及，开启了中国餐具瓷器化和餐饮桌椅化的时代。五是饮食名品多如繁星，拉开了中国餐饮业通过名品刺激消费、在竞争中产生名品的帷幕。六是宴会大盛，奠定了中国传统宴会的基本模式。七是烹饪专著大量涌现，食疗食养理论进一步发展，大大丰富了这一时期的饮食文化研究内容。

（三）中国饮食文化的产生与发展

1. 中国饮食文化发展的六个历史时期

1）原始社会时期

原始社会时期，中国饮食文化处于初始阶段。当时人们已学会种植谷子、水稻等农作物与饲养猪、犬、羊等家畜，这时便已奠定中国饮食的以农产品为主、肉类为辅的杂食型饮食结构的基础。随后，燧人氏教"钻木取火"，中国进入了石烹熟食的时代。人们把植物的种子放在石片上炒，把动物放在火上烧。神农氏发明耒耜，教人们稼穑。皇帝是最早的灶神，发明了蒸锅，使食物速熟。

2）夏商西周

先秦时期是中国饮食文化的真正形成时期。经过夏、商、西周的发展，中国饮食文化的特点已基本形成。商周时期，人们根据五行学说提出五味。五味调和之说成为后世烹调的指导思想，同时也是中国饮食文化经久不衰的原动力之一。主副食搭配、平衡膳食的理论及以"五谷为养，五果为助，五畜为益，五菜为充"的学说，成为中国饮食文化千古不变的理论。以"色、香、味、形"为核心的美食标准初步建立。中国品食的首要标准为"至味"，同时对"色、香、形"兼有要求。

这一时期，饮食礼仪也开始走向完善。周朝，人们在饮食内容、使用餐具、座次、入席、上菜、待客等方面有严格的规定。若相关事宜不合礼法，当事人可以拒绝用餐。同时夏商西周时期谷物已备，粮食作物已作为日常的食源。夏朝非常重视帝王的饮食保健，在宫中首设食官、配置御厨，迈出了食医结合的第一步。

3）春秋战国

春秋战国时期的畜牧业相当发达，家畜野味共登盘餐，蔬果五谷俱列食谱。汉武帝之后，儒家的饮食思想备受推崇。儒家的讲究营养，注重卫生，以饮食涵养人性、完善人性等饮食观开始对中国饮食文化产生深远影响。孔子的饮食简朴而平凡。他认为，粗茶淡饭一样美味。

4）秦汉

秦汉时期中华民族呈现出欣欣向荣的发展景象。张骞出使西域后引进了石榴、葡萄、西瓜、黄瓜、菠菜、胡萝卜等，丰富了饮食文化。豆腐也在此时被端上饭桌。据《本草纲目》记载，豆腐由淮南王刘安首创。我们现在常用的酱油、醋都是这个时期出现的。

5）唐宋

唐初期，麦作为一种主粮，是比较稀少的。菜肴分高、中、低三个档次。高档为宫廷宴菜。中国饮食文化走向成熟。宋朝开始，中国城市化水平提升，出现大的商业市镇。由于城市人口集中、各民族杂居,其饮食囊括了各地、各民族饮食的精华。各种饮食文化在城市交流碰撞,使得城市饮食业不断向高层次发展。因此,城市饮食业和饮食文化的水平代表着中国饮食业和饮食文化的水平,城市成了饮食文化的辐射中心。

城市饮食文化服务性、商业性的特点突出。由于坊、市连成一片,通宵的饮食店出现了。市坊沿街的食铺众多,另外还有一些小食摊点和走街串巷的小食担,各种食品应有尽有。

6) 明清

明清时期,许多文人为逃避现实,乐于从事饮食业。此时,中国饮食文化具有了民族融合的特色,饮食结构有了很大变化。宫廷贵族为了显示尊贵无比的地位,在饮食上标新立异。满汉全席是宫廷盛宴,寓意着满汉一家,既有宫廷菜的特征,也有地方菜的特色。满汉全席具有中华菜系文化的最高境界。

2. 中国饮食文化的特点

经过几千年的发展,随着饮食原料几经变化、烹饪技术完善及外部物质条件改善,中国饮食文化逐步形成了以下四个特点。

1) 中国饮食文化的承继性和发展性

中国饮食文化自原始社会发端以来,一直保持着发展势头,经久不衰,无论是朝代的更迭,还是社会制度的变更,都未对它产生影响,而且它还在不断丰富和发展。饮食文化在近代中国各类文化中一枝独秀,是因为"以足民食,以食为天"的观念深入人心。

中国饮食文化一直是开放的。自中国饮食文化产生之后,中国就一直处在民族融合和文化交流氛围之中。从三皇五帝一直到清代,中华文化都未停止对周边民族文化的吸纳。尽管在一定时期存在着"闭关锁国"的现象,但必定是暂时的,即使在这种情况下,民间的饮食文化的交流仍作为一种暗流存在着。况且饮食可以给人带来享受,因而民众是很愿意吸收和改造这些外来饮食文化的。因此,中国饮食文化无论在何等险恶的条件下,都得到了发展。

2) 中国饮食文化的层次性

中国传统上是宗法制国家,社会等级森严。在古代中国,不同等级的群体有不同的社会地位和待遇。这在具体的饮食活动中,就表现为等级礼制;在宏观文化层面,就表现为文化的层次性。从用料、技艺、条件、排场、风格及文化特征诸多方面存在差异的角度看,传统中国饮食活动主要可以分为以下五个层次:

(1) 果腹层。

其主体是最广大的底层民众,他们没有或很少有超出小农经济丰年以上的饮食要求,基本水准经常在"果腹线"上下波动。这一阶层的群众还不具备充分体现饮食生活的文化和艺术、思想和哲学特征的物质和精神条件。

(2) 小康层。

其主体是城市中的一般市民,农村中的中、小地主及下等胥吏以及经济、政治地位相应的其他民众。这一群体一般情况下能有温饱的生活。其中经济条件格外好些的,日常饮食活动已具有一定的文化色彩。

(3) 富家层。

其主体是中等仕宦、富商和其他殷富之家。他们有明显的经济、政治、文化上的优势,有较充足的条件去讲究饮食,而且仕宦的特权、富商大贾的豪奢、文士的风雅猎奇等,赋予他们的饮食活动以突出的文化色彩。

(4)贵族层。

其主体是达官贵胄及家资丰饶的累世望族。他们养尊处优、僮仆众多。他们的厨作队伍组织健全、分工细密,擅绝技的名师巧匠为其中坚。利用经济上和政治上的特权,其饮食生活可谓"钟鸣鼎食""食前方丈"。他们是中国饮食文化发展的重要力量之一。

(5)宫廷层。

其主体是中国最高的统治阶层——王或皇帝。宫廷御膳就是使用珍奇的上乘原料,运用当代最好的烹调条件,在悦目、福口、怡神、示尊、健身、益寿原则指导下创造的无与伦比的精美肴馔,充分显示了中国饮食活动的科技水平和文化色彩,充分体现了帝王饮食的富丽典雅而含蓄凝重、华贵尊荣而精细真实、程仪庄严而气势恢宏,以及外形美与内在美的高度统一。

3)中国饮食文化的地域性

中国地域广大,食物原料分布地域性强,各地发展程度不一。在文化悠久程度和封闭程度等因素的综合作用下,中国形成了许多风格不尽相同的饮食文化区。从宏观上讲有鲁菜、川菜、粤菜、苏菜、浙菜、闽菜、湘菜、徽菜八大菜系。而在微观上,这些菜系又分出许多子系统,各个子系统之间又相互交融、排斥,形成了鲜明的地方性特色。

4)中国饮食文化的民族宗教性

中国共有56个民族,除汉族外,其他55个民族由于在生活、地域、传统文化、发展水平等方面存在差异,在饮食文化上形成了各自的特色。此外,由于信仰等原因,部分人在饮食上有一些禁忌,在制度化的基础上长期坚持就形成了各自的饮食文化特质。

任务二　饮食文化的特征、功能与属性

一、饮食文化的特征

微课视频
▼

中国饮食文化的四时时风

中华文明五千年,饮食文化也随着中华文明发展,源远流长,呈现出许多特点。

其一,风味多样。我国一直就有"南米北面"的说法,口味上有"南甜、北咸、东酸、西辣"之分,主要有巴蜀、齐鲁、淮扬、粤闽四大风味。

其二,四季有别。中国人善于根据四季变化搭配食物,夏天多吃清淡爽口的食物,冬天多吃味醇浓厚的食物。

其三,讲究美感。中国人吃食物不仅讲求味,还讲究美。无论是胡萝卜,还是白菜心,都可以用来雕刻造型。中国人还讲究食材、食具以及菜品与环境的搭配与和谐。

其四,注重情趣。中国人喜欢给食物取一些富有诗意的名字,例如"炝凤尾"、"蚂蚁上树"(见图1-1)、"狮子头"、"叫花鸡"等。

其五,中和为最。《尚书·说命下》中就有"若作和羹,尔唯盐梅"的名句,意思是要做好羹汤,关键是调和好咸(盐)、酸(梅)二味。中和之美是中国传统文化的最高审美理想。

图1-1 蚂蚁上树

中国人讲的吃,不仅仅是一日三餐、解渴充饥,它往往蕴含着中国人认识事物、理解事物的哲理。一个婴儿出生后,亲友要吃红蛋表示喜庆。"蛋"标志着生命的延续,"吃蛋"寄寓着中国人传宗接代的厚望。孩子周岁时要"吃",十八岁时要"吃",结婚时要"吃",到了六十大寿,更要觥筹交错地庆贺一番。这种"吃",表面上看是一种生理满足,但实际上"醉翁之意不在酒"。人们借吃这种形式表达了一种丰富的心理内涵。吃的文化已经超越了"吃"本身,获得了更为深刻的社会意义。

通过中西交流,我们的饮食文化又出现了新的时代特色,如于色、香、味、型外又讲究营养,这就是一种时代进步。十大碗、八大盘的做法得到了改革,这也是十分可喜的。但是,中国饮食文化在与世界各国文化碰撞中,应该有一个坚固的支点,这样它才能在博采众长的过程中得到完善和发展,保持不衰的生命力。因此,对中国饮食文化基本内涵的考察,不仅有助于饮食文化理论的深化,对于中国饮食文化占据世界市场也有着深远的积极意义。

中国饮食文化的内涵,可以概括成四个字:精、美、情、礼。这四个字,反映了饮食活动过程所涉及的饮食品质、审美体验、情感活动和社会功能等方面的独特文化意蕴,也反映了饮食文化与中华优秀传统文化的密切联系。

二、饮食文化的功能

人类的饮食生活,是一定历史阶段的文明基准与文化风貌的综合反映。如果我们剥离(如果能够的话)某一民族文化中的食文化因素,即该民族食生产、食生活及全部与食有直接和间接关系的文化成分,那么,那个民族的面貌一定是极其畸形和令人难以想象的。事实上,我们也无法做这种剥离,因为食文化与民族文化的关系是无所不在的生命机体的结合。也就是说,任何一个民族的文化都具有相当浓厚强烈的"食"的色彩,也就是一定意义上的该民族的饮食文化,反之亦然。这种情况,越是在历史的来路上追溯得久远便越是明显。

食文化的这种广泛渗透生活各个领域的特性,决定了它是一个普泛的范畴。中国的历史文化,有更为鲜明和典型的"饮食色彩"。这种"饮食色彩"不仅表现在餐桌上,还表现在中国人食生活的全部过程之中,更表现在他们对自己食生活、食文化的深刻思考与积极创造、孜孜探索中。

任何民族文化,最终决定于哲学。而哲学的深厚土壤乃在于该民族一定历史阶段的社会生产方式、生活方式以及文化和文明发展的水准与特征,因此,饮食生活作为基本的社会生活内容,饮食文化作为主要的文化门类,也就无疑是哲学的肥沃土壤。而哲学,在对民族文化施加决定作用的同时,也会对该民族饮食生活的风格、饮食文化的特质及思想产生深远影响。中国饮食文化的辉煌发展,主要得益于饮食思想的肇基久远和内蕴丰富。这种深厚坚实的思想渊源,表现为基础理论的四大原则。

1. 食医合一

早在采集、渔猎生活时代,我们的先民就已经注意到了植物、动物或矿物,即人们日常食用的食物中的一些品种具有某些超越一般食物意义的特殊功能。可以说,医药学就是原始人类于饮食生活之中孕育出来的。这应当说是人类医药学发生和发展的一般规律。

中国的传统医药学在两千余年的历史上被称为“本草学”。“本草”之称的出现,最迟不晚于汉代。它发轫于上古的采集实践。《淮南子》(见图1-2)一书关于神农“尝百草之滋味,水泉之甘苦,令民知所辟就,当此之时,一日而遇七十毒”的追述,正反映了这种关系。

图 1-2　《淮南子》

神农,是中国古代传说中具有某种伟大智慧和特异功能的神圣人物。其实,他可能不是一个具体的人,而是远古英雄崇拜时代人们希冀塑造的一个伟人。人们在他的形象上寄托了自己提高生存能力的美好愿望。集中于神农一身的各种本领,有许多是人们长久生产和生活实践经验的凝结,有的则是人们的意愿理想。这些都不同程度地反映了他们的生产和生活实际。

古史又记神农为“神农氏”,表明其是一个擅长种植业的部落群体,应当出现在原始农业有了相当发展的时期以后。但这里的“尝百草之滋味”,却又显然是原始采集时代即原始农业发生以前的事。因为书中描述的这个仅以采集为业并极精采集之道的神农,只能是原始农业出现之前食生产方式的人格化代表,其时间大约要上溯到距今一万年前。

“食医合一”实践与认识不断深化发展的历史性结晶,是食医制度的出现。食医制度的文字记录见于中国饮食史上的“三代期”。最迟在周代,王宫里就已设有专门的饮食管理和研究机构,有专司其职的“食医”。“食医”作为宫廷营养师,地位颇高,职在“天官”之序:“掌和王之六食,六饮,六膳,百羞,百酱,八珍之齐。凡食齐视春时,羹齐视夏时,酱齐视秋时,饮齐视冬时。凡和,春多酸,夏多苦,秋多辛,冬多咸,调以滑甘。”食医所掌和周王所食膳品的具体名目大多不详,至于其确切主、配、调等各种原料的质与量则几乎更是无法知晓。但是,一些膳品的制作方法虽基本未有明确文字记载,却可以根据烹调工具、工艺、饮食习惯、饮食心理与历史文化的考据研究做出推测。

食医职司的原则具有超越等级界限和历史时代的重大意义:着眼人与自然的和谐和人体机理的协调来合理进食。食医主张合理杂食,注重节令变化进食;重视味型与季节变换和进食者的食欲与健康的关系。虽然在距今两千多年前,人们的医学和营养学知识还很浅薄,不可能很科学地解释自己的饮食生活,然而,这种基于长久实践得出的朦胧认识和总体把握的原则无疑是很有道理的。

可以说,人类今天饮食医疗保健学的认识和成就,就是周朝食医职司原则的不断深化和科学发展。当然,这种深化和发展是缓慢的,在近代科学理论与科学手段出现以前则尤其如此。

公元7世纪中叶,孙思邈(581—682)写出了《备急千金要方》(652)。该书第二十六卷中的《千金食治》,是我国历史上现存最早的饮食疗疾的专篇。孙思邈主张:"为医者,当晓病源,知其所犯,以食治之,食疗不愈,然后命药。"富有启发意义的是,孙思邈非但是位著名的食医理论家,还是一位成功的实践家,享年逾百岁。这在一千三百年前的中国历史上,称得上是罕见的"人瑞"了。

孙思邈之后,他的学生、青出于蓝而胜于蓝的著名医学家孟诜(约621—713),用自己的《食疗本草》一书,把食医的理论和实践又推向了新的历史高度。有趣的是,孟诜虽享寿未及其师,却也活到了九十三岁。他认为,良药莫过于合理地进食,尤其是老年人,不耐刚烈之药,食疗最为适宜。他的《食疗本草》是食医的长久实践和理论的完备,使得它最迟于公元7世纪末叶已发展成为一门独立的科学了。

此后,"食饮必稽于本草"成为历史上尊荣富贵之门和饮食养生家们的饮食原则。更进一步,又有"药膳"的出现,这更超出了一般意义的饮食保健和疗疾。因为前者在"食"和"医"二者间侧重于"食",而后者则侧重于"医",所谓"药借食力,食助药威"。

2. 饮食养生

饮食养生,源于医食同源认识和食医合一的思想与实践。生命、青春、健康和长寿是人的自然本质所最珍贵的东西,而长寿则是人类的最大希求。

相传上古唐尧时代,由于天时不利、雨水过多,人们长期生活于积水和阴湿的环境中,"民气郁阏而滞著,筋骨瑟缩不达,故作为舞以宣导之"。先秦时代,把养生主张表达得最丰富突出的莫过于老子和庄子。他们还主张用"吐故纳新"来健身长寿。先秦诸子大都有追慕长寿的思想,屈原甚至就饮食与长寿的关系发出由衷感慨:"彭铿斟雉,帝何飨? 受寿永多,夫何久长?"

图1-3　《吕氏春秋》

成书于战国末期的《吕氏春秋》(见图1-3)也注意到了饮食对于长寿的作用:"凡食之道,无饥无饱,是之谓五藏之葆。口必甘味,和精端容,将之以神气。"甘、酸、苦、辛、咸食料如果不加节制、无厌摄取,"五者充形,则生害矣"。足用则止,一定要把握"口不可满"的原则,克制人皆"口之欲五味"的"情欲",才能达到养生的目的。"口虽欲滋味,害于生则止。"《吕氏春秋》(见图1-3)一书的大量有关文录是饮食养生思想的荟萃,反映了时代的认识水平。

但总的说来,我国饮食养生思想的明确,饮食养生走上独立发展道路,乃至成为一种社会性的实践活动,都是进入汉代以后的事情。饮食养生不同于饮食疗疾。饮食疗疾是一种针对已发疾病的医治行为,而饮食养生则是旨在通过特定意义的饮食调理去达到健康长寿目的的理论和实践,因此饮食养生也不同于一般意义上的饮食保健。

两汉时期,社会经济、政治发展为饮食养生的独立发展创造了必要的条件。这一时期,由于经济的发展,贵族的悠闲,最高权力层的斗争,"无为"政策的推行,老庄思想的普及,谶纬之学、仙道之风的盛行,道学思想宗教化的演进等,上流社会逐渐形成了一种饮食养生的风气。饮食养生,成为一种基本属于权贵阶层的特殊的社会实践。这种实践历经以后诸代,日趋深化和细密,从而成为中国饮食文化的宝贵传统,饮食养生的理论也因之成为一条重要的思想原则。

3. 本味主张

注重原料的天然味性,讲求食物的隽美之味,是中国饮食文化很早就明确并不断丰富发展的一个原则。按中国古人的理解,所谓"味性",具有"味"和"性"两重含义。"味"是人的鼻、舌等器官可以感觉和判断的食物原料自然属性,而"性"则是人们无法直接感觉的物料的功能。

中国古人认为性源于味,故对食物原料的天然味性极其重视。先秦典籍对此已有许多记录。《吕氏春秋》一书的"本味篇",集中地论述了"味"的道理。该篇从治术的角度和哲学的高度对味的根本,食物原料自然之味,调味品的相互作用、变化,水火对味的影响等作了精细的论辩阐发,体现了人们对协调与调和隽美味性的追求与认识水平。

唐"五世长者知饮食"一类人物段成式,在《西阳杂俎》一书中将这一认识概括为八字真言:"唯在火候,善均五味。"它既表明中国烹调技术的历史发展已经超越了汉魏及其以前的粗加工阶段,进入"烹""调"并重阶段,也表明人们对味和整个饮食生活有了更高的认识和追求。

明清时期美食家辈出,他们对味的追求也达到了历史的更高水平,主张食物应当兼有"可口"与"益人"两种性能,这样方为上品。中国古代食圣、18世纪的美食学大家袁枚(1716—1797)更进一步认为,"求香不可用香料""一物有一物之味,不可混而同之",认为食物应"一碗各成一味",食材应"各有本味,自成一家"。

在中国历史上,"味"的含义是在不断发展变化的。"味"的早期含义为滋味、美味,这里的"滋"具有"美"之意。触感与味感(指某种物质刺激味蕾所引起的感觉)共同构成"味"的内涵。也就是说,"味"的早期含义中包含着味感和触感两个方面的感觉,即指食物含在口中的感觉。

《吕氏春秋》中讲:"若人之于滋味,无不说甘脆"。"甘"是人们通过味蕾感受到的味感,"脆"则是食物刺激、压迫口腔引起的触感。同时又说:"调和之事,必以甘、酸、苦、辛、咸,先后多少,其齐甚微,皆有自起。鼎中之变,精妙微纤,口弗能言,志不能喻。若射御之微,阴阳之化,四时之数。故久而不弊,熟而不烂,甘而不哝,酸而不酷,咸而不减,辛而不烈,淡而不薄,肥而不猴(hu)。"这里讲的是调和味道的技巧和调味之后的理想效果。文中"甘""酸""咸""苦"等属味感,"辣"是物质刺激口腔、鼻腔黏膜引起的痛感,而"熟而不烂"中的"烂","肥而不猴"中的"肥""猴",则属触感无疑。联系到"味"归于口部而不归于舌部,说明"味"当不仅指味感,还包括食物在口腔中的触感。

4. 孔孟食道

所谓孔孟食道,严格说来,即春秋战国(公元前770—前221)时代孔子(公元前

551—前479)和孟子(公元前372—前289)两人的饮食观点、思想、理论及其食生活实践所体现的基本风格与原则性倾向。

孔、孟两人的食生活实践具有相当程度的相似性,而他们的思想则具有明显的师承关系和高度的一致性。事实上,毕生"乃所愿,则学孔子也"的孟子的一生经历、活动和遭遇都与孔子相似。他们的食生活消费水平基本是中下层的,这不仅是由于他们的消费能力有限,同时也因为他们的食生活观念淡泊,而后者对他们彼此极为相似的食生活风格和原则性倾向来说更具有决定意义。他们以养生为宗旨,追求并安于食生活的淡泊简素,以此励志标操,提高人生品位,倾注激情和信念于自己弘道济世的伟大事业。

孔子的饮食思想和原则,集中地体现在人们熟知的下面一段话中:

　　食不厌精,脍不厌细。食饐而餲,鱼馁而肉败,不食。色恶,不食。臭恶,不食。失饪,不食。不时,不食。割不正,不食。不得其酱,不食。肉虽多,不使胜食气。唯酒无量,不及乱。沽酒市脯,不食。不撤姜食,不多食……祭于公,不宿肉。祭肉不出三日。出三日,不食之矣。

这既是孔子饮食主张的完整表述,也是这位先哲对民族饮食思想的历史性总结。略去斋祭礼俗等因素,我们便过滤出孔子饮食主张的科学体系——孔子食道。这就是:饮食追求美好,加工烹制力求恰到好处,遵时守节,不求过饱,注重卫生,讲究营养,恪守饮食文明。若就原文来说,则可概括为"二不厌、三适度、十不食"。其中最广为人知并最具代表性的,就是"食不厌精,脍不厌细"八个字,人们把它作为孔子食道的高度概括来理解。

但孔子的八字主张,是他当作祭祀的一般原则而发的,因而更宜放到他关于祭祀食物要求和祭祀饮食规矩的意见中去理解。"祭者,荐其时也,荐其敬也,荐其美也,非享味也。"孔子主张祭祀之食,一要"洁",二要"美"(美没有固定标准,应视献祭者条件而论);祭祀之心要"诚";有了"洁"和"诚",才符合祭义的"敬"字。所以他非常赞赏大禹"菲饮食,而致孝乎鬼神",主张"虽疏食菜羹,瓜祭,必齐如也",将他作为榜样。正如汉儒孔安国所云:"齐,严敬貌。三物虽薄,祭之必敬也。"这样,除因致祭人经济和政治地位的不同必然决定的各自献祭食品"美"的等级差别之外,致祭的"诚",就只有"洁"一个客观标准了。故祭义的要旨及孔子祭时的"恂恂如也",都是与周礼祭祀时食品不必苛求华美奢侈的历史传统相一致的。《孔子家语》中所记载孔子周游列国"厄于陈蔡"时企图以所得粗粝之米炊饭进祀"先人",但因"有埃尘堕饭中,欲置之,则不洁"而几乎废祀的史事,也恰好证明了这一点。

孟子以孔子的言行为规范,可以说是完全承袭并坚定地崇奉了孔子食生活的信念与准则。不仅如此,通过他的理解与实践,孔子食生活的信念与准则深化完整为"食志-食功-食德"这一鲜明系统化的"孔孟食道"理论。

他主张"非其道,则一箪食不可受于人;如其道,则舜受尧之天下,不以为泰",提出不碌碌无为白吃饭的"食志"原则。这一原则既适用于劳力者,也适用于劳心者。劳动者以自己有益于人的创造性劳动去换取养生之食是正大光明的："梓匠轮舆，其志将以求食也；君子之为道也，其志亦将以求食与"，这就是"食志"。

所谓"食功"，可以理解为以等值或足当量的劳动（劳心或劳力）成果换来养生之食的过程，即事实上并没有"素餐"。孟子认为："士无事而食，不可也"。

"食德"，则是坚持吃正大清白之食和执行符合礼仪进食的原则，就是他所欣赏的齐国仲子的行为原则："仲子，齐之世家也。兄戴，盖禄万钟。以兄之禄为不义之禄，而不食也；以兄之室为不义之室而不居也。"这也就是孟子所表白的"鱼我所欲也，熊掌亦我所欲也。二者不可得兼，舍鱼而取熊掌者也。生我所欲也，义亦我所欲也。二者不可得兼，舍生而取义者也"。孟子认为进食遵"礼"同样是关乎"食德"的重大原则问题，认为即便在"以礼食，则饥而死；不以礼食，则得食"的生死攸关的时刻，也应当毫不迟疑地守礼而死。

孔子、孟子，人虽为二，其食的实践与思想却浑然为一，此即金声玉振、浑然一体的"孔孟食道"。孔孟食道，是春秋战国时代中国历史上民族饮食思想的伟大辉煌的凝结，是秦汉以下两千余年中国传统饮食思想的主导与主体，同时也是影响当代中国人饮食生活实践的重要因素。

三、饮食文化的属性

（一）精

精是对中国饮食文化的内在品质的概括。孔子说过："食不厌精，脍不厌细。"这反映了先民对于饮食的精品意识。这种精品意识作为一种文化精神，越来越广泛、越来越深入地渗透、贯彻到整个饮食活动过程中。中国饮食的选料、烹调、配伍乃至环境，都体现着一个"精"字。

（二）美

美体现了饮食文化的审美特征。这种美，是指中国饮食活动形式与内容的完美统一，是指它给人们所带来的审美愉悦和精神享受。首先是味道美。孙中山先生认为："辨味不精，则烹调之术不妙"。他将对"味"的审美视作烹调的第一要义。《晏氏春秋》中的"和如羹焉。水火醯醢盐梅，以烹鱼肉，燀之以薪，宰夫和之，齐之以味"，讲的也是这个意思。美作为饮食文化的一个基本内涵，是中华饮食的魅力之所在。美贯穿饮食活动过程的每一个环节。

（三）情

情是对中国饮食文化社会心理功能的概括。吃吃喝喝，不能简单视之。它实际上是人与人之间情感交流的媒介，是一种别开生面的社交活动。一边吃饭，一边聊天，可以做生意、交流信息、采访。朋友离合，送往迎来，人们都习惯于在饭桌上表达惜别或欢迎的心情。感情上的风波，人们也往往借酒菜平息。这是饮食活动对于人们心理的调节功能。在古代，大家在茶馆坐下来喝茶、听书或者发泄对生活的不满，实在是一种极好的心理按摩。中国饮食之所以具有"抒情"功能，是因为"饮德食和、万邦同乐"的哲学思想和由此而出现的具有民族特点的饮食方式。

关于饮食活动中的情感文化，有个引导和提升品位的问题。我们要提倡健康优美、奋发向上的文化情调，追求一种高尚的情操。

（四）礼

这是指饮食活动的礼仪性。中国饮食讲究礼，与我们的传统文化有很大关系。生老病死、送往迎来、祭神敬祖都是礼。《礼记·礼运》中说："夫礼之初，始诸饮食。""三礼"中几乎没有一页不曾提到祭祀中的酒和食物。礼指一种秩序和规范。座席的方向、箸匙的排列、上菜的次序……都体现着礼。我们谈"礼"，不能简单地将它看作一种礼仪，而应该将它理解成一种精神，一种内在的伦理精神。这种"礼"的精神，贯穿饮食活动全程，从而构成中国饮食文明的逻辑起点。

精、美、情、礼，分别从不同的角度概括了中国饮食文化的基本内涵和属性。换言之，这四个方面有机地构成了中国饮食文化这个整体概念。精与美侧重于饮食的形象和品质，而情与礼，则侧重于饮食的心态、习俗和社会功能。但是，它们不是孤立的存在，而是相互依存、互为因果的。唯其"精"，才能有完整的"美"；唯其"美"才能激发"情"；唯其有"情"，才能形成合乎时代风尚的"礼"。四者环环相生、完美统一，便形成了中国饮食文化的最高境界。我们只有准确把握"精、美、情、礼"，才能深刻地理解中国饮食文化，才能更好地继承和弘扬中国饮食文化。

任务三　饮食文化的研究与学习

一、研究对象

中国古代饮食文化主要针对上层人士和普通大众以及下层的乡村农民，但无论是烹调技艺的不断提高，还是肴馔制作的成就，无论是开风导俗，还是创立风格，以至民族总体风格的形成，上层社会饮食文化层的历史作用都是不容低估的。上层社会特有的经济上、政治上和文化上的优势，既赋予较高层次食者群体以优越的饮食生活，也赋予这些层次群体以特殊的文化创造力量。中国饮食文化的发展，主要是在上流社会饮食层不断再创造的过程中实现的。

（一）乡村农民的饮食生活

占全社会人口主体的广大农民是构成果腹层饮食活动人群的主要群体。他们既是整个民族饮食文化创造、发展的基础物质的提供者，也是民族饮食主体风格的主要承载者。历史上,乡村农民的饮食生活总体上表现为粗陋无奈,主要有以下几个特点。

1. 自给不足的单调食料

"自给自足"是中国历史上小农经济的生产方式和生活方式,但并不简单等于在这种方式下生活者的生存状态或生活水平。事实上,果腹层大众的基本食料在历史上经常是处于"青黄不接""朝不保夕""捉襟见肘"状态的。历史文献中极其频繁出现的那些诸如"食不果腹""满脸菜色""饥肠辘辘""吃了上顿没下顿",甚至"断炊""揭不开锅"等不可胜数的一类食事艰难的词语,都是果腹层大众生活真实的写照。"自给不足"恰是中国历史上果腹层大众食事生活状态的最恰切不过的表述。

中国广大农民长期处在分散、孤立的自给自足小农经济的自然环境之中,如春秋时期著名思想家老聃所言:"鸡犬之声相闻,民至老死,不相往来。"这种只知日出而作、日落而息,几乎不知世事更迭的封闭的乡村生活,在中国历史上保持了数千年之久。有限的土地、低微的亩产与生产能力、沉重的租赋税役负担,使得中国历史上的广大农民在年景不好时,三餐难继。

2. 粗糙简陋的饮食

村民的饮食是清苦的,仅果腹充饥而已。小国寡民、恬然自乐,那是风调雨顺之年、一帆风顺之家。倘若年景不佳,家有变故,农民则常"为无米之炊"。史书记载,每逢水旱大灾,因饥饿而死亡的,十有八九是村野之民。这应当是中国历史上每每揭竿而起者主体均是农民的根本原因所在。

整个封建社会农民的食品结构基本上是"粗茶淡饭,糠菜半年粮"。自种的五谷是他们的主要食物原料,很少有可供自食的肉类,因为用有限饲料勉强喂养的数量有限的畜禽,主要用途并不是自食,而是缴税赋、换盐、购农具等。所谓"种田的饿肚肠,卖盐的喝淡汤",生产者并不是第一消费者,这是历史上中国食物原料生产者经历过的一种状态。

三餐保证"脱粟",是百姓梦寐以求的主食料可能达到的最佳状态了。"一盂饭、一瓯羹、些许酱菜而已",是寻常百姓家一日三餐的例行公事。而所谓"羹",也绝非贵族等级从"太蒙"到各种畜禽之堂的肉羹,通常只是"蔡素之羹"或"豆羹"而已。这个"豆羹",是最粗糙廉价的食物,一如孟子所说:"一箪食,一豆羹,得之则生,弗得则死。"此外就是一两品臻酿以及最简单的腌渍菜了。

果腹层大众的日常食料,一般来自各自的直接农事,并以一定数量的采集、渔猎食品作为补充和调剂。因此,他们的饮食生活基本上属于一种纯生理活动,还不具备能令饮食生活充分体现文化、艺术、思想和哲学特征的物质和精神条件。粗糙简陋是其基本风格。果腹层成员家中的饮食事务,通常都是由女主人——户主之妻辛苦操持的。因为女主人的主要责任是肩负一家人的吃饭大事,故又有了"烧饭的""锅台转"等准确表明身份地位的称谓。

(二)普通市民的饮食生活

城镇普通市民是小康层饮食活动人群的重要社会构成族群,是小康层民众的典型代表。其饮食总体风格表现为简陋平俗。

1. 食品质朴自然

从整体上看,普通市民在生活上只是略有盈余,日常生活仍需精打细算,逢年过节可"铺张"一点,重大喜庆事件中或可"隆重"一些,偶尔也可"打牙祭"略微改善调剂一下。小康层民众饮食所选食品原料多是大路货,有的只是也只能是平常人过平常日子的平凡、实在和朴素。普通市民之家都是家庭主妇主持中馈,食品多是积习成俗,怎么好吃怎么做,家常味浓。

2. 食品制作简便易行

与农村缓慢的生活节奏相比,城市的生活节奏要快得多,因此,城市普通居民既不像贵族之家那样精雕细琢讲究吃的"艺术",也不像农民那般过于随四季农时和劳务需要进食。食品制作的基本特点是快捷方便,城市生存机制决定了市民族群饮食的节奏快,每日食制的时间观念较强。

(三)富家市民的饮食生活

富家层饮食活动人群大体上由中等仕宦、富商和其他殷富之家构成。历史上以"食客"名世的人物,大多集中在这一层次和第四层次。美食家、饮食理论家,也大多产生于这一层次。这一层次人群有明显的经济、政治、文化优势,有较充足的条件去讲究吃喝。他们的家庭饮食生活,一般都由家厨或役仆专司,其中有些则能形成传统的风格。

在整个社会饮食生活的层次性结构中,这一层次占有很重要的位置,在社会风气的演变上起着不可忽视的联结和沟通上下层次的作用。仕宦的特权(大多为地方守令、衡司权要)和优游、富商大贾的豪奢、文士的风雅猎奇等,赋予这一层次饮食活动以突出的文化色彩。此外,历史上那些名楼贵馆,大体上也是服务于这一层次及第四层次人群的。中国历史上高层次的饮食文化审美实践与理论的"十美风格",也产生于这一层次和第四层次人群,成为上层社会饮食文化的典型特征之一。

(四)贵族层人群的饮食生活

贵族层饮食活动人群主要由达官贵胄及家资丰饶的累世望族成员构成。他们往往是权倾朝野的权贵,雄镇一方的封疆大吏或闻名遐迩、拥资巨万的社会成员。一批趋附行走在达官贵胄之门的高等食客,附属于该层次。

贵族层人群的家庭饮食生活,往往是日日年节,筵宴相连,无有绝期。府邸之中奴婢成群,直接服务于饮食生活的役仆往往有十数人,甚至数十上百人。厨作队伍组织健全、分工细密,独擅绝技的名师巧匠为其中坚。凭着经济上难以比拟的优势和政治上的超级力量,他们是灶上烹天煮海,席间布列千珍。史书上所谓"钟鸣鼎食""食前方丈",指的便是这类"侯门"的饮食生活水平和气派。"五世长者知饮食",主要指的是这一层次的人员。

(五)宫廷层人群的饮食生活

宫廷层饮食活动是中国饮食史上最高层次的饮食活动,是以御膳为中心和代表的一种饮食活动层面,包括整个皇家禁苑中数以万计的庞大食者群的饮食生活,以及以国家膳食机构或以国家名义进行的饮食活动。

《诗经》中讲:"普天之下,莫非王土。率土之滨,莫非王臣。"在中国封建社会中,国家就是帝王一家的天下,因此,帝王可以拥有不受抑限的物质享受。他们可以在全国范围内役使天下工匠,集聚天下美味。经过历朝历代的发展,到了清朝时,爱新觉罗皇室更将中国历史上的宫廷饮食文化提升到登峰造极的鼎盛阶段。宫廷饮膳凭借御内最精美珍奇的上乘原料,运用当时最好的烹调条件,在悦目、福口、怡神、示尊、健身、益寿原则指导下,创造了无与伦比的精美肴馔,充分显示了中国饮食文化的科技水准和文化色彩,充分体现了帝王饮食富丽典雅而含蓄凝重,华贵尊荣而精细真实,程仪庄严而气势恢宏,外形美与内在美高度统一的风格,使饮食活动成了物质和精神、科学与艺术高度和谐统一的系统过程。

正是由于宫廷层饮食活动在中国历史上饮食文化、社会生活中的这种独特的政治、精神、文化地位,其对社会各饮食活动层面具有以重射轻的特别作用。正如13世纪末学者研究南宋都城临安(杭州)饮食文化特征时所指出的:"杭城食店,多是效学京师人,开张亦效御厨体式,贵官家品牌件。"这与当代社会餐饮业动辄以"清宫御膳""大人名食"相标榜张扬的时潮文化可以说是一脉相承。

二、研究内容

(一)中国饮食文化的内容

中国饮食文化包括古今烹饪文化和现代食品文化:

(1)食源利用,能源开拓,炊饮器皿和食品机械的研制。

(2)烹调技术和相关生产活动。

(3)各类食品及其生产工艺和消费规律。

(4)中医摄生食疗学和西医营养卫生学。

(5)饮食市场竞争机制与餐饮业、食品厂经营管理。

(6)饮食风俗事项和饮食审美观念。

(7)筵宴设计和调理,文明就餐。

(8)餐厅装潢、服务规程及接待礼仪。

(9)烹饪著述与食品工业研究成果。

(10)有关饮食的语言文字和文艺作品。

(11)饮食心理规律与烹饪哲学观念。

(12)饮食在国民经济中的地位及作用。

(13)中外饮食文化交流。

(二)中国饮食文化的分类

中国饮食文化至少有5种分类方法。

1. 以时代特征和主要烹制方法区分

旧石器时代晚期火烹饮食文化、陶器时代水汽烹饮食文化、铜铁器时代有烹饮食文化、电器时代机械烹及自动化烹饮食文化。

2. 以地域特征和农业生产布局区分

黄河流域麦畜作饮食文化、长江流域稻渔作饮食文化等。

3. 以食馔品种和餐饮器皿区分

珍馐文化、筵宴文化、小吃文化、面食文化、盐文化等。

4. 以消费对象和层次方位区分

神鬼饮食文化、帝王饮食文化、官绅饮食文化、商贾饮食文化等。

5. 以民俗风情和社会功能区分

居家饮食文化、宴宾饮食文化、寿庆饮食文化等。

（三）中国饮食文化研究举隅

1. 中国酒文化研究

中国酒文化历史悠久,内容丰富,包括酒史、酒艺、酒地、酒典、酒人等。在中国,酒与神话、政治、经济、军事、外交、礼仪、民俗、宗教、伦理、文学、社会、教育、筵宴、饮食等都有十分密切的关系。

2. 中国茶文化研究

中国茶文化包括茶史、茶经、茶法、茶会、茶具、茶礼、茶菜等。

此外,还有中国乳文化研究、中国豆文化研究、中国食花文化研究、中国快餐文化研究、中国食虫文化研究、中国盐文化研究、中国药膳文化研究、中国饮食美学文化研究等。

三、学习方法

（一）把中国的饮食文化转化为全球性的商品

在把握中国的传统饮食文化,研究中国的道佛教饮食文化,整理中国民族饮食文化,开拓中国民间的饮食文化的过程中,可以采掘世界各民族、各地区居民认同、愉悦的美馔佳肴,将它们转化为全球性商品。

（二）弘扬民族饮食文化,建设有中国特色的食品工业

循着中国饮食文化活动的轨迹,透视现代食品工业进程中的种种文化现象。这对今后更好地继承和发展传统文化中的优秀成分,吸收国外的先进技术,走一条有中国特色的食品工业发展道路,无疑是十分有益的。

（三）改善饮食结构，发展食疗品种，推出食疗菜系

在膳食结构上，确立以植物性食物为主，动物性食物为辅，多样食物合理搭配，各种营养素合理平衡的具有中国特色的膳食营养模式。推广绿色食品；驯养特种动物，培育特色植物，开拓美食资源；食品生产工业化。

（四）消费者应该自觉树立"饮食素养"观念

个人饮食素养的重视与提升，不仅能从自我创造层面促进中国饮食文化的传承与发展，更能从鉴赏、消费层面推动整个餐饮市场从消费需求到企业供给的全面升级。

具体而言，为迎合时代的需求，消费者应该更新对中国饮食文化的理解，不应停留在"吃"的表层，而应理解饮食文化所产生的社会意义。在日常生活、工作和学习中，消费者不仅应该熟悉甚至掌握诸如饮食营养、烹饪技术等饮食科学知识，还应广泛接触、了解各时各地饮食文化知识，了解各国各地饮食历史与发展、饮食风俗与习惯，从而获知具体时空下的饮食文化的完整内涵，为其逐渐形成较强的饮食文化鉴赏与创造能力奠定基础。

项目训练

一. 知识准备

1. 最先提出"民以食为天"的古代名人是(　　　)。

A. 管仲　　　　　　B. 孔子　　　　　　　　C. 司马迁　　　　　　　　D. 班固

2. 我国古代称为"粉角""扁食"的食物是(　　　)。

A. 饺子　　　　　　B. 馒头　　　　　　　　C. 春卷　　　　　　　　D. 烧饼

3. "养助益充"学说出自古籍(　　　)。

A.《饮膳正要》　　B.《黄帝内经》　　　　C.《吕氏春秋》　　　　D.《齐民要术》

4. 中国饮食文化美的最高境界是(　　　)。

A. 味　　　　　　　B. 和　　　　　　　　C. 养　　　　　　　　D. 洁

5. 中国饮食文化美的最基本要素是(　　　)。

A. 味　　　　　　　B. 和　　　　　　　　C. 养　　　　　　　　D. 洁

二. 能力训练

1. 中国饮食文化的四大内涵是什么？

2. 孔子饮食观的主要内容是什么？

项目二
饮食文化与生活

 项目描述

　　饮食与生活密不可分，更刻画了深远悠久的文化符号，是人类历史长河中不可或缺的一部分。各种食物因其独特的口感和视觉效果给人留下深刻的印象，经过漫长的发展，形成相应独特的饮食传统及饮食习俗，并逐渐形成以饮食指导养生、保健的思想。随着文化和经济的发展，饮食在生活中的地位越来越重要。它不仅仅是一种生理需求，更是一种文化体验。本项目要求学生掌握不同国家饮食礼仪的基本内容及饮食风俗习惯，理解饮食养生的基本理论观点和指导思想，掌握饮食文化与生活的内在关联和深刻内涵。

 **项目目标**

知识目标
1.了解中外饮食礼仪的基本内容。
2.了解中外饮食风俗及饮食习惯。
3.了解饮食与养生的相关概念及基本原则。

能力目标
1.理解中外饮食礼仪的基本思想。
2.能够借助饮食养生理论体系指导日常养生实践。
3.感受中外饮食礼仪及饮食风俗习惯的差异。

素养目标
1.通过学习中外饮食礼仪，增强对中国饮食礼仪的认同，在传承中国饮食礼仪的过程中做到兼容并蓄，取其精华、弃其糟粕。
2.将饮食礼仪、饮食习俗、饮食养生融入日常专业学习，进一步传承、创新并发扬。
3.通过对比中外饮食礼仪及饮食风俗习惯，坚定文化自信，培养民族自豪感、认同感。

知识导图

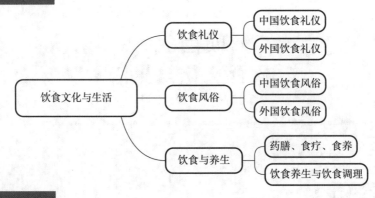

 学习重点

1.中国饮食文化及饮食养生的思想体系。
2.中国古代饮食仪规的基本内容。
3.中外饮食礼仪及饮食文化风俗基本内容。
4.饮食养生与饮食调理的日常生活实践。

 项目导入

　　中国是礼仪大国。不管在古代还是现代,饮食礼仪在中国文化中占有极重要的位置。在先秦,人们以"以飨燕之礼,亲四方宾客"。后来,人们聚餐会饮也特别注重礼仪。民以食为天,饮食在人们的生活中占有十分重要的位置。它不仅能满足人们的生理需要,而且具有十分丰富的文化内涵。不同国家、地域饮食习俗各异,能够在一定程度上反映其发展的历程。饮食习俗还涉及饮食所用的器皿和场合等十分丰富的内容。在饮食漫长的发展过程中,饮食养生的理论体系及思想内涵也逐渐变得丰富、深刻。

任务一　饮食礼仪

一、中国饮食礼仪

(一)中国古代饮食仪规

1.进食之礼
饮食活动本身,由于参与者是独立的个人,表现出较多的个体特征。因为每个人都有自己在长期生活中形成的不同习惯。但是,饮食活动又表现出很强的群体意识。它往往是在一定的群体范围内进行的。在家庭或在某一社会团体内,每一个人都会受到那些社会认可的礼仪的约束,因而个体行为都能并入正轨。按《礼记·曲礼》所述,先秦时已有了非常严格的进食礼仪要求,在此陈述如下。

(1)虚坐尽后,食坐尽前。

进食时入座的位置很有讲究。汉代以前无椅凳,席地而坐。"虚坐尽后",是说在一般情况下,要坐得比尊者长者靠后一些,以示谦恭;"食坐尽前",是指在进食时要尽量坐得靠前一些,靠近摆放馔品的食案,以免不慎掉落的食物弄脏了座席。

(2)食至起,上客起;让食不唾。

宴饮开始,菜品端上来时,客人要起立。在有贵客到来时,其他的客人都要起立,以示恭敬。主人让食,要热情取用,不可置之不理。

(3)客若降等,执食兴辞,主人兴辞于客,然后客坐。

如果来宾的地位低于主人,必须双手端起食物面向主人道谢。等主人寒暄完毕,客人方可入席落座。

(4)主人延客祭,祭食,祭所先进。殽之序,遍祭之。

进食之前,等馔品摆好之后,主人引导客人行祭。古人为了表示不忘本,每次进食之前必从盘碗中拨出馔品少许,放在案上,以报答发明饮食的先人,是谓"祭"。食祭于案,酒祭于地。先吃什么就先用什么行祭,按进食的顺序遍祭。如果在自己家里吃上一餐的剩饭,或是吃晚辈准备的饮食,就不必行祭,称为"饭馀不祭"。

(5)卒食,客自前跪,彻饭齐以授相者,主人兴辞于客,然后客坐。

宴饮完毕,客人自己须跪立在食案前,整理好自己所用的餐具及剩下的食物,交给主人的仆从。待主人说不必客人亲自动手,客人才住手,复又坐下。据其他的文献记载,如果用餐的是本家人,或是同事聚会,没有主宾之分,可由一人统一收拾食案。如果是较隆重的筵,这种撤食案的事不能让妇女承担,怕她们力不胜劳,可以选择年轻点的男人来干。进食时无论主宾,如何使用餐具,如何吃饭食肉,都有一系列的准则。

(6)共食不饱。

同别人一起进食,不能吃得过饱,要注意谦让。

(7)毋抟饭。

吃饭时不可把饭聚集成大团,大口大口地吃。这样有争饱之嫌。

(8)毋放饭。

要入口的饭,不能再放回饭器中。别人会感到不卫生。

(9)毋流歠。

不要长饮大嚼,让人觉得是想快吃多吃,好像没够似的。

(10)毋咤食。

咀嚼时客人不要让舌在口中作出响声,否则主人会觉得是对他的饭食感到不满意。

(11)毋啮骨。

不要去啃骨头,这样容易发出声响,给人不雅不敬的感觉;同时又容易使主人做出肉不够吃的判断,致使客人还要啃骨头致饱。

(12)毋反鱼肉。

自己吃过的鱼肉,不要再放回去,应当接着吃完。因为222此时的鱼肉已经染上唾液,别人会觉得不干净,无法再吃下去。

(13)毋扬饭。

不要为了能吃得快些,就用食具扬起饭粒以散去热气。

(14)毋刺齿。

进食时不要随意不加掩饰地大剔牙齿,一定要等到饭后再剔。东周墓葬中曾出土过一些精致的牙签,说明剔牙并不是绝对禁止的,只是要掌握好时机。

(15)濡肉齿决,干肉不齿决。

湿软的烧肉炖肉,可直接用牙齿咬断;而干肉则不能直接用牙去咬断,需用刀匕帮忙。

2.宴席座次

《史记·项羽本纪》中记载,西楚霸王项羽在鸿门军帐中大摆宴席招待刘邦。在宴会上,"项王、项伯东向坐。亚父南向坐,亚父者,范增也。沛公北向坐,张良西向侍"。在这里,项羽和他的叔父项伯坐的是主位,坐西面东,这是最尊贵的座位。次等尊贵的是南向座位,坐着谋士范增,再次是北向座位,坐着项羽的客人刘邦。这说明在项羽的眼里,刘邦的地位还不如自己的谋士。地位最低的是坐东面西的座位。因张良的地位最低,这个位置就安排给了张良,叫作"侍坐",即侍从陪客。鸿门宴上座次的安排是主客颠倒,反映了项羽的自尊自大和对刘邦、张良的轻侮。

以东向为尊的礼俗源于先秦。在《仪礼·少牢馈食礼》和《仪礼·特牲馈食礼》中可以看到这样一种现象,周代士大夫在家庙中祭祀祖先时,常为"尸"(古代代表死者受祭的活人)选择一个室内的西墙前、面向东的尊位。此外,郑玄《禘祫志》中记载,天子祭祖活动是在太祖庙的太室中举行的。在这里,神主的位次是太祖,东向,最尊;第二代神主位于太祖东北即左前方,南向;第三代神主位于太祖东南,即右前方,北向,与第二代神主相对,以此类排下去。主人在东边面向西跪拜。这都反映出室中以东向为尊的礼俗。

以上是先秦至汉唐时期室内尊卑座次的安排,而汉唐时堂上宴席尊卑座次则与此不同。

堂是古代宫室的主要组成部分,位于宫室主要建筑物的前部中央,坐北朝南。堂前没有门,只有两根楹柱。堂的东西两壁的墙叫序。堂内靠近序的地方分别叫东序和西序。堂的东西两侧是东堂、东夹和西堂、西夹。堂的后面有墙,把堂与室、房隔开,室、房有门和堂相通,古人因而有"登堂入室"的说法。由于当时宫室是坐落在高出地面的台基上的,所以堂前有两个阶。其中,东面的叫东阶,西面的叫西阶。堂的这种格局,在很长一段时间内并无多大变化。堂用于举行典礼、接见宾客和饮食宴会等,不用作寝卧。

在堂上举行宴饮活动时,就不是以东向为尊了。这在《仪礼》中亦有充分反映,如《仪礼·乡饮酒礼》中提到,堂上席位的安排为:主人在东序前西向而坐,主宾席在门窗之间,南向而坐,介(陪客)席则在西序前,介东向坐。这里主宾为首席,主人席次之,介席更次之。

3. 宴会礼仪

我国地大人众，历史悠久。时代、民族、地区、季节、场合、对象，以及其他条件的不同，造就了千变万化的宴客礼俗，无法逐一细述。本教材此部分只就明清两代中国常见的民间宴会礼俗作简单介绍。

1）邀客用请柬

请柬是邀请客人的通知书，以示对客人的尊敬。明顾起元《客座赘语·南都旧日宴集》写明代中期请柬的格式云："先日用一帖，帖阔一寸三四分，长可五寸，不书某生但具姓名拜耳……再后十余年，始用双帖，亦不过三摺，长五六寸，阔二寸，方书眷生或侍生某拜。"其实，请柬的格式在不断变化。现在发请柬之俗尚存，且有越来越华美之势。

2）客来先敬茶、敬烟、敬点心

《清稗类钞·宴会》："（客来）既就座，先以茶点及水旱烟敬客，俟筵席陈设，主人乃肃客一一入席。"桌席规格必与客人地位身份相称。明清两代，桌席有一人、二人一桌的专席，有多人一桌的非专席，还有以碟子多少或馔肴珍贵华丽程度分成不同层次者。选择何种层次的桌席同客人的尊贵与否密切有关。

清叶梦珠在《阅世编·宴会》中谈到的明清之交的宴会风俗，最为翔实。他说：

> 肆筵设席，吴下向来丰盛。缙绅之家，或宴长官，一席之间，水陆珍馐，多至数十品，即士庶及中人之家，新亲宴席，有多至二三十品者，若十品则是寻常之会矣……顺治初……苟非地方官长，虽新亲贵友，蔬不过二十品，若寻常宴会，多则十二品，三四人同一席，其最相知者即只六品亦可。

3）入席时，以长幼、尊卑、亲疏排座次

这是宴会礼仪中最重要的项目，也最费心机。《阅世编·宴会》说：

> 向来筵席，必以南北开桌（即两人一桌的专席）敬，即家宴亦然。其他宾客，即朝夕聚首者，每逢令节传帖邀请，必设开桌，若疏亲严友，东客西宾，更不待言……近来非新亲贵友宴席，不用开桌，即用亦止于首席一人。送酒毕，即散为东西桌，或四面方坐，或斜向圆坐，而酬酢诸礼，总合三揖，便各就席上。

后来，开桌不用了，都多人一席。《清稗类钞》说：

> 若有多席，则以在左之席为首席，以此递推。以一席之座次言之，即在左之最高一位为首座，相对者为二座，首座之下为三座，二座之下为四座。或两座相向陈设，则左席之东向者，一二位为首座二座，右席之西向者，一二位为首座二座。主人例必坐于其下而向西。

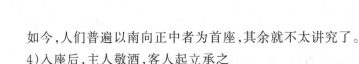

如今,人们普遍以南向正中者为首座,其余就不太讲究了。

4)入座后,主人敬酒,客人起立承之

《清稗类钞》:

> 将入席,主人必敬酒,或自斟,或由役人代斟,自奉以敬客,导之入座。是时必呼客之称谓而冠以姓字,如某某先生、某翁之类,是日定席,又日按席,亦日按座。亦有主人于客坐定后,始向客一一斟酒者。惟无论如何,主人敬酒,客必起立承之。

也有客人回敬之礼,所谓"主人敬酒于客曰酬,客人回敬曰酢"。《淮南子·主术训》:"觞酌俎豆酬酢之礼,所以效善也。"如此往返三次,曰"酒过三巡"。今宴会风俗,仍以先进酒于客为敬,且口称:"先干为敬。"也有集体起立,共同干杯,效西方风俗的。

5)端菜上席,必层层上传

在家宴中,由贴身丫头或主人的晚辈把菜放在桌上。如《红楼梦》第四十回:"只见一个媳妇端了一个盒子站在当地,一个丫鬟上来揭去盒盖,里面盛着两碗菜,李纨端了一碗放在贾母桌上,凤姐儿偏拣了一碗鸽子蛋放在刘姥姥桌上。"

(二)中国现代饮食礼仪

中国现代的食礼是中国古代食礼的承续和演变发展。现代食礼既保留了古代食礼中彬彬有礼、长幼有序等优良传统,又合理地摒弃了古代食礼中的一些繁文缛节。但食礼本身又是变化发展的,由于地区的差异,显示出诸多不同。

1. 宴席座次与餐桌排列

1)宴席座次

以家宴为例,无论何种形式的家宴,在众多的来宾中,均有其宴请的主要客人。他们或是和主人感情较好,或是亲友中的年长者等。这就决定了座次安排会有主桌、主位、主宾等的一系列规定。恰当的座位安排,是成功举办家宴的一部分。按中国习俗,面对房门的位置为上,紧挨房门处的位置为下。座次安排的方式如下所述。

安排两桌以上的家庭宴会要分出主桌来。安排主桌上宾客座次有"面门、面南、观重点"的原则,也可将主桌安排在餐厅的重点装饰面前面。主人和副主人的座位要安排在能够纵观餐厅各桌的位置处。其他餐桌的主位应面对主桌的主位。副主人位应安排在主人位的对面。主宾位应安排在主人位的右边,因中国人通常以右为上,即主人的右手是最重要的位置。主宾夫人在主位左边,副主宾在副主人右边。在没有副主人的情况下,可由男女主人招待宾客。除主宾和副主宾外,其他的客人为一般客人,应尽量让彼此熟悉的人坐在一起。另外,主人可找一些陪客,穿插于客人之间而坐,以便招呼客人。

主人为客人安排坐序遵从先里后外的习惯,主要的和先到的客人一般安排在餐厅里边坐,以便于安排后来的客人。当然,主人也可尊重宾客自己的选择。例如,关系亲密的可以自愿成为邻座;主动照顾长者的客人可以选择挨着长者的座位;同一行业的人因有共同的话题可相邻而坐;彼此交谈兴致高的客人可成为邻座……以上这些座次都是以宾客自愿选择为主。摆设家宴的主人最好尊重客人们的选择,这样有利于制造出欢乐的气氛,使客人有一种宾至如归的感觉。

2)餐桌排列

宴会场地的安排方式受宴会类型、宴会厅场地的大小、用餐人数的多少及主办者的爱好等因素影响。宴会的摆设要选定是采用圆桌还是方桌。通常圆桌或方桌可方便宾客之间的交谈,常被应用。中餐中,一般不会使用长方形桌。

在选定了餐桌的类型后,需安排主桌的位置。原则上,主桌应摆在所有客人最容易看到的地方。桌位多时,还要考虑桌与桌之间的距离。一般桌距最少为140厘米,而最佳桌距是183厘米。桌距应以客人行动自如和服务人员方便服务为原则,桌距太大会造成客人之间彼此疏远的感觉。

2. 宴席上的礼仪

中国人在宴席中十分讲究礼仪。宴席中的规矩很多,这里介绍一下宴席上的一般礼仪。

在接到请束或友人的邀请时,应尽早答复对方能否出席,以便主人安排。一般来说,接到别人的邀请后,除非有重要的事情,否则都应该赴宴。

参加宴会时应注意仪容仪表、穿着打扮。赴喜宴时,可穿着华丽一些的衣服;而参加丧宴时,则宜穿黑色或素色衣服。出席宴请不要迟到早退,若逗留时间过短,一般被视为失礼或对主人有意冷落。如果确实有事需提前退席,在入席前应通知主人。告辞的时间,可以选择在上了宴席中最名贵的菜之后。吃了席中最名贵的菜,就表示领受了主人的盛情。也可以在约定的时间离去。

赴宴时应"客随主便",听从主人的安排,注意自己的座次,不可随便乱坐。邻座有年长者,应主动协助他们先坐下。开席前若有仪式、演说或行礼等,赴宴者应认真聆听。若是丧席,应该庄重,不应随意欢笑。若是喜宴,则不必过于严肃,可以轻松一点。

在宴客时,主人应率先敬酒。敬酒时可依次敬遍全席。敬酒碰杯时,主人和主宾先碰。人多时可同时举杯示意,不一定碰杯。在主人与主宾致辞、祝酒时,应暂停进餐,停止碰杯,注意倾听。席中,客人之间常互相敬酒以示友好,活跃气氛。当遇到别人向自己敬酒时应积极示意、响应,并须回敬。

宴饮时应注意举止文明礼貌。取菜时,一次不要盛得过多。上菜或主人夹菜时,不要拒绝,可取少量放在碗内。吃食物时应闭嘴咀嚼,不要发出声响。喝汤不要啜响,如果汤太烫,可待其稍凉之后再喝。嘴内的鱼刺、骨头应放在桌上或规定的地方,不要乱吐。

宴席是食礼分布最集中的场合。这里的食礼也是最典型、最为讲究的。而在其他场合,我国的不同地区、不同民族也有一些食礼食仪。其中有一些属于尊老爱幼、礼让谦恭、热情和睦、讲究卫生等内容,是优良传统,也符合现代文明的要求。对此,我们应该继承和发扬。当然,也有一些不够合理、不够健康、不够文明之处,如一些地区强调

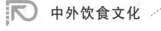
饮酒必醉的习俗;一些地区有男女不同席或妇女不上正席的习俗、饮食器具共用的习惯、暴饮暴食的习惯,等等。这些都属应当改革的陈规陋习。

二、外国饮食礼仪

礼由饮食而起,由此达到了增进了解和友谊的目的。世界上许多民族礼的起源大都与饮食有关,这对于理解各民族礼的起源具有一定的参考价值。可以说,《礼记》中"夫礼之初,始诸饮食"与史密斯的"共餐"制的说法有其相似之处。"礼"起源于古人对神的祭献饮食,目的在于从神那里获得实际利益。

(一)亚洲国家饮食礼仪

亚洲人饮食十分讲究。前文介绍了中国的饮食礼仪,下面列举几个其他亚洲国家的饮食礼仪。

1. 韩国的饮食礼仪

在韩国,吃饭时,主人总要请客人品尝一些传统饮料——低度的浊酒或清酒。韩国主人对于不饮酒的客人,多用柿饼汁招待。柿饼汁是一种传统的清凉饮料,把柿饼(亦可是梨、桃、橘、石榴等新鲜水果)、桂皮粉、松仁、蜂蜜、生姜放在水中煮沸,待凉后滤去渣皮即可制成。它味道甜辣清凉,在逢年过节时全家人常常一起饮用。

与长辈一起用餐,应让长辈先动筷子,后辈再动筷子。汤匙与筷子不能叠放在碗上。进食时,汤匙与筷子不能同时取起,只能取其一。不能端起饭碗或汤碗。不可以用汤匙或筷子翻腾饭菜,也不可以把不喜欢的食物挑出置于一边。不可把食物残留在汤匙、筷子上。食物吃完后,利用汤水把饭碗弄干净;将餐具放回最初的位置;使用后的餐巾必须折叠放回桌上。

主人在家中请客人吃饭,常用传统膳食招待。韩国人喜爱辣味,主食、副食里常常少不了辣椒和大蒜。韩国人的主食以大米和面食为主,最喜爱的传统面食是辣椒面和冷面。韩国人制作冷面的面条是选用荞麦面制作的。每顿饭要有一碟酸辣菜,其中辣白菜最受欢迎。在正式宴会上,第一道菜是用九折板盛着九种食物的菜,席上必有火锅。

韩国人在接待商务方面的客人时,多在饭店或酒吧举行宴请,以西餐形式进行接待。牛排、蒜香大虾等西餐食品很受人们的欢迎。这些食品使韩国人的膳食趋向便捷化和多样化。韩国社会没有收取小费的习惯,客人无论进餐、购物或住宾馆等,均不必支付小费。

韩国人吃饭时使用碗筷的特别礼仪是,平时一律使用不锈钢制的平尖头筷子。中国人、日本人都有端起饭碗吃饭的习惯,韩国人却视这种习惯为不规矩。既然不端碗左手没事做,就让它老实地藏在桌子下面,不让它在桌子上"露一手儿"。吃饭时右手一般先拿起勺子,从水泡菜中盛上一口汤喝完,再用勺子吃一口米饭,然后再喝一口汤,再吃一口饭,而后便可以随意地吃任何东西了。勺子在韩国人的饮食生活中比筷子更重要,它负责盛汤、捞汤里的菜、装饭,不用时要架在饭碗或其他食器上。筷子只负责夹菜。如果汤碗中的豆芽菜用勺子捞不上来，客人也不能用筷子，这是食礼。总之，韩国人的食礼比较特殊，但在聚餐时常常也能得到其他人的理解。

2. 朝鲜的饮食礼仪

1）朝鲜民间待客的传统食品

朝鲜的待客食品具有鲜明的民族特色。饺子汤、烤牛肉、脯肉、冷面等都是朝鲜待客的传统食品。

饺子汤中的饺子是用牛肉、猪肉、蔬菜、麻油、辣椒等做馅，用面皮包起来的。将饺子放入用牛肉和各种佐料熬成的汤中煮熟，食用时蘸上盐、胡椒面、芝麻面等，饺子汤就做好了，味道鲜美可口。烤牛肉的制作方式独特，首先将牛肉片拍松，放入葱、姜、蒜、梨汁、香油、麻酱等浸泡，再放到炭火上慢慢烤，食时外焦里嫩、芳香诱人。脯肉是用鱼干、牛肉干、猪肉干、羊肉干等制成的民间传统食品，香脆味浓，独具特色。朝鲜的冷面种类繁多，制作精细，面韧色鲜，汤清凉爽，酸辣适度，开胃提神，声名远扬。平壤冷面尤为驰名。

另外，打糕、凉粉、生拌牛百叶、生拌鱼等也是朝鲜人常常用来待客的传统食品。朝鲜人的饭菜以米饭、泡菜、酱为主，菜肴味道清淡鲜辣，异国他乡的客人品尝后，往往会留下深刻的印象。

2）朝鲜朋友家的待客礼仪

朝鲜素有"礼仪之国"的称号。朝鲜人十分重视礼仪道德的培养，尊老敬长是朝鲜民族恪守的传统礼仪。

朝鲜民族热情好客，每逢宾客来访，总要根据客人身份举行适当规格的欢迎仪式。无论在什么场合遇见外国朋友，朝鲜人总是彬彬有礼，热情问候，谈话得体，主动让道，挥手再见。

若邀朋友到家中做客，主人事先会进行充分准备，并将房屋打扫得干干净净。朝鲜人时间观念很强，总是按约定的时间等候客人的到来，有的人家还要全家到户外迎候。客人到来时，主人多弯腰鞠躬表示欢迎，并热情地将客人迎进家中，用饮料、水果等招待客人。朝鲜人素来待客慷慨大方，主人总要挽留客人吃饭，并用丰盛的饭菜款待客人。

3）朝鲜的饮酒礼仪

在饮酒时，朝鲜人很讲究礼仪。酒席上，斟酒者按客人身份、地位和辈分的高低依次为客人斟酒；然后地位高者先举杯，其他人依次跟随。因其传统观念是"右尊左卑"，因而用左手执杯或取酒被认为是不礼貌的。

经允许，下级、晚辈可向上级、前辈敬酒。敬酒人右手提酒瓶，左手托瓶底，上前鞠躬、致辞，为上级、前辈斟酒，一连三杯。敬酒人自己不能饮酒。敬酒者离开时应鞠躬，被敬酒者则要说些感谢或鼓励的话。当身份不同者在一起饮酒碰杯时，身份低者要将酒杯举得低，用杯沿碰对方的杯身，不能平碰，更不能将杯举得比对方高，否则是失礼。

朝鲜人饮酒时，一般不自己斟酒，而是互相斟酒。饮酒者酒杯一空，邻座就应马上为他斟满。别人为自己斟酒时，人们会举起自己的酒杯。如果不需要再加酒，人们则会在酒杯里留点酒。

3. 日本的饮食礼仪

日本人相互拜访时，一定要打电话预先联系。如果应邀到日本人家中做客，一定要在门厅摘脱帽子、手套和鞋，在门口相互致意。走进房门后，男子坐的姿势比较随便，但最好是跪坐，上身要直。女子一般要正跪坐或侧跪坐，忌讳盘腿坐。告别时，应在离开房间后再穿外衣。日本人待客一般不用香烟。客人在交谈中想吸烟要征得主人同意，以示尊重。

日本料理进食时有不少规矩。不进食时，筷子需横放并且放在筷子座上，不可将筷子竖直插在白饭中央，不可用筷子传送食物给客人，因这些动作及行为与传统祭祀相类似。饮用清汤时，先打开碗盖，然后欣赏厨师之摆设，再拿起碗饮用；用汤完毕，将碗盖放回碗上，让侍应生取走。在寿司屋进食时，点选的寿司是以两件为一单位，进食寿司，尽可能一口吃完，不可一边咬食，一边手持着食物交谈或将食物递送给别人。进食面类时，应发出"嘶""嘶"声，以示美味及赞赏。当有人为自己注茶或斟酒时，需显示友善态度，并且礼貌地拿起杯子配合，同时表达谢意。

（二）欧洲国家饮食礼仪

欧洲人比较讲究礼仪，在公共场合的私人交往中第一次见面要互换名片；朋友约会要准时，赴宴可以迟到10分钟；到欧洲人家里做客，最受主人欢迎的礼物是一束鲜花。下面介绍欧洲几个国家的饮食礼仪。

1. 英国的饮食礼仪

英国人讲究文明礼貌，注重修养，时间观念强，无论是参加宴会还是洽谈业务，都会准时到。未受邀请而去拜访英国人的家庭是非常失礼的举动。请英国人吃饭，必须提前邀请，不能临时通知。

在英国，不是所有的人都是一日四餐的，90%的英国家庭是一日三餐。家中餐食一般由女主人烹饪，大多包括早餐、正餐（午餐）和晚餐。英国人早餐喜欢吃麦片、三明治、奶油、橘酱点心、煮鸡蛋、果汁、牛奶、可可。午餐为一天中的正餐。人们餐间爱饮酒，吃牛（羊）肉、鸡肉、鸭肉、油炸鱼等。英国人的晚餐较简单，通常以冷肉和凉菜为主。人们餐间喝茶，但不饮酒。

英国人做菜时很少用酒作调料，调味品大都放在餐桌上，由进餐者自由挑选。英国人爱喝茶，把喝茶当作每天必不可少的享受，尤其喜欢中国的"祁门红茶"，不喝清茶，茶中一般加糖、鲜柠檬、冷牛奶等。

2. 法国的饮食礼仪

法国的烹调技术在世界上闻名。法国人用餐讲究选料，注重菜肴的色、形和营养，花色品种繁多。其口味特点是香味浓厚、鲜嫩味美。

早餐、午餐和晚餐是法国人日常饮食生活的重要组成部分。他们早餐一般爱吃面包、黄油，喝牛奶、浓咖啡等；午餐喜欢吃炖鸡、炖牛肉、炖火腿、炖鱼等；晚餐很讲究，大多吃猪肉、牛（羊）肉、鱼虾、海鲜、蜗牛、青蛙腿、家禽。牛排和马铃薯丝是法国人的家常菜。法国人喜欢吃冷菜,习惯自己切冷菜吃。所以,若用中餐招待法国客人,应在摆有中式餐具的同时,再摆上刀叉等工具。

法国人烹调时喜欢用酒。他们的肉类菜烧得不太熟,甚至喜欢生吃牡蛎,配料喜爱蒜、丁香、香草、洋葱、芹菜、胡萝卜等。法国人爱喝葡萄酒、啤酒、苹果酒、牛奶、红茶、咖啡、清汤,喜欢酥食点心和水果,不爱吃辣的食品。

3. 德国的饮食礼仪

德国人勤勉、矜持、有朝气、守节律、好清洁、爱音乐、约会准时,时间观念强,待人热情,诚实可靠。在宴席上,男子坐在女士和地位高的人的左侧,当女士暂时离开饭桌又返回时,邻座的男子要站起来以示礼貌。

德国人早餐简便,一般只吃面包、喝咖啡。午餐是主餐,主食是面包、蛋糕、面条或米饭,副食为马铃薯、瘦猪肉、牛肉、鸡肉、鸭肉、鸡蛋。晚餐一般吃冷餐,并喜欢以小蜡烛照明。在幽幽的烛光下,人们边吃边谈心。

德国人不太喜欢吃羊肉、鱼虾等;喜欢清淡、酸甜的菜肴,不喜辣;喜欢喝啤酒、葡萄酒。有些德国人忌食核桃。

4. 意大利的饮食礼仪

意大利人热情好客,待人接物彬彬有礼,在正式场合,穿着十分讲究。意大利具体的饮食礼仪如下。

意大利人早餐有喝咖啡、喝酸奶的习惯。主餐是午餐,一顿午餐能延续两个小时。到意大利人家做客时,可以带葡萄酒、鲜花(花枝数要为单数)和巧克力作为礼物。意大利人喜欢吃通心粉、馄饨、葱卷等面食,爱吃牛肉、羊肉、猪肉、鸡肉、鸭肉、鱼虾等。菜肴特点是味浓,尤以原汁原味闻名,烹调以炒、煎、炸、焖著称。

酒是意大利人离不开的饮料。意大利人,不论男女,几乎每餐都要喝酒,甚至在喝咖啡时,也要掺上一些酒。

5. 俄罗斯的饮食礼仪

俄罗斯人性格开朗、豪放,集体观念强,爱洁净,与外人相见时行握手礼。俄罗斯具体饮食礼仪如下。

俄罗斯人以面包为主食,以肉、鱼、禽蛋为副食,喜食牛、羊肉,爱吃带酸的食品。口味较重,油荤较大。午餐较讲究,爱吃红烧牛肉、烤羊肉串、烤鸭等。晚餐也比较丰盛,对我国的糖醋鱼、辣子鸡、酥鸡、烤羊肉等十分喜爱。俄罗斯人特别喜爱吃青菜、黄瓜、番茄、马铃薯、萝卜、洋葱、奶酪、水果。

俄罗斯人办宴会通常都用长桌,男女间隔而坐。如果客人带夫人去赴宴,其夫人会被安排在别的男子身边入座,而客人身边坐的也必然是其他人的夫人。在用餐之前,客人面前的酒杯里通常已斟满了酒。席间,客人不应有拘谨的表现,也不能只顾着吃,应同周围的人边谈边吃。当客人已吃够了,而主人还在不断地给其添菜时,客人就用右手平放在颈部,表示已不能再吃了。

俄罗斯人爱喝酒,且一般酒量较大,对名酒,如伏特加、中国酱香型茅台等烈性酒颇感兴趣,不爱喝葡萄酒、绿茶,喜欢喝加糖的红茶。

(三) 美洲国家饮食礼仪

1. 美国的饮食礼仪

美国人性情开朗,举止大方,乐于与人交往,不拘礼节,下面是其饮食方面的礼仪。

美国人早餐往往是果汁、鸡蛋、牛奶和面包;午餐较简单;晚餐是正餐,最爱吃的菜肴是牛排与猪排等,并以点心、水果配餐。口味特点是咸中带甜,喜爱清淡的食物。煎、炸、炒类食品一般都爱吃,但不会在烹调时使用调料,而是把酱油、醋、盐、味精、胡椒粉、辣椒粉等放在餐桌上让用餐者自行调味。对带骨的肉类,他们一般要剔除骨头后才用来做菜。

美国人在餐馆里用餐比较节俭,往往把吃剩的食品包好带走。一般说来,美国人认为请客人到家里去是一种友好的表示。美国人在家请客,一般采用家庭式的聚餐方式,客人与主人会围坐在长方形饭桌旁。菜肴被盛在盘子中,依次在每个人手中传递。或由男女主人依次为每人盛食品,大家需要什么就盛什么。在家宴中,最让主人高兴的礼物是充满友谊的祝酒词。这种礼物并非花钱可以买到。席间处处讲究女士优先。用餐完毕,不要保持沉默,要夸赞女主人的手艺,之后再寄给主人一封简短的感谢信。

美国人一般不爱喝茶,爱喝冰水、可乐、啤酒、威士忌、白兰地等。

2. 加拿大的饮食礼仪

加拿大人因受欧洲移民的影响,饮食礼仪与英、法两国相似,比较讲究个人仪表和卫生。其具体饮食习惯如下。

加拿大多数人与英、美、法等国人相似,口味偏重甜酸,喜欢清淡,爱吃鸡鸭肉、炸鱼虾、煎牛排、羊排等;早餐爱吃西餐;晚餐爱喝清汤;点心喜欢吃苹果派、香桃派等,并喜欢喝各种水果汁、可乐、啤酒等,对威士忌、苏打、红葡萄酒、樱桃白兰地、香槟酒等也十分喜爱。

3. 墨西哥的饮食礼仪

墨西哥人以热情待客著称,对老人和妇女十分尊重。其饮食习惯是大多数人吃西餐;早餐爱吃烤面包,喝牛奶和各种水果汁;口味喜爱清淡并咸中带甜酸味;烹调方式以煎、炒、炸为主。

墨西哥菜肴和果品往往都离不开仙人掌。仙人掌叶是墨西哥人的蔬菜,也是酿造饮料和配制糖与酒的重要原料。仙人掌成熟果实的汁液清甜爽口。在各种宴会上,仙人掌果汁常与西瓜、菠萝汁等一并受到欢迎。

在墨西哥,人们有时会以昆虫烹制佳肴,主要烹调方法是油炸和烤制。蠕虫、蚱蜢、蚂蚁经烹制后,味道恰同油炸火腿。在墨西哥,经营昆虫菜肴的餐馆生意十分兴隆。

墨西哥人还爱吃中国的粤菜,爱喝冰水、可乐、啤酒、威士忌、白兰地。

（四）非洲国家饮食礼仪

非洲大陆各民族有着不同的语言、习俗和文化。即使在同一个国家里，各部落之间的文化等也是千差万别的。

在非洲很多地方，人们吃饭不用桌椅，也不使用刀叉，更不用筷子，而是用手抓饭。吃饭时，大家围坐一圈，将一个饭盒和一个菜盒放在中间。每个人用左手按住饭盒或菜盒的边沿，用右手的手指抓自己面前的饭和菜，送入口中。非洲人抓饭吃时的动作干净利落。在非洲很多地区，做客吃饭时不能将饭菜撒在地上，这是主人所忌讳的。

在非洲的不少地方，人们吃饭时遵守严格的礼仪，甚至连牛羊鸡鸭的每个部位归谁吃都有规定。以下来谈谈非洲国家的饮食礼仪。

1. 埃及的饮食礼仪

埃及人正直、爽朗、宽容、好客。人们甚至将这一特殊的个性统称为"埃及风格"。埃及人在见面介绍后往往行握手礼，有时也行亲吻礼。在埃及，接送东西要使用双手或右手，而浪费食物，尤其浪费面饼，被认为是对神的亵渎。

埃及人的主食为面饼，副食主要是豌豆、洋葱、萝卜、茄子、番茄、卷心菜、南瓜、马铃薯等蔬菜，忌食猪肉、海味、虾、蟹和各种动物内脏以及奇形怪状的食物。埃及人有在咖啡摊上进食午餐的习惯。他们认为，买一杯咖啡和几块点心，边吃边喝，别有一番滋味。进餐时，如果非必要，埃及人一般不与人交谈。

大部分埃及人喜欢吃甜食，爱喝红茶和咖啡，忌饮酒。

2. 坦桑尼亚的饮食礼仪

坦桑尼亚人爱好音乐，能歌善舞，待人诚恳热情，注重礼貌。在坦桑尼亚，无论你被介绍给谁，都要与对方握手问好。客人和主人之间互称"某某先生"。坦桑尼亚人生活在热带，衣、食、住都较简单，生活方式同其他国家也有较大的差别。

坦桑尼亚人一般食量较大。大多数坦桑尼亚人以羊肉为主要副食品，爱吃米饭、烤羊肉串、辣味鱼、咖喱、鸡肉等。有的人以吃鱼、虾为主，有的人则用香蕉当饭。坦桑尼亚人忌食猪肉及奇形怪状的食物。

（五）大洋洲及其他地区饮食礼仪

1. 澳大利亚的饮食礼仪

澳大利亚人办事认真果断，待人诚恳热情，见面时用握手礼，直呼对方名字，乐于结交朋友，即使是陌生人，也一见如故。澳大利亚人的饮食习惯和口味与英国人较相似，喜好清淡，不爱吃辣。家常菜有煎蛋、炒蛋、火腿、脆皮鸡、油爆虾、糖醋鱼、熏鱼、牛肉等，当地名菜是野牛排，餐桌上调味品种类多。

澳大利亚人食量较大，啤酒是最受欢迎的饮料。

2. 新西兰的饮食礼仪

新西兰人同新结识的人见面或告别时，礼仪均为握手。新西兰人时间观念强，赴约守时，交谈话题大都涉及天气和体育运动。新西兰的毛利人善歌舞、讲礼仪，当远方的客人来访时,致以"碰鼻礼"。碰鼻次数越多、时间越长,说明礼遇越高。

新西兰人饮食与英国人大致相仿,喜欢吃西餐,特别爱喝啤酒。新西兰人还嗜好喝茶,一般每天需喝7次茶(早茶、早餐茶、午餐茶、午后茶、下午茶、晚餐茶和晚茶)。很多机关、学校、工矿、企业都有喝茶的专用时间。茶店和茶馆几乎遍及新西兰各地。

任务二 饮 食 风 俗

一、中国饮食风俗

(一)日常饮食风俗

日常饮食风俗是指广大民众在平时的饮食生活中形成的行为传承和风尚,基本上反映出一个国家或民族的主要饮食品种、饮食制度以及进餐工具与方式等。中国是一个由56个民族组成的大家庭,每个民族都有自己比较独特的日常饮食风俗。

1. 汉族日常饮食风俗

汉族的食品从日常的三餐来看基本上是以植物为主、动物为辅。这是因为长期以来,中国是农业大国。在广大的汉族地区,种植技术较为发达,众多的植物原料被生产出来,粮食、蔬菜等品种多、质量好、产量大、价格低廉,而动物的养殖相对较少,价格较贵。

大多数汉族人都习惯一日三餐。早餐品种简单,或豆浆油条,或稀饭、馒头与包子,或一碗面条,谷物类食品占有绝对优势。其余两餐常常分为便餐和正餐,由于工作、学习或其他原因,大多数人把午餐作为便餐,食品多是简单的菜肴、米饭或面点,以方便、快捷为原则;而把晚餐作为正餐,人们常用较多的时间精心制作美味佳肴,品种比较丰富(见图2-1),但仍然是以谷物为主,由米饭、菜点构成,随意性很强,没有固定的格局。

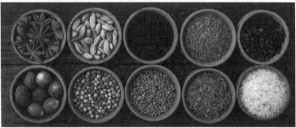

图2-1 汉族正餐及其常用调味料

除食品外,汉族人一日之中常用的饮品是茶和白酒。对许多汉族人来说,茶几乎是一日不可无之物。俗语说,"开门七件事,柴米油盐酱醋茶",可见茶与人们日常生活息息相关。人们用茶来消暑止渴、提神醒脑,视茶为纯洁、高雅且能净化心灵、清除烦恼、启迪神思的人间仙品。白酒作为汉族人的饮品,虽然不是一日不可无,却也是许多人爱不释手的。人们用酒来成就礼仪,用酒来消忧解愁,视酒为神奇、刺激且能催人幻想、美化生活、激发灵感的魔术佳品。李白有诗称:"但得酒中趣,勿为醒者传。"

2. 藏族日常饮食风俗

大部分藏族人日食三餐,但在农忙或劳动强度较大时有日食四餐、五餐、六餐的习惯。绝大部分藏族人以糌粑为主食,即把青稞炒熟磨成细粉。特别是在牧区,除糌粑外,很少食用其他粮食制品。糌粑既便于储藏又便于携带,食用很方便,一般拌上浓茶或奶茶、酥油、奶渣、糖等即可享用。在藏族地区,随时可见身上背有羊皮糌粑口袋的人,饿了随时可食用。

四川一些地区的藏族还经常食用"足玛""炸果子"等。"足玛"是藏语,为青藏高原野生植物蕨麻的一种,俗称人参果,形色如花生仁,当地春秋可采挖,常用作藏族名菜的原料。"炸果子"是一种面食,和面加糖,捏成圆或长条状后入酥油锅油炸而成,如图2-2所示。藏族人还喜食用小麦、青稞去麸和牛肉、牛骨入锅熬成的粥。聚居于青海、甘肃的藏族群众喜爱的食品,是用酥油、红糖和奶渣做成的,形似大奶油蛋糕。

3. 蒙古族日常饮食风俗

蒙古族人现主要分布在内蒙古自治区,其余分布在新疆、青海、甘肃、辽宁、吉林、黑龙江等省区。蒙古族牧民视绵羊为生活的保证、财富的源泉。族人日食三餐,每餐都离不开奶与肉,如图2-3所示。以奶为原料制成的食品,蒙古语称"查干伊得",意为圣洁、纯净的食品,即"白食"。白食分为饮用的鲜奶、酸奶、奶酒和食用的奶皮子、奶酪、奶酥、奶油、奶酪丹(奶豆腐)等。白食美味可口,营养特别丰富。以肉类为原料制成的食品,蒙古语称"乌兰伊得",意为"红食"。

图2-2　藏族"炸果子"

图2-3　蒙古族日常饮食

蒙古族人每天离不开茶,除饮红茶外,几乎都有饮奶茶的习惯。蒙古族人每天早上第一件事就是煮奶茶。煮奶茶最好用新打的净水,烧开后,冲入放有茶末的净壶或锅,慢火煮2—3分钟,再将鲜奶和盐兑入,烧开即可。蒙古族的奶茶有时还要加黄油,或奶皮子,或炒米等,其味芳香,咸爽可口,是含有多种营养成分的滋补饮料。

大部分蒙古族人都能饮酒,所饮用的酒多是白酒和啤酒,有的地区的人也饮用奶酒和马奶酒。蒙古族人酿制奶酒时,先把鲜奶倒入桶中,然后加少量嗜酸奶汁作为引子,每日搅动,3—4日待奶全部变酸后,即可入锅加温,锅上盖一个无底木桶,大口朝下的木桶内侧挂上数个小罐,再在无底木桶上坐上一个装满冷水的铁锅,酸奶经加热后蒸发,蒸气遇冷铁锅凝成液体,滴入小罐内,即成为头锅奶酒,如酒精浓度不高,还可蒸二锅。每逢节日或客人朋友相聚,蒙古族人都有豪饮的习惯。

4. 维吾尔族日常饮食风俗

维吾尔族是新疆较早从游牧转为定居农业的民族之一,但其饮食文化中,至今仍保留着许多游牧民族特有的风俗。在一般情况下,大多数维吾尔族人以面食为日常生活的主要食物,喜食肉类、乳类,蔬菜吃得较少,夏季多拌食瓜果。

馕,是维吾尔族人日常生活中不可缺少的最主要的食品,也是维吾尔族饮食文化中别具特色的一种食品。维吾尔族人食用馕的历史很悠久。馕是用馕坑(吐努尔)烤制而成的,呈圆形。馕多以发酵的面为主要原料,辅以芝麻、洋葱、鸡蛋、清油、牛奶、盐、糖等作料。馕由于含水少、久储不坏、便于携带,且香酥可口、富有营养,也为其他民族所喜爱。

抓饭,是维吾尔族群众非常喜爱的传统食品之一,维吾尔语称"婆罗",是用大米、羊肉、胡萝卜、洋葱、食油等原料做成的饭。这种饭多用手直接抓着吃,故俗称"抓饭"。抓饭的种类很多,除用羊肉做成的外,还有用牛肉、鸡肉、葡萄干、杏干、鸡蛋、南瓜等做辅料做成的抓饭,都有不同的特色。抓饭味道鲜美、营养丰富,不仅是维吾尔族人家里常吃的美味佳肴,也是婚丧嫁娶、逢年过节用来招待亲朋好友的理想食品。

维吾尔族人将烤肉称为"喀瓦普"。维吾尔族烤肉的种类很多,其中烤羊肉串,是维吾尔族最富有特色的传统风味小吃,既是街头的风味快餐,也是维吾尔族待客的美味佳肴。烤羊肉串时,将肉切成薄片,一一串在铁钎子上,然后均匀地摆放在烤肉炉上,撒上精盐、孜然和辣椒面,上下翻烤数分钟即可食用。烤羊肉串味道微辣中带着鲜香,不腻不膻,肉嫩可口。

维吾尔族传统的饮料主要有茶、奶子、酸奶、各种干果制作(泡制)的果汁、果子露、多嘎甫(冰酸奶,由酸奶加冰块调匀制成,是维吾尔族人非常喜欢的饮料之一)、葡萄水(从断裂的葡萄藤中流出来的水,味酸,可治病)、穆沙来斯(用葡萄酿制的酒)等。维吾尔族人在日常生活中尤其喜欢喝茶,一日三餐都离不开茶。茶水也是维吾尔族人用来待客的主要饮料。无论何时去维吾尔族人家里做客,主人总是先要给客人敬上一碗热气腾腾的茶水,端上一盘香酥可口的馕,即使在瓜果飘香的季节里,也要先给客人敬茶。维吾尔族人多喜欢喝茯茶,茯茶是维吾尔族人最喜欢的传统饮料。

维吾尔族传统的调味品主要有孜然、胡椒、辣面子、藿香、芫荽、黑芝麻、醋等。

5. 回族日常饮食风俗

回族人日食三餐,北方以面食为主,南方以米食为主,也吃其他杂粮。饭食品种多为面条、馒头、包子、烙饼、水饺、干饭、稀饭;还有烧锅、锅盔、花卷、臊子面等。

菜食视地区而异,南方多食鲜蔬,与汉族人没有什么区别;北方多吃马铃薯、白菜、萝卜、豆腐、腌酸菜和酱咸菜,一年四季"酸浆水"不断。肉食也视南北而定,北方多吃羊牛驼肉,南方多吃鸡鸭鱼虾。烹调方法多为炸、熘、爆、煮、焖、烤,特别是爆。爆还有油爆、盐爆、葱爆、酱爆、汤爆等之分。菜食注重咸鲜、酥香、软烂、醇浓,强调生熟分开、咸甜分开和冷热分开。

他们创造的"清真菜""清真小吃""清真糕点",是中国烹饪和中国食品中的一个重要风味流派,有很高的社会声誉。

回族人在日常饮食中很注意卫生,凡在有条件的地方,饭前、饭后都要用流动的水洗手。多数回族人不抽烟、不饮酒,忌讳别人在自己家里抽烟、喝酒。就餐时,长辈要坐正席,晚辈不能同长辈同坐在炕上,只能坐在炕沿或地上的凳子上。

6. 土家族日常饮食风俗

土家族大多居住在中国西南边沿地区,聚居在山里,陡壁悬崖,山多田少。土家族人以务农为主,兼事渔猎和采集。山的天地,造就了土家族取山所产,吃山所长,办山风味,饮食文化和风情颇具山地民族特色。

土家族人平时每日三餐,闲时一般吃两餐,春夏农忙、劳动强度较大时吃四餐。如在插秧季节,早晨要加一顿"过早"。"过早"吃的大都是糯米做的汤圆或绿豆粉一类的小吃。据说,"过早"吃汤圆有五谷丰登、吉祥如意之意。土家族人还喜食油茶汤。

土家族人日常主食除米饭外,以苞谷饭最为常见,其次为豆饭。粑粑和团馓也是土家族季节性的主食,有的甚至一直吃到栽秧时。过去,红苕在许多地区一直被当成主食,现仍是一些地区入冬后的常备食品。

酸辣,是土家族饮食的一大特色。土家族有"三天不吃酸和辣,心里就像猫爪抓,走路脚软眼也花"的说法。土家的菜肴讲究"酸、辣、香"三字。民间家家都有酸菜缸,用以腌泡酸菜,几乎餐餐不离酸菜。豆制品也很常见,如豆腐、豆豉、豆叶皮、豆腐乳等。土家族人尤其喜食"合渣"。这是一种把黄豆磨成浆,加入鲜青菜,制成的佳肴。大多数土家族人称它为"合渣",也有部分地方的土家族人叫它"懒豆腐"。还有一些地方的土家族喜欢把豆浆做成豆花,调上野胡椒和盐做"豆花饭"吃。

土家族重祭扫。祭祖用猪重达四百斤,祭神酒缸高与人齐。献祭的对象有梅山神(狩猎神)、土地神、四官神(牲畜保护神)、五谷神、阿密妈妈(小孩守护神),以及土王祠、八部神庙、三抚宫供奉的先祖灵牌,还包括逝去的亲人及孤魂野鬼等。凡祭必杀牲畜,数家或全寨一起行动,仪礼古老,态度虔诚。

7. 彝族的日常饮食风俗

大多数彝族人习惯日食三餐,以杂粮面、米为主食。金沙江、安宁河、大渡河流域的彝族,早餐多为疙瘩饭,即将玉米、荞麦、小麦、大麦、粟米等杂粮磨成粉,和成小面团,加水煮成面疙瘩。午餐,彝族人以粑粑为主食。制作粑粑时,先将杂粮面和好,再贴在锅上烙熟。也有人将和好的面发酵后,再贴在锅上烙熟,称之为"泡粑"。在所有粑粑中,用荞麦面做的粑粑最富有特色。据说荞面粑粑有消食、化积、止汗、消炎的功效,并可以久存不变质。

彝族日常饮料有酒、茶。彝族人以酒待客,民间因此有"汉人贵茶,彝人贵酒"之说。饮酒时,大家常常席地而坐,围成一个圆圈,边谈边饮,端着酒杯依次轮饮。以这种形式饮用的酒,称为"转转酒"。另外,彝族人有饮酒不用菜之习。彝族酒的种类有烧酒、米酒、荞面疙瘩酒等。制作荞面疙瘩酒时,先将荞面疙瘩蒸熟,倒入簸箕中,待降温后,加上酒曲,拌匀,盛入垫有芭蕉叶的簸箩中,再用芭蕉叶密封,置于火塘边发酵,过五六天即成。

在凉山州彝族民间,以坛坛酒(哑酒)较为有名。坛坛酒以高粱、玉米、荞子等杂粮为原料,加的是由草药制成的酒曲,入坛用泥巴封口。坛坛酒甜中带苦,饮时须加冷开水,一般用竹管饮用,人多时可多插入几根竹管,多在年节、婚礼时饮用。

饮茶之习在老年人中比较普遍,以烤茶为主。人们一般天一亮便坐在火塘边泡饮烤茶。所饮用的烤茶是把绿茶放入小砂罐内焙烤,烤至酥脆略呈黄色发香时,冲入少许沸水,稍煨片刻,而后兑入开水制成的。彝族人饮茶每次只斟浅浅的半杯,徐徐而饮。

8. 朝鲜族日常饮食风俗

朝鲜族主要分布在中国东北三省。朝鲜族聚居的地区,特别是延边地区,农、林、牧、副、渔业生产全面发展。延边地区是中国北方著名的水稻之乡,又是中国主要的烤烟产区之一。朝鲜族以能歌善舞而著称于世。

朝鲜族人多以大米、小米为主食,喜欢吃干饭、打糕、冷面。朝鲜族人多吃狗肉、猪肉、泡菜、咸菜,一般不吃羊肉和肥猪肉、花椒。

朝鲜族人平常的主食是大米饭,喜欢食米饭,擅做米饭,做米饭时,用水、用火都十分讲究。他们做米饭用的铁锅,锅底深、收口好、锅盖严,受热均匀,能焖住气儿,做出的米饭颗粒松软,饭味醇正。一锅一次可以做出质地不同的双层米饭,或多层米饭。"山珍海味"也常常摆到桌上。山上的鸡、兔、野菜和山药,海里的海带、银鱼、紫菜,都是朝鲜族人爱吃的。

朝鲜族日常菜肴常见的是"八珍菜"和"大酱菜汤(酱木儿)"等。"八珍菜"是用绿豆芽、黄豆芽、水豆腐、干豆腐、粉条、桔梗、蕨菜、蘑菇八种原料,经炖、拌、炒、煎制成的菜肴。大酱菜汤的主要原料是小白菜、秋白菜、大兴菜、海菜(带)等。要制作大酱菜汤,以酱代盐,将这些原料加水焯熟即可。朝鲜族人的饭桌上每顿饭都少不了汤,一般是喝大酱菜汤。

朝鲜族是一个爱吃狗肉的民族。在朝鲜族中流传着这样一句话:"狗肉滚三滚,神仙站不稳。"这是说朝鲜族人爱吃狗肉。锅里汤热、狗肉翻滚以后,那香味把神仙馋得都站不稳了。朝鲜族人认为,吃狗肉可以清热解毒,还认为狗肉在夏天吃最好,因为天热出汗消耗体力,吃狗肉能补充营养。现在不分时候,一年四季都可以吃。用狗肉来烹制菜肴,是朝鲜族烹饪中的一大特色。

在朝鲜族的饮食中,誉满全国的是冷面,闻名世界的是泡菜。这两类食品目前在中国各大中城市都很容易品尝到,而且声誉极佳。朝鲜泡菜是延边地区主要的过冬蔬菜。每到秋天,家家户户都把几口大缸搬到院子里,把白菜、萝卜等各种蔬菜码在缸里腌上,腌菜时的景象非常热闹。腌制好的泡菜又香又辣还带甜味。朝鲜族泡菜做工精细,享有盛誉,是入冬后至第二年春天的常见菜肴。泡菜味道的好坏,也是衡量主妇烹调手艺高低的标志。

9. 傣族日常饮食风俗

傣族主要聚居在中国西南部云南省西双版纳傣族自治州等地。傣族饮食已形成具有本民族特征的风味,其主食、副食、菜肴等都丰富多彩,具有品种多、酸辣、香的特点,如图 2-4 所示。

　　傣族地区以产米著称，故各地都以食稻米为主，一日三餐皆吃米饭。傣族所产的粳米不仅颗粒大，而且富有油性，具有米粒大而长、色泽白润如玉、做饭香软适口、煮粥黏而不腻、营养价值高的特点。西双版纳等地所产的糯米，具有营养丰富、耐饿、黏性强、不易发馊变坏、田间劳作时食用方便等优点，受到傣族人的青睐。粳米和糯米通常是现舂现吃。民间认为粳米和糯米只有现舂现吃，才能令其不失原有的色泽和香味，因而不食或很少食用隔夜米。

图 2-4　傣族日常饮食

　　傣族人日常肉食有猪、牛、鸡、鸭肉等，不食或少食羊肉，善做烤鸡、烧鸡、极喜鱼、虾、蟹、螺蛳等水产品。以青苔入菜，是傣族特有的饮食风俗。傣族人烹鱼，多将鱼做成酸鱼或烤成香茅草烤鱼，此外也会做成鱼剁糁（将鱼烤后捶成泥，用大芫荽等调味）、鱼冻、火烧鱼、白汁黄鳝等；吃螃蟹时，一般都将螃蟹连壳带肉剁成蟹酱，用来蘸饭吃，傣族人称这种螃蟹酱为"螃蟹喃咪布"。

　　茶也是傣族地区的特产之一。西双版纳是普洱茶的故乡，所以傣族人皆有喝茶的嗜好，家家的火塘上都常煨有一罐浓茶，可随时饮用和招待客人。傣族所喝之茶皆是自采自制的。这种自制茶叶特具风味，只摘大叶，不摘嫩尖，晾干后不加香料，只在锅上加火略炒至焦，冲泡而饮，略带煳味，但茶固有的香味很浓，有的浸泡多次不变色。总之，其制法独特，饮用起来别具风味。

（二）节日饮食风俗

　　自远古时期开始，中国各民族就喜欢把美食与节庆、礼仪活动结合在一起。年、节、生、婚、寿的祭奠和宴请都是表现饮食风俗文化风格最集中、最有特色、最富情趣的活动。在节日里，人们通过相应的饮食风俗活动加强亲族联系，调剂生活节律，表现追求、企望等心理，以及各种文化需求和审美意识。少数民族传统节日期间的酒食合欢更是丰富多彩。其间有丰盛的节日食品，还有各种形式的娱乐活动。其中有不少是寓娱乐于美食之中的饮食风俗活动。

　　汉族的饮食受到本地区自然环境的直接影响，也与一定的社会文化环境有密切的关系。岁时节日是表现汉族饮食文化风格的重要时期。汉族与其他民族一样，从年初到年终，每个节日差不多都有相应的特殊食品和习俗。节日食品是丰富多彩的。它常常能将丰富的营养成分、赏心悦目的艺术形式和深厚的文化内涵巧妙地结合起来，形成比较典型的节日饮食文化。汉族节日饮食风俗大致包括以下三类内容：

一是用作祭祀的供品。供品在旧时代的宫廷、官府、宗族、家庭的特殊祭祀、庆典等仪式中占有重要的地位。在当代汉族的多数地区，这种事物早已消失，只在少数偏远地区或某些特定场合，还残存着一些象征性的活动。

二是供人们在节日或特定时间食用的特定的食物制品。这是节日食品和饮食风俗的主流。例如春节除夕，北方家家户户都有包饺子的习惯，而江南各地则盛行打年糕、吃年糕的习俗。另外，汉族许多地区过年的家宴中往往少不了鱼，象征"年年有余"。端午节吃粽子的习俗，千百年来传承不衰。中秋节的月饼，蕴含了对人间亲族团圆和人世和谐的祝福。其他诸如开春时食用的春饼、春卷，正月十五的元宵，农历十二月初八的腊八粥，寒食节的冷食，农历二月二的猪头，七夕的蚕豆，尝新节的新谷，结婚喜庆中的交杯酒，祝寿宴的寿桃、寿桃、寿糕等，都是节日习俗中的特殊的食品和具有特殊内涵的饮食。

三是饮食中的信仰、禁忌。汉族人认为熟则顺，生则逆，多在正月初一、初二、初三三日忌生，即年节食物多于旧历年前煮熟，过节三天只需回锅。因而有的地方在年前将一切准备齐备。有些地方有过节三天间"不动刀剪"之说。河南某些地区以正月初三为谷子生日，认为这天应忌食米饭，否则会导致谷子减产。一些地区在妇女生育期间的饮食禁忌也较多。

下面介绍汉族一年中几个重要节日的饮食风俗。

1. 春节饮食风俗

春节，是农历的岁首，也是汉族古老的传统节日，是汉族最盛大、最热闹的一个传统节日。正月初一古称元日、元辰、元旦等，俗称年初一，意即正月初一是年、月、日三者的开始。春节是个亲人团聚的节日，离家的孩子这时要不远千里回到父母家里。真正过年的前一夜叫"除夕"，又叫"团圆夜""团年夜"。传统的庆祝活动则从除夕一直持续到正月十五元宵节。

春节是中国最大、最隆重的传统节日，过年是人们最喜庆、最欢乐的时候。"年"的讲究甚多，过年的内容丰富而繁杂，这种"年味"突出表现在吃的方面。

吃饺子不必说了，在很多地方，再贫穷的人家，大年三十也要吃顿饺子。饺子也因为在辞旧迎新之交、子时吃而得名。各家饺子外形都差不多，皮和馅的原料却大相径庭。其中，白面、肉馅最多见，荞麦面、白菜萝卜馅也很常见。

在有些地区，年糕也是年前必备食品。其中，黏高粱米面是黑红色的，大黄米面是黄色的。一层黑红一层黄的叫花糕，夹进大枣又叫枣糕。年糕寓意日子年年高、早日高升发财。一进"腊月门"，人们便把玉米叶子铺在锅帘上，一层一层地往上撒不干不稀的黏面子，用急火蒸熟，切成块冻起来，随时食用，既方便好吃，又寄托了吉祥的寓意。

蒸饽饽和蒸年糕同样重要，其用途一是食用，二是祭祖。饽饽大的有盘子那么大，小的只有碗口那么大。祭祀时通常准备两组，每组五个，下层摆三个，尖朝上，上层放两个，头朝下；大年三十摆上，初三才可以吃。

过去，杀年猪也是过年的一个重要部分。它标志着年的真正到来。那时，猪是越肥越好，因为肥肉炼的猪油越多，全家人全年吃菜的油水就越大。杀年猪那天主要吃猪下水、血肠。人们将猪下水和灌好的血肠一同放进一大锅萝卜干里煮,能一连吃好多天。猪头一劈两半,正月十五和二月二各吃一半。杀年猪时,要请长辈和亲朋好友前来同吃。若有杀不起年猪又没能来家做客的邻居或亲戚,必定要给他们送去一碗菜。碗中,下面是萝卜干,上面会有几块猪肉,体现出人情、乡情。会过日子的人家无论如何也要把年猪肉留下一些,腌成咸肉,常年调剂伙食,主要用于待客、办事。

过年的餐桌上还必须有鸡、鱼、粉条等。鸡表示吉利,鱼表示富余,粉条表示长远。果品是苹果,瓜子是南瓜子,糖是"光屁股块糖"。桌上的东西自己家人很少去吃,主要摆在那里待客。小孩子能吃到沿街叫卖的一串"梨糕",就是糖葫芦,也就兴高采烈、心满意足了。

无酒不成席。人们年前还要自酿米酒,把酒糟子掺进粥状的黏高粱米面和大黄米面中,放在瓮里发酵,做成米酒。米酒香醇可口,营养丰富,也能醉人。

2. 清明节饮食风俗

清明节是我国传统节日之一,距今已有2500多年的历史。在古代,清明节时,人们除了讲究禁火、扫墓,还进行踏青、荡秋千、蹴鞠、打马球、插柳等一系列风俗活动和体育活动。相传,这些活动是因为清明节要寒食禁火,大家为了防止冷餐伤身而组织的。因此,这个节日中既有祭扫新坟生离死别的悲伤泪,又有踏青游玩的欢笑声,是一个富有特色的节日。同时,清明节的饮食风俗也是丰富多彩的,各地有不同的节令食品。

清明时节,江南一带有吃青团子的风俗习惯。青团子是将一种名叫"浆麦草"的野生植物捣烂后挤压出汁,接着将这种汁同晾干后的水磨纯糯米粉拌匀揉合,制成的团子。团子的馅心由细腻的糖豆沙制成。人们在包馅时,会另放入一小块糖和一小块猪油。团坯制好后,入笼蒸熟,出笼后用毛刷将熟菜油均匀地刷在团子的表面。青团子油绿如玉（见图2-5）、糯韧绵软、清香扑鼻,吃起来甜而不腻、肥而不腴。青团子还是江南一带人用来祭祀祖先

图2-5 清明节"青团子"

的必备食品。正因为如此,青团子在江南一带的民间饮食风俗中显得格外重要。

在浙江湖州,清明节家家裹粽子。粽子可作上坟的祭品,也可作踏青带的干粮。俗话说:"清明粽子稳牢牢。"清明前后,螺蛳肥壮。俗话说:"清明螺,赛只鹅。"清明节这天,还要办社酒。同一宗祠的人家在一起聚餐。没有宗祠的人家,一般与同一高祖下各房子孙们在一起聚餐。社酒的菜肴,荤以鱼肉为主,素以豆腐、青菜为主,酒以家酿甜白酒为主。浙江桐乡河山镇有"清明大似年"的说法,清明夜重视全家团圆吃晚餐,饭桌上少不了这样几个传统菜:炒螺蛳、糯米嵌藕、发芽豆、马兰头等。

3. 端午节饮食风俗

农历五月初五是端午节,据传是中国古代伟大诗人、世界四大文化名人之一的屈原投汨罗江殉国的日子。此后,农历五月初五就成为纪念屈原的日子。千百年来,屈原的爱国精神和感人诗词,深入人心。在民俗文化领域,中国民众把端午节的龙舟竞渡和吃粽子等,与纪念屈原紧密联系在一起。

中国的端午节还有许多别称,如午日节、五月节、浴兰节、女儿节、天中节、诗人节、龙日等。虽然名称不同,但各地人们过节的习俗却大同小异。内容主要有女儿回娘家,挂钟馗像,悬挂菖蒲、艾草,佩香囊,赛龙舟,比武,击球,荡秋千,给小孩涂雄黄,饮用雄黄酒,吃咸蛋、粽子和时令鲜果等,除了有迷信色彩的活动逐渐消失外,其余习俗至今已流传至中国各地及邻近的国家。例如,每逢端午,江浙一带的老百姓喜欢在晚上划龙船。现场张灯结彩,龙舟来往穿梭,情景动人,别具情趣。

4. 中秋节饮食风俗

每年农历八月十五,是传统的中秋佳节。这时是一年秋季的中期,所以被称为中秋。在中国的农历里,一年分为四季,每季又分为孟、仲、季三个部分,因而中秋也称仲秋。八月十五的月亮比其他几个月的满月更圆、更明亮,所以又叫作"月夕""八月节"。此夜,人们仰望天空如玉如盘的朗朗明月,自然会期盼家人团聚。远在他乡的游子,也借此寄托自己对故乡和亲人的思念之情。所以,中秋又称"团圆节"。

我国城乡群众过中秋都有吃月饼的习俗,俗话说:"八月十五月正圆,中秋月饼香又甜。"月饼最初是用来祭奉月神的祭品,后来人们逐渐把中秋赏月与品尝月饼结合在一起,寓意家人团圆。月饼最初是在家里制作的。清代袁枚在《随园食单》中就记载有月饼的做法。到了近代,有了专门制作月饼的作坊。月饼的制作越来越精细,馅料考究,外形美观。月饼外面还印有各种精美的图案,如"嫦娥奔月""银河夜月""三潭印月"等。人们以月之圆代表人之团圆,以饼之圆代表人之常生,用月饼寄托思念故乡、思念亲人之情,祈盼丰收、幸福。月饼还被用来当作礼品送亲赠友,联络感情。

5. 重阳节饮食风俗

农历九月九日,为传统的重阳节。因为古老的《易经》中把"六"定为阴数,把"九"定为阳数,九月九日,两九相重,故而叫重阳,也叫重九。古人认为这是一个值得庆贺的吉利日子,并且从很早的时候就开始过此节日。因为"九九"与"久久"同音,九在数字中又是最大数,有长久长寿的含义,况且秋季也是一年收获的黄金季节,人们对此节日历来有着特殊的感情。唐诗宋词中有不少贺重阳、咏菊花的佳作。

庆祝重阳节的活动多彩浪漫,一般包括登高远眺、吃重阳糕、观赏菊花、饮菊花酒、插茱萸等活动。

在古代,民间在重阳有登高的风俗,故重阳节又叫"登高节"。对于登高之处,没有统一的规定,一般是登高山、高塔。

据史料记载,重阳糕又称花糕、菊糕、五色糕,制无定法,较为随意。九月九日天明时,以片糕搭儿女头额,口中念念有词,祝愿子女百事俱高,乃古人九月做糕的本意。讲究的重阳糕要做成九层,像座宝塔,上面还做两只小羊,以符合重阳(羊)之义。

重阳节正处于金秋时节,恰逢菊花盛开。据传,赏菊及饮菊花酒,起源于晋朝大诗人陶渊明。陶渊明以隐居出名,以诗出名,以酒出名,也以爱菊出名。后人效之,遂有重阳赏菊之俗。旧时文人士大夫,还将赏菊与宴饮结合,以求和陶渊明更接近。

重阳节插茱萸的风俗,在唐朝就已经很普遍。人们认为在重阳节这一天插茱萸可以避难消灾,或将其佩戴于臂,或做香袋把茱萸放在里面佩戴,还有将茱萸插在头上的。在大多数地区,一般是妇女、儿童佩戴茱萸,有些地方,男子也佩戴茱萸。

今天的重阳节，被赋予了新的含义。1989年，我国把每年的九月九日定为老人节，令传统与现代巧妙地结合，重阳节成为尊老、敬老、爱老、助老的老年人的节日。

6.冬至节饮食风俗

冬至，是我国农历中一个非常重要的节气，也是一个传统节日。冬至俗称"冬节""长至节""亚岁"等。冬至是北半球一年中白天最短、黑夜最长的一天。冬至过后，各地气候都进入一个最寒冷的阶段，这就是人们常说的"进九"。我国民间有"冷在三九，热在三伏"的说法。

我国古代人民对冬至很重视，将冬至当作一个较大节日，曾有"冬至大如年"的说法，而且有庆贺冬至的习俗。现在，一些地方仍把冬至作为一个节日来过。北方地区有冬至宰羊、吃饺子、吃馄饨的习俗，南方地区在这一天则有吃米团、长线面的习惯。很多地区在冬至这一天还有祭天祭祖的习俗。

冬至经过数千年发展，形成了独特的节令食文化。馄饨、饺子、汤圆、赤豆粥、黍米糕等都可作为年节食品。曾较为时兴的"冬至亚岁宴"的名目也很多，如吃冬至肉、献冬至盘、供冬至团、馄饨拜冬等。

在我国台湾地区，人们保留着冬至用九层糕祭祖的传统。人们用糯米粉捏出鸡、鸭、龟、猪、牛、羊等象征吉祥如意和福禄寿的动物，用蒸笼分层蒸成，然后用来祭祖，以示不忘先人。祭奠之后，还会大摆宴席，招待前来祭祖的宗亲们。

（三）礼仪饮食风俗

"礼仪"在这里有两层含义：一是指礼仪规范，二是指人生礼仪。礼仪规范简称为"礼"，它是我国数千年历史的核心，具有我国一切文化现象的特征。礼的中心内容和基本原则是，充分承认存在于社会各个阶层的亲疏、尊卑、长幼有别的合理性。礼要求每个人都严格地遵循规范，包括饮食规范，亦即饮食之礼。

人生礼仪是指人在一生中几个重要环节上所经过的具有一定仪式行为的过程，包括诞生礼、成年礼、婚礼和葬礼。此外，生日庆贺活动和祝寿仪式也属人生礼仪的范畴。人生礼仪中的饮食活动，即为礼仪饮食风俗。

1.生育饮食风俗

生育是人类繁衍后代的手段。人们在长期的生育实践活动中，因信仰、认识的不同，产生了种种生育习俗。这些纷繁的生育习俗里，有不少关于饮食活动的内容。生育活动中的饮食习俗，是饮食风俗的一个重要组成部分。我们透过生育饮食风俗，可以窥见中国饮食风俗之丰富多彩，中国饮食文化之辉煌灿烂。

1）求子饮食风俗

求子饮食风俗由来已久。《诗经》中有一首《芣苢》，歌谣中反复咏唱"车前子"，是因为她们采到了可以促孕的车前子。可见，早在先秦时期，人们就已经知道用某种食物促孕求子了。

古时，孕妇临盆后，要敬供"送子娘娘""催生娘娘"各一碗饭，民间谓之"娘娘饭"，传说不孕者吃了这碗饭即有望怀孕。还有人把蛋视为灵验的促孕食品，认为某些具有特殊意义的蛋，具有奇特的促孕功能。在长江中下游地区，嫁女儿的嫁妆里有一个朱漆"子孙桶",桶里要放上若干个煮熟染红的喜蛋。据说吃了这种蛋很快就会有喜。除吃蛋外,南瓜、莴苣、子母芋头、枣、栗子、花生、桂圆、莲子、石榴、葫芦等都曾被用来求子。

2) 怀孕时的饮食风俗

妇人怀孕,民间俗称"有喜",被认为是家庭中的一件大事。孕妇在孕期要保证充足的营养摄入,补充足够的蛋白质、维生素、矿物质等;在整体的饮食结构上,应保障饮食的多样化,从多方面摄入营养,避免挑食、偏食或暴饮暴食,确保饮食均衡;应根据自身实际情况调整饮食结构。民间有"酸儿辣女"之说。当然,这些饮食禁忌并无科学根据,我们更应该关注中国注重胎教的优良传统。

3) 诞生后的饮食风俗

妇女生育之后,随着婴儿的呱呱坠地,一系列的诞生礼仪便正式开始了。这些礼仪大都含有为孩子祝福的意义。民间流行的生育礼仪最常见的有"三朝""满月""抓周"等,其间产妇的饮食也有一番讲究。

孩子出生后,女婿要到岳父岳母家"报喜"。因地域不同,具体做法稍异。湘西一带,小孩出世后,女婿要备上两斤酒、两斤肉、两斤糖、一只鸡到岳父岳母家报喜,送公鸡表示生男孩,母鸡表示生女孩,双鸡表示双胞胎。安徽淮北地区女婿去岳家时,要带煮熟的红鸡蛋,生男,蛋为单数;生女,蛋为双数。产妇的娘家此时则要送红鸡蛋、十全果、粥米等。因礼品中多有米,得名"送粥米"。送粥米也称送祝米、送米、送汤米。有的人还会送红糖、母鸡、挂面、婴儿衣被等。

婴儿出生三天,要"洗三朝"。洗三朝也称三朝、洗三,唐朝即已盛行。是日,家人采集槐枝、艾叶、草药煮水,并请有经验的接生婆为婴儿洗身、唱祝词。洗毕,以姜片、艾团擦关节,用葱打三下,取聪明伶俐之意。在浙江,民间为婴儿洗浴时,还配草药炙婴儿肚脐。

在山东,有新生儿的家庭要煮面送邻里,谓之"喜面";在安徽江淮地区,则要向邻里分送红鸡蛋;在湖南蓝山,要用糯糟或油茶招待客人。

2. 婚姻饮食风俗

我国各地民间婚俗,都离不开饮食活动,从恋爱相亲、赠送聘礼、两家定亲、催妆迎亲、举办婚礼到三朝回门,"吃"贯穿始终。

婚嫁饮食风俗在具体表现形式上具有隆重、吉祥的显著特点。婚嫁是人生大事,不隆重无以表达人们的喜悦之情,故但凡婚宴,都具有喜庆、热闹、隆重的特点。

婚嫁是人生的新起点和里程碑,它预示着一种崭新生活的开始,因此显得特别重要。既然是人生大事,人们当然希望有一个好的开端。因此,人们往往在婚嫁饮食活动中,通过多种表达方式(如食物、口彩等)来表达吉祥的心愿,描画美好的未来。

1) 出阁饮食风俗

姑娘出嫁称为"出阁"。按照我国传统思想,结婚是为了生儿育女、传宗接代,因此各地的婚嫁活动大多包含"早生子、多生子"的意义,嫁妆中的食品多含此意。

陕西一些地方,姑娘出阁时,要在陪嫁的棉被四角包上四样东西——枣子、花生、桂圆和瓜子,名义上是给新娘夜间饿了吃的,实际上是借这四种食品的名字的组合谐音,寓意"早(枣)生(花生)贵(桂圆)子(瓜子)"。

在我国各地,鸡蛋是嫁妆中常见的一种食品。鸡蛋有的地方也叫鸡子。江浙一带,嫁妆中有一种"子孙桶",桶中要盛放喜蛋一枚、喜果一包,送到男方家后由主婚太太取出,当地人称此举为"送子"。嫁妆的两只痰盂里分别放有一把筷子和五个染红的鸡蛋,寓意"快(筷子)生子(蛋)"。

2) 婚宴饮食风俗

婚宴也称"喜酒",是婚礼期间为贺喜宾朋举办的一种隆重的筵席。如果说婚礼把整个婚嫁活动推向高潮的话,那么婚宴则是高潮的顶峰。

我国民间非常重视婚礼喜酒,把办喜酒作为婚礼活动中一个重要甚至唯一的内容。旧时结婚可以不要结婚证,但不可不办酒席,婚宴成了男女正式成婚的一种证明和标志。即使现在,在一些地区,举办婚宴的重要性仍明显大于领取结婚证。

婚宴一般在新郎、新娘拜堂仪式完毕后举行。如果宾客较多,则分两天举办。第一天迎亲日的宴席名为"喜酌",第二天的名为"梅酌"。喜酌的赴宴者都是三亲六戚,梅酌的赴宴者皆为亲朋好友。之所以叫梅酌,是因为古时婚礼,宾客来贺,主家需献上一杯放有青梅的酒。

民间婚宴,礼仪烦琐而讲究,从入席到安座,从开席到上菜,从菜品组成到进餐礼节,乃至席桌的布置、菜品的摆放等,各地都有一整套规矩。

"香菇上桌,新娘敬酒",是浙江丽水(古称处州)婚宴中特有的习俗。此俗与香菇有关。此地香菇是"无芽、无叶、无花,自身结果;可食、可药、可补,周身是宝"的皇家贡品、皇封特产,因而民间把香菇视为"皇封圣品""菜中之王",倍加珍爱,在"新娘为大"的隆重婚宴上,把香菇列为筵席"主菜中的主菜"。在新娘未敬酒前,其他菜可以随意吃,而香菇不能触动,否则,有失礼貌。

在浙江诸暨的婚宴上,有一道特殊的菜——豆腐。诸暨人对豆腐的喜爱,到了令人费解的地步:婚宴上的第一道菜不是冷盘,而是一大碗热气腾腾的煎豆腐。要知道在有些地方,丧宴大多吃的是"豆腐饭",甚至"豆腐饭"就是丧宴的代名词。在这些地方,婚宴上吃豆腐,自然少见。如果是在这些地方这样做,客人是一定会不满的。但在诸暨例外。诸暨人吃豆腐,不分喜事丧事,过年过节更是要吃豆腐。诸暨农家过年,猪可以不宰,年糕可以不轧,而这豆腐却不能不做。诸暨人常以豆腐的口味来衡量一个主妇的烹调技术。一些相亲的小伙子也往往从这碗煎豆腐中吃出姑娘掌勺的本领来。煎豆腐之所以能从众多的菜肴中脱颖而出、登诸暨宴席的大雅之堂,是有其很科学的道理的。客人入席,大多空了肚皮,空肚喝酒易醉易伤胃。好客的诸暨人便使用三海碗点心作先导,主要是猪肝面、牛血粉丝和煎豆腐。因此,婚宴上首先吃豆腐,不是厨师忙昏了头,而是诸暨地方婚姻饮食风俗的独特之处。

新人进入洞房喝"交杯酒"。在绍兴,喝交杯酒的程序是:两杯酒混合后再一分为二,让两位新人呷完。喝完交杯酒,新人还要吃瓜子和染成红红绿绿的生花生,有早生贵子之意。在婚床的床头,预先放了一对红且厚的酥饼。就寝前,新郎新娘分食酥饼,表示夫妻和睦相爱。在金华,新郎新娘就寝前要吃由喜婆送上的蛋煮糖茶(俗称"子茶"),寓生子之意。

3. 寿庆饮食风俗

生日即人的诞辰,做生日就是庆祝诞辰的活动。生日庆祝免不了吃喝,长期以来,我国的生日庆祝形成了相对固定的传统和习惯,它也成为中国饮食文化的组成部分之一。

当一个婴孩分离母体时,地球上多了一个生命,家族增加了一位成员。因此,生日是欢欣鼓舞的一天。但是,母亲分娩时必须忍受巨大的疼痛,在医学不发达的古代,母亲还可能为之献出生命,所以古代把孩子的生日当作"母难日",生日不仅不搞庆祝活动,有时还进行"母难"纪念。据《隋书·高祖纪》记载,六月三日是隋文帝杨坚的生日,他下令在他母亲元明皇后的"母难日"这天,禁止屠杀一切牲口和家禽。

人们把一般的诞辰称为"生日",又把特别的生日称为"寿辰",这时的庆祝则称为"做寿"。献寿的食品也有传统的约定,最普遍的要数"寿桃"和"定胜糕"了。

桃树是我国种植最普遍而又最神秘的植物。传说,度朔山的桃树上住着叫神荼和郁垒的兄弟二人,因此将桃木做成的饰物挂在门上能驱鬼。这种桃印演变到现在就是门符和门联。桃木辟邪在我国至少已有几千年的历史。后来,民间又出现西王母吃桃而长寿的传说故事。因此,祝寿献桃实际上包含二层意义,即辟邪和祝贺长寿。以前在摘桃子季节献寿是用新鲜桃子的,新鲜桃子受季节和地区的限制,于是又产生了用粉面制作的寿桃。直至今天,献寿用"寿桃"仍是普遍流行的风俗。

定胜糕是一种用米粉制作的糕点食品。中国称为"定胜"的物品甚多,如春节时长辈分赐给小孩的果盘称为"定胜盘",现在仍盛传的压岁钱旧时也称为"定胜钱"。实际上"定胜"是古代方胜辟邪之变。方胜就是一种以两个菱形组成的图案(现在它还是中国传统的主要图案),以前是道士的重要驱魔镇妖法器。所以,过去的定胜糕都为两个菱形,献定胜糕祝寿的风俗意义也在于辟邪。当然,"糕"谐音"高"。因此,定胜糕又含有"祝贺高寿"之义了。近代以后,定胜糕的形制发生变化,一般两头制成"如意"形,故而馈赠定胜糕又含有"万事如意"的含义了。

4. 丧事饮食风俗

人们在举行丧葬仪式时,也有特定的饮食风俗。《西石城风俗志》记载:"(葬毕)为食用鱼肉,以食役人及诸执事,俗名曰'回扛饭'。"这是流行于江苏南部地区的旧时汉族丧葬风俗。安葬结束后,丧家要置办酒席感谢役人与执事。

汉族民间的一般俗规,是送葬归来后共进一餐。这一餐,一些地方叫"豆腐饭"。根据儒家的孝道,当父亲或母亲去世后,子女要服丧,服丧期间以素食表示孝道。据说,这是中国民间"豆腐饭"的由来。后来席间也有荤菜,但人们仍称之为"豆腐饭"。

江苏南部流行"泡饭"之俗。这是抬出灵柩日的一种接待宾客的活动。《西石城风俗志》记载:"出柩之日,具饭待宾,和豌豆煮之,名曰'泡饭';素菜十一大碗、十三大碗不等……"丧葬仪式中的饮食,主要是用来感谢前来奔丧的宾客的。这些宾客中,有些人协助丧家办理丧事,非常辛劳。丧家以饮食款待之,一是表达谢意,二是希望丧事办得让各方面满意。至于丧家成员的饮食,因悲伤,往往很简单。陕西安康等地有"提汤"之俗。丧主因过度悲伤,不思饮食,也无心做饭。此时,亲友邻里便纷纷送来各种熟食,并劝慰主人进食,谓之"提汤"。这些熟食主人可以自己食用,也可以用来待客。

（四）宗教饮食风俗

中国文化在漫长的发展历程中,吸纳了多种宗教元素。在众多宗教中,来源于南亚次大陆的佛教和中国本土生长的道教对于中国文化的影响最为深远。

佛教与道教不仅包含着各自的哲理思辨、人生理想、伦理道德、艺术形式,也在人们日常饮食中留下了印迹。事实上,在世界各民族的历史上,成熟宗教的出现,无不给该民族的社会生活带来了巨大影响。

1. 佛教饮食风俗

经过一千多年的发展,佛教寺院中的饮食已成为一种独特的文化现象,素菜、素食、素席都闻名于世。这些素食常以用料与烹制考究,做工精细,菜肴的色、香、味、形独特,深受民众的喜爱和赞赏。

谈到佛教寺院中的饮食生活,人们都会联想到素菜。素菜是中国传统饮食文化中的一大流派,悠久的历史使它很早就成为中国菜的一个重要组成部分,特殊的用料、精湛的技艺,使其绚丽多姿;清鲜的风味、丰富的营养,使它在中国菜中独树一帜。

佛寺僧人用膳一般都在斋堂进行,吃饭时以击磬或击钟来召集僧徒。钟声响后,从方丈到小沙弥,齐聚斋堂用膳。佛寺饮食多为分食制,吃同样的饭菜,每人一份,如图2-6所示。只有病人或特别事务者可以另开小灶。每天早斋和午斋前,都要念诵二时临斋仪,以所食供养诸佛菩萨,为施主回报,为众生发愿,然后方可进食。

图2-6　佛教日常午餐

佛寺僧人一般早餐食粥,时间是晨光初露时,以能看见掌中之纹时为准。午餐大多食饭,时间为正午之前。晚餐即药食,大多为粥。本来药食一般要取回自己房内吃,但由于大家都吃,也就经常都在斋堂就餐。

其实在佛教戒律中,和素食一起奉行的还有一种"过午不食"的规定,即午后不吃食物。只有病人可以过午以后加一餐,称为"药食"。但中国僧人从古时起就有耕种的习惯,由于劳动,消耗体力较大,晚上不吃不行,所以多数寺庙中的僧人开了过午不食的戒,不过晚餐名称仍为药食。

2. 道教饮食风俗

佛教是外来的,而道教却是中国土生土长的。史学界和道教界一般都认为道教形成于东汉中叶。道教以追求长生为主要宗旨。因此,它在饮食上有自己的信仰,主要包含以下两个方面的内容。

1) 少食辟谷

道教主张少食,进而达到辟谷的境地。所谓辟谷,亦称断谷、绝谷、休粮、却粒等。谷在这里是谷物、蔬菜类食物的简称,辟谷即不进食物。

辟谷之术,由来已久。据说,辟谷术源于赤松子。赤松子是神农时的雨师,传说中的仙人。道教为什么要回避谷物呢?这是因为道教认为,人体中有三虫,亦名三尸。《中山玉匮经·服气消三虫诀·说三尸》中认为,三尸常居人脾,是欲望产生的根源,是毒害人体的邪魔。三尸在人体中是靠谷气生存的,如果人不食五谷,断其谷气,那么,三尸在人体中就不能生存了,人也就消灭了体内的邪魔。所以,要益寿长生,便必须辟谷。

辟谷者虽不食五谷,却也不是完全食气,而是以其他食物代替谷物,这些食物主要有大枣、茯苓、巨胜(芝麻)、蜂蜜、石芝、木芝、草芝、肉芝、菌芝等,即服饵。从现代营养学的观点看,要使身体健康,就得注重营养,不能使饮食单调,只吃某几类食物。长期排斥谷物蔬菜,饮食单一,会对人体产生不良影响。

2)拒食荤腥

道教主张人体应保持清新洁净,认为人禀天地之气而生,气存人存,而谷物、荤腥等都会破坏气的清新洁净。道教把食物分为三六九等,认为最能败清净之气的是荤腥及"五辛",所以尤忌食肉、鱼与葱、蒜、韭菜等辛辣刺激的食物,主张"不可多食生菜鲜肥之物,令人气强,难以禁闭"。

古代道教的信仰饮食习俗,既有一定的科学内容,如主张节食、淡味、素食,反对暴食、厚味、荤食等,也有一些糟粕。这些精华与糟粕在道教追求长生的目的下得到了统一,并对后世产生了较大的影响。明清时,许多道教信徒的饮食遵循的就是这种规则。

3. 基督教饮食风俗

基督教是认为基督耶稣是救世主的各教派的统称,包括天主教、东正教、新教等教派。基督教徒的饮食平时与常人一样,没有特别的讲究。《圣经》强调人们应当"勿虑衣食",即不要为衣食所累,并且反对荒宴和酗酒;认为上帝最悦纳的祭祀是爱,而不是别的(如食物)。《圣经》中也提到要为食物而劳力,但这种食物指的是"永生的食物",是耶稣,而不是"必坏的食物"(即果腹之食物)。做弥撒时,神父将一种无酵面饼和葡萄酒"祝圣"后,称它们已变成耶稣的"圣体"和"圣血",请众人分食。

(五)少数民族饮食风俗

千百年来,各少数民族形成了各具特色的饮食风俗,由于篇幅的限制,以下对朝鲜族等九个民族的饮食风俗做简要介绍。

1. 朝鲜族饮食风俗

朝鲜族人的饮食分为家常便饭和特制饮食两大类。便饭类主要有米饭、汤、菜等;而特制饮食有打糕、糖果、冷面等。他们生活在海滨和多山的地区,因此可以吃到独特的"山珍海味",例如山菜、山果、山药等"山珍",还有鱼贝类、海菜、紫菜等"海味"。朝鲜族人喜欢吃的肉类还有牛肉、鸡肉、海鱼等,不喜欢吃羊、鸭、鹅以及油腻的食物。他们还有家家酿酒的习俗,所酿的主要有米酒、清酒、浊酒。朝鲜族人的就餐方式是以炕为席而食。

2. 满族饮食风俗

满族人的主食是小米,更喜欢吃黏食,春季吃豆面饽饽,夏季吃苏子叶饽饽,秋季做黏糕饽饽。他们还喜吃由发酵的玉米面做成的带酸味的面条、猪肉酸菜下粉条、白肉血汤等,并且以煮为主。满族的点心种类繁多,其中的"萨其马"是人们最喜欢吃的,也是流行最广的一种。另外,一些满族人有吸烟、饮酒的习俗,包括妇女在内,过去曾有"十七八的姑娘叼着大烟袋"的说法。

3. 回族饮食风俗

回族人多信奉伊斯兰教,他们的饮食受此宗教的影响,以食牛羊肉为主,禁食《古兰经》中规定的不洁的食物,也不饮酒。在煮饭时,回族人喜欢加入剁成小块的牛羊肉、萝卜块、马铃薯块、调料等合煮。他们还爱吃油炸豆腐、打卤面、羊肉水饺、粉汤、羊油糖包等。特色风味食品有涮羊肉和用牛羊的头、蹄加调料煮成的杂碎汤。到了伊斯兰教历10月1日的开斋节(中国新疆地区又称肉孜节),回族人家家杀鸡宰羊,并准备炸馓子、油条、水果等食物。

4. 维吾尔族饮食风俗

维吾尔族人以面食为主,喜食肉类,主要是羊、牛、鸭、鱼肉,忌食猪、狗、驴肉等。他们有喝奶茶、茯茶、红茶的习俗,瓜果、果酱、奶制品(黄油、酸奶、马奶)、糕点等为其重要的副食。维吾尔族常见饮食有馕、清炖羊肉、拉面、面片汤、炒面、烤肉等。

5. 俄罗斯族饮食风俗

俄罗斯族人饮食以面食为主,有馅饼、薄饼、大圆面包及蜜糖饼干等。一日三餐中,午餐最为丰富,习惯分三道菜进餐,即一汤、一菜、一甜食,常见食物有黄油、酸黄瓜、鱼、肉等。他们爱喝加糖的红茶,男子多爱喝啤酒和白酒,妇女则多喝带色的酒,如葡萄酒。俄罗斯族人的特产饮料是"格瓦斯",曾在20世纪80年代初流行。

6. 藏族饮食风俗

藏族人的主食以糌粑、肉和奶制品为主,手抓羊肉是其主食之一。居住在城里的藏族人除吃糌粑外,还吃大米、白面、各种蔬菜,口味以辣味为主。他们的主要饮料是奶茶、酥油茶和青稞酒。

7. 彝族饮食风俗

彝族的人主食是粑粑,即将玉米、荞麦、小麦磨成粉制成的面食,一般用火烧烤而食;还有大米、马铃薯。蔬菜主要有各种豆类(黄豆、豌豆、胡豆、四季豆等)、青菜(白菜、南瓜、莴笋等)。肉食主要有牛肉、猪肉、羊肉、鸡肉等。彝族人喜欢把它们切成大块食用。大部分彝族人忌食用狗肉、马肉、蛙肉、蛇肉等。另外,他们喜食酸、辣风味的食物,爱好喝酒。用高粱酿成的"杆杆酒"驰名西南地区。他们的餐具与汉族相同,只不过有些地区仍保留使用木制餐具的习惯。

8. 白族饮食风俗

白族人的主食主要是大米和小麦,爱吃糯米饭加干麦粉发酵变甜的糖饭,也喜欢吃玉米、荞麦、薯类、豆类等。一年四季,蔬菜、瓜果不断。肉食以猪肉为主,也有牛肉、羊肉。鲤鱼、鲫鱼也是白族人常见的盘中餐。他们还善于腌制各种肉类,将它们制成腊肉、香肠等,口味以酸辣为主。白族特色菜是"砂锅鱼"。白族人喜欢用糯米酿制甜酒喝,还爱喝烤茶,并以"三道茶"待客。

9. 傣族饮食风俗

傣族人喜欢用糯米做成各种食物,爱吃香竹饭,菜肴以酸辣味为主,喜食酸菜、酸笋,还有酸鱼、酸辣味的蟹浆。他们还将青苔晒干后用油煎炸而食。这样的处理令青苔香脆可口。

二、外国饮食风俗

世界上除中国外,还有二百多个国家和地区,其饮食风俗的多样性和丰富性不胜枚举。由于篇幅的限制,我们只能做一简要的介绍。

(一)亚洲国家饮食风俗

1. 日本饮食风俗

日本人以最普遍的食鱼习惯而自豪,常称自己为"彻底的食鱼民族"。日本人所食的鱼的种类五花八门,有生、熟、晒干、冷冻、盐腌的鱼,还有经过烹制加工的鱼罐头以及鱼卷、鱼丸、鱼火腿、鱼香肠等鱼糜制品。在鱼类名菜中,最出名的是"沙西米",即生鱼片。由金枪鱼制成的生鱼片现已被公认为日本最高级的生鱼片,食用时,可用酱汁等佐料拌着吃。也有喜鲜者,将粉红色的金枪鱼片拼摆在大瓷盘里,用纯白色的墨汁鱼片衬托,点缀三五片鲜紫苏叶。这种造型雅致、色彩和谐的名贵菜,让人见了很有食欲。金枪鱼还可以用来做"寿司"或食盒。"寿司"也叫"米饭团"。金枪鱼寿司里面卷着鱼、虾、贝肉等东西,只是在饭团上面放一片或外面包一片金枪鱼片,如图2-7所示。

图2-7 日本金枪鱼寿司

日本人在烹调食物时,喜爱添加食醋。他们认为,食醋能预防或治疗动脉硬化、高血压、呼吸道疾病以及皮肤病等,增加食欲,帮助消化,解酒抑醉。由于醋具有较强的杀菌力,日本人用醋渍肉、果蔬,防腐保鲜。日本餐馆也用醋进行消毒。

日本人一日三餐,早餐匆忙,主食是米饭,另有酱汤咸菜、梅干等。后来,在西餐化趋势下,有些人早餐喝牛奶,吃面包、一两个煎鸡蛋、少许生菜等。日本人午餐也较简单,吃面条、盒饭。盒饭种类较多,除米饭外,有肉类、烧鱼、蛋卷、咸菜等。鳗鱼饭盒是受欢迎的。日本饭盒一般采用纸和可降解塑料制作。日本人最重视晚餐。晚餐时,全家团圆,饮食内容丰富多彩。

2. 韩国饮食风俗

韩国人有一日四餐的饮食习惯,具体安排在早、午、傍晚和夜间。家庭日常饮食是米饭、大酱、辣椒酱、咸菜、八珍菜和大酱菜汤。韩国人喜欢吃面条、牛肉、鸡肉和猪肉,不喜欢吃馒头、羊肉和鸭肉,普遍爱吃辣椒,日常家庭菜肴几乎全放辣椒。他们制作的咸菜从色到味都很有特色,味辣,微酸,不很咸。比较知名的有泡菜、酸黄瓜、酱腌小青椒和紫苏叶、辣酱南沙参、咸辣桔梗及酱牛肉、萝卜块等,如图2-8所示。

Note

图2-8　韩国咸菜与酱菜

韩国人的传统食品主要有酱白菜、泡菜、火锅、烤牛肉、生鱼片、冷面等。韩国冷面味道很特别,正宗冷面的面条一般都是荞麦做成的,汤是冰镇的,汤里通常要加大量的辣椒和牛肉片、苹果片等。刚吃下去觉得很凉,但不一会儿,浑身就会发热。

韩国素以烧烤闻名于世。韩国人吃烧烤时,先吃几道朝鲜辣菜开胃,在桌子中央摆上酒精炉,上面盖上铁板,再将佐料腌制好的嫩牛肉均匀铺在板上。蓝蓝的火舌舔着板底,不一会儿,便有缕缕香味萦绕鼻间。人们夹起烤熟的牛肉片,蘸上辣椒酱,再将它们用嫩绿的菜叶裹好送入口中,赞叹于它的鲜美。

3. 越南饮食风俗

在越南人的饮食结构中,蔬菜和水果的重要性仅次于大米。越南耕种发达,蔬菜和水果极为丰富、多种多样,特产有甘蔗、咖啡、胡椒、椰子、槟榔、腰果等。一年四季水果不断,主要品种有香蕉、菠萝、菠萝蜜、荔枝、龙眼、柠檬、木瓜、榴莲等。对越南人来说,蔬菜是生活中天天都要吃的东西。"饿吃蔬菜,病服药""食无蔬菜如富翁死没有殡礼",就是对这里蔬菜重要性的最好写照。

越南人非常喜欢生吃蔬菜,这也是越南食文化的一大特色。越南人生吃蔬菜比较讲究,生吃的蔬菜主要有洗净的空心菜、生菜和绿豆芽,此外还有各种香菜,如芫荽、薄荷等,加上番茄、黄瓜等。生吃的蔬菜要蘸佐料,佐料主要是鱼露加一些鲜柠檬汁和白糖。

越南菜调味品异常丰富,有油、盐、酒、饴糖、花椒、蜜、桂皮、姜、葱、蒜、辣椒、芥末、韭菜、莴苣、紫苏、莳萝、茴香等,如图2-9所示。这些都是越南人做菜时常用的。米粉与酸汤是越南两道特色菜肴,具有很高的综合性,原料是大米,餐具是筷子和汤匙。这两道菜肴跟鱼露一起食用,味道极为鲜美,代表了越南的饮食文化。

越南是个海岸线很长、海域广阔的国家,河流、湖泊、水塘甚多,海产品十分丰富。越南人靠水靠海而活,他们使用各种海产品加工制作一类极有特色和营养的调料,包括鱼露、生鱼酱、虾酱、卤虾、卤虾油、卤螃蟹等。鱼露是一种黄澄澄的调料汁,

图2-9　越南丰富的调味品

吃起来十分鲜美。越南人说："缺少鱼露就不成一顿饭。"可以说没有吃过鱼露就不能真正了解越南传统风味。

4. 泰国饮食风俗

世人称泰国为膏腴之邦,泰国首都曼谷为美食之都。泰国最著名的美食(如图2-10所示)有糯米抓饭、粉蕉糯米粽、粉绿粽子、酸辣汤、油炸香蕉、炒玉米、地瓜羹、冰茶、椰壳冰激凌等。泰餐主食是米饭,菜则是以鱼为原料的酸辣菜等。因海鲜产品丰富,海味成为泰餐一大特色。

图2-10　泰国美食

泰国大米晶莹剔透,蒸熟后有一种别致的香味,是世界稻米中的珍品。泰国人喜食辣椒,辣椒酱在泰国饭桌上是必不可少的食品。"咖喱饭"和"卡侬金米线"是泰国人很喜欢的食品。粉蕉糯米粽是用糯米、椰浆、粉蕉等做成的,吃起来鲜甜可口,略带咸味,是一年一度解夏节时不可缺少的布施给僧侣的食品。粉绿粽子是用糯米粉做的。其由一种专门的绿色粽叶包裹,呈立体多角形,仅有鸡蛋大小。因糯米粉是经几种绿色的花汁浸染过,所以蒸熟的粽子呈隐隐的淡绿色。

酸辣汤是用鱼和菜、辣椒等做成的汤菜,具有酸、辣、咸的味道,并略带甜味,是泰国人十分喜爱的汤菜。泰国人认为,天气酷热,香蕉吃得过多易上火,而食油炸香蕉则能消暑祛火。其制法大致是:去皮后的香蕉肉裹上一层糖衣,放入油锅里炸成咖啡色出锅。此时,果肉中的甜汁经油炸后溢出,故甜中带酸,异常可口。

炒玉米的原料必须是泰国玉米。泰国玉米也有米蕊、米粒,只是形体仅寸余长,是一种专门用作蔬菜的玉米。泰国人趁其未过熟时采摘,不脱米粒,连同米蕊一起烹炒,食用时用嘴啃米粒,丢掉米蕊。炒玉米是泰国宴席上的一道名菜。

地瓜羹是泰国宴席中的一道甜菜。地瓜羹的制作颇为讲究,需先将瓜体切成条块,用糖汁沾渍后蒸熟待用;再将晒干磨成粉的椰子肉,作勾芡用;蒸熟的地瓜过油后,再稀稀地芡上椰子粉,放入香料和白糖,汤面上浇红绿椰丝。这种粗食细作的妙品,色、香、味俱佳。

泰国人吃米饭用叉子和勺子,吃米粉时用筷子。泰餐西吃已成为今天泰国饮食中很普遍的一种现象。

5. 印度饮食风俗

印度北方以小麦、玉米、豆类为主食,东部和南方沿海地区以大米为主食,鱼类为主要副食,中部德干高原以小米、杂粮为主食。严格的印度教徒为素食者,很多人吃素,有的连蘑菇、葱、蒜也不吃,有的人在特定的日子绝食。印度人普遍爱吃油炸、甜辣食物和奶制品,好用香料;常饮生水、冷水,无喝开水的习惯;喝红茶时,加糖和牛奶。大多数人爱喝酒,一般人吸烟。锡克教徒既不吸烟也不饮酒,吃饭时用右手的食指、拇指和中指抓着菜、饭吃,忌用左手接送礼物和食品,饭后喜嚼被称为"旁"的槟榔叶卷。

在印度西北旁遮普地区,有道名菜叫作"坛多力",可说是融合了印度香辛料文化与伊斯兰教肉食文化的烹调杰作。"坛多力"就是"烘鸡",是使用一种陶制壶形烤坛烘制的。这种巨型烤坛仅壶口部分就可围坐几人。人们在壶底引火将壶烧热,再将用凝乳、大蒜、生姜、辣椒等多种香辛料浸泡一天后的整鸡,穿插在铁杆上,放入烧热的烤坛内烘烤。烘熟的鸡油亮通红、香味四溢。

"咖喱"(如图2-11所示)是由英文Curry音译而来的,意即"混合各种香辛料的粉末"。在印度,咖喱饭是人们普遍喜爱的便饭,而咖喱鸡、咖喱排骨等是很下饭的菜。印度咖喱是厨师们在烹调中,根据肉、鱼、菜等材料现场配制的,现调现用。调制咖喱是一种非常特殊的技术,不同地区有不同的调制方法,一般家庭也各有家传的方法。甚至判断家庭主妇是否心灵手巧的依据也是其调制的咖喱的口味。精通咖喱烹调手艺已成为印度青年结婚的重要竞争力。

图2-11　印度"咖喱"

6. 蒙古国饮食风俗

蒙古国人好茶与好客一样出名。客人临门,他们一定会奉上蒙古奶茶来待客。客人也必须喝下此茶,否则就失礼了。旅行疲乏的人喝下一杯味鲜香浓的奶茶,会感觉精神一振,困顿亦消。

制作奶茶的方法是,先将未经发酵的茶砖敲成小块,放入木制钵中研细,然后置于锅内煮沸。不能煮得过久,以防变味,边煮边要用木勺子搅和。将茶煮浓后,再将牛奶或羊奶、马奶、骆驼奶倒入煮熟。蒙古西部的人还在奶茶中加食盐,有的放一种苏打,有的加脱脂奶或奶油。蒙古东部的人则在奶茶中加些粟米类的谷物。蒙古人饭后必喝茶,也饮奶茶解渴,因此茶叶消费量很大。

7. 土耳其饮食风俗

"拉克"是土耳其语,阿拉伯语称为"阿拉克",指放有苦艾草的葡萄酒。这种经过数次蒸馏的葡萄酒,酒精度相当高。拉克酒是无色透明的,如果稍加水,酒中的药草成分尤其是大茴香油,便会与之结合成胶质状物质,使酒变得混浊。如果加水较少,拉克酒则会变成粉红色,如多加水,则又变成纯白色,如再加水,就成了灰色。因此,在加水调酒时,可以边调边欣赏酒色变化,十分有趣。

拉克酒的酒精度数少则40多度,高则70多度。它与威士忌酒一样,存放的时间越久,味道就越浓。土耳其人统治中亚时,只会酿造以马乳为原料的酒,后来从阿拉伯人那里学来将椰子酒加以蒸馏以提高酒精度并加入药草的方法,发明了现在的拉克酒。初喝拉克酒的人,由于酒精和药草的刺激作用,喉咙仿佛要燃烧起来,但喝习惯了,便会觉得这种烈性酒与油腻很重的土耳其食物正好相配。

8. 阿拉伯国家饮食风俗

以阿拉伯民族为主体、以阿拉伯语为国语、绝大多数居民信奉伊斯兰教的那些地处西亚、北非的国家,通常被统称为阿拉伯国家,如伊拉克、叙利亚、约旦、沙特阿拉伯、埃及和利比亚等。阿拉伯国家有着悠久的历史和灿烂的古老文明。在漫长的历史中,阿拉伯人的烹调艺术兼收并蓄,自成一体,成为阿拉伯国家文明的标志之一。

面粉是阿拉伯人重要的主食,一般是用来做烤面包或饼。饼的种类很多,把肉末、香芹菜末和其他作料和在面里制成的"基别"饼,是一种大众化的食品。黎巴嫩人吃的"基别"饼里,加的是鱼肉,别具风味。制作味美价廉的"萨里布萨",和面时要加桃仁粉、花生粉,然后将面饼在煎锅里煎熟,最后再浇上糖和柠檬调的汁儿。"萨里布萨"吃起来十分酥脆,酸甜可口。在埃及,人们喜欢在面粉中加糖和素油,制成各种甜食,有类似粉丝压成的糖糕,有用杏仁和花生作馅的油炸饺子等。

米也是阿拉伯人的主食之一。用小扁豆和大米熬的粥,淋上橄榄油吃,清淡喷香,是阿拉伯人的家常便饭。在伊斯兰教的创始人穆罕默德的诞辰,阿拉伯人都要吃姜黄煮成的米饭。姜黄是一种香料。这一天,加了豌豆、大葱的姜黄饭小山似的堆在托盘里,一家人围坐取食。

阿拉伯传统食品"古斯古斯",既是饭又是菜。在小米饭上浇些用胡椒、辣椒、杏仁和花生炖的羊肉,即制成了"古斯古斯"。这种食品最好趁热吃,又香又辣,吃得人大汗淋漓、通体舒畅。

9. 其他东南亚国家的饮食风俗

在东南亚国家和地区,有许多人嗜好奇特的"天然食物"。如在老挝,只要是能吃的东西,人们都喜欢尝试。除鸡、鸭、羊等家畜家禽外,松鼠、老鼠、金龟子也是一种零食。在首都万象市到处可见出卖金龟子、黄丝蚂蚁、青蛙、蝌蚪等的摊子。金龟子可生吃或与蔬菜拌炒而食。有人用蚂蚁做汤,虽有些酸味,但有些人很爱吃。

在菲律宾,有人把正在孵化的鸭蛋煮熟,并与鸡汤、煎蛋混吃,当地人称为"巴罗"。这在当地是一种颇受欢迎的食物。

东南亚国家有许多古老而有趣的节日习俗。柬埔寨、新加坡等国都同中国一样,把"春节"作为一个辞旧迎新的重要节日。在新加坡,农历除夕时,人们有守岁习惯,长辈们要向晚辈们赠"压岁钱"。节日期间要燃放鞭炮,吃油炸糯米和红糖做成的年糕。在东南亚国家中,受西方习俗影响较大的菲律宾,虽然过公历新年,但是,仍按老规矩,从十二月二十三日(小年)开始"过年"。节日期间,也燃放鞭炮,家家户户用茶点、果品、瓜子招待客人。缅甸人在公历每年的四月中旬,把泼水节和新年合在一起过,节日食品当然是更加丰富多彩了。

　　缅甸有二百多万掸邦人,盛行许多古老的传统习俗:不能用手指点树上的果实,也不能对个头特别大的果实表现出惊喜之色。他们认为,这样一来,那些果实就会停止生长,不能成熟。在把土地翻耕之后,农民们便在没有播种的耕地的四角放上宽阔的树叶,上面置一盛满大米的盘子,然后在地里种上一棵黄麻苗,再把一个甜米团放在地上,之后才开始播种插秧。

(二)欧洲国家饮食风俗

1. 俄罗斯饮食风俗

　　俄罗斯有一句家喻户晓的谚语:"稀饭加菜汤,我们的家常饭。"的确,菜汤在俄罗斯人的一日三餐中占有极为重要的地位,其品种之多,味道之复杂,在欧洲各国都是罕见的。菜汤和油煎薄饼是莫斯科人的家常便饭。在俄罗斯的北部和中部地区,最常见的菜汤有六十多种。这些菜汤一般都用肉、鲜白菜、酸白菜等制作,如红菜汤、高加索汤、黄瓜肉汤、冷杂烩汤等。

　　红菜汤是用红甜菜、牛肉、洋白菜、葱头和马铃薯做成的,制法简单却能引起人们的食欲。高加索汤与红色的红菜汤相反,它呈奶白色,内有香菜末,味道鲜美而醇厚,被称为餐厅的"看家汤"。此外,用腌黄瓜和鸭、鸡或猪腰子做出来的黄瓜肉汤,在俄罗斯也广为人知。冷杂烩汤是俄罗斯人在夏季特制的一种清凉解暑佳品,它是用一种叫作"格瓦斯"的饮料加上碎肉、新鲜蔬菜、煮鸡蛋及酸奶油冷冻后制成的。

　　俄罗斯的各种鱼汤更负盛名。俄罗斯人很喜欢喝"三鱼汤"。所谓三鱼汤,并不是用三种鱼或三条鱼熬的汤,而是反复熬过三次的鱼汤。其用料最好是刚刚捕捞的鲜鱼。人们去水边垂钓时,必随身携带简单的炊具,钓上来小鱼,可以就地熬制鱼汤。一般是用三根木棍支起架子,将锅吊起,锅里盛湖水或河水,不放任何作料。待水一开,即把活蹦乱跳的小鱼放进去。等鱼煮透了就捞出去,再把另外一些活鱼放进去。这样连熬三次,那浓郁的鱼香,早已扑鼻而来,使人垂涎欲滴了。

　　俄罗斯乡村农民的代表性食物,一般是俄式面包(见图2-12)、"卡夏"粥、"喜吉"汤等。面包是农民最主要的食物。每到傍晚,农家在砖灶里升起柴火,然后用灰烬将火焰盖灭,将搅拌好的面粉埋进灶内灰里,次日凌晨将经过整夜火温发酵的面粉取出,放入铁锅里加火慢慢烘烤成外皮脆香、内质松软的面包。"卡夏"粥,主要用面条、大麦、小麦、燕麦、稗子等谷物混合煮成。"喜吉"汤也为一般农民所喜爱,是以卷心菜为主的素菜汤,夏天使用新鲜卷心菜,冬天则使用盐腌卷心菜。

图2-12　俄式面包

2. 英国饮食风俗

　　英国人在正餐中喜欢吃烤鸡、烤羊肉火腿、牛排和煎鱼块,一般配料简单,味道清淡,油少。他们会在餐桌上准备足够的调味品:盐、胡椒粉、芥末酱、色拉油、辣酱油,由进餐的人自己选用。

用多种方法烹制的牛排是比较常见的佳肴,原料采用牛背脊部的骨肉、肉质厚阔而肥嫩。牛排用处较广,制作起来也不复杂。它可分为带骨和不带骨两种,不带骨的牛排要在切成块后用刀拍松,制作前用盐和胡椒粉在牛排上撒匀,再放入油中煎黄,捞出后用文火烩至七八成熟,烩时只放入很少量的调料,如酒、辣酱油、清水等,吃的时候再浇上原汁。如果烩制时放入不同的蔬菜,如胡萝卜、小卷心菜、洋葱、香菜、蘑菇或芹菜,就可以烹出不同名称的牛排。需要说明的是,普通的牛排一定不能烹制得烂熟,如果烂熟,那就成了俄式牛排了。

布丁是一种很甜的点心,英国人非常喜欢在正餐结束前吃水蒸的布丁。在很隆重的家宴上,主妇常以自己亲手做的美味布丁为荣。

3. 法国饮食风俗

法国人历来都很讲究吃,视"美食"如艺术。烹饪不仅注重营养,而且非常讲究色、香、味的妙处。比如法国的面包就有150多种味道,有名的有"月牙油酥面包""奶油鸡蛋面包"和"棍棒面包"等。而奶酪也有约360种,形态各异,包装精美。法国人一般吃的是棒状面包,因为这种面包制作简单,价格便宜。法国各地出售的普通面包很少有包装,人们一般自带盛器购买。

法国菜的特点之一,是把酒当作必需的调料。厨师常用的有红酒、白兰地、诺曼底酒、苹果甜酒、苹果烧酒等。做不同的菜,要选用不同的酒作调料,以便突出每一个菜的传统风味。如野菌烩牛腰用红酒作调料,酥炸田鸡腿用白兰地腌制。

选料讲究,注意原料的质地,是法国菜的又一个特点。法国人喜欢吃略带生口的菜肴,因而用料多选活的和新鲜的。煎牛扒、烤羊腿,一般选用新宰杀的牛、羊的肉制作,而且煎烤至七八成熟就吃。著名的鲁昂带血鸭子,只烧到半熟就吃。

法国菜做工精巧,注重原料的本色本味,讲究火候,讲究营养的合理搭配和色彩的搭配,菜肴成型时多呈鲜花和绿叶形(见图2-13)。法国人也很重视烹调汁的搭配,吃生蚝时加柠檬汁,吃杂沙拉时用核桃汁。法国青蚝本来味道就美,如果再配上咖喱等调料做的汁,就更加清香适口。在烤水鸭橘子沙司的基础上发展而来的"橘子烤鸭",制作时,先将烤熟的鸭子去骨切片,再把橘子皮切丝制成沙司,浇在鸭肉片上;上桌前,将鸭片装盘,四周用橘子肉点缀。这个菜色泽橙红,有奇特、诱人的甜香味。

图2-13　外观精致的法国菜

用鹅肝、龙虾、田鸡腿制作的法国菜,食之爽嫩,香甜可口,风味独特,堪称一绝。法国人特别喜欢吃蜗牛,每逢喜庆节日,许多人家宴的第一道菜便是蜗牛肉。当然,做菜用的蜗牛并不是常见的那种,而是肉肥、个大,可以吃的蜗牛,做熟了还得趁热吃才行。吃蜗牛有一套专用工具,吃时一手持弧形钳子将蜗牛夹住,一手持小叉子,将肉从壳中挑出。

4. 意大利饮食风俗

意大利餐与中国餐、法国餐在世界齐名。意大利各地都有自己的特色名菜或特产,如墨西哥的剑鱼和地中海狼鲈、佛罗伦萨的牛排、罗马的魔鬼鸡、米兰的利索托米饭、博洛尼亚的海鲜面条、帕尔米贾诺的奶酪、西西里的甜点以及佩鲁贾的巧克力糖等。

意大利的面条在世界上较著名,经济实惠,非常可口。面条的品种不下数十种,仅从形状上分就有通心的、实心的,粗的、细的,长的、短的,以及条形、块形、蝴蝶形、菠萝形、鱼形、蚕蛹形的。形状虽然不一,但吃法大都相同——煮熟后盛在盘子里,放上番茄沙司、奶油沙司或其他肉料,然后撒上一层干酪粉,趁热拌匀便吃。

5. 西班牙饮食风俗

西班牙菜融合了各种外族文化,充满独特的地方色彩,以"美酒佳肴"来形容西班牙的酒和菜,绝不为过。按其地方特性,不难找到高质量饮食材料,于是在高超烹调技术和专业大师的调配下,西班牙菜形成了菜种丰富、烹调可口和各具特色的优点。

"巴坎利亚"是西班牙式的烩饭,以大米饭加蛤蜊、肉类等混合烩炒。其味道十分鲜美,已成为西班牙东部城市瓦伦西亚的名菜。它的特色是配料中加进了番红花雌蕊的部分,将烩饭染成淡黄色,能刺激食欲。番红花是被视为有镇静、止血作用的药草,用入饭菜则独具一种芳香。

西班牙素有"橄榄王国"之称,每年消费橄榄果、橄榄油近百万吨。橄榄果无论是鲜的还是腌的,都清香脆甜,回味无穷。用橄榄果榨出的橄榄油被誉为"油中之王",不仅味道清香纯正,而且含有维生素D等多种维生素,长期食用,对于降低胆固醇、治疗胃溃疡和预防心脏病都颇具功效。西班牙的胃溃疡、心血管病等发病率较低,这与他们长期大量消费橄榄果、橄榄油有关。

6. 德国饮食风俗

世上没有其他国家比德国更侧重于猪肉。德国人最拿手的是德式烧猪排及德式烧猪手。其烹调特点为长时间烧焗,还把不断流出的油脂淋回肉上,使味道更加浓厚。

德国菜以猪肉为主要肉食,味重而浓厚,多用肝酱肉或以酥皮烧焗。德国人烹调猪肉时,喜欢将其与酒同煮,并且使用蜂蜜焗烧。传统的德国餐分量足,肉与马铃薯更是餐单的灵魂,也会用少量香草入馔,目的是提升肉类和马铃薯的食味。此外,其甜点十分出彩。

(三)美洲国家饮食风俗

1. 美国饮食风俗

美国人的一日三餐比较简单。早餐一般吃面包、牛奶、果汁、鸡蛋。午餐大多在外面吃。几片三明治、一杯热咖啡和几只香蕉,也算一顿饭。晚餐算是丰盛的,也就是一两道菜,加些点心、水果而已。因此,快餐便成了现代美国式饮食的代表。

美国人的快餐食品,最常见也最著名的是"汉堡包""馅饼""热狗"等。"汉堡包"是圆形面包中夹着牛肉或者鸡肉、火腿、鸡蛋等物的方便食品,其品种以夹杂的食物不同而区分。"馅饼"又叫意大利式烘馅饼,经烘烤制成,皮脆馅美。饼中馅一般由鸡肉、牛肉、火腿、香肠、香菇、葱头、奶油等制成。

"热狗"其实就是夹有香肠的面包,如图2-14所示。这种香肠是从德国传入美国的。大约在19世纪中叶,德国人创新研制了狗形香肠,这种由牛肉和猪肉混合做成的香肠一直是德国的传统名菜。后来,美国人嫌这种热香肠又烫又油,便将长条形的面包纵向剖开将它卷起来吃。几年以后,有位漫画家给这种食品取名"热狗"。目前,美国"热狗"中的香肠的制作方法是,将牛肉、猪肉混合绞烂,拌调料后灌进羊肠中,熏烤后放入水中煮沸,最后放入油锅里煎炸。

2. 加拿大饮食风俗

加拿大人以肉食为主,一日三餐,喜食牛肉、鱼、蛋及各种蔬菜,较有名的菜肴是传统牛排、浓汁豌豆汤等。每到夏秋季节,许多人喜欢到郊外或公园去野营和野餐,尤其喜爱"户外烧烤会"。聚餐时,往往几人、几十人甚至几百人在一起,在特制的炉架上烧烤牛排、鸡腿、鲑鱼等。

烤牛排是加拿大人最喜爱的名菜,无论是盛大的宴会还是家庭便宴,好客的主人都要以烤牛排款待宾客。外出郊游时也常带着一些生牛排和轻便的烤制工具,在野外烤制牛排。加拿大的烤牛排,是将重0.25千克左右、厚6—7厘米的牛肉里脊,不加任何佐料,直接放在下面生着火的铁架子上烤,两面稍加翻动即可(见图2-15)。烤好的牛排盛在盘子里或放在一块用于切牛排的木板上,撒上适当的盐,蘸上适当的番茄酱或其他佐料,用餐刀切成小块吃。民间的普遍吃法是,烤牛排配几个烤马铃薯。为减少油腻感,吃牛排时常常要喝大量的葡萄酒。

图2-14 "热狗"

图2-15 烤牛排

在高级餐馆里,厨师往往把胡椒粉抹在牛排上,将牛排放在平底锅上,在顾客面前烹饪。不用很长时间,顾客就可吃到肉香味美的佳肴。很多加拿大人喜欢吃嫩牛排。他们称之为"粉红色"牛排,实际上指半生半熟的牛排。这种牛排切开时,中间还带有血水。

加拿大气候寒冷。在漫长的冬天里,人们酷爱体育活动,体力消耗大,需要高热量的食物,因此牛排是一种比较理想的食品。

3. 墨西哥饮食风俗

墨西哥盛产玉米。数千年来,玉米一直像乳汁一样,哺育着墨西哥人。作为一日三餐的重要食物,许多墨西哥人喜欢喝用玉米面熬的"阿托莱"粥。用磨得细细的玉米面制成的"塔尔"薄饼,无论是穷人还是富人,都视之为美味。吃这种小圆薄饼时,要先把它裹上肉馅、奶酪或辣椒酱,然后卷起来。它的外形有点像中国的元宝,吃起来也十分可口。

墨西哥还盛产辣椒。墨西哥人特别能吃辣。昆虫菜是这个国家的名菜。在墨西哥城,有好几家餐馆供应用各类昆虫烹制的菜肴,生意十分兴隆。在墨西哥,可供食用的昆虫达60多种。一般昆虫菜的制作方法是油炸和烤制。油炸龙舌兰蠕虫、蚱蜢、蚂蚁既香又脆,味道与炸火腿相似。蚂蚁则往往被用来做夹馅小吃。但最普遍食用的昆虫还是龙舌兰蠕虫。这种虫寄生在仙人掌上,长4—5厘米。蚱蜢在墨西哥也是一种食材。

4. 其他拉美国家的饮食风俗

拉美国家的烹调讲究精雕细刻,以追求色、香、味俱佳的效果。他们大量使用的原料和调料有大蒜、葱头、番茄、青椒及各种肉类、禽类和鱼类,番红花也被各国广泛采用。所谓精雕细刻,主要表现在烹调的准备工作上,即特别注意对肉类天然质味的处理。人们往往要花很长时间做肉的肥膘镶嵌、调味、渍浸等工作,讲究刀工;加工番茄、青椒等蔬菜时,也愿意花费很多时间。他们去番茄和青椒的皮不用开水烫泡,而是用火烤。

在选料和烹饪时,他们都重视菜肴的色彩。辛勤、精细的准备工作,再加上烧制时的高超技术,使菜肴既鲜嫩味美,又色彩艳丽。有一道名叫"烘鳖鱼"的菜,是用黄褐色的鳖和红鲷鱼配以番红花制作而成的。很多古巴人要是看到汤菜的颜色不够红丽,不管味道如何鲜美都不会满意的。

拉美人大多喜欢清淡的饮食。他们普遍喜欢吃黄米饭。这种兼有主副食功能的食物是用稻米、鸡肉和番红花在砂锅内焖成的,连同砂锅一起上桌,不仅味道鲜美,还有舒筋活血之功能。委内瑞拉人喜欢味道浓重的食物,爱吃鱼、羊肉、火腿、香蕉和核桃。巴拿马在印第安语中是"渔乡"的意思。这个国家的渔业资源极为丰富,海产品在人们的食物中占有很大的比重。用猪蹄、杂碎和黑豆在砂锅中炖成的"烩豆",是巴西的"国菜"。黑豆在拉美各国都是一种日常食品,古巴人对它有特殊的嗜好,大多数巴西人每天都至少吃一顿黑豆。巴西人几乎不吃形状怪异的水产品和两栖动物。

(四)非洲国家饮食风俗

1. 埃及饮食风俗

开罗名菜"哈妈妈"是阿拉伯语"烤鸽子"的意思。在埃及的乡村原野,到处可见锥形的泥塔,塔上砌有许多小孔,上面盘桓着上百只鸽子。他们将一只或半只鸽子浇油烤制,烤熟后肥腆适度、酥脆可口,可连肉带骨一起吃下。

2. 喀麦隆饮食风俗

喀麦隆人食用玉米的方式很独特,"番茄玉米羹"和"花生玉米糕"两种传统食品风味尤其特别。"番茄玉米羹"的做法是,将几个番茄去皮,切成块,放入锅内,用植物油、香菜、蒜末、盐等煎煮10分钟左右;再将250毫升左右的煮沸牛奶倒入锅内,然后将新鲜的玉米粉慢慢倒入锅内并不断搅拌,煮至呈稠糊状。番茄玉米羹色泽浅红,鲜香微酸。"花生玉米糕"的做法是,将玉米脱粒碾碎,拌入花生酱,做成面团,用香蕉叶包成长方形,并用针线缝合,放入锅内蒸1小时左右。"花生玉米糕"需趁热食用,蒸好后即可打开香蕉叶品尝,清香可口。

3. 卢旺达饮食风俗

卢旺达由2000多个山头组成,其土地肥沃,气候湿润,雨量充足,适宜种植香蕉。卢旺达的香蕉种植面积占其总耕地面积的20%左右。这些土地年产香蕉200多万吨,占全国粮食作物总产量的50%。因此,卢旺达被称为"香蕉之国"。

但因交通不便,大量的香蕉无法出口,卢旺达人只好把它当口粮或用它酿酒。卢旺达人用香蕉制作食品和饮料,有其独特方法。他们将碧绿的香蕉送入烤炉烤成黄熟,压榨成香蕉汁,再用香蕉汁酿制香蕉露、露酒、烈性酒等各种饮料;或用香蕉提取淀粉,再用香蕉淀粉制作面包,以面包为主食。

（五）大洋洲及其他地区饮食风俗

埃塞俄比亚在非洲东北部,濒临红海。"提夫"是这个国家的主要粮食作物。提夫又名画眉草,是籽粒最小的一种禾本科植物。埃塞俄比亚人吃饭时一家子围坐在用芦苇编的大篓子周围,不用桌子。

尼日利亚靠近赤道,南方盛产薯类、香蕉、柑橘、菠萝;北方的主要粮食作物有黍子、高粱、豆类、玉米和稻米;主要蔬菜品种有番茄和葱。南方的汤菜十分有名:"埃古西"汤甜中有辣,是在炸甜瓜干或西葫芦干中加番茄、鱼或鸡做的。味道鲜美的"阿卡拉"汤,是用油炸过的豆子、番茄丁、干鱼和小虾熬成的。用肉末、香蕉煮汤,香而不腻;用胡桃仁、花生、蔬菜煮的汤,清爽适口。

在非洲中部,人们爱吃木薯。木薯的加工方法主要有两种:一种是提取木薯中的淀粉,具体做法是先把木薯用凉水泡几天,去皮和筋,晒干磨碎。食用木薯粉时,要边搅拌边用开水冲木薯粉,将其揉成团状,切成块吃。另一种方法则类似我国年糕的做法——把用水泡过的、去掉过皮和筋的木薯熟煮,再捣碎;用芭蕉叶将捣碎的木薯包成团状或条状;用水煮熟,清香的木薯糕就出炉了。

马萨伊族是东非著名的游牧部族,主要聚居在坦桑尼亚和肯尼亚两国交界的山林区,长期过着原始游牧生活。马萨伊人坚韧粗犷、勤劳勇敢,主要放牧牛羊及少量骆驼、毛驴。他们的饮食以吃牛羊肉、喝牛血为主。他们把牛血当作早点,在生牛血里加些鲜奶后饮用。

任务三　饮食与养生

一、药膳、食疗、食养

（一）药膳、食疗、食养的概念

1. 药膳

药膳（见图2-16）主要发源于我国传统的饮食和中医食疗文化。简单来说，药膳是在中医学、烹饪学和营养学理论指导下，严格按配方，将中药与某些具有药用价值的食物相配做成的美食。它是中国传统的医学知识与烹调经验相结合的产物。

药膳"寓医于食"，既将药物作为食物，又将食物赋以药用，使得药物能够增强食物的力量，

图2-16　食疗药膳

而食物又能辅助药物的威力，二者相辅相成，相得益彰。因此，药膳往往既具有较高的营养价值，又具有防病治病、保健强身、延年益寿等较为明显的优点。作为辅助治疗疾病的一种较为特殊的产物，其往往由于味道较好、色香俱全而容易被人所接受。

2. 食疗

食疗又称食治，是在中医理论指导下利用食物的特性来调节机体功能，使其获得健康或愈疾防病的一种方法。食疗使用的都是日常生活中常见的食物，以准确搭配及精心制作发挥其天然功效，从而协助人体激发自我痊愈的能力，获得由内到外的健康。

中医很早就认识到食物不仅能提供营养，而且还能疗疾祛病。如近代医家张锡纯在《医学衷中参西录》中曾指出："（食物）病人服之，不但疗病，并可充饥。"民以食为天，人类为了生存，必须猎取食物。原始人在寻找食物的过程中发现，某些食物吃后能减轻原有的疾病，增强体力、甚至使人精神焕发。经过长时期的经验积累，人们逐步获得了经验，这就发现了药物。所以，医学史上有"药食同源"之说，如常用中药姜、桂，原本用于调味，豆类、稻米本是粮食。

可以说，饮食疗法较药物疗法有更悠久的历史。先秦时期，饮食疗法已受到重视并已有比较丰富的理论知识。《周礼·天官冢宰》所记医学分科中，食医和疾医、疡医、兽医并列。且食医"掌和王之六食、六饮、六膳、百羞、百酱、八珍之齐"，可见食医近似今日之营养医生。

3. 食养

食养针对的是非疾患人群。食养又称"饮食养生"，是根据人的不同体质特征、性别和年龄，结合气候和地理等环境因素，选择适宜的饮食以调节人体脏腑功能、滋养气血津液、强身健体、预防疾病的养生保健方法。食养与食疗的不同在于，食养更偏重人非疾病状态下的膳食营养，主要在于"预防"，而食疗更偏重人体疾病状态下的膳食营养，除了预防外，还有治疗的作用。

"药食同源"。有些东西，只能用来治病，称为药物；有些东西，只能用于饮食，称为食物。但有些东西既有治病的作用，也能用于饮食，就被称为"药食两用"。基于这个原因，《中华人民共和国食品卫生法》又做了规定：食品不得加入药物，但是按照传统既是食品又是药品的作为原料、调料或者营养强化剂加入的除外。后者即包括大枣、干姜、山楂、桂圆、杏仁、酸枣仁等。

（二）药膳、食疗、食养的基本原则

中国传统的药膳绝不是食物与中药的简单相加，而是在中医辩证配膳理论指导下，由药物、食物和调料三者精制而成的一种既有药物功效又有食品美味，用以防病治病、强身益寿的特殊食品。既然药膳有别于普通饮食，在应用时须注意食疗中药的性味，药膳的宜忌，选料，加工、烹调技术等，并要掌握药膳应用的几个基本原则。

1. 整体性原则

人体作为一个有机整体，与自然界息息相通。中医认为，人体内环境与自然环境间呈动态平衡，若因内外环境的改变或致病因素的干扰，破坏了平衡，则可能导致疾病。如气候突然变化，人体骤然受冷，可导致脏腑功能失调，应及时应用祛寒食物以维持人体内环境与自然环境间的相对稳定和平衡。

2. 三因制宜原则

1）因时制宜

食物的摄入本身就是自然界对人体内环境的一种直接干预，是保持人体内环境与自然环境相对统一的重要因素。正确运用不同性能的食物可以使人体顺应气候变化，维持人体内环境与自然环境间的相对稳定，如夏季应多食西瓜、绿豆等，秋季应多食梨子等，冬季应多食羊肉、狗肉等。

2）因地制宜

我国地域广阔、物产丰富，人们生活的地理位置和生态环境差别较大，故生活环境和饮食结构不尽相同。注重地域性，是提高食物疗效的重要方面，亦是使人体顺应不同地理环境的重要条件，如东南沿海地区潮湿温暖，居民宜食清淡、长于除湿的食物；西北高原地区寒冷干燥，居民宜食性温热、长于散寒润燥的食物。

3）因人制宜

人体的生理病理状况，会因年龄、性别、体质的不同而有明显区别。个人根据年龄、性别、体质，有选择性地摄入食物，就能起到防病治病、保持健康的作用。如儿童身体娇嫩，宜选用性质平和，易于消化，又能健脾开胃的食物，慎食滋腻峻补之品；老年人气血阴阳渐趋虚弱，故宜选用具有补益作用的食物，慎用寒凉或温热及难于消化的食

物。男性在生理上因消耗体力过多,应注意阳气的守护,宜多食补气助阳食物;而女性则有经、孕、产、乳等特殊生理时期,容易伤血,故宜食清凉、阴柔、补血之品。总之,充分利用食物的各种性能,调节和稳定人体内环境,使之与自然环境相适应,方能保持健康、祛病延年。

3. 平衡膳食原则

平衡膳食原则,即在可能的情况下,尽可能食用多种食物,确保种类齐全,数量充足,比例适当,避免偏食。嗜食某种食物可致使体内某些营养物质缺乏。谷物、肉类、蔬菜、水果,在膳食中均应尽可能占有适当比例,以保证机体的需求。

我国古代医家早就认识到了这一点。《素问·五脏生成论》中曾指出:"多食咸则脉凝泣而变色,多食苦则皮槁而毛拔,多食辛则筋急而爪枯,多食酸则肉胝而唇揭,多食甘则骨痛而发落。"故,尽管食物都有营养机体的作用,但因性能不同,偏嗜不仅起不到营养作用,反而会导致脏腑功能失调,危害健康,滋生疾病。因此,平衡膳食是食疗中的一个重要的应用原则。

4. 扶正祛邪原则

扶正祛邪是指扶助正气,祛除邪气。中医认为,人体健康和疾病都关系到正气与邪气两个方面。若正气充盛,能抵御邪气侵犯,则身体健康;若正气不足,不能抵御邪气侵犯,则会患上疾病。既病之后,正气与邪气之间的对立和斗争,决定着疾病的进退。扶助正气有助于祛邪,祛除邪气能使邪去正安,有利于正气的恢复。所以,扶正祛邪是食养和食疗的一个重要法则。

5. 调整阴阳

《素问·生气通天论》谓:"阴平阳秘,精神乃治。"《素问·至真要大论》又谓:"谨察阴阳所在而调之,以平为期。"中医认为,人体健康从根本上来说是阴阳保持相对平衡的结果,而阴阳的相对平衡遭到破坏又是导致疾病发生的主要原因。因此调整阴阳是食养和食疗的基本法则。在正常情况下,调整阴阳的目的在于保持或促进阴阳的平衡。在疾病发生后,调整阴阳的目的则在于恢复阴阳的相对平衡。调整阴阳的方法是,根据阴阳出现偏盛、偏衰的情况,分别采用泻其偏盛、补其偏衰的方法。

6. 调整脏腑功能原则

中医认为,人体是以脏腑为核心的有机整体。脏腑功能及其相互关系的协调是人体健康的基础。相反,脏腑功能的异常及其相互间关系的失调又是疾病发生的病理基础。所以,调整脏腑功能对于食养和食疗都是一个重要法则。调整脏腑功能对于正常人来说,在于增强脏腑功能及促进脏腑间相互关系的协调。在疾病情况下,调整脏腑功能则在于纠正脏腑功能的异常及相互关系的失调,它包括调整脏腑自身的功能和调整脏腑间相互关系两个方面。

二、饮食养生与饮食调理

(一)当代人饮食的弊端

1. 不吃早餐

因为快节奏的生活,许多人都有不吃早餐的习惯,这种习惯会对身体健康造成不良的影响,如导致血糖降低;导致胃黏膜遭到胃酸的腐蚀,增加胃病的发生概率;使人大脑供能不足,影响工作。

2. 喜欢吃夜宵

许多人都喜欢用丰富的晚餐弥补一天的营养不足,这种饮食习惯并不科学。睡前吃大量食物不但会影响睡眠质量,还会增加胃肠道的负担,同时影响第二天食欲,久而久之会导致胃病,甚至营养不良。

3. 吃得太少

不少人为了拥有苗条的身材,都会通过节食减肥。殊不知每顿饭都吃得太少,会对身体健康造成不良的影响,会引发低血糖,导致营养不良,久而久之会使人出现疲乏犯困的情况,对生活和工作造成巨大的影响。

4. 吃得太饱

由于饮食不规律,长时间处于饥饿状态,不少人一摄取食物就会吃得太饱。吃得太饱会对身体健康造成影响,如加速动脉硬化,导致老年痴呆。无论哪一个年龄阶段都不要吃得过饱,尤其是老年人,要以七分饱为宜。

(二)饮食养生

1. 饮食是整体协调的重要因素

饮食是协调机体自身整体性及其与自然界统一性的重要因素。首先,饮食对人体自身的完整性有着重要的影响。食物中的精微物质被消化、吸收,生成人体的气血津液,从而成为人体脏腑组织器官功能活动的物质基础。这是所有食物对人体的共同作用。中医认为,食物通过自身的性味功效对人体各种脏腑组织器官产生的作用,是以五脏为中心的。如饮食五味对五脏及其所属组织器官各产生不同作用,而通过五脏与五体之间的关系,五味对五体也产生相应特殊的作用。由此可见,饮食对人体的作用是以五脏为中心并通过五脏影响全身组织器官的。

其次,合理的饮食是协调人体与自然界的重要因素。饮食是人与自然界接触最为密切的因素。人类自古以来,就在不断寻求满足人体健康需要的饮食内容和方式。对于自然界中有些不能改变或不易改变的因素,人们尽量从饮食中去寻求有利因素以弥补不足。季节气候的变化,地区方域的差异,是不能改变的,尽管有些不利因素可以应对过去,但最终会产生一些不利影响。因此,人类要遵循因时制宜、因地制宜的饮食观点,以帮助调节人与自然的关系。

2. 辩体、辩证施食

1)辩体施食

所谓辩体,就是通过四诊(望、闻、问、切)收集人的一般身体信息资料,分析其气血阴阳本质,将其体概括、判断为某种性质。施食,则是根据辩体的结果,确定相应的食养方法。辩体是饮食养生的前提和依据,施食是饮食养生的手段和方法。辩体施食是指导日常饮食养生的基本原则,饮食养生的保健效果好坏直接取决于辩体的正确与否。

辩体着眼于对体的分析。例如高年肾虚,可见腰酸膝软、听力减退等现象。此为年老之人肾之精气逐渐减退的正常生理表现,但是由于个体内在因素的差异和所处环境条件的影响,常表现为阴虚和阳虚两种不同的体质。只有把高年肾虚所表现的"体"是属于阴虚还是属于阳虚辨别清楚,才能确定用滋补肾阴法还是温补肾阳法,从而给予恰当的饮食。

2)辩证施食

证,即证候,是机体在疾病发展过程中的某一阶段的病理概括。辩证是决定食疗的前提和依据,施食是治疗疾病的手段和方法。在食疗中,首先要注重对证的分辨,然后才能考虑如何施食。例如感冒,出现发热恶寒、头身疼痛等症状,但由于致病因素和机体反应性不同,常表现为风寒、风热两种不同的证。只有把感冒所表现的"证"是属于风寒还是风热辨别清楚,才能确定是用辛温解表的方法还是辛凉解表的方法,从而给予相应的饮食。

辩证施食能辩证地看待病和证的关系,既可看到一种病的几种不同的证,又能看到不同的病在其发展过程中出现的同一种证,因此在实际应用时,可相应采取"同病异食"或"异病同食"的方法来处理。

(三)饮食调理

饮食调理是利用食物来达到治病、养生、保健的目的,是中医文化中的重要组成部分。中医自古就有医食同源、药食同源的说法。因此,人们在日常生活中选择食物的种类时,也可以遵循对症施治的方法,采用个体化的食疗方案,必要时可以在专业中医师或者营养师的指导下,选择具有不同功能的食物,或将食物与中药配伍,进行烹调加工,制成体现中医汗、下、温、清、和、补、消等不同治疗法则的饮食。主要饮食调理法有汗法、化痰止咳法、清热法、理气法、补气健脾法、补血滋阴法、补肾益精法和益阴生津法。

1.汗法

汗法是辛温解表法和辛凉解表法的总称,具有宣发肺气、调畅营卫、开泄腠理的作用。

辛温解表法具有散寒解表、宣肺止咳等作用,常用饮食方案为选用生姜、葱白、胡荽、胡椒和紫苏、杏仁制成姜糖饮、生姜葱白饮、胡荽拌香干等,用于外感风寒、发热恶寒、无汗等症。

辛凉解表法具有清肺解表、止咳等作用,常用饮食方案为选用薄荷、葛根、豆豉、菊花和桑叶、芦根、连翘制成桑叶菊花芦根饮、连翘芦根薄荷汤等,用于外感风热、发热有汗、头痛口渴、咽痛等症。

2.化痰止咳法

化痰止咳法是宣肺化痰法与止咳平喘法的总称。

宣肺化痰法具有宣肺温化寒痰或清化热痰的作用,常用饮食方案为选用姜汁、苏子、白芥子等制成三子养亲汤,用于外感风寒、咳嗽、痰液清稀等症;选用竹沥等制成鲜竹沥饮等,用于肺热咳嗽、痰液浓稠等症。

止咳平喘法是宣肺化痰平喘法与益气润肺平喘法的总称。宣肺化痰平喘法具有宣肺化痰、止咳平喘的作用,常用饮食方案为选用梨、枇杷、杏仁、川贝制成川贝杏仁梨饮,用于肺气不宣、咳嗽气喘等症。益气润肺平喘法具有健脾补肾、益气润肺、平喘降逆的作用,常用饮食方案为选用核桃、花生、鸡蛋和白果、杏仁制成四仁鸡子粥,用于老年体虚、喘息等症。

3. 清热法

清热法是清热泻火法与清热解毒法的总称。

清热泻火法具有清热、泻火、除烦、生津、止渴的作用,常用饮食方案为选用芦根、西瓜皮、莲心、荷叶、丝瓜和竹叶、山栀子制成竹叶芦根栀子汤、莲心西瓜皮荷叶粥等,用于内热盛、烦躁、口渴、口腔溃疡等症。

清热解毒法具有清邪热、解热毒的作用,常用饮食方案为选用鱼腥草、橄榄、野菊花、马齿苋、绿豆、绿豆衣、柿霜、西瓜霜和金银花制成金银花绿豆汤、橄榄菊花饮等,用于咽喉肿痛。

4. 理气法

理气法是疏肝理气法与健胃行气和中法的总称。

疏肝理气法具有疏肝解郁、理气宽中的作用,常用饮食方案为选用佛手、橘皮、玫瑰花、茴香和荔枝核、橘核等制成橘核茴香汤、佛手橘皮茶等,用于疝气痛、胸胁胀痛、腹痛等症。

健胃行气和中法具有理气健脾、燥湿化痰的作用,常用饮食方案为选用橘皮、茯苓、佛手、香橼皮、刀豆、柿蒂、冬瓜子和制半夏制成二陈汤、丁香柿蒂汤等,用于湿痰咳嗽、胸膈痞闷、恶心呕吐、嗳气吞酸、呃逆不止等症。

5. 补气健脾法

补气健脾法是补气法与健脾法的总称。

补气法具有补肺气、益脾气、增强脏腑功能、强壮体质等作用,适用于气虚体质和气虚证患者。其中,补益肺气法常用饮食方案为选用大枣、饴糖、蜂蜜、鸡肉和人参、党参、黄芪,制成补虚正气粥、芪参汤等,用于肺虚气弱、喘息短气、语声低怯、易感冒等症;补益脾气法常用饮食方案为选用糯米、大枣、猪肚、鸡肉、鹌鹑、山药和党参、白术等,制成大枣粥、山药羹等,用于脾虚、精神困顿、四肢无力、食少便溏等症。

健脾法具有健脾除湿、益气升陷等作用,适用于脾虚体质或表现为脾虚证的患者。其中,健脾除湿法常用饮食方案为选用莲子、芡实、薏苡仁、赤小豆、扁豆、鲫鱼、鳝鱼和茯苓、白术等,制成莲子猪肚、赤小豆鲤鱼汤等,用于脾虚水湿不运、面浮身重、四肢肿满、肠鸣泄泻等症;益气升陷法常用饮食方案为选用鸡肉、羊肉、鸽肉、鲫鱼、大枣、糯米和人参、黄芪、升麻等,制成归芪鸡、人参粥等,用于气短声怯、大便滑泄、脱肛、子宫下垂、胃下垂、崩漏带下等属中气下陷者;益气摄血法常用饮食方案为选用花生、大枣、龙眼肉、鳝鱼、墨鱼和黄芪、三七等,制成花生红枣汤、归芪鸡等,用于气不摄血的吐血、便血、齿衄、崩漏等症。

6. 补血滋阴法

补血滋阴法是补血法与滋阴法的总称。

补血法具有增强生血机能、补充血液不足和补心养肝、濡养身体等作用,适用于营血生化不足,久病血虚及各种失血后之血虚证。其中,益气生血法常用饮食方案为选用胡萝卜、花生、菠菜、大枣、黄鳝、龙眼肉、鸡肉、猪肝、羊肉和黄芪、人参、当归等,制成归参鳝鱼羹,用于气血两虚、面色白、晕眩心悸等症;补血养心法常用饮食方案为选用龙眼肉、荔枝、大枣、葡萄、猪心、鸡肉和人参、当归、酸枣仁、茯苓等,制成蜜饯姜枣龙眼、归参炖猪心等,用于心血不足、心悸怔忡、健忘失眠等症;补血养肝法常用饮食方案为选用胡萝卜、菠菜、猪肝、鸡肝和枸杞、桑椹、何首乌、当归等,制成猪肝炒枸杞苗、桑椹膏、枸杞当归葡萄酒等,用于肝血亏虚、视物昏花、眩晕胁痛、手足麻木等症。

滋阴法具有滋补阴液、濡养筋骨、涵敛阳气等作用,适用于阴虚体质或热病久病后阴液不足的患者。其中,滋阴息风法常用饮食方案为选用桑椹、黑豆、鳖肉、龟肉、牡蛎肉、鸡子黄和龟甲、鳖甲、白芍等,制成小定风珠羹、龟甲胶、鳖甲胶、阿胶鸡子黄汤等,用于肝阴不足、虚风内动所致的手足抽动、筋脉拘急、头目眩晕等症;滋阴清热法常用饮食方案为选用梨、藕、荸荠、甘蔗、龟肉、鳖肉、牛乳、鸡子黄和生地黄、龟甲、枸杞子、桑椹等,制成荸荠甘蔗汤、梨汁饮、藕汁饮、生地鸡、清炖乌龟、百合枸杞鸡蛋汤等,用于阴虚火盛、五心烦热、骨蒸潮热、盗汗颧红等症。

7. 补肾益精法

补肾益精法具有补肾气、充元阳、填精髓、强筋骨等作用,适用于肾气不足、精髓亏虚所致的发育迟缓、早衰或遗精不育等症。其中,补肾滋阴法常用饮食方案为选用芝麻、黑豆、枸杞子、桑椹、牛乳、猪肾等,制成枸杞炒腰花、双耳汤、芝麻桑椹膏等,用于肾虚亏损、眩晕耳鸣、腰膝酸软、潮热盗汗、消渴遗精等症;温补肾气法常用饮食方案为选用胡桃仁、栗子、韭菜、狗肉、麻雀肉和肉苁蓉等,制成核桃仁炒韭菜、狗肉煲等,用于腰膝酸软、畏寒肢冷、夜尿清长、阳痿遗精等症;填精补髓法常用饮食方案为选用芝麻、黑豆、龟肉、海参、淡菜、鳖肉、猪肾、猪脊髓、羊脊髓和肉苁蓉、鹿茸、枸杞子等,制成羊蜜膏,用于肾精亏虚、腰脊酸痛、须发早白、虚羸少气、发育迟缓等症。

8. 益阴生津法

益阴生津法是益胃生津法与润燥生津法的总称。

益胃生津法具有益胃阴、生津液的作用,适用于津液不足、口干唇燥、便秘等症,常用饮食方案为选用梨、甘蔗、荸荠、藕、牛乳、芝麻、蜂蜜和麦冬、石斛等,制成五汁饮、益胃汤等,用于胃阴不足、口燥咽干、大便燥结等症。

润燥生津法具有润肺燥、生津液的作用,适用于肺燥津伤、咳嗽咽干等症,常用饮食方案为选用梨、百合、藕、荸荠、柿、枇杷、蜂蜜、冰糖、猪肺、牛乳和沙参、麦冬等,制成蜜饯雪梨、银耳百合羹等,用于肺燥阴伤、鼻干、咽喉干痛、干咳无痰或痰中带血,以及肌肤干燥等症。

教学互动

饮食文化我来讲

围绕本项目所学内容,融会贯通饮食文化知识内容,以小组为单位进行专题讲解,如"中国古代饮食礼仪介绍""少数民族饮食风俗介绍""日常饮食养生食谱设计"等。分组讲解,小组互评,教师点评。

项目小结

　　本项目围绕"饮食文化与生活"这一主题,分中外两条主线进行论述。

　　任务一"饮食礼仪",从中国古代饮食文化的指导思想、中国古代饮食仪规、中国现代饮食礼仪、国外对礼的起源与认知、亚洲国家饮食礼仪、欧洲国家饮食礼仪、美洲国家饮食礼仪、非洲国家饮食礼仪、大洋洲及其他地区饮食礼仪等方面,解读了中国古代及现代饮食礼仪、外国饮食礼仪基本内容及其发展过程。

　　任务二"饮食风俗",从中国饮食风俗、外国饮食风俗两方面,深入剖析饮食风俗在日常、节日、礼仪、宗教、少数民族等方面的展现,并介绍亚洲、欧洲、美洲、非洲、大洋洲及其他地区饮食风俗概况,增进读者对中外饮食风俗的理解与掌握。

　　任务三"饮食与养生",从药膳、食疗、食养,饮食养生与饮食调理两个方面,对饮食养生理论体系中的基本概念进行深度剖析,并针对当代人饮食的弊端,提出饮食养生、饮食调理的正确举措,以期为读者提供正确的参考。

　　本项目要求学生在学习的过程中,对中外饮食文化兼收并蓄,在对比中外饮食文化礼仪及饮食风俗的过程中,坚定文化自信,培养民族自豪感、认同感。

项目训练

　　一、知识训练

　　1.中国古代饮食仪规有哪些? 试结合相关典籍内容的介绍进行阐述。

　　2.举例列举少数民族地区饮食风俗。

　　3.试述辨体与辩证施食保健观的内涵及其意义。

　　二、能力训练

　　1.举例论述中外饮食养生文献中的饮食养生主题的表达。

　　2.试列举饮食礼仪在相关文献典籍中的描写与介绍,对比中外饮食礼仪差异,谈谈你的看法与理解。

　　3.饮食风俗是饮食地域的特定文化字符。试结合这一点,详细介绍与讲解你所熟悉的特定饮食文化风俗。

项目三
饮食文化与社交

项目描述

除充饥果腹之外，人们赋予了饮食更多的文化意味，以美食为载体，人们开展形式多样的社交活动。其中，筵宴是代表性的社交饮食活动。世界各地的人们在人际交往中品尝酒、茶、咖啡、可可等饮品，可以说，它们都是饮食文化的重要内容。本项目主要介绍了筵宴和饮品(酒、茶、咖啡及可可)文化以及其不同的社交价值。

项目目标

知识目标

1.了解中外筵宴的社交价值。
2.了解中外酒文化的起源与发展。
3.了解中外茶文化的社交价值。
4.了解世界咖啡和可可文化的特点。

能力目标

1.能分辨中外筵席的种类。
2.能理解中国酒文化中的酒德与酒礼。
3.感受中外茶文化的异同。

素养目标

1.能够从文化的角度分析饮食现象和餐饮特征。
2.能将饮食文化融入专业学习并尝试创新。

知识导图

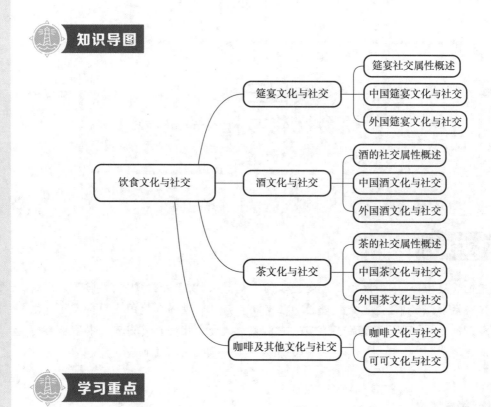

 学习重点

1.中国筵宴的历史与种类。
2.中国酒文化中的酒德、酒礼与酒俗。
3.中外茶文化的异同。
4.世界各地咖啡与可可文化的特点。

项目导入

　　"开车不饮酒,饮酒不开车。"这是现代文明社会每一个公民都应该谨守的,也是许多血泪的教训对人们的警示。其实,在我国古代,早就有了量力而饮、节制有度的酒德要求,强调在社交中饮酒者要有德行。社会交往中,参加宴席、饮酒、品茶、喝咖啡都是常见的饮食行为,它们各有要求,也呈现不同特点。本项目就给大家介绍筵宴和饮品相关的饮食文化。

任务一　筵宴文化与社交

一、筵宴社交属性概述

筵宴在人类生活中发挥着重要作用。大至国际交往,小至婚丧嫁娶,各个层面的活动中都能看到筵宴的踪迹。中国筵宴是在新石器时代生产力初步发展的基础上,因习俗、礼仪和祭祀等活动的产生而由原始聚餐演变而来的。

(一)筵宴的概念

筵宴是指礼仪性、社交性的饮食活动,是筵席和宴会的合称。人们经常将筵席与宴会混淆,其实这两个词的意思并不相同。

1. 筵席

筵席,古称燕饮或会饮,现代也称酒席或宴席,是宴饮活动中食用的成套菜点及其台面装饰的统称。古人席地而坐,"筵"和"席"原本都是宴饮时铺在地上的坐具,后来才演变成指代酒席或宴席的专称。

2. 宴会

宴会,古称燕会,现代也称酒会,是因习俗或社交礼仪需要而举行的宴饮聚会,是社交与饮食结合的一种形式。宴会通常指较高规格的餐饮形式,如国宴、公宴、家宴等,集饮食、娱乐、社交于一体,与筵席相比更注重社交功能和接待礼仪。所以,普通的聚饮,通常称作筵席而不称作宴会。

(二)筵宴的特点

筵宴与日常餐饮有着明显的区别,其特点主要表现在聚餐式、规格化、社交性、礼仪化和艺术化几个方面。

1. 聚餐式

中国筵宴是多人围坐进餐、交流的一种餐饮形式,很少采用分餐制。筵宴的赴宴者通常包含主人、主要宾客、随行人员和陪客,少则十来人,多则成百上千人。

2. 规格化

筵宴要求整席菜点成龙配套,冷碟、热炒、甜食、汤品、饭菜、点心、茶酒、水果和蜜脯等都需按一定比例进行搭配,上菜的顺序也有严格标准。因种类和规格不同,不同筵宴在菜点的盛器、场地的装饰和接待人员的服务方面,有各自严格的规定。

3. 社交性

举办筵宴通常都有一定的目的,可以是为了亲朋聚会、婚丧庆寿、欢庆盛典,也可以是为了促进商务洽谈、国际交往等,其主旨都是增进了解、加深情谊、解决问题。

4. 礼仪化

我国古代筵宴从邀请宾客到迎客进门,从互致问候到席位座次,从衣冠仪容到餐室布置,从乐器歌舞到斟酒上菜,都有严格的礼仪规范。现代筵宴的礼仪虽然没有古代那么严格,但是依旧崇尚"尊重、恭谦、礼让"的食礼。

5. 艺术化

筵宴的艺术化主要表现在席单的设计艺术、菜点的组配艺术、菜肴的烹饪艺术、盛器的搭配艺术、冷拼的造型艺术、餐室的装饰艺术、台面的点缀艺术、服务的语言艺术等方面。

二、中国筵宴文化与社交

（一）中国筵宴的历史与种类

1. 中国筵宴的起源与发展

中国筵宴的发展历程基本上与整个饮食的发展历程相一致，也经历了新石器时代的孕育萌芽时期、夏商周的初步形成时期、秦汉到唐宋的蓬勃发展时期，而在明清成熟、持续兴盛，然后进入近现代的繁荣创新时期。

1）筵宴的孕育萌芽时期

中国先民最初过着群居生活，共同采集渔猎，然后聚在一起共享劳动成果。随着历史发展，人们开始农耕畜牧，聚餐逐渐减少，但在丰收时期仍然要相聚庆贺，共享美味佳肴，同时载歌载舞，抒发喜悦之情。

2）筵宴的初步形成时期

到夏商周，筵宴的规模有所扩大、名目逐渐增多，并且在礼仪、内容上有了详细的规定，筵宴进入初步形成时期。

在夏朝，夏启继位后曾在钧台举行盛大的宴会，宴请各部落酋长；而夏桀收集四方珍奇之品，举办了更奢华的筵宴。殷商时期，筵宴随着祭祀活动的兴盛而进一步发展。殷人好饮酒，酒品与菜点都比以前丰富。到周朝，由于生产发展，食物原料逐渐丰富，周王室和诸侯国除了继承殷商以来的祭祀宴会外，还把筵宴发展到国家政事及生活的各个方面，朝会、朝聘、游猎、出兵、班师等要举行宴会，民间互相来往也要举行宴会，筵宴的名目已经非常多。而且各种宴会大多需要按照相应的制度举行，这种制度通称"礼"。

3）筵宴的蓬勃发展时期

秦汉至魏晋南北朝，筵宴之风日益盛行，无论在宫廷还是民间都有大摆筵席的习俗，筵宴的规模扩大、品种增加。例如，曹操在铜雀台上设宴，曹植在平乐观的宴会，张华的"园林会"，竹林七贤的林中宴饮，以及文人的"曲水流觞"等。此时，人们虽然举行宴会的目的不同，但都追求典雅的环境、情趣，其影响极为深远。到隋唐两宋时期，筵宴有了更多的发展，其名目繁多、形式多样、规模庞大、菜点精美。

4）筵宴的成熟兴盛时期

元明清时期，随着社会经济的繁荣以及各民族的大融合等，中国筵宴日趋成熟，并且逐渐走向鼎盛。

元朝的饮品与食物更多地拥有少数民族乃至异国情调。当时，宴会上几乎少不了羊肉菜肴和奶制品，而且所占比重较大，烈酒的用量也颇为惊人。到了明清两朝，中国筵宴进入成熟兴盛时期，主要表现在三个方面：一是筵宴设计有了较为固定的格局。当时的筵宴菜品主要分为酒水冷碟、热炒大菜、饭点茶果三个层次，依序上席。二是筵宴用具和环境舒适、考究。自明朝红木家具问世以后，筵宴开始使用八仙桌、大圆桌、太师椅、鼓形凳，有利于人们舒适地合餐与交流。三是筵宴品类、礼仪更加繁多甚至到了烦琐的地步。

Note

5）筵宴的繁荣创新时期

20世纪以来，特别是改革开放以来，随着社会经济的高速发展、时代浪潮的冲击和中西交流日益频繁，中国人的生活条件和消费观念发生了很大变化，在饮食上更加追求新、奇、特和营养，促进了筵宴向更高境界发展，从而进入了繁荣创新的新时期。

这一时期，中国筵宴至少具有三方面的特点。其一，传统筵宴不断改良。全国许多城市的宾馆、饭店、酒楼等都做了大量的尝试，力求在保持其独有的饮食文化特点的同时增加饮食的营养，提高其卫生水平。其二，创新筵宴大量涌现。为了满足人们新的饮食需求，饮食制作者在继承传统的基础上不断创新，设计制作出大量别具风味的特色筵宴，或以原料开发、食疗养生见长，或以人文典故、地方风情见长，不一而足。其三，引进西方宴会形式，中西结合。受西方饮食文化的影响，中国出现了冷餐酒会、鸡尾酒会等宴会形式。

2. 中国筵宴的种类

我国从古至今出现了难以计数的筵宴，按照不同的分类方法可以分为多种类型，常用的分类方法有以下三种。

1）教材分类法

教材分类法指将筵宴按民族文化特性，分为中国传统筵宴和中西结合筵宴两个大类。在中国传统筵宴中，细分有宴会席和便餐席两档，前者包括国宴、专宴和各地风味名席等，后者包括家宴、便席等。

2）行业分类法

行业分类法指将筵宴按商品属性和销售习惯进行分类，同时也据此给筵宴命名。这种分类方法有悠久的历史，活跃在各地饮食市场中，对实践指导作用强，受到广大厨师的喜爱，也为食客所熟悉。它不仅能体现筵宴的风采，也与餐饮业经营结合紧密。

用行业分类法划分筵宴，有多种划分方法。按地方风味划分，筵宴有鲁菜席、苏菜席、川菜席、粤菜席等；按菜品数目划分，有四六席、八八席、七星席、十大碗席、三蒸九扣席等；按头菜名划分，有燕窝席、猴头席、烤鸭席、鳜鱼席等；按烹调原料划分，有山珍席、海错席、水鲜席等；按主要用料划分，有全龙席、全凤席、全羊席、全蛋席等。

3）情采分类法

情采分类法指将筵宴按照审美情趣分类，以特殊韵味展示饮食文化，供食客鉴赏。它也有许多划分方法，如以风景名胜划分，筵宴有长安八景宴、西湖十景宴等；以文化名城划分，有荆州楚菜席、开封宋菜席等；以少数民族划分，有赫哲族鳇鱼宴、蒙古族帐房宴等；以名特物产划分，有黄河金鲤宴、昆明鸡枞宴等；以文化名人划分，有东坡席、大千席等；以山珍海错划分，有天山雪莲宴、青岛渔家宴等；以设宴场景划分，有竹楼宴、园林宴等。

（二）现代筵宴的设计与要求

1. 筵宴的台面布置

摆台主要是指餐台、席位的安排和台面的设计。台面按饮食习惯可划分为中餐台面、西餐台面和中餐西吃台面三大类。中餐台面常见的有方桌台面和圆桌台面两种。

中餐台面的餐具一般由筷子、汤勺、餐碟、汤碗和各种酒杯组成。

摆台要尊重各民族的风俗习惯和饮食习惯，要符合各民族的礼仪形式。如酒席宴会的摆台、餐台、席位安排要注意突出主台、主宾、主人席位。小件餐具的摆设要配套、齐全。酒席宴会所摆的小件餐具要根据菜单安排，吃什么菜配什么餐具，喝什么酒配什么酒杯。不同规格的酒席，要配不同品种、不同质量、不同件数的餐具。小件餐具和其他物件的摆设要相对集中，整齐一致，既要方便用餐，又要便于席间服务。

花台面的造型要逼真、美观、得体、实用。所谓"得体"，是指台面的造型要根据宴会的性质恰当安排，使台面图案所标示的主题和宴会的性质相称。如婚嫁酒席就摆"喜"字席、百鸟朝凤等台面；接待外宾，就摆设迎宾席、友谊席、和平席等。

2. 筵宴上菜的程序与方法

中餐上菜的程序自古就很讲究。清朝才子袁枚，在其著名的《随园食单》上，就曾对上菜程序做过论述，总结了中餐宴会上菜的一般程序。目前，中餐宴会上菜的顺序一般是，第一道凉菜，第二道主菜（较高贵的名菜），第三道热菜（菜数较多），第四道汤菜，第五道甜菜，最后上水果。

首先上的是冷盘。冷盘在开席前几分钟端上为宜。来宾入座开席后，走菜服务员即通知厨房准备出菜。当来宾吃完2/3左右的冷盘时，就上第一道菜，把菜放在主宾前面，将没吃完的冷盘移向副主人一边。以下几道炒菜用同样方法依次端上，但需注意，若前一道菜迟迟还未动筷，要通知厨房不要炒下道菜。如果来宾进餐速度快，就须通知厨房快出菜，防止出现空盘、空台的情况。炒菜上完后，上第一道大菜前（一般是鱼翅、海参、燕窝等），应换下用过的骨碟。第一道大菜上过后，视情况或上一道点心，或上第二道大菜。在上完最后两道大菜和即将上汤时，应低声告诉主人菜已上完，提醒客人适时结束宴会。

3. 筵宴的时间与节奏

筵宴须在一定的时间内进行，有一定的节奏。筵宴开始前，服务员要摆桌椅、碗筷、刀叉、酒杯、烟缸、牙签等餐具和用具。冷菜于客人入席前几分钟上台。餐桌服务员、迎候人员及清扫人员要入岗等候。服务员在客到之前守候门厅，客到时主动迎接，根据客人的不同身份与年龄匹配不同的称呼；将客人请到客厅休息，安放好客人携带的物品；在客人休息时按上宾、宾客、主人的顺序先后送上香巾、茶水；客人到齐后，主动征询筵宴主人是否开席，经同意后即请客人入席；应主动引导，挪椅照顾客人入座，帮助熟悉菜单、斟酒。主宾发表讲话时，服务员要保持肃静，停止上菜、斟酒，侍立一旁，姿势端正。

正式筵宴的时间一般以一个半小时为宜。服务员要掌握好筵宴的节奏。筵宴刚刚开始时，宾客喝酒、品尝冷菜的节奏是缓慢的。待酒过三巡时开始上热菜，由此节奏加快，筵宴进入高潮。上主菜是筵宴最高潮。当上完最后一道大菜时，服务员应低声通知筵宴主人。筵宴快要结束时，服务员要迅速撤去碗、碟、筷、杯等，换上干净的台布、碟、刀，端上水果，同时上毛巾，供客人擦手拭汗，并做好送客准备。客人离席，服务员要提醒不要忘记物品。客人出门，服务员要主动道别，送出门外以示热情。

（三）中国历代名宴

1. 满汉全席

满汉全席，如图3-1所示，是中国一种集合满族和中国饮食特色的巨型筵席，起源于清朝。满汉全席的特点是规模大、进餐程序复杂、用料珍贵、菜点丰富、料理方法多样，有"满汉大席"和"烧烤席"之称。由于菜品数量很大，满汉全席往往不能一餐胜食，而要分作几餐，甚至分作几天食用，进食的程序也很讲究、隆重。

图3-1　满汉全席

1）起源

清朝皇室在继承满族传统饮食方式的基础上，吸取了中原南菜（主要是苏杭菜）和北菜（山东菜）的特色，建立了较为丰富的宫廷饮食体系。宫廷饮食分为满席、汉席、奠席、诵经供品四大类。满席分为六等，头三等用于帝、后、妃嫔死后的奠筵，后三等主要用于三大节朝贺宴、皇帝大婚宴、赐宴各国进贡来使及下嫁外藩的公主、郡主、衍圣公来朝等。汉席分三等，主要用于临雍宴、文武会试考官出闱宴以及实录、会典等书开馆编纂日和告成日赐宴等。

2）发展历程

清乾隆时始有满汉全席，后其由宫廷传至各地官府，很快由官场传入民间，开始有了"满汉大席"之称。民国时期的《全席谱》中录有太原满汉全席，后来沈阳、大连、天津、开封也都陆续有了关于满汉全席的记载，这些宴席各具特点。后来满汉全席就成为大型豪华宴席的总称。

2. 孔府宴

孔府是孔子及其后人居住的地方。古代尊孔之风的盛行，使得孔府历经两千多年而不衰。孔府在古代的地位非同一般，兼具家庭和官府职能。当年孔府在接待贵宾、袭爵上任、祭日、生辰、婚丧时特备的高级宴席，经过数百年不断发展，形成了一套独具风味的家宴，被称为"孔府宴"。孔府宴礼节周全，程式严谨，是中国古代宴席的典范。

1）特点

孔府宴的历史十分悠久。它广泛吸收宫廷、官府和民间烹饪技艺特点。如孔府的很多女眷都是来自各地的大家闺秀，她们常从娘家带着厨师到孔府来。因此，各菜系

的名厨相聚孔府,将烹调技艺发挥到极致,从山珍海味到瓜、果、菜、蔬,各种食材都被运用上了。此后,经过孔府历代名厨的精心创制,孔府菜在继承传统的基础上,着意创新,自成一格,使得孔府宴成为中国烹饪文化宝库中的一颗瑰宝。孔府菜的命名十分讲究,菜肴的名称寓意深远,如"诗礼银杏"(见图3-2),体现了孔府书香门第的风雅之气。

图3-2 诗礼银杏

2) 孔府宴的等级

孔府接待的人员很多,包括皇帝、王公大臣、地方官员及自身亲戚朋友,还承办各种庆典,因此,待客宴席根据饮宴者的身份或亲疏被划分成不同规格、不同等级。

最高级的酒席叫"燕菜全席",又叫"高摆酒席",每桌上菜130多道。这种酒席专门用来招待历代皇帝和钦差大臣,"燕菜全席"最有特色的装饰品当属"高摆"。"高摆"是用糯米面做的,1尺多高(1尺≈33.33厘米),碗口粗,呈圆柱形,摆在四个大银盘中,上面镶满各种细干果,形成绚丽多彩的图案,图案中就包含了这个酒宴的祝词。其次就是平时寿日、节日、婚丧、祭日和接待贵宾用的"鱼翅四大件"和"海参三大件"宴席。

3. 曲江宴

唐朝时的曲江园位于长安城东南方九公里处的曲江村,景色十分秀丽。曲江园最早建于汉代,唐玄宗开元年间又得到大规模扩建,池区被扩宽,池中广植莲花,两岸种植了无数奇花异草。景区内还修建了紫云楼和彩霞亭等台榭楼阁,并建造了彩舟供人们游览。从此,曲江园成为京城一带风光最美的园林。每到三月,上至帝王,下至士庶,都可以在曲江池畔举行宴会活动。曲江园林里举行的各种宴会名目繁多,有宫廷盛宴、新科进士宴、春日游宴等多种形式,统称曲江宴。古代曲江宴盛况如图3-3所示。

图3-3 古代曲江宴盛况

1) 宫廷盛宴

唐玄宗时期,曲江园每年农历三月初三都设宴。这是唐朝规模最大的游宴活动。这天,不仅皇亲国戚、大小官员会带着妻妾、丫鬟、歌伎赴宴,京城中的僧道和普通老百姓也会来游览。一时间,万众云集,盛况空前。三月的曲江池碧波荡漾,岸边万紫千红。京兆府和长安、万年两地园户们的花卉展览和商贾们展示的珠宝珍玩、奇货异物,

Note

更是为这场盛宴锦上添花。

2）新科进士宴

在唐朝,曲江边上的杏园是皇帝专门给新科进士赐宴的地方。唐中宗时,朝廷规定每年三月,在曲江为新科进士们举行一次盛大的宴会以示祝贺。此宴因取义不同,异名甚多,有关宴、杏园宴、樱桃宴、闻喜宴等。前来参加宴会的人除了新科进士们,还有主考官、公卿贵族及其家眷,甚至有时皇帝也会来。新科进士宴上的食品必须有樱桃,有时还有御赐的食物。宴会上,新科进士们除了拜谢恩师和考官,还会到慈恩寺大雁塔上题名留念。

3）春日游宴

唐朝时,春日游宴是贵族子弟们的主要活动之一,也是表示他们不负春光的一种生活方式。春日融融、和风习习、花红草青、空气清新,最适合郊游野宴。据《开元天宝遗事》记载,长安阔少每至阳春都要结朋联党,骑着一种特有的矮马,在花树下往来穿梭,令仆从执酒皿跟随,遇上好景致则驻马而饮。还有人带上油布帐篷,以便在天阴落雨时,仍可尽兴尽欢。唐朝时,春宴非常盛行,朝廷也很支持这种活动,官员们甚至能享受春假的优遇。

唐中期以后,由于京城长安日渐萧条,加上黄渠断流,曲江池失去了水源,渐渐干涸,盛行于唐朝、经历了三百多个春秋的曲江宴逐渐成为历史。

4. 女子宴

唐朝盛行探春宴与裙幄宴,参加者均为女性,有别于中国古代的其他饮宴。女子宴的饮宴地点设于野外,可以使平日身居闺房的女子们排解平日的郁闷心情。女性聚集饮酒,也反映了当时社会伦理对女性的一种开放态度。

1）探春宴

探春宴一般在每年正月十五过后的立春与雨水两个节气之间举行。此时万物复苏,达官贵人家的女子们相约做伴,让下人用马车载帐幕、餐具、酒器及食品等,到郊外游宴。

女子们的游宴有两个内容。首先是散步游玩,呼吸清新的空气,沐浴和煦的春风,观赏秀丽的山水;然后是选择合适的地点,搭起帐幕,摆设酒肴,一面行令品春(在唐朝,"春"一是指一般意义的春季,二是指酒,故称饮酒为"饮春",称品尝美酒为"品春"),一面围绕"春"字进行猜谜、讲故事、作诗联句等娱乐活动,至日暮方归。

2）裙幄宴

在每年三月初三上已节前后,年轻女子们趁着明媚的春光,骑着温良驯服的矮马,带着侍从和丰盛的酒肴来到曲江池边,选择一处景致优美的地方进行宴饮。她们以草地为席,四面插上竹竿,再解下亮丽的石榴裙连接起来挂于竹竿之上,把它当成临时饮宴的幕帐。这种野宴被时人称为裙幄宴。

5. 船宴

船宴就是以船为设宴场所的一种宴席形式,注重美时、美景、美味、美趣等的结合,享用起来别有一番情趣。

1)船宴的历史

中国早在春秋时期就出现了船宴。传说,吴王阖闾曾在船上举办宴席,并将吃剩下的残余鱼脍倾入江中。到了唐朝,船宴已经开始流行。宋朝的杭州、扬州等地,还出现了商家经营的餐船,可供人们泛舟饮宴。游人朝登舟而饮,暮则径归,不劳余力。

中国餐船主要是在明清时期盛行。那时,杭州西湖、无锡太湖、扬州瘦西湖、南京秦淮河、苏州野芳浜以及南北大运河等水上风景区,都有专门供应游客酒食的"沙飞船"(或称"镫船")。这种船陈设雅丽,大小不一。大者可以载客,摆三两桌席面;小者不过丈余。其艄舱中有灶火,可以供应酒食。

2)船宴的规矩

古代的船宴有一些相沿成俗的传统礼俗。游客初到船舱,坐定之后,船上的侍者先是端上茶和一些辅茶的点心,游客边品茗边品点,而后还会上几碟精巧的小炒或冷盘。其间可以聊天、搓麻将、唱曲、打节拍等,消遣时光。等到夕阳西坠,掌灯时分,船宴的正宴才拉开帷幕。这时,侍者才会将船上的"招牌菜"悉数端来,让游客一醉方休。

席间舟女负责侍客,如贡烟、递茶、斟酒等事宜,而端菜撤盆则由厨子代劳。端菜很有讲究,上菜要从右侧上手,按冷盘、热炒、大碗的次序流水作业。船娘随时与食客、厨子两头联络。菜要一道道上,船娘看菜吃至过半,则马上关照厨子速做另一道菜,吃完见底后,命厨子撤盘换菜,人手一份不断档。因此,每道船菜上桌,都新鲜而百热沸烫。撤盆则反之,必须从左侧下手,按序而下。如果有剩菜,则要问清楚游客是弃还是留。同时,为了愉悦食客,商家还邀请民间艺人献艺助兴,雅俗共赏。

6.烧尾宴

从魏晋时代开始,官吏每逢升迁,都要举办高水平的喜庆家宴,接待前来庆贺的客人。唐朝同样继承了这个传统,升迁的官吏不仅要设宴款待前来祝贺的同僚,还要向天子献食。唐朝对这种宴席还有个奇妙的称谓,叫作"烧尾宴",或简称"烧尾"。烧尾宴比起前代的同类宴席,更为华丽,也更为奢侈。

1)烧尾宴的由来

有关烧尾宴的得名,有很多说法。有人说,这是出自"鲤鱼跃龙门"的典故。传说黄河鲤鱼跳龙门,跳过去的鱼即有云雨随之,天火自后烧其尾,从而使其转化为龙。官吏功成名就,就如同鲤鱼烧尾,所以摆出烧尾宴来庆贺。而唐人封演所著《封氏闻见记》里专论"烧尾"一节,指出了"烧尾"的其他意义。书中指出,"烧尾"一是说老虎变人,其尾犹在,烧点其尾,才能完成蜕变;二说是新羊入群,群羊欺生,只有将新羊的尾巴烧断,新羊才能安宁地生活。这样,烧尾就有了烧鱼尾、烧虎尾、烧羊尾三说。

2)奢侈的烧尾宴

唐朝的烧尾宴奢侈至极,除了一般的喜庆家宴,还有专给皇帝献的烧尾食。在众多烧尾宴中,最为著名的一次摆于唐中宗景龙年间。关于这次烧尾宴,宋朝陶谷所撰《清异录》中有详细的记载。其食单所列名目繁多,仅"奇异者",多达58款。

三、外国筵宴文化与社交

（一）国外宴会的历史与分类

1. 国外宴会的历史

1）古罗马的宴会

在公元一世纪的罗马时代，大型宴会已成为界定身份的场所。主人会用山珍海味、肉山酒海，让客人对他刮目相看。到了公元一世纪中叶，西餐宴会在技艺和礼仪上都达到了非常成熟的高度。人们赴宴时衣着讲究，并且餐前沐浴，甚至带着仆人赴宴，之后被按照一定的等级秩序安排入座。宴会烹饪技法奢华考究，有诸如长翅膀的兔子和装饰成海胆的梨这样的造型菜。宴会上还会有歌手、舞蹈演员、杂技演员和话剧演员献艺。

2）古希腊的宴会

早在公元二世纪，巴比伦人就建立了将一起吃饭喝酒等同于书面合同的惯例，如在婚礼和签订盟约时就是如此。美索不达米亚的君主们在诸如取得军事胜利或者使节到来、新的宫殿或庙宇落成等重大场合，大摆宴会。这种场合的礼节极为讲究：国王在一旁斜躺在躺椅上，不远处是他的王后，客人们则根据身份被分成若干个组。这种宴会规模宏大，从遥远地区运来的食品和酒水突出了政府的优越地位，用它们做出的饭菜又显示君王同贵族的同盟。同时，宴会成为一种追求美的过程。王室倡导高雅的陈设、得体的举止、周到的礼节以及多种形式的剧院表演。

古希腊有许多形式的宴会，都是从献贡品开始，接下来是进餐，最后喝酒。酒在古希腊社会占有重要的位置。宴会一般由男人主导，吃饭和喝酒被视作相对独立又彼此相连的两个部分。

2. 分类

1）正式宴会

正式宴会通常是政府和团体等有关部门为欢迎应邀来访的宾客或来访的宾客为答谢主人而举行的宴会。正式宴会有时要安排乐队奏席间乐，宾主按身份排位就座。许多西方国家的正式宴会十分讲究排场（见图3-4），甚至会在请柬上注明对客人服饰的要求。服饰规定往往能体现宴会的隆重程度，这是西餐宴会较突出的特点。

图3-4　西餐正式宴会

2）冷餐酒会

冷餐酒会的特点是不排席位，既可在

室内、院里举行，又可在花园里举行。菜点的品种丰富多彩，以冷食为主，可上热菜，如图3-5所示。

图3-5　冷餐酒会

冷餐酒会可设小桌、椅子，供宾客自由入座，也可以不设座位，让宾客站立进餐。根据宾主双方的身份，冷餐酒会的规格可高可低，隆重程度差别很大。冷餐酒会举办时间一般在中午12时至下午2时，或下午6时至晚上8时。这种形式多为政府部门或企业界举行人数众多的盛大庆祝会、欢迎会、开业典礼等活动时所采用。

3) 鸡尾酒会

鸡尾酒会是欧美传统的宴会形式。鸡尾酒会提供的饮食以酒水为主，另外有少量食品，如蛋挞、三明治、小蛋糕、小串烧、炸薯片等，如图3-6所示。大部分鸡尾酒会形式较轻松，不设座位，没有主宾席，个人可随意走动，便于与他人广泛接触和交谈。

图3-6　鸡尾酒会

鸡尾酒和小吃由服务员用托盘端上，或部分置于小桌上。酒会举行的时间较为灵活，中午、下午、晚上均可，可作为晚上举行大型筵席的前奏活动；或结合记者招待会、新闻发布会、签字仪式等活动举办。请柬往往注明整个活动延续的时间，宾客可在其间任何时候到席或退席，来去自由，不受约束。鸡尾酒会以饮为主，以吃为辅。举办者除上各种鸡尾酒外，还提供其他饮料，但一般不上烈性酒。

（二）国外宴会的设计要求

1. 西式宴会台形设计

西式宴会一般使用长台。其他类型的餐台由小型餐台拼合而成，一般呈"一"形、U形、E形、T形或"回"形等。无论宴会采用何种台形，都要求看起来庄重、美观、大方，餐椅摆放整齐、对称、平稳。

1）台形设计考虑的因素

首先，台形要与餐厅的装饰风格相适应。不同风格的西餐厅餐台布置也不同，必须进行精心设计。其次，要体现档次的差别。例如，利用台布颜色和餐具质地、插花等桌面装饰来区分主桌和非主桌。最后，设计要与服务方式相适应。不同的西餐服务方式，台形设计有较大的差异，如法式西餐，要求餐厅灯光可以调节，服务通道要通畅，台形设计要宽敞。

2）台形设计的种类

"一"形台设在宴会厅的中央位置，与四周的位置大致相等。长桌两端形状有弧形和方形两种。弧形长桌适用于豪华型单桌的西式宴会。正副主人坐在长桌的两端，为了体现他们的尊贵、与众不同，他们的餐位是弧形的。其他客人坐在长桌的两边。方形长桌常用作大型宴会的主桌，主人与主宾坐在长桌的中间。"一"形台适合用作欧式古典大型宴会或大型宴会的主桌。

T形台常用作自助餐食台，由长形条桌拼合而成。

U形台横向长度要比纵向长度短一些（面向餐桌的凹处）。桌形凸出处有圆弧形和正方形两种。主要部分摆放5个餐位，以体现主人对主客的尊重。餐桌的凹处口，是法式服务的现场表演处，便于主客观看。

E形台、M形台横向要比纵向长度短（面向餐桌的凹处），各个翼的长度一致。按照西方的习惯，主人坐在竖者的中间，客人坐在主人的两边和横向的位置。E形台、M形台适用人数较多的宴会。

2. 西式宴会服务方式

1）法式服务

法式服务起源于欧洲贵族家庭，是一种讲究礼节的服务方式，花费时间较长，费用比较昂贵，是高档小型西式宴会常使用的服务方式。

法式服务的特点是，菜肴是在客人面前的辅助餐桌上进行最后加工的，每道菜的加工方法是不相同的。例如，冷菜是在现场调味、搅拌后分到每个餐盆中，一起派给客人的；主菜是厨房加工完，在现场分割后派给客人的；甜品是加工成半成品后，在客人面前进行最后加工的。

法式摆台是按客人所点的菜肴，配备使用的餐具。它有严格的要求，如图3-7所示。餐具是在菜单确定后，全部铺在餐桌上，右刀左叉，勺与点心叉放在上面，按上菜的顺序从上到下，从外到里地摆放。

图 3-7　法式宴会摆台

法式服务的优点是客人能受到周到细致的招待,且服务十分高雅,可谓是表演式的服务。缺点是法式服务的服务节奏很慢,服务员能服务的客人较少,服务所需区域较大,需非常专业的服务员。

2) 俄式服务

俄式服务采用大量的银质餐具,如图 3-8 所示,摆台和法式服务相同。二者的主要不同在于俄式服务只需要一名服务员上菜服务,菜肴全部是厨房里准备好的。菜肴装在大型的银器盘内,装饰非常精美。服务员左手托菜盘,右手拿叉、勺,站在客人的左边,按先女宾,后男宾,最后是主人的次序依次为客人分派食物。

图 3-8　银质餐具

俄式服务的摆台和法式相同,优点是仅需一名服务员服务,服务和法式服务一样讲究,但速度较快,费用少些,不必为服务餐车另行安排空间。其缺点主要为:银质餐具投资较大,当每个客人点不同菜品时,所需的银盘数量较大;另一缺点是,最后一位客人只能从余下的不太完整的菜品中择其所好。

3) 英式服务

英式服务在私人宴请中采用得比较多。它是英国家庭用餐中采用的一种方式。这种服务方式是从厨房中拿出已装好菜肴食品的大盆和加过温的用餐盆子,放在主人面前,由主人分割肉菜,并把肉菜与素菜搭配,分到客人用的盆子中,交给站在左边的服务员,由服务员分送给其他客人。各种调味汁都被摆放在餐桌上,由客人自取,并互相传递。它的优点是比较循规蹈矩,缺点是家长式味道太浓。

4) 美式服务

较之法式、俄式、英式服务,美式服务不太拘泥于形式,它是酒店业最为流行的一种服务方式,又称盘子服务。它的服务特点是将菜食在厨房内装盆,每人1份,如图3-9所示,除了色拉、黄油外,只要一名服务员上菜。服务员上菜时,将菜从左边送给客人,饮料从右边送给客人,用过的餐具从右边撤下。在美式服务中,色拉通常由客人在专门色拉台上自由选取。在小型家庭式宴会中,上给各客人的主菜的量较少。厨师在厨房将给具体客人的主菜装盆后,将多余的主菜另装在一个大盆中,放在色拉台上让客人吃完后自由添加。

图3-9　美式服务中装盘的菜肴

任务二　酒文化与社交

一、酒的社交属性概述

酒,在人类文化的历史长河中不仅是一种客观的物质存在,还是一种文化象征。作为人类文明结晶的酒,不仅是人们的生活必需品,也是文化认同的名片,是人与人交往、沟通的桥梁。

(一)酒与文学

在中国历史上,酒与文学的关系可以说是饮食文化史上的一种特定的历史现象。酒助文思、文乘酒咏,便诞生了酒文学。

酒文学起源于周朝。到了汉末魏晋时期,社会动荡不安,军阀割据混战,人民生活困苦。这时期的酒文学多忧郁悲凉、慷慨激昂。在酒诗、酒赋里,杨雄、孔融、曹植、王粲对酒的功德进行了热情洋溢的讴歌,刘伶则通过描写"大人先生"塑造饮酒者的世外桃源。唐朝,酒文学繁荣有加,涌现出了大量的酒诗歌,有描述朋友亲人相聚其乐融融的场面的,有歌颂饮酒之感胜于神仙的快乐的,有吟叹离别钱行的感伤的,有控诉怀才不遇的愤懑的。酒词源于隋唐,至宋朝而盛行。苏轼、范仲淹、李清照是这个时期的代表人物。元、明、清是酒文学继承遗产、缓慢发展的时期,这一时期酒戏曲形式的崛起丰富了酒文学的内容,扩大了酒文学的外延。

(二)酒与书法、绘画

从古至今,文人骚客总是离不开酒,诗坛书苑如此,那些在书画界占尽风流的名家们更是"雅好山泽嗜杯酒"。他们或以名山大川陶冶性情,或在花前酌酒对月高歌,往往"醉时吐出胸中墨"。酒,成了他们激发灵感的源泉,成了他们创作的催化剂。借助酒兴,他们可以淋漓尽致地表现个性,展现生活的趣味,创造出独具特色的作品来。

酒与书法共在。酒使不少书法家狂放不羁,不拘成法,越是开怀畅饮,越是激昂振奋,然后笔走龙蛇,创造出了许多艺术价值极高的传世佳作。绘画与书法一样,要达到得心应手的程度,必须有娴熟的技巧和深厚的功底,并心有所感而寄于笔墨。许多书法家借助酒力做到了心有所感,许多画家也是这样。书画家酒后挥就的作品大多都自然天成,透出一种真情率意,毫无矫揉造作之态。此外,酒文化还是画家们创作的重要题材,诸如文会、雅集、夜宴等。

(三)酒与舞蹈

在中国几千年的历史舞台上,酒与舞蹈有时是相伴二尤,增色生辉;有时是相伴二魔,隐埋祸种,潜伏杀机。中国几千年的酒舞历史为中国古今艺术大师们提供了取之不尽、用之不竭的素材。在文学家、艺术家的笔下和聚光灯下的舞台上,酒与舞的融合创造出不同风格的美、不同个性的美、不同形象的美。

昆曲表演艺术家俞振飞《太白醉写》一戏中的"一点三颤""一歪一斜",表现了"诗仙"李白"斗酒诗百篇"的飘逸潇洒、豪放不羁、不畏权贵的艺术形象;京剧《武松打虎》《醉打蒋门神》,无不是突出一个醉字,而又立足一个舞字来刻画武松威武勇猛的英雄形象。这些个性鲜明的艺术形象,总会使人在欣赏之后倍加感受到那种酒舞相合带给人的畅快。

二、中国酒文化与社交

(一)酒的起源和发展

1.酿酒的起源

酒的起源可以追溯到史前时期。人类酿酒的历史始于旧石器时代。当时人类有了足以维持基本生活的食物,从而有条件去模仿大自然的酿酒过程。人类最早的酿酒活动,只是机械、简单地重复大自然的自酿过程。最初的酒是含糖物质在酵母菌的作用下自然形成的有机物。自然界中存在着大量的含糖野果,而空气里、尘埃中和果皮上都附有酵母菌。在适当的水分和温度等条件下,酵母菌就有可能使果汁变成酒浆,自然形成酒。

真正称得上有目的的人工酿酒生产活动,是在人类进入新石器时代、农业出现之后开始的。这时,人类有了比较充裕的粮食,尔后又有了制作精细的陶制器皿,这才使得酿酒生产成为可能。《中国史稿》认为,仰韶文化时期是谷物酿酒的"萌芽"期。当时人们用蘖(发芽的谷粒)造酒。距今4500年的中国龙山文化遗址出土的陶器中,有樽(盛酒的器具,如图3-10所示)、盉(古代温酒的铜制器具,形状像壶,有三条腿,如图3-11所示)、高脚杯、小壶等酒器,反映出酿酒在当时已进入盛行期。中国早期酿造的酒多属于黄酒。

图3-10 樽

图3-11 盉

2. 酒的发展

1) 黄酒

根据考古发掘,我们的祖先早在殷商武丁时期就掌握了"霉菌"繁殖的规律,已能使用谷物制成曲药,发酵酿造黄酒。到西周时期,农业的发展为酿造黄酒提供了完备的原始资源,人们的酿造工艺,在总结前人的基础上有了进一步的发展。秦汉时期,曲药酿造黄酒技术又有了大的提高。《汉书·食货志》记载:"一酿用粗米二斛,曲一斛,得成酒六斛六斗。"这是我国现存最早用稻米曲药酿造黄酒的配方。

汉朝到北宋,是我国传统黄酒的成熟期。《齐民要术》《酒诰》等科技著作相继问世,新丰酒、兰陵酒等名优酒诞生。中国传统黄酒的发展进入了灿烂的黄金时期。经过漫长的历史岁月,古人在不断的生产实践中,逐步积累粮食酿酒经验。黄酒酿造工艺技术炉火纯青。

2) 白酒

我国是制曲酿酒技术的发源地,有着世界上独创的酿酒技术。白酒是用酒曲酿制而成的,是中国的特产饮料。全球酒类饮料产销大国的地位,在中国政治、经济、文化和外交等领域发挥着积极作用。

关于白酒的起源,迄今说法不一。最早的文献记录是"鞠蘖"。其中,"鞠"指发霉的粮食,"蘖"指发芽的粮食。从字形看,它们中都有"米"字。由此得知,最早的鞠和蘖,可能是发霉和发芽的粟类。《说文解字》说:"蘖,芽米也。""米,粟实也。"后来,人们用麦芽替代了粟芽。蘖与曲的生产方式分家以后,人们用蘖生产甜酒(醴)。到汉朝,蘖酒还很盛行。北魏时,人们用谷芽酿酒,所以《齐民要术》内无有关蘖和曲的叙述。1637年,宋应兴所著《天工开物》中有记载:"古来曲造酒,蘖造醴,后世厌醴味薄,遂至失传。"

据周朝文献记载,"曲蘖"可作酒母解释,也可解释为"酒"。杜甫《归来》诗里有"凭

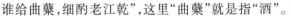

谁给曲蘖,细酌老江乾",这里"曲蘖"就是指"酒"。

3) 葡萄酒

葡萄酒是以葡萄为原料,经过酿造工艺制成的饮料酒。酒精度一般较低,一般为8％vol—22％vol。葡萄原产于亚洲西南小亚细亚地区,后广泛传播到世界各地。汉武帝建元三年(公元前138)张骞出使西域,将欧亚所种葡萄传入内地,并招来了酿酒的工人,中国开始有了按照西方制法酿造的葡萄酒。

公元627年,唐太宗李世民从高昌(新疆吐鲁番)得到马乳葡萄酒并派人学习酿酒方法,此后在宫廷中亲自种植葡萄,并按照其方法酿葡萄酒。因此,从唐朝开始,中国葡萄酒的酿造有了很大发展,酒的风味、色泽更佳。唐朝许多诗人,如王翰、白居易、李白等,都有歌咏葡萄酒的诗篇。13世纪,元代规定祭祀太庙必须用葡萄酒。当时,民间经营酿酒业的人也颇多,葡萄酒成为一种重要的商品。

我国古代酿造葡萄酒的方法的发展经历了一个漫长的过程,2000多年以来出现过两种基本方法。一种是自然发酵法,因为葡萄的表面有大量的酵母存生,只要果皮破裂,酵母与葡萄汁接触,就会自然发酵酿出葡萄酒。此外,我国古代还有用葡萄汁加曲造酒的方法。以上两种酿葡萄酒的方法,说明我国劳动人民不但善于吸收外来酿酒经验,还善于结合我国固有的酿酒技术创造性地发展独特的酿造工艺。

4) 啤酒

啤酒是在20世纪初传入我国的,属外来酒种。啤酒是以大麦芽、酒花、水为主要原料,经酵母发酵作用酿制而成的饱含二氧化碳的低酒精度酒。

19世纪末,啤酒传入中国。1900年,俄国人在哈尔滨市首先建立了乌卢布列希夫斯基啤酒厂;1903年,德国人和英国人合营在青岛建立了英德啤酒公司(青岛啤酒厂前身)。此后,不少外国人在东北和天津、上海、北京等地建厂。中国人最早自建的啤酒厂是1904年在哈尔滨建立的东北三省啤酒厂。当时中国的啤酒业发展缓慢,生产技术掌握在外国人手中,生产原料(麦芽和酒花)都依靠进口。1949年以前,全国啤酒厂不到10家,总产量不足万吨。1949年后,中国啤酒工业发展较快,并逐步摆脱了原料依赖进口的状态。

(二)酒德与酒礼

1. 酒德

历史上,儒家的学说被奉为治国安邦的正统观点,酒的习俗同样也受儒家酒文化观点的影响。儒家讲究"酒德",这两字最早见于《尚书》和《诗经》,是说饮酒者要有德行。儒家并不反对饮酒,用酒祭祀敬神、养老奉宾,都是德行。总体来说,古人主张让酒回归到文化的本位,讲求以下的酒德。

一是量力而饮,即饮酒不在多少,贵在适量。要正确估量自己的饮酒能力,不作力不从心之饮。过量饮酒或嗜酒成癖,都将导致严重后果。

二是节制有度,即饮酒要注意自我克制,十分酒量最好只喝到六七分,至多不得超过八分,这样才能做到饮酒而不乱。

三是饮酒不能强劝。人们酒量各异,对酒的承受力不一。强人饮酒,不仅败坏这一赏心乐事,而且容易出事。因此,主人在款待客人时,既要热情,又要诚恳;既要热闹,又要理智,切勿强人所难,执意劝饮。

2. 酒礼

饮酒作为一种食文化,在远古时代就形成了大家必须遵守的礼节。在一些重要的场合下,如果有人不遵守礼节,可能会有犯上作乱的嫌疑;再加上人饮酒过量后,将不能自制,容易生乱。所以,制定饮酒礼节就显得尤为重要。明代的袁宏道,看到酒徒在饮酒时不遵守酒礼,深感长辈有责任教导,于是从古书中采集了大量的资料,专门写了一篇《觞政》。

我国古代饮酒有以下一些礼节:主人和宾客一起饮酒时,要相互跪拜。晚辈在长辈面前饮酒,叫侍饮,通常需要先行跪拜礼,然后坐入次席。古人饮酒,讲究长幼有序。古代饮酒的礼仪分四步:拜、祭、啐、卒爵。具体就是,先做出拜的动作,表达敬意;接着把酒倒一点在地上,以祭谢大地生养之德;然后尝尝酒味,并加以赞扬,取悦主人;最后仰杯而尽。在酒宴上,主人要向客人敬酒(叫酬),客人要回敬主人(叫酢),敬酒时还应说上几句敬酒词。客人相互之间也可敬酒(叫旅酬)。有时主人或客人还要依次向人敬酒(叫行酒)。敬酒时,敬酒的人和被敬酒的人都要"避席"起立。普通敬酒以三杯为度。

(三)中国饮酒习俗

1. 原始宗教、祭祀、丧葬与酒

自古以来,酒都是祭祀时的必备用品之一。在中国古代,巫师利用所谓的"超自然力量",进行各种活动,都要用酒。巫和医在远古时代是没有区别的,酒作为药,是巫医的常备药之一。

在古代,统治者认为:"国之大事,在祀在戎。"祭祀活动中,酒作为美好的东西,首先要奉献给上天、神明和祖先享用。战争决定一个部落或国家的生死存亡,出征的勇士,在出发之前,更要用酒来激励斗志。酒与国家大事的关系由此可见一斑。反映周王朝及战国时代制度的《周礼》,记载了对祭祀用酒的明确规定。例如,祭祀时,用"五齐""三酒"等共八种酒。

2. 重大节日的饮酒习俗

中国人一年中的各重大节日,都有相应的饮酒活动,如端午节饮"菖蒲酒",重阳节饮"菊花酒",除夕夜饮"年酒"。其中,除夕是中国人最为注重的节日,是家人团聚的日子,年夜饭中的酒是必不可少的。吃完年夜饭,有的人还有饮酒守夜的习俗。新年伊始,古人有阖家饮屠苏酒的习俗,饮酒时,从小至大依次饮用。据说,饮此酒可以避瘟气。

3. 婚姻饮酒习俗

1) 花雕酒

晋人嵇含所著的《南方草木状》记载了一种南方的"女儿酒",说南方人生下女儿才数岁,便开始酿酒,酿成酒后,埋藏于池塘底部,待女儿出嫁之时才取出供宾客饮用。这种酒在绍兴得到继承,发展为著名的"花雕酒",其酒质与一般的绍兴酒并无显著差别,主要是装酒的坛子独特。这种酒坛在还是土坯时,就被雕上各种花卉图案、人物鸟兽、山水亭榭。等到女儿出嫁时，取出酒坛，请画匠用油彩画出"百戏"，如"八仙过海""龙凤呈祥""嫦娥奔月"等，并配以吉祥如意、花好月圆的"彩头"。

2）喜酒

"喜酒"往往是婚礼的代名词。置办喜酒即办婚宴，去喝喜酒，也就是去参加婚宴。

3）会亲酒

"会亲酒"指订婚仪式时要摆的酒席。古时，喝了"会亲酒"，表示婚事已成定局，婚姻契约已经生效，此后男女双方不得随意退婚。

4）回门酒

结婚后的第三天，新婚夫妇要"回门"，即回到娘家探望长辈，娘家要置宴款待，俗称"回门酒"。回门酒只设午餐一顿，酒后夫妻双双回家。

5）交杯酒

"交杯酒"是我国婚礼程序中的一个传统仪式，在古代又称为"合卺酒"（卺的本来意思是一个瓠分成两个瓢）。

4. 其他饮酒习俗

1）满月酒、百日酒

"满月酒""百日酒"是中国各民族普遍的风俗之一。孩子满月或一百天时，主家会摆上几桌酒席，邀请亲朋好友共贺。亲朋好友一般都要带礼物，也有的会送红包。

2）寿酒

中国人有给老人祝寿的习俗。一般情况下，老人儿女或者孙子、孙女会出面举办寿酒，并邀请亲朋好友参加酒宴。

3）上梁酒、进屋酒

在古代，盖房是件大事。盖房过程中，上梁又是最重要的一道工序，故在上梁这天，要办"上梁酒"，有的地方还有用酒浇梁的习俗。房子造好，举家迁入新居时，又要办"进屋酒"，一是庆贺新屋落成和乔迁之喜，二是祭祀神仙祖宗，以求保佑。

4）开业酒、分红酒

"开业酒"和"分红酒"是店铺、作坊置办的喜庆酒。店铺开张、作坊开工之时，老板要置办酒席庆贺；店铺或作坊年终按股份分配红利时，要办"分红酒"。

5）壮行酒

"壮行酒"，也叫"送行酒"，是有好友远行时，为其举办的酒宴，意在表达惜别之情。在战争年代，勇士们上战场执行重大且有很大生命危险的任务时，指挥官们都会用酒为勇士们壮胆送行。

三、外国酒文化与社交

（一）外国酒文化概述

世界各民族的传说记载中都流传着酒的故事，体现出酒文化的源远流长。古希腊神话、《圣经》和古印度典籍中，都记载有这样的故事。

1.古希腊神话里的酒神

古希腊神话里的酒神名叫狄奥尼索斯,是酿酒和种植葡萄者的庇护神(由此可见,西方人早期是用葡萄酿酒的)。按照古希腊神话的谱系,狄奥尼索斯是大神宙斯和忒拜王卡德摩斯的公主塞墨勒所生。酒神曾游遍希腊、叙利亚、印度等地,教人们酿酒,化身为山羊、牛、狮、豹,使酒、牛奶、蜂蜜从地面涌出,逐渐赢得了人们的崇拜。纪念酒神的庆典往往引起狂欢暴饮。

2.《圣经》里关于酒的记载

《圣经》里随处可见关于葡萄园与葡萄酒的记载。据法国食品协会统计,《圣经》中至少有521次提到葡萄园及葡萄酒。1872年,英国博物馆的约翰·史密斯成功地解释了巴黎卢浮宫所藏黏土板上的楔形文字。该篇文字被命名为"伊尔加美许叙事诗",其中第九章、第十章记叙了大洪水来临之前,人们造方舟以便乘坐的故事。在叙事诗中,提到了雇主请造船工人饮用葡萄酿成的红、白葡萄酒。

3.印度古代史诗中的猴王饮酒

印度古代史诗《罗摩衍那》虽然写定于公元前3世纪到公元前4世纪,但其口头传述的过程要早得多。这部印度"最初的诗"中的第二篇至第六篇的部分,公认是最早的部分,其中就有了关于酒的记载。

4.古埃及和古巴比伦神话传说中酒的存在

古代巴比伦的文献大都湮灭,但在极有限的残存神话传说中,仍可以找到酒的痕迹。源于美苏尔时代的神话《印尼娜降入冥府》的《伊什塔尔下降冥府》中提到,天神怕不再有人间"美妙的果浆"。古神话研究者怀疑这是指葡萄酿的酒。

古埃及的文献比古巴比伦的保存得略多。新王国时期(公元前1550—前1070)的《人类的拯救》这篇用象形文字写在纸草上的神话中,有太阳神施计,用麦酒灌醉了风、露、天、地四神和其他神灵,拯救人类的故事。可见那时,人们就用麦酿酒了。

（二）酿造酒

1.葡萄酒

葡萄原产于亚洲西南小亚细亚地区。公元前5000年前,生活在美索不达米亚的人们已栽培葡萄,酿造葡萄酒(见图3-12);公元前2000年前,巴比伦《汉谟拉比法典》中已有关于葡萄酒买卖的法律,后来葡萄酒传布到波斯、埃及、以色列等地。

图3-12　葡萄酒

公元前1世纪前后,葡萄与葡萄酒由埃及经希腊传入罗马。由于罗马人喜爱葡萄酒,它很快就在意大利半岛得到全面推广。随着罗马帝国版图的扩大,葡萄逐渐被移植到法兰西、西班牙及德国莱茵河流域,10世纪以后传布到北欧等国家。英国在罗马占领时代,也曾试种葡萄,但由于气候关系,以失败告终。

美洲原来有野生葡萄。18世纪,西班牙移民将葡萄带到美洲,随后传入加利福尼亚州。后来,由于根瘤蚜虫灾害,加利福尼亚州的葡萄园几乎全部被摧毁。直到人们用美洲原生葡萄嫁接的方法,防治了根瘤蚜虫,美洲的葡萄酒的生产才又逐渐发展起来。现在,南北美洲均生产葡萄酒。南美洲的阿根廷和美国的加利福尼亚州,已成为世界闻名的葡萄酒产地。

2. 啤酒

考古学家发现,公元前3000年的楔形文字中有关于苏美尔人酿造啤酒(见图3-13)的配方的记载。其过程基本上同今天一样。当时,人们用芦苇管吸啤酒,防止没溶解的黑麦草和谷粒进入喉咙。在古埃及,啤酒也很盛行。当时的金字塔的建筑工人每天食用的食物就由3个面包、几根葱和几头蒜,还有3桶啤酒组成。埃及的医生开处方治胃病用啤酒,连治牙痛也用啤酒。考古学家挖掘的法老陵墓里,有一桶桶的啤酒,其味道、颜色、气味,甚至醉酒效力,一直保持到今天。

在中世纪的欧洲,人们曾用一种叫格鲁特的药草及香料为啤酒提味,因为这样做需要医学知识及多种材料,故啤酒主要生产于修道院。自14世纪起,添加蛇麻花的啤酒逐渐盛行于欧亚大陆,因为在那里,蛇麻花是随处可见的植物。林德发明了冷冻机后,啤酒香味更趋柔和。巴斯德发明的在60℃保持30分钟以杀灭酵母和杂菌的方法,使啤酒的保存期大为延长。

3. 日本清酒

日本清酒(见图3-14)是借鉴中国黄酒的酿造法而发展起来的日本国酒。一千多年来,清酒一直是日本人最常喝的饮料。在日本,不论是在大型的宴会、结婚典礼中,还是酒吧或寻常百姓的餐桌上,都可以看到清酒。清酒已成为日本的国粹。

图3-13　啤酒

图3-14　日本清酒

据中国史书记载,古时候日本只有"浊酒",没有清酒。后来有人在浊酒中加入石炭,使其沉淀,取其清澈的酒液饮用,于是便有了"清酒"之名。公元7世纪中叶之后,朝鲜古国百济与中国常有来往。中国用"曲种"酿酒的技术由百济人传播到日本,使日本

Note

的酿酒业得到了很大的进步和发展。到了公元14世纪,日本的酿酒技术日臻成熟,人们用传统的清酒酿造法生产出质量上乘的产品。奈良地区所产的清酒最负盛名。

日本清酒虽然借鉴了中国黄酒的酿造法,却有别于中国的黄酒。该酒色泽呈淡黄色或无色,清亮透明,芳香宜人,口味纯正,绵柔爽口,其酸、甜、苦、涩、辣诸味谐调,酒精含量在15%以上,含多种氨基酸、维生素,营养丰富。

(三)蒸馏酒

1. 白兰地

"白兰地"一词源于荷兰语,意思是"烧焦的葡萄酒"。13世纪,那些到法国沿海运盐的荷兰船只将法国干邑地区生产的葡萄酒运至北海沿岸国家,这些葡萄酒深受欢迎。到16世纪,由于葡萄酒产量增加及海运途耗时间长,法国葡萄酒逐渐滞销。聪明的荷兰商人以这些葡萄酒为原料,生产出葡萄蒸馏酒。这样的蒸馏酒不仅不会因长途运输而变质,反而由于浓度高使运费大幅度降低。葡萄蒸馏酒销量逐渐增大。后来法国人开始掌握蒸馏技术,并将其发展为二次蒸馏法,但这时的葡萄蒸馏酒为无色,也就是现在被称为原白兰地的蒸馏酒。

1701年,法国卷入了一场西班牙的战争。其间,葡萄蒸馏酒销路大跌,大量存货不得不被存放于橡木桶中,然而正是由于这一偶然,产生了现在的白兰地。战后,人们发现储存于橡木桶中的白兰地味道实在妙不可言,香醇可口、芳香浓郁。那酒液晶莹剔透,琥珀般的金黄色,高贵典雅,如图3-15所示。

至此,白兰地生产工艺的雏形——发酵、蒸馏、储藏产生了。

2. 威士忌

威士忌(见图3-16)的发明也是源于一场意外。中世纪的炼金术士们在炼金的同时,偶然发现了制造蒸馏酒的技术,并把这种可以焕发激情的酒以拉丁语命名为Aqua-Vitae(生命之水)。随着蒸馏酒技术传遍欧洲各地,Aqua-Vitae被译成各地语言,意指蒸馏酒。七百多年前,制造蒸馏酒的技术漂洋过海,流辗转传至古爱尔兰。人们将当地的麦酒蒸馏之后,生产出高度的酒精饮料。这被公认为是威士忌的起源。

图3-15 白兰地

图3-16 威士忌

据说,苏格兰从1494年开始生产威士忌。但刚开始,欧洲人并不是普遍喜欢饮威士忌,只有苏格兰人喜欢饮用,且由于未经贮存,口味也不是非常受欢迎。18—19世纪,一些威士忌酿造者,为了躲避政府的苛捐杂税,逃到深山中酿酒。燃料缺乏,就用泥炭作燃料;容器不足,就以盛西班牙谐丽酒的空桶来装酒;酒暂时卖不出去,就贮存于小屋内。因祸得福,苏格兰威士忌独特的生产方法形成了:用泥炭烘烤麦芽,用橡木桶进行贮存。

3. 伏特加

"伏特加"这个名词最早出现于16世纪,它是俄国人对"水"的称呼。伏特加(见图3-17)原产于12世纪的俄罗斯,原料为蜂蜜,主要用于医治疾病,后来传入芬兰、波兰等地。但波兰人则认为伏特加起源于波兰。伏特加一直到18世纪左右都采用以裸麦为主的原料酿造,后来也开始使用大麦、小麦、马铃薯、玉米等酿造。伏特加是俄罗斯和波兰的国酒,现在已遍及世界各地,成为国际性的重要酒精饮料。

4. 金酒

金酒(见图3-18)的产生是人类有特殊目的的创造。1660年,荷兰莱登大学医学院有位名叫西尔维斯(Sylvius)的教授发现杜松子有利尿的作用,就将其浸泡于食用酒精中,再蒸馏成含有杜松子成分的药用酒。临床试验证明,这种酒还具有健胃、解热等功效。于是,他将这种酒推向市场,受到消费者普遍喜爱。不久,英国海军将杜松子酒带回伦敦,很快就打开了销路。金酒根据音译又被称为"琴酒",也被称为"杜松子酒"。

图 3-17　伏特加

图 3-18　金酒

5. 朗姆酒

据说,16世纪人们才开始把生产蔗糖的副产品"糖渣"(也叫"糖蜜")发酵蒸馏,制成种酒,即朗姆酒(见图3-19)。有资料记载,1600年,巴巴多斯首先酿制出朗姆酒。当时,朗姆酒在西印度群岛很快成为廉价的大众化烈性酒。当地人还把它作为兴奋剂、消毒剂和万灵药。它曾是海盗们不可缺少的,被称为"海盗酒"。当时,在非洲的某些地方,以朗姆酒来换奴隶是很常见的。在美国的禁酒年代,朗姆酒发展成为混合酒的基酒,充分显示了其和谐的威力。

6. 特奇拉酒

特奇拉酒(见图3-20)是墨西哥的特产,被称为墨西哥的灵魂。特奇拉是墨西哥中央的一个小镇,此酒以产地得名。特奇拉酒又被称为龙舌兰酒,因为该酒是以墨西哥特有的植物龙舌兰为原料酿制的。墨西哥生长着上千种仙人掌,但只有龙舌兰属的无刺仙人掌才能作为制酒的原料,故有人称特奇拉酒为仙人掌威士忌。

图 3-19 朗姆酒

图 3-20 特奇拉酒

特奇拉酒是墨西哥的国酒,其口味凶烈,香气很独特。墨西哥人对此酒情有独钟,常用净饮,饮法可谓奇特。每当饮酒时,墨西哥人总是在手的拇指与食指间夹一块柠檬,在虎口处撒少量精制细盐,右手握有盛特奇拉酒的酒杯;先将柠檬汁挤入口中,并吸入细盐,使口内既酸又咸;再将酒饮而尽,使诸味似火球般从嘴里沿喉咙直至胃部。这种饮法有利于消除墨西哥的暑气。墨西哥人喝特奇拉酒时通常不再喝其他饮料,以免冲淡其特殊风味。

(四)配制酒

配制酒也称混配酒,是以蒸馏酒或酿造酒为主酒加上其他材料配制成的。配制酒可以分成三类,即开胃酒、甜食酒和利口酒。

1. 开胃酒

能够作为开胃酒的酒品很多,如香槟酒、威士忌、金酒、伏特加,以及其他一些品种的葡萄酒和果酒。

1)茴香酒

茴香酒是用茴香油与食用酒精配制的酒。茴香油中含有大量的苦艾素,浓度45%的酒精可以溶解茴香油。茴香酒有无色和有色之分,酒液光泽较好,茴香味浓郁,口感不同寻常,味重而有刺激,酒精度在25%vol左右。茴香酒以法国酿造的较为有名。

2)比特酒

比特酒是古药酒演变而来的,有滋补作用。其品种很多,有清香型、浓香型,颜色有深有浅,也有不含酒精的比特酒。比特酒的共同特点是有苦味和药味。配制比特酒的主酒是葡萄酒和食用酒精,用于调味的原料是带苦味的花卉和植物的茎、根、皮等。酒精度在16%vol—40%vol。著名的比特酒产于法国、意大利等国。

2. 利口酒

利口酒是一种以食用酒精和其他蒸馏酒为主酒,配以各种调香材料,并经过甜化处理的含酒精饮料,多在餐后饮用,能起到帮助消化的作用。利口酒按照配制时所用的调香材料,可以分为果实利口酒、药草利口酒和种子利口酒三种,酒精度为30%vol—40%vol。很多有名的利口酒都产于法国和意大利。

3. 甜食酒

甜食酒一般是在用西餐甜食时饮用的酒品。其主要特点是口味甜。甜食酒与利

Note

口酒的区别是,甜食酒大多以葡萄酒为主酒,主要有波特酒、雪利酒、马德拉酒。波特酒、雪利酒大多产于欧洲南部。马德拉酒产于大西洋中的马德拉岛,是用当地产的葡萄酒和蒸馏酒为基酒勾兑而成的;酒色从淡琥珀色到暗红褐色;味型从干型到甜型;酒精度为16%vol—18%vol。

（五）混合酒

混合酒以鸡尾酒为代表,由烈酒与其他成分,例如果汁、调味糖浆或奶油混合制成,如图3-21所示。

图3-21　鸡尾酒

1. 鸡尾酒的起源

鸡尾酒的起源众说纷纭,公认的是近代鸡尾酒萌芽于美洲大陆,且与欧洲的殖民运动息息相关。现代鸡尾酒的发展受多方面的原因影响,包括经济社会发展后人们生活方式的改变(如酒吧的出现)、新设备(如制冰机)的发明与普及,交通的进步也让鸡尾酒文化得到了广泛的传播。

2. 鸡尾酒的成分

鸡尾酒是一种混合溶液,它以朗姆酒、威士忌等烈酒或葡萄酒为基酒,再配以其他材料,如水果、鸡蛋、糖等,采用搅拌法或摇荡法调制而成,最后再以柠檬片和薄荷叶装饰。

1) 基酒

基酒又称鸡尾酒酒底。通常,鸡尾酒以烈性酒作基酒,如金酒、威士忌、白兰地、伏特加、朗姆酒及特奇拉酒等。

2) 辅料和配料

鸡尾酒的辅料只搭配酒水,一般为柠檬汁、菠萝汁、橙汁和各种汽水,而配料是指糖、盐、鲜奶、红石榴汁、丁香、豆蔻粉等。它们的添加是为了调节、改善和增加鸡尾酒的口味,而不是盖过或改变基酒的香味。

3) 装饰物

鸡尾酒的装饰物以各类水果为主,如红樱桃、青橄榄、菠萝、橙子、柠檬等,有时也用植物的青枝绿叶,甚至一根吸管当装饰物。不同的原料可构成不同形状的装饰物,如饼状、长条、楔块、心形、球形、月牙形、动植物形等。在使用中要注意,装饰物应在色彩和口味上与酒液保持和谐一致,使饮品外观色彩缤纷,给人以艺术享受。

任务三　茶文化与社交

一、茶的社交属性概述

茶作为世界三大软饮料之一,受到了世界人民的喜爱,特别是在发源地中国。中国古代,上至帝王将相、文人雅士,下至挑夫贩夫、平民百姓,无不以茶为好。现在,中国人也常说:"开门七件事,柴米油盐酱醋茶",可见茶在中国人生活交往中仍具有重要地位。

(一)茶的社会价值

1. 以茶佐食

以茶作原料可烹制很多美味肴馔。茶在有的菜肴中发挥的功能比在饮料中更大,如龙井(一种茶)虾仁。

2. 以茶为药

世界上第一部药物学专著《神农本草经》就记述了茶为中草药,有解毒、清口、除味、治病、提神的功效。

3. 以茶代酒

茶是公认的健康饮料,酒则有利弊二重性。以茶代酒,可防止过多饮酒带来的弊端。

4. 以茶为礼

在中国,以茶招待客人早已成为一种习俗。中国人常常把茶作为馈赠礼物,此外,尚有茶宴、茶话会、茶艺表演等礼仪活动。欣赏功夫茶及现今流行的茶艺表演,可体会到高雅的茶文化。

5. 以茶制政

茶是经济作物,制定有力政策,可以增加国家财政收入。

(二)茶的社交属性

1. *历史悠久,一脉相承*

中国饮茶活动起源于上古时期,经过几千年的发展,形成了自己独特的文化。我国是茶树的原产地。茶树最早出现于我国西南部的云贵高原、西双版纳地区。饮茶、种茶、制茶都起源于中国。《神农本草经》中有这样的记载:"神农尝百草,日遇七十二毒,得茶而解之。"据考证,这里的茶是指古代的茶。这虽然是传说,带有明显的夸张成分,但我们也可从中得知,人类利用茶叶,可能是从药用开始的。

2. 历久弥新,内涵延伸

茶文化从古至今,内涵不断丰富、扩大和延伸。它没有因为时代的发展和进步而变得陈腐不堪,反而随着物质文明和精神文明建设的发展,有了新的内涵和活力。如今,茶文化内涵及表现形式正在不断扩大、延伸、创新和发展。

3. 民族性强,各有特色

各民族酷爱饮茶,茶与民族文化生活相结合,形成了具有各自民族特色的茶礼、茶艺及饮茶习俗。以民族茶饮方式为基础,经艺术加工和锤炼而形成的各民族茶艺,更富有生活性和文化性,表现出饮茶的多样性和丰富多彩的生活情趣。

4. 地域差异,丰富多彩

名茶、名山、名水、名人、名胜,孕育出各具特色的地区茶文化。我国地域广阔,茶的种类繁多,加之各地在历史、文化、生活及经济方面存在差异,各地茶文化差异很大。大城市是经济、文化中心,具有独特的自身优势和丰富的内涵。因此,在大城市,出现了独具特色的都市茶文化。

5. 放眼国际,根在中国

古老的中国传统茶文化同各国的历史、文化、经济及人文相结合,演变出英国茶文化、日本茶文化、韩国茶文化、俄罗斯茶文化及摩洛哥茶文化等。中国茶文化是各国茶文化的摇篮。茶人不分国界、种族和信仰,茶文化可以把全世界茶人联合起来,一起切磋茶艺,进行学术交流和经贸洽谈。

二、中国茶文化与社交

(一)茶的起源与发展

茶,是中国的举国之饮。茶以文化面貌出现,是在两晋南北朝。若论其起源就要追溯到汉代。汉代有关于茶的正式的文献记载。茶文化从广义上讲,分茶的自然科学和茶的人文科学两方面,是指人类社会历史实践过程中所创造的与茶有关的物质财富和精神财富的总和。

1. 周朝至西汉——茶事初发

据《华阳国志》记载,周武王伐纣时,巴蜀一带已用所产的茶叶作为“纳贡”珍品,这是茶作为贡品的最早记述。但这时的茶主要作祭祀用和药用。茶以文化面貌出现,是在两晋南北朝。三国时,有了更多的饮茶记事。西汉时期,汉人王褒所写《僮约》中,已有“烹茶尽具”“武阳买茶”的记载。这表明在四川一带,茶叶已作为商品出现。这是茶叶作为商品进行贸易的最早记载。

2. 魏晋南北朝——茶文化的萌芽

随着文人饮茶风气兴起,有关茶的诗词歌赋出现了。茶开始脱离一般形态的饮食范围,走入文化圈,起到一定的文化、社会作用。这时期,儒家积极入世的思想开始渗入茶文化中。

这一时期,茶与几乎每一个文化、思想领域都套上了关系。在政治家那里,茶是提倡廉洁、对抗奢侈之风的工具;在辞赋家那里,茶是引发思维、助清醒的手段;在佛家看来,茶是禅定入静的必备之物。这样,茶的文化、社会功用已超出了它的自然使用功能。

在此之前,茶仍是王公贵族的一种消遣,民间还很少饮用。到东晋以后,茶叶在南方渐渐变成普遍的作物。文献中对茶的记载在此时期也明显增多。但此时的茶有很明显的地域局限性,北人饮酒,南人喝茶。

3. 唐朝——茶文化的兴起

隋唐时期,随着南北统一,南北文化再次出现大融合,人们的生活习性互相影响,北方人和当时被称为"胡人"的西部诸族中,也开始兴起饮茶之风。中唐以后,由于茶的特有的提神醒脑的效用,其保健功效得到越来越多人的认同,而其品嚼之间的意境,更是被吟风诵月的文人雅士所大力捧扬。此时茶风之盛,茶叶的大量消费,大大促进了人工种植茶叶和制茶技艺的发展,而茶叶税收也成为政府依赖的大宗收入之一。此时,茶叶随着佛教的向东传播,开始传入日本、朝鲜。

唐朝茶文化的形成与当时的经济、文化、发展相关,主要与当时佛教的发展、科举制度的完善、诗风大盛、贡茶的兴起、禁酒有关。中唐以后,饮茶之风如日中天。茶圣陆羽可谓为中国茶艺的始祖。他凭着一生对茶的钟爱和所研究的有关知识,撰写了三卷《茶经》。这是唐朝茶文化形成的标志,第一次为茶注入了文化精神,提升了饮茶的精神内涵和层次,并使之成为中国传统精神文化的重要一环。此后,又有大量茶书、茶诗出现。唐朝茶文化的形成还与禅教的兴起有关,因茶有提神益思、生津止渴功能,故寺庙崇尚饮茶。僧侣在寺院周围植茶树,制定茶礼、设茶堂、选茶头,专呈茶事活动。

4. 宋朝——茶文化的兴盛

及至宋朝,文风愈盛,有关茶的知识和文化随之得到了深入的发展和拓宽。此时的饮茶文化大盛于世,饮茶之风渗透社会的各个阶层,饮茶成为日常生活的开门七件事之一。宋朝时,中国儒家文化得到大力发扬,文人们文化素养极高,留下了大量茶诗茶词。

宋朝茶业的发展,推动了茶叶文化的发展,甚至在文人中出现了专业的品茶社团,如官员组成的"汤社"、佛教徒的"千人社"等。宫廷中设立有茶事机关,宫廷用茶已分等级。茶仪已成礼制,赐茶成为皇帝笼络大臣、眷怀亲族的重要手段。皇帝还会把茶还赐给国外使节。民间的茶文化更是生机活泼,有人迁徙,邻里要"献茶";有客来,要敬"元宝茶";订婚时要"下茶";结婚时要"定茶"。茶已成为民间礼节。民间斗茶风起,带来了茶的采、制、烹、点中的一系列变化。宋朝改唐人直接煮茶法为点茶法并讲究色香味的统一。到南宋初年,又出现泡茶法,为饮茶的简易化、普及开辟了道路。

5. 明、清——茶的经济之盛和向世界传播

至明朝,与宋朝崇尚奢华、烦琐的形式相反,人们在饮茶方面去掉了很多奢华的形式,而刻意追求茶原有的特质香气和滋味。此时已出现蒸青、炒青、供青等各茶类,茶的饮用已改成"撮泡法"。此时,茶类增多,泡茶的技艺有别,茶具的款式、质地、花纹多

种多样。而随着明代永乐盛世的到来,茶叶贸易进入全盛时期。明太祖洪武六年(1373),设茶司马,专门司茶贸易事。明太祖朱元璋于洪武二十四年(1391)九月发布诏令,废团茶、兴叶茶。从此贡茶由团饼茶改为芽茶(散叶茶),这对炒青绿茶的发展起了积极作用。

明清时期,茶已成为中国人"一日不可无"的普及饮品。明代不少文人雅士留有传世之作。清朝之后直至现代,饮茶之风逐渐传到欧洲一些国家,茶渐渐成为民间的日常饮料。此后,英国人成了世界上的又一大茶客。而我国在茶叶产业技术进步和经济贸易上也有了长足的发展。到清朝,茶叶出口已成一种正式行业,茶书、茶事、茶诗不计其数。

6. 现代茶文化的发展

中华人民共和国成立后,茶物质财富的大量增加为我国茶文化的发展提供了坚实的基础。1982年,第一个以弘扬茶文化为宗旨的社会团体——"茶人之家"在杭州成立;1983年,"陆羽茶文化研究会"在湖北成立;1990年,"中国茶人联谊会"在北京成立;1993年,"中国国际陆羽茶文化研究会"在湖州成立;1998年,中国国际和平茶文化交流馆建成。随着茶文化的兴起,各地茶艺馆越办越多。国际茶文化研讨会吸引了日、韩、美等国家的众多茶专家、学者、企业家及爱好者参加,以茶为载体,促进经济贸易发展。

(二)茶的种类及特点

茶叶分类的基本原则是以品质特征作为主要依据,色、香、味、形相同或者相似的茶叶为一类。同时必须注意到,在影响茶叶品质形成的众多因素中,加工工艺是最直接也是最主要的。任何茶叶产品,只要是以同种工艺加工,就应当具备相同或者相似的基本品质特征。

按照上述思路,可以将茶叶分为两大类。凡是采用了常规的加工工艺,茶叶产品的色、香、味、形符合传统质量规范的,称为基本茶类,如普通的绿茶、红茶、乌龙茶等;以基本茶类为原料做进一步的加工处理,导致茶叶的基本性状或质量发生改变的,称为再加工茶类,如紧压茶、花茶等。

1. 基本茶类

1) 绿茶

绿茶是我国产量最多的一类茶叶,我国各产茶省(区)都生产绿茶。绿茶具有香高、味醇、形美,冲泡后呈现清汤绿叶的特点,如图3-22所示。其制作工艺都包含杀青、揉捻、干燥。由于加工时干燥的方法不同,绿茶又可分为炒青、烘青、蒸青和晒青。

炒青绿茶在干燥的过程中,由于受力作用的不同,形成了长条形、圆珠形、针形、螺旋形等不同的形状,所以又分为眉茶、珠茶等。烘青绿茶外形挺拔秀丽,色泽绿润,冲泡后汤色青绿、香味新鲜醇厚。蒸青绿茶具有三绿特征,也就是干茶深绿色、茶汤黄绿色、叶底青绿色。大部分蒸青绿茶外形呈针状。晒青绿茶色泽呈现出墨绿色或者是深褐色,茶汤澄黄,有程度不同的日晒味道。

绿茶是不经过发酵的茶,即将鲜叶经过摊晾后直接到锅里炒制,以保持其绿色的特点。名贵品种有龙井、碧螺春、黄山毛峰、庐山云雾、六安瓜片等。

2）红茶

红茶的名字得自其汤色红，最基本的特点是红汤、红叶，干茶色泽偏深，红中带有乌黑色，如图3-23所示。

红茶与绿茶恰恰相反，是一种全发酵茶。红茶加工时不经杀青，使鲜叶失去一部分水分，再揉捻（揉搓成条或切成颗粒），然后发酵，使所含的茶多酚氧化，变成红色的化合物。这种化合物部分溶于水，一部分不溶于水而积累在叶片中，从而形成红汤、红叶。

红茶主要有小种红茶、功夫红茶和红碎茶三大类。我国著名的红茶品种包括正山小种、祁门红茶、滇红功夫等。

图3-22　绿茶　　　　　　　　　　图3-23　红茶

3）乌龙茶

乌龙茶又称青茶，属半发酵茶，即制作时适当发酵，使叶片稍有红变，是介于绿茶与红茶之间的一种茶类。干茶色泽青褐，汤色黄红，有天然花香，滋味浓厚。

乌龙茶在六大类茶中工艺最复杂费时，泡法也最讲究，所以喝乌龙茶也被人称为喝功夫茶。它既有绿茶的鲜浓，又有红茶的甜醇。因其叶片中间为绿色，叶缘呈红色，故有"绿叶红镶边"之称，如图3-24所示。名贵品种有武夷岩茶、铁观音、凤凰单丛、大红袍等。

图3-24　乌龙茶

4）黄茶

黄茶的品质特征是色黄、汤黄、叶底黄，香味醇和，如图3-25所示。黄茶的制法有点像绿茶，不过中间需要闷黄三天。黄茶分黄芽茶（包括湖南洞庭湖君山银芽，四川雅安、名山县的蒙顶黄芽，安徽霍山的霍内芽）、黄小茶（包括湖南岳阳的北港毛尖、湖南宁乡的为山毛尖、浙江平阳的平阳黄汤、湖北远安的鹿苑)、黄大茶(包括广东的大叶青、安徽的霍山黄大茶)三类。

5) 黑茶

黑茶原料粗老,加工时堆积发酵时间往往比较长,使叶色呈暗褐色。名贵品种有湖南黑茶,湖北老青茶,广西六堡茶(见图3-26),四川的西路边茶、南路边茶,云南的紧茶、扁茶、方茶和圆茶等品种。著名的云南普洱就属于黑茶,在古今中外都享有盛名,被誉为"益寿茶""美容茶"。

图3-25 黄茶

图3-26 广西六堡茶

6) 白茶

白茶基本上就是靠日晒制成的,是我国的特产。白茶加工时不炒不揉,只将细嫩、叶背满茸毛的茶叶晒干或用文火烘干,使白色茸毛得以被完整地保留下来。白茶毫香重,汤色清淡,十分素雅。白茶主要产于福建的福鼎、政和、松溪和建阳等县,有银针、白牡丹、贡眉、寿眉等品种,名贵品种有白毫银针(见图3-27)、白牡丹等。

图3-27 白毫银针

2. 再加工茶类

以各种毛茶或精制茶再加工而成的茶被称为再加工茶,主要包括紧压茶、花茶、液体茶、速溶茶及药用茶等。

1) 紧压茶

紧压茶是将各种散茶再加工制成的具有一定形状的茶叶。紧压茶有饼茶(见图3-28)、方包茶、砖茶、固形茶、黑砖茶、竹筒香茶等。砖茶是将蒸制后的绿茶、花茶、老青茶等原料茶放入砖形模具压制而成的,主要产于云南、四川、湖南、湖北等地。

2)花茶

花茶是一种比较稀有的茶叶品种。它是用花香增加茶香的一种产品,在我国很受欢迎。它是根据茶叶容易吸收异味的特点,以香花为窨料加工而成的茶叶。所用的花品种有茉莉花、桂花等。茉莉花茶(见图3-29)是最为常见的花茶品种。花茶一般用绿茶做茶坯,也有少数用红茶或乌龙茶做茶坯的。我国生产花茶的主要有福建、广西、江苏、湖南、浙江、四川、广东及台湾等省。

图3-28　饼茶

图3-29　茉莉花茶

(三)中国饮茶习俗

茶与饮茶都源于中国。因此,中国人对茶的精神感受更为敏感和深沉,茶事具有更多精神化、人格化层面的性质。茶就是一种精神,饮茶就是人格的某种象征。进一步说,茶风味就是人生、社会、自然界中的某些韵味。中国人在饮评茶叶的过程中,通过类比、联想和移情感受到了茶道精神。人茶、饮茶环境是相通的、统一的。因此,中国人在饮茶的环境、时间、礼仪方面都有着独特的习俗。

1.中国的饮茶环境

体现中国茶道精神的内心之法是"怡、雅、洁、静、和"。那么,饮茶环境就须是"最能与之相应的,并能将饮茶情感烘托至最佳状态者"。明徐渭在《徐文长秘集》中所描述的饮茶环境似乎远离人市的喧闹,远避黄沙与戈壁,是极静极雅极美的仙境,这正是中国人在饮茶时对环境的一种意境化。其实,中国人对茶常常不说饮或喝,而是说品。唯独品,才能让品茶人融入这种意境,成为意境中的人。品即是尝,是用心通过味、嗅感觉细胞去感受外部世界,从而得到心、味、茶、境一体的认识。人通过茶建立了与环境精神沟通的桥梁。如果说中国人饮酒是意在酒外,那么中国人品茶实际上也是意在茶外的,这就是"道"。

在中国人的饮茶需要精舍的观点中,精舍并不是指高厦豪屋。所谓"室雅何需大,花香不在多",品茶场所只要"洁、雅、静、适"即可。洁就是清洁,雅就是雅致,静就是安静,适就是舒适。中国的茶馆就是专为饮茶设置的一种公共饮茶场所。家也可以成为绝佳饮茶处。

2.饮茶习俗

中国南方一些地方有喝早茶的习惯,因为必用点心佐食饮茶,因此叫吃早茶。广东人就干脆不说吃,而是说饮早茶了。江南与北方地区也有喝早茶的习惯,但大多数是在早餐前后饮茶。在中国56个民族中,饮茶的形式和方法可谓丰富多彩,有些仍可依稀看到唐宋茶宴茶会的遗风流韵。茶作为"情感性的饮料"始终都在丰富着各民族的饮食生活。虽然表现手法各异,但各民族在内心世界对茶的认识相似。

1) 西藏酥油茶

西藏人饮茶的品种主要有清茶奶茶和酥油茶等,其中酥油茶最著名。酥油茶是在茶汤中加入酥油等辅料,再经过特殊方法加工而成的。将牛羊奶煮沸,用勺搅拌,倒入竹桶内,冷凝在表面的一层脂肪即是酥油。制作酥油茶的茶叶般选普洱、金尖等,以普洱最为著名。制茶时,人们将酥油盛在有茶汤的打茶筒内,再放入适量的盐巴和糖,盖住打茶筒,紧握直立在打茶筒之中能上下移动的长棒,不断地搅打,直到筒内茶与酥油、盐巴、糖充分混合。打酥油茶的茶具多为银器,甚至有用黄金打造的,茶碗多为镶金或镶银的木碗。

2) 蒙古咸奶茶

蒙古地区的人同西藏地区的人一样,喜欢喝与牛奶、盐巴同煮的咸奶茶。制作这种咸奶茶,首先要把砖茶砸开,放到水壶中,加清水用火煮,煮沸几分钟,并进行搅拌,直至茶汤发亮,再加入食盐及牛奶。其加工工艺与英国式红茶异曲同工。饮用这种茶时,人们会搭配奶皮、奶豆腐以及各种茶点。喝奶茶是寒冷的牧区的人们保暖的重要手段,因此蒙古地区的人们有三餐饮茶的习惯。

3) 白族三道茶

云南白族在逢年过节、生辰喜庆的日子或者亲朋好友登门拜访时,都要用三道茶来款待客人。三道茶在白族语中叫"绍道兆",是白族待客的一种传统风俗。客人登门造访时,主人一边与客人促膝交谈,一边架火烧水。由家中或族中最有威望的长辈亲自司茶。

做三道茶时,先将粗糙的小罐置于文火上烘烤,待罐子烤热后,取茶叶入罐,同时不停地转动罐子,使茶叶受热均匀;当罐体中茶叶"啪啪"作响后,茶叶色泽便由青绿转黄,并且发出焦香,这时可以随手向罐中注入沸水;3—5分钟后,即可将罐中沸腾的茶汤注入牛眼杯中。头道茶苦而香,谓之"苦茶",白族称为"清苦之茶",寓意人要立业,就要先吃苦。第一道茶后,即在锅中的多余茶汤中加料煮第二道茶,谓之"甜茶",并将牛眼杯换成一般茶杯或茶碗,在茶杯或茶碗里放入红糖和核桃肉,注入茶汤八成再敬客,寓意吃过苦,才有甜。第三道茶是在茶杯中加入蜂蜜和3—5颗花椒,加半杯茶汤。客人接过要不停晃动茶杯,使茶汤充分融和并趁热饮下,可谓苦甜麻辣,口味复杂,回味无穷,故第三道茶又称为"回味茶"。做三道茶时,还可将用牛奶熬成的乳扇烤黄,待其起泡,将其揉碎投入茶中饮用,象征常常回味,牢记先苦后甜的道理。

4) 土家族擂茶

擂茶又叫"三生汤",采用生茶叶、生姜和生米混合煮熬而成。据说三国时,蜀中大将张飞带军队经过此地,士兵多有疾病,得一老汉献汤(洗茶汤)而病除。张飞称老汉为"神医不凡",遇到老汉是"三生有幸",故称擂茶为"三生汤"。做"三生汤"时,将生茶叶、生姜、生米根据各人口味、按一定比例加入用山楂木制成的擂钵中,将其捣成糊状,再入锅加水煮熬至沸腾。擂茶有清热解毒、通经理肺的功效,因此,亦当药用,具有食疗与解渴的双重功效。

我国幅员辽阔,除了以上几个民族外,苗族、侗族、回族、纳西族等都有自己的饮茶风俗,而且大部分少数民族的饮茶风俗已经与餐食融为一体了,成为人们日常生活中不可或缺的一部分。

(四)中国名茶

中国茶叶历史悠久,各种各样的茶类品种,犹如一朵朵奇葩。中国名茶就是诸多品种茶叶中的珍品,在国际上享有很高的声誉。名茶的发展,对于茶文化的发展起到了很好的推动作用。我国名茶种类繁多,这里介绍几种具有代表性的名茶。

1. 西湖龙井

龙井产于浙江杭州西湖的狮峰、龙井、五云山、虎跑、梅家坞一带,历史上曾分为"狮、龙、云、虎、梅"五个品类。多数人认为,产于狮峰的龙井品质为最佳。龙井素以"色绿、香郁、味醇、形美"四绝著称于世,形光扁平直,色翠略黄似糙米色,滋味甘鲜醇和,香气幽雅清高,汤色碧绿黄莹,叶底细嫩成朵。

2. 洞庭碧螺春

碧螺春产于江苏苏州太湖之滨的洞庭山。碧螺春茶叶用春季从茶树采摘下的细嫩芽头炒制而成。外形上,条索紧结,白毫显露,色泽银绿,翠碧诱人,卷曲成螺,故名"碧螺春"。碧螺春汤色清澈明亮,浓郁甘醇,鲜爽生津,回味绵长,叶底嫩绿显翠。

3. 白毫银针

白毫银针产于福建东部的福鼎和北部的政和等地,素有茶中"美女""茶王"之美称,是一种白茶。白毫银针满披白毫,色白如银,细长如针,因而得名。冲泡时,"满盏浮茶乳",银针挺立,上下交错,非常美观;汤色黄亮清澈,滋味清香甜爽。白茶味温性凉,能健胃提神、祛湿退热,常作药用。

4. 君山银针

君山银针产于岳阳洞庭湖的青螺岛,是我国著名黄茶之一。君山茶,始于唐朝,清代被纳入贡茶。清代,君山茶分为"尖茶""茸茶"两种。君山银针香气清高,味醇甘爽,汤黄澄高,芽壮多毫,条直匀齐,着淡黄色茸毫。冲泡后,芽竖悬汤中冲升水面,徐徐下沉,再升再沉,三起三落,蔚成趣观。

5. 黄山毛峰

黄山毛峰产于安徽黄山,主要分布在桃花峰的云谷寺、松谷庵、吊桥阉、慈光阁及半寺周围。这里山高林密,日照短,云雾多,自然条件十分优越。茶树得云雾之滋润,无寒暑之侵袭,蕴成良好的品质。黄山毛峰采制十分精细,制成的毛峰茶外形细扁微曲,状如雀舌,香如白兰,味醇回甘。

6. 武夷岩茶

武夷岩茶产于福建武夷山。武夷岩茶属半发酵茶,制作方法介于绿茶与红茶之间。其主要品种有大红袍、白鸡冠、水仙、肉桂等。武夷岩茶品质独特,它不以香花为窨料加工,茶汤却有浓郁的鲜花香,饮时甘馨可口,回味无穷。

7. 安溪铁观音

铁观音产于福建安溪。铁观音的制作工艺十分复杂,制成的茶叶条索紧结,色泽乌润砂绿。好的铁观音,在制作过程中,咖啡碱会随水分蒸发凝成一层白霜;冲泡后,有天然的兰花香,滋味纯浓。用小巧的工夫茶具品饮,先闻香,后尝味,顿觉满口生香,回味无穷。

8. 信阳毛尖

毛尖产于河南信阳车云山、集云山、天云山、云雾山、震雷山、黑龙潭和白龙潭等群山峰顶上,其中,车云山的天雾塔峰出产的毛尖的品质最佳。人云:"浉河中心水,车云顶上茶。"毛尖成品条索细圆紧直,色泽翠绿,白毫显露,汤色清绿明亮,香气鲜高,滋味鲜醇,叶底芽壮、嫩绿匀整。

9. 庐山云雾

云雾产于江西庐山。号称"匡庐秀甲天下"的庐山,北临长江,南傍鄱阳湖,气候温和,山水秀美,十分适宜茶树生长。庐山云雾芽肥毫显,条索秀丽,香浓味甘,汤色清澈,是绿茶中的精品。

10. 六安瓜片

瓜片产于皖西大别山茶区,其中,六安、金寨、霍山三县的瓜片的品质最佳。六安瓜片每年春季采摘,成茶呈瓜子形,因而得名。瓜片色翠绿,香清高,味甘鲜,耐冲泡。此茶不仅可消暑解渴生津,还有极强的助消化作用和治病功效。明代闻龙在《茶笺》中称,六安茶入药最有功效,因而被视为珍品。

三、外国茶文化与社交

(一)亚洲茶文化与社交

亚洲国家特别是东亚几国,在历史上受中国传统的影响最深,对中国古代饮茶传统也秉承得最多。在这些国家,饮茶的泡煮点茶、分饮形式已成为修行品德的一种专门行为方式。日本人称之为"茶道",韩国人称之为"茶礼"。"茶道"与"茶礼"等,各有特点,也各有发展。

1. 日本茶道

在日本,茶道是一种通过品茶艺术来接待宾客、交谊、恳亲的特殊礼节。茶道不仅要求有幽雅自然的环境,而且规定了一整套煮茶、泡茶、品茶的程序。日本人把茶道视为一种修身养性、提高文化素养和进行社交的手段。茶道、茶文化在公元9世纪时跟随佛教从中国传入日本,并在日本得到传承及发展。

1)饮茶程序

茶道有烦琐的规程:茶叶要碾得精细,茶具要擦得干净,主持人的动作要规范,要有舞蹈般的节奏感和飘逸感。饮茶一般在茶室中进行。主持仪式的茶师会按规定动作点炭火、煮开水、冲茶,然后依次献茶给宾客。客人按规定须恭敬地双手接茶,先致谢,尔后三转茶碗,轻品、慢饮、奉还。点茶、煮茶、冲茶、献茶,是茶道仪式的主要部分,需要运用专门的技术。饮茶完毕,按照习惯,客人要对各种茶具进行鉴赏,赞美一番。最后,客人向主人跪拜告别,主人热情相送。

2）日本茶道精神的形成与发展

日本的茶道源于中国，又具有其民族特点。16世纪末，日本茶道大师千利休继承、汲取了历代茶道精神，创立了日本正宗茶道，他是茶道的集大成者。他以"和、敬、清、寂"四字为茶道宗旨。这四个字简洁而内涵丰富。这种意识的产生，有社会历史原因和思想根源。

平安末期至镰仓时代，是日本社会动荡、改组时期，原来占统治地位的贵族失势，新兴的武士阶层走上了政治舞台。失去权势的贵族感到世事无常而悲观厌世，因此佛教净土宗应运而生。失意的人把当时社会看成秽土，号召人们"厌离秽土，欣求净土"。室町时代，随着商业经济的发展，商业竞争激烈，商务活动繁忙，城市奢华喧嚣。不少人厌弃这种生活，在郊外或城市中找到僻静的处所，过起了隐居的生活，享受古朴的田园生活乐趣，寻求心神的安逸，以冷峻、恬淡、闲寂为美。茶人村田珠光等人把这种关于美的意识引入"茶汤"中，使"清、寂"之美得到广泛的传播。

自镰仓以后，大量唐物宋品运销日本，特别是茶具、艺术品，为日本茶会增辉。但日本也因此出现了豪奢之风，一味崇尚唐物，轻视倭物。热心于茶道艺术的村田珠光、武野绍鸥等人，反对奢侈华丽之风，提倡清贫简朴，认为本国产的黑色陶器，幽暗的色彩，自有它朴素、清寂之美。用这种质朴的茶具，真心实意地待客，既有审美情趣，也利于涵养道德情操。日本茶道，以"和、敬、清、寂"四字，成为融宗教、哲学、伦理、美学于一体的文化艺术活动。

2. 韩国茶礼

中国唐朝喝茶习俗在新罗善德女王时代（632—646）即传入韩国。新罗时期兴德王三年（828），遣唐使金大廉自中国带回茶籽，朝廷下诏种植于地理山，促进了韩国本土茶叶发展和饮茶之风的传播。高丽时期（918—1392）是韩国饮茶的全盛时期，在贵族及僧侣的生活中，茶已不可或缺，民间饮茶风气亦相当普遍。李朝（1392—1910）取代高丽之后，强调伦理儒学，提倡朱子之学，佛教、神仙思想及茶道等皆被排斥。

韩国茶礼，又称茶仪、茶道，源于中国的古代饮茶习俗，并集禅宗文化、儒家和道家伦理以及韩国传统礼节为一体。韩国茶礼以"和""静"为基本精神，其含义泛指"和、静、俭、真"。"和"是心地善良、和平相处；"静"是尊重别人、以礼待人；"俭"是简朴廉正；"真"是以诚相待、为人正派。

茶礼的全过程，从迎客、环境、茶室陈设、书画、茶具造型与排列，到投茶、注茶、茶点、吃茶等，均有严格的规范与程序，力求给人以清净、悠闲、高雅、文明之感。中国儒家的礼制思想对韩国影响很大，儒家的中庸思想被引入韩国茶礼，形成"中正"的茶道精神。在茶桌上，无君臣、父子、师徒之差异，茶杯总是从左传下去，而且要求茶水必须均匀，体现了追求"中正"的韩国茶道精神。

（二）欧洲茶文化与社交

中国茶叶直接销往欧洲大约是在1607年。这一年，荷兰船从澳门往爪哇贩运茶叶。最初运往欧洲的是绿茶，其后红茶数量更多。

1. 英国茶文化与社交

英国饮茶之风的兴起,据传是因为1662年嗜茶的葡萄牙公主凯瑟琳嫁给了英王查理二世,将饮茶的风气带入英国宫廷。凯瑟琳爱饮红茶,认为这是天赐的美颜饮料。由于她的身体力行,饮茶成了英国上流社会风雅的社交礼仪,在短短十几年中竟然几乎取代了咖啡的国饮地位。

英国的午后茶指在下午四五点时饮的茶,这是一天中最不拘礼节的一餐。家庭成员和客人都在起居室里喝茶,每人一个茶杯、一只茶碟、一把茶匙、一些糕点和一份白脱油,在正式的茶点餐中还会有肉食冷盘(见图3-30)。许多英国人也有喝早茶的习惯,家人中往往丈夫先起床烧开水为自己冲泡一杯奶茶,再为其他成员准备好早茶。

在英国许多社交场合,常用下午茶代替宴会。例如,英国人的结婚仪式常在下午三点左右举行,然后用下午茶招待客人,以茶代酒,气氛隆重而又轻松。在重大的社交场合,人们喝正统的英国奶茶。英国奶茶分热饮与冰饮两种,制作也较讲究。

2. 俄罗斯茶文化与社交

17世纪中叶以来,饮茶已成为俄罗斯的一种风俗。每到喝茶时,俄罗斯家庭的成员便聚拢在"茶炊"周围。茶炊是一种用黄铜制的煮水烧茶器,又叫"沙玛瓦特"(见图3-31)。沙玛瓦特造型古朴、典雅,大多带有装饰图案与纹饰;构造类似于中国式火锅;下面烧火炭加热,也可用煤炭燃气或电能加热;底部三四足,上有炉膛连着烟囱;周围有桶状贮水器,桶壁下侧有鸡头状出水龙头。其烟筒顶口具有加热浓茶汁的功能。

沙玛瓦特在水面与盖子之间有巧妙的空间设计,能让人根据水响判断桶中水烧热的程度。茶饮在加热时,先是"浅唱"接着"喧嚷",最后发出"雷鸣"之声,最好取"喧嚷"之水泡茶。俄罗斯人一般喝红茶,通常用白水兑浓茶汁饮用。

图3-30 英国下午茶

图3-31 沙玛瓦特

(三)美洲茶文化与社交

1. 美国茶文化与社交

可以说,美国的独立战争是由茶叶引起的。1773年,英国公布一项法令,规定只有英国东印度公司可以在北美殖民地垄断经营进口茶叶。波士顿从事走私茶叶的商人们于当年12月16日,将英国东印度公司货船上的茶叶倾倒在海水中,用来抵制垄断。这个事件引起英国对北美殖民地的高压制裁,最终导致美国独立战争发生。

大部分美国人饮茶,讲求效率、方便,不愿为冲泡茶叶、倾倒茶渣而浪费时间和动作,他们似乎也不愿茶杯里出现茶叶的痕迹。因此,他们喜欢喝速溶茶。这与喝咖啡的方法几乎一样。美国市场上的中国乌龙茶、绿茶等有上百种,但多是罐装的冷饮茶(如柠檬红茶)。饮用时,先在冷饮茶中放冰块,或事先将冷饮茶放入冰箱冰好,闻之冷香沁鼻,啜饮凉齿爽口,让人顿觉胸中清凉,如沐春风。另外除了预装茶外,美国很多餐厅也以茶作为主要饮料,而多数美国人有在所有茶中加糖的习惯。

2. 阿根廷茶文化与社交

马黛茶的原料是一种常绿灌木叶子,生长在南美洲的一些地方。阿根廷温润潮湿的气候和充足的阳光,很适这种灌木生长,加之当地人有喝这种茶的传统,阿根廷成为最大的马黛茶生产国。

在阿根廷及其他一些拉丁美洲国家和地区,有一种很特别的传统的喝茶方式,一家人或是一堆朋友围坐在一起,往一把泡有马黛茶的茶壶里插上一根吸管,在座的人一个挨一个地传着吸茶,边吸边聊;壶里的水快吸干的时候,再续上热开水接着吸,一直吸到聚会散了为止。当然,随着人们饮食安全与卫生观念的革新,这种饮茶方式在大多数地区已成为过去式。

(四)非洲茶文化与社交

北非的摩洛哥、突尼斯、毛里塔尼亚等地的居民都喜欢喝绿茶,但饮用时总要在茶叶里加入少量的红糖或冰块,有的则喜欢加入薄荷叶或薄荷汁。后者被称为薄荷茶。它清香甜凉,喝起来有凉心润肺之感。

由于北非人多信奉伊斯兰教,不饮酒,茶成了待客佳品。客人来访时,见面三杯茶。按礼节,客人应当着主人的面,将茶一饮而尽,否则将被视为失礼。埃及人喜欢饮甜茶,他们招待客人时,常在茶里放许多白糖。

(五)大洋洲茶文化与社交

大洋洲人饮茶,大约始于19世纪初。随着各国经济、文化交流的加强,一些传教士、商人,将茶带到新西兰等地。以后茶的消费在大洋洲逐渐兴盛起来。澳大利亚、斐济等国的居民还进行了种茶的尝试。在斐济,人们种茶获得了成功。

在历史上,大洋洲的澳大利亚、新西兰等国的居民,多数是欧洲移民的后裔,深受英国饮茶风俗的影响,喜饮牛奶红茶或柠檬红茶,而且喜欢在茶中加糖,特别钟爱茶味浓厚、汤色鲜艳的红碎茶。他们饮的是调味茶。调味茶强调一次性冲泡,饮用时还须滤去茶渣。

大洋洲人除饮早茶外,还饮午茶和晚茶。在新西兰人的心目中,晚餐是一天的主餐,比早餐和中餐更重要,而他们称晚餐为"茶多",足见茶在新西兰饮食中的地位。新

Note

西兰人一般在茶室就餐,因此,当地到处都有茶室。茶室供应的茶的品种有牛奶红茶、柠檬红茶、甜红茶等。但是,在新西兰,人们通常不在就餐之前饮茶,只有在用完餐后才喝茶。政府机关、公司等,还会在上午和下午安排喝茶、休息时间。

任务四 咖啡及其他文化与社交

一、咖啡文化与社交

(一) 咖啡的起源

咖啡源自埃塞俄比亚的一个名叫卡法(Kaffa)的小镇,在希腊语中叫Kaweh,意思是力量与热情。后来咖啡流传到世界各地,各地就用其来源地Kaff为其命名。直到18世纪,Coffee这一名称出现了。咖啡的生产地带在北纬25°到南纬30°之间。咖啡生产集中在此一带状区域,主要是受到气温的限制。咖啡树属茜草科常绿小乔木,高度可达10米,而人工栽种者由于经过修剪,仅有2—4米高。咖啡豆(见图3-32)是咖啡树果实内的果仁,经适当的烘焙制成的。日常饮用的咖啡是用咖啡豆配合各种不同的烹煮器具制作出来的。

图 3-32 咖啡豆

古时候的阿拉伯人最早把咖啡豆晒干、熬煮出汁液,当作胃药来喝,认为它可以助消化。后来,人们发现咖啡还有提神醒脑的作用,再加上回教严禁教徒饮酒,回教徒就用咖啡取代酒精,将它作为提神的饮料时常饮用。15世纪以后,到圣地麦加朝圣的回教徒陆续将咖啡液带回居住地,使咖啡渐渐流传到埃及、叙利亚、伊朗和土耳其等国。

咖啡进入欧洲大陆归功于当时的鄂图曼帝国。嗜饮咖啡的鄂图曼大军西征欧洲大陆且在当地驻扎数年之久。大军撤离时,留下了包括咖啡豆在内的大批补给品。维也纳和巴黎的人们凭着这些咖啡豆和从土耳其人那里得到的烹制经验,发展出欧洲的咖啡文化。战争的目的原是攻占和毁灭,却意外地带来了文化的交流乃至融合,这是统治者们所始料未及的。

16世纪时,商人已在欧洲贩卖咖啡。咖啡作为一种新型饮料,融入西方的风俗和生活。此时,绝大部分出口到欧洲市场的咖啡来自亚历山大港和士麦那(土耳其西部港市)。但是随着市场需求的日益增长,进出口港口强加的高额关税,以及人们对咖啡树种植领域知识的增强,经销商和科学家开始试验把咖啡移植到其他国家。咖啡首先在巴西北部的圣保罗和米纳斯州找到了它理想的生长环境。咖啡种植在这里发展壮大,直到成为巴西非常重要的经济来源之一。

虽然咖啡诞生于非洲,但是非洲咖啡的种植和家庭消费却是近代重新引进的。欧洲人让咖啡重返故地。在这里,由于土地和气候条件适宜,咖啡产业得以兴旺繁荣。

(二)咖啡的制作与品饮

咖啡有天然清香,它与焙烤之香天然混合,成为甜醇的芳香,并因焙烤程度不同而表现出不同浓度。现代人对咖啡的加工与品饮一般遵循如下步骤。

1. 烘焙

烘焙,就是将咖啡豆在干热环境中加热,使之脱水、膨脆、生香和色泽深化的加工。咖啡成品品种因烘焙方式的不同而不同。烘焙方式在具体方法上有炒、烤、烘等不同,在程度上有浅度、普通、稍浓、中度、稍强、深度、过度等不同。咖啡因焙烤具体方法及其程度不同,呈现出不同的风味。咖啡豆的颜色随烘焙程度而加深,由浅褐色到黑褐色;口味上,苦味随之愈浓,酸味愈淡。浅度烘焙用时短、用温低,能保留咖啡的原色原香原味,深度和过度烘焙则表现出焦香与苦味的混合风味。

2. 研磨

研磨即将烘焙的咖啡加以粉碎,粉碎度因煮泡制汤的不同方式和需要而定。研磨后的咖啡从粉碎度角度一般分为粉末、中等颗粒和粗颗粒。一般冲泡、快速萃取须用前者,前者也适宜制成花色咖啡汤液。如采用浸泡滤压的方法萃取汤液,则采用中等颗粒。至于粗粒咖啡或整粒咖啡,必须煮取汤液。

3. 制汤

制汤即将研磨后的咖啡通过冲泡或煮的方法制成能直接被饮用的液体汤汁。冲泡用水以滚沸后降温至80℃左右的水为宜。煮水或煮咖啡时应用中小火不急不慢地煮沸,这些是制成优质咖啡汤液的条件之一。制汤时,应视咖啡的不同品质而采取不同的方法。一般来讲,若采用煮咖啡制汤的方法,须使用特制的咖啡壶具,如滤压壶、真空壶、滴滤壶、摩卡壶等。

4. 饮用形式

咖啡的饮用形式因个人习惯不同而具有许多差异性。在世界范围内,嗜好咖啡的主要有欧美国家及其旧时殖民地和阿拉伯国家等,其饮用形式有如下几种。

1)埃塞俄比亚饮式

埃塞俄比亚人饮用咖啡的形式是原生型的,仍保留了许多古老的传统。他们收集从树上落下的极熟咖啡果,并用古老的日晒法进行处理,使咖啡中保留了更多的果肉芳香。他们用古老而烦琐的方法将其煮制:将古老的陶壶放在炭炉上预加热,同时洗清咖啡,除去杂质;陶壶烧热后离火,在火中加少许松香,将室中熏香,再将咖啡豆放入平底金属锅中翻炒;几分钟后,待豆呈浅棕色时会发出第一下爆裂声,当豆呈深褐色时会发出第二下爆裂声,立即取出放入石臼中捣碎,再研成粉末;将粉末放入温热的陶壶,加入豆蔻、肉桂少许,加水将其煮沸;第一次沸腾后,将咖啡注入三盎司容量的无耳小杯中,立即加糖1勺和匀,即可饮用。这种初沸咖啡很浓稠,有少量悬浮物,初饮者易呛。一般壶中咖啡可反复煮两到三次沸,如果用来待客,客人一般在二开后离去。饮咖啡时,当地人还喜欢用甜椒味的小饼佐饮。

2)土耳其饮式

土耳其人喝咖啡也是不过滤的,并且还连咖啡渣一起吞入肚里,这是中东人与希腊人的普遍饮法。这种饮法要求将浅焙的咖啡研磨得极细腻,因此只有专门加工的场所才能做到。煮咖啡的壶是一种黄铜制内镀锡的长柄壶,土耳其人叫"杰土威",希腊人叫"必奇"。它一次能煮出两杯咖啡,熬煮方法为加入两匙咖啡粉、半杯水和适量糖,在中火上不急不慢地煮;当壶中咖啡将近大沸泛起泡沫时,迅速离火,将泡沫与汤液一同倒入杯中。土耳其的咖啡杯与中国无耳茶杯相似,煮咖啡前须烫洗。

3)维也纳饮式

维也纳人仍保持着17世纪时在咖啡屋喝咖啡的习惯,他们热衷于在公共咖啡馆里饮用咖啡。中度或浅度焙烤、过滤纯净并加以大量牛奶和糖的咖啡是他们的所爱,饮用时还要佐以各种甜食。维也纳咖啡馆中常见的"拿铁"咖啡与甜食中的空心蛋卷被认为是咖啡屋古老的绝配。

4)美国饮式

美国人饮用咖啡的形式与美式饮茶方式代表了全球化后现代主义的普遍咖啡饮用形式。速溶咖啡饮用的方式就是像袋泡茶般冲饮。1930年,美国雀巢公司发明了"喷雾干燥",制出了速溶咖啡。直到今天,速溶咖啡仍受到广大青年与上班族的欢迎,因为它快捷简单、方便而又相对廉价。不过,部分欧洲与南美人士认为,它几乎不能算是咖啡,顶多只能叫有少量咖啡香味的甜味饮料。

（三）世界各地的咖啡文化

1.古老的阿拉伯咖啡文化

阿拉伯是世界上最早饮用咖啡和生产咖啡的地区。它的咖啡文化就像它的咖啡历史一样古老而悠久。在阿拉伯地区,现在人们都还保留着古老而悠久的传统和讲究。阿拉伯人喝咖啡时很庄重,也很讲究品饮咖啡的礼仪和程式。他们在喝咖啡之前要焚香,还要在品饮咖啡的地方撒放香料,然后欣赏咖啡的品质,从颜色到香味,仔细地研究一番,再把精美贵重的咖啡器皿摆出来赏玩,然后才开始烹煮香浓的咖啡。

2.欧洲的咖啡文化

东欧的咖啡文化可以说是种很成熟的文化了。从咖啡进入这块大陆,到欧洲出现第一家咖啡馆,咖啡文化以极其迅猛的速度发展着,显示了极为旺盛的生命力。

在奥地利的维也纳,咖啡与音乐、华尔兹舞并称"维也纳三宝",可见咖啡文化的意义重大。在法国,人们认为没有咖啡就像没有葡萄酒一样不可思议。法国人喝咖啡讲究的不是咖啡本身的品质和味道,而是饮用咖啡的环境和情境。他们追求优雅的情趣、浪漫的格调和诗情画意般的境界。从咖啡传入法国的那一天开始,法国的文化艺术中就时时可见咖啡的身影。17世纪开始,在法国,尤其是在法国的上流社会中,出现了许多因为品饮咖啡而形成的文化艺术沙龙。在这些沙龙中,文学家、艺术家和哲学家们在咖啡的振奋下,舒展着他们想象的翅膀,创造出无数的文艺精品,为世界留下了一批瑰丽的文化珍宝。

3.美国的咖啡文化

美国是个年轻而充满活力的国家。这个国家的任何一种文化形式都像它自身一样,没有禁锢,不落窠臼,率性而为,美国的咖啡文化也不例外。

美国人喝咖啡随意而为,无所顾忌,没有欧洲人对高雅情调的执着,没有阿拉伯人对传统的袭承,喝得自由,喝得舒适,喝出了自我和超脱。美国是世界上咖啡消耗量最大的国家。美国人几乎时时处处都在喝咖啡,不论是在家里、学校、办公室、公共场合,还是其他任何地方,咖啡的香气随处可闻。

二、可可文化与社交

(一)可可概述

可可(见图3-33)、咖啡、茶并称当今世界的三大无酒精饮料。可可引起兴奋,咖啡浪漫浓郁,茶香自然清新。不同文化背景的国家在饮品选择方面有着各具特色的偏好。

图3-33　热可可饮料

16世纪上半叶,可可通过中美地峡传到墨西哥,接着又传入印加帝国在今巴西南部的领土,很快为当地人所喜爱。他们采集野生的可可,把种仁捣碎,加工成一种名为"巧克脱里"(意为"苦水")的饮料。可可制品从南美特产到成为世界人民的挚爱,经历了三个阶段。

第一阶段:玛雅文明与阿兹特克文明的宗教含义阶段。

在玛雅文明中,可可进一步发展并被赋予了宗教含义。考古学家在公元前4世纪的玛雅文明的土器中,找到了清楚描绘玛雅人对可可豆进行烘焙、研磨,加水制成温热饮品的全过程的绘画作品。随着阿兹特克人对玛雅人的征服和统治,阿兹特克文明自然而然地吸收了玛雅文明中的可可文化并进一步演化。阿兹特克人将可可树的起源归功于风神翼龙。

作为一种神化了的饮料,可可文化的各个阶段始终与宗教仪式相互关联。而可可植物本身有益身体和精神健康的特殊效果也同样广为人知:它能赶走疲劳,提神醒脑。由于它的生产规模较小,而且种植园通常都远离中心城市,当时可可仅限阿兹特克帝国的王公贵族们和战争中的英雄们使用。

第二阶段:西班牙宫廷和欧洲贵族的奢侈品阶段。

可可豆传入欧洲的正式文字记载出现在,对1544年道明会的修士代表团(代表玛雅贵族)拜访西班牙的腓力王子的国事活动的记载中。当可可豆传入欧洲之后,由于可可豆的特殊性,西班牙极力保护可可豆的秘密,所有和可可豆有关的,如制造方法及与可可相关的一切事物和知识都严禁带出西班牙。17世纪的西班牙宫廷已经培育出浓郁的可可文化。由于西班牙宫廷文化在16—17世纪的欧洲拥有绝对领导力,欧洲各国竞相模仿西班牙宫廷的潮流,这在客观上推动了可可在欧洲的传播和普及。

第三阶段:世界平民大众的甜点阶段。

随着可可这一美味的广泛传播,期盼认识可可、品尝可可的风潮已经形成,摆在大众面前的唯一障碍就是价格。而17—18世纪南美洲砂糖的大规模生产和19世纪末期非洲可可豆种植地的迅速扩张,为可可的大众化奠定了物质基础,同时欧洲自然科学的兴起,也为可可制作提供了便利条件。

1828年,荷兰化学家康拉德发明了一种可以把可可脂从可可豆中提取出来的螺旋挤压机。这种碱式加工法(后来被称为荷兰式加工法)可以去除可可豆中的酸味和苦味,生产出更柔软、更甜的巧克力饮料。如今,碱式加工的可可粉冲泡的巧克力饮料仍被称为荷兰巧克力。从那以后,人们喝的巧克力就有了更多今天所具有的平滑的黏性和悦人的香味。

(二)可可的种类

1.克里奥罗

克里奥罗是产于委内瑞拉的古老可可品种。它纤细的豆荚中孕育的芬芳纯白色豆子被称为"梦幻可可豆",是极品巧克力的原料。它口味芳香而不苦涩,颇为难得,也是世界一流巧克力公司的最爱。但克里奥罗十分娇贵,栽种不易,容易遭受病虫害,且对新环境的适应力很差,不利于移植,因而产量稀少。

2.佛拉斯特罗

当西班牙人、葡萄牙人和荷兰人将可可树引进到热带殖民地时,可可农便开始栽种一种叫"佛拉斯特罗"的品种。这种品种的特性是强健多产,也比较适合移植。口味较为焦香却有苦涩,因而不如其他品种。但它不易罹病,生命强韧且多产,适合一般商业用途。它风味不足,需要高温炒焙以增添其焦香味。

3.特立尼达

相传18世纪初,加勒比海的一场灾难造就了可可的第三个品种特立尼达。这场不可考的灾难重创了千里达,摧毁了岛上所有的克里奥罗可可树。此后,一种混血的品种——特立尼达取而代之。它是克里奥罗及佛拉斯特罗的交配种,结合了两个品种的优点,风味浓郁且易栽种,口味介于克里奥罗与佛拉斯特罗之间,主要产于千里达及委内瑞拉。

4. 那斯努

那斯努又称为阿里巴,是佛拉斯特罗的改良品种,也是高级品种之一,只产于厄瓜多尔,具独特辛香味及花香味。这个品种的特别之处在于,如果在厄瓜多尔以外栽种,就会失去它独特的香味。

(三)世界各地的可可文化

1. 法国

在法国,很多人在母亲节给母亲们最大的惊喜是为母亲们做一个巧克力蛋糕,以此来表达他们对母亲的感激之情。此外,法国还有一个举世闻名的巧克力时装展,汇集来自世界各地的展品以及巧克力爱好者和参赛者。展览期间经常举办巧克力比赛活动,用来交流丰富的巧克力文化。复活节时,人们常常将巧克力做成鸡蛋或各种动物(主要是鱼类和贝类)的样子。在巧克力传入欧洲后,商家巧妙地运用宗教文化,制作出了相应的巧克力形象,深受广大民众特别是儿童的喜爱。

2. 瑞士

瑞士是世界上最大的巧克力制造国。瑞士的巧克力是具有魔力的,总是让人微笑。瑞士人家里总是缺少不了巧克力。在那里,巧克力是最好的生活品位,和朋友们一起分享巧克力的时刻是最美好的时刻。

3. 比利时

比利时人曾说过:"比利时人可以没有政府生活,但不能没有巧克力。"比利时巧克力充满激情和创新能力。他们的巧克力结合了甜与苦,保守与创新,才让巧克力获得如此成就。比利时的巧克力品牌繁多,比利时的吉莉莲品牌更是被皇室颁发荣耀奖章,拥有"巧克力王国中的至尊"之称。

教学互动

社交活动中的饮食文化

围绕本项目所学内容,选择筵席文化、酒文化、茶文化、咖啡文化、可可文化任一主题,以小组为单位进行专题讲解,如"历史名宴中的社交""酒德与酒礼""世界的咖啡文化"等。分组讲解,小组自评,组间互评,教师点评。

项目小结

本项目围绕饮食文化与社交这一主题,分别从筵宴文化与社交、酒文化与社交、茶

Note

文化与社交、咖啡及其他文化与社交四个任务进行详细论述。任务一"筵宴文化与社交"中，在介绍了筵宴的社交属性后，分别介绍了中外筵宴的历史与种类、中国历代名宴及现代中外宴饮的设计要求。任务二"酒文化与社交"中，解读了酒文化对文学、书法、绘画、舞蹈的影响，详细介绍了中外酒文化的起源与不同类型酒水的发展。任务三"茶文化与社交"中，详细介绍了中国茶文化的起源与发展及其对世界各地茶文化的影响，中国饮茶习俗和中国名茶。任务四"咖啡及其他文化与社交"中介绍了咖啡及可可的种类与品饮以及世界各地的咖啡与可可文化。

项目训练

一、知识训练

1.中国历代名宴有哪些，出现的历史背景是什么？

2.介绍中国名茶的产地、种类与特点。

3.世界各地的咖啡文化有什么异同点？

二、能力训练

1.结合实际，谈谈中国的传统酒德与酒礼对现代社会交往的指导意义。

2.中国茶文化对东亚其他国家茶文化的影响有哪些？举例阐述。

3.试总结现代中式宴会和西式宴会不同的设计要求。

项目四
饮食文化与文学艺术

 项目描述

文学来源于生活,美食更是不可或缺的文学素材。当美食与文学融合在一起,写就了最温暖的人间烟火。美食与文学联系非常密切,读一首好诗,就像品一道佳肴,久品久香,余味悠长。纵览中国文学史,《诗经》《楚辞》、汉赋、唐宋诗词、明清小说以及历代笔记等中,都有大量有关饮食题材的作品。外国文学中亦然。本项目要求学生了解中外饮食文化典籍和语言文学中的饮食文化记载方面的基本内容,理解其作用和意义。

 项目目标

知识目标

1.了解中外饮食文化中的代表性典籍。
2.了解中外诗词中的饮食文化表达。
3.了解中国四大名著及国外名著中的饮食文化描写。
4.了解中外民族语言中的饮食文化。

能力目标

1.理解中外饮食文化典籍中的基本思想。
2.理解中外文学作品中的饮食理念和人文情怀。
3.感受中外民族语言的饮食表达特色。

素养目标

1.能够从文化的角度分析饮食现象和餐饮特征。
2.能将饮食文化融入专业学习,尝试创新。
3.兼收并蓄中外饮食文化,在比较学习的过程中,培育民族文化认同,坚定民族文化自信,增强民族文化自豪感。

知识导图

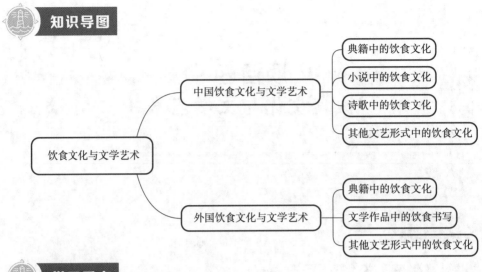

饮食文化与文学艺术

- 中国饮食文化与文学艺术
  - 典籍中的饮食文化
  - 小说中的饮食文化
  - 诗歌中的饮食文化
  - 其他文艺形式中的饮食文化
- 外国饮食文化与文学艺术
  - 典籍中的饮食文化
  - 文学作品中的饮食书写
  - 其他文艺形式中的饮食文化

学习重点

1.中外文化典籍中的饮食思想。
2.中国四大名著中的饮食书写。
3.中国古代诗词中的饮食文化。
4.外国小说中饮食主题表达。
5.文学作品中的饮食场景描写。

项目导入

　　曾几何时,筷子是我们的标配。当筷子遇上刀叉,又擦出滋味的火花。民以食为天,吃的都是文化。筷子和刀叉代表的中外饮食文化,并无优劣高下,在饮食文化的百花园里,各自绽放光华。在经济全球化的今天,时代对复合型人才的要求是,既能拿起筷子,又会用刀叉。让我们一起在学习的过程中充分感受祖先的智慧。

任务一　中国饮食文化与文学艺术

一、典籍中的饮食文化

(一)上古典籍中的饮食记载

据《黄帝内经》记载,上古时候人的寿命是比较长的,"春秋皆度百岁,而动作不

Note

衰"，后世则不然，"年半百而动作皆衰"，其原因在于："上古之人，其知道者，法于阴阳，和于术数，食饮有节，起居有常，不妄作劳，故能形与神俱，而尽修其天年，度万岁乃去。"后世的人则"以酒为乐，心妄为常，醉以入房，以欲竭其精，以耗散其真，不知持满，不时御神，务快其心，逆于生乐，起居无节，故半百而衰也"。也就是说，生活有规律，人就会延年益寿；生活没有规律，人就会早衰短寿。可见，上古时候已经初步形成不少养生学问。

中国最早涉及饮食描写的文学作品则可以追溯到古代神话。《山海经·海外西经》中有"凤皇卵，民食之；甘露，民饮之"的片断记载，而《山海经·海外北经》中"夸父逐日"的故事已具有饮食描写相对完整的情节，真实地反映了先民的自然饮食状态，是人类历史早期的生活实录，弥足珍贵。

（二）古代典籍中的饮食思想

1."食以体政"的国家思想

饮食与政治的关系，如同鱼与水的关系，密不可分。

人类之初，茹毛饮血，尚未开化。民众全靠天吃饭，在自然中获取饮食，或生食动物血肉，或摘取植物的果实，渴了就在河畔山涧饮水。当时的部落首领在食物的开发利用上摸索着前进：燧人氏钻木取火，教民熟食；伏羲结网捕鱼，教民渔猎；神农遍尝百草，选五谷，教耕作，开创了中国的农耕文明；黄帝则发明了炉灶，教导人民蒸饭煮粥。

从某种意义上讲，中国早期的历史发展就是人们对于食物开发利用的过程。正因如此，能够带领民众趋利避害、过上好日子的优秀人物便被推举为首领，奉为圣、神。《韩非子·五蠹》记载："上古之世，人民少而禽兽众，人民不胜禽兽虫蛇，有圣人作，构木为巢以避群害，而民悦之，使王天下，号曰有巢氏。"从中可见，有巢氏能够被大众尊崇为圣人，是因为他从根本上解决了民众的生存问题。神农也与此类似，汉代班固在《白虎通义》中说："古之人民，皆食兽禽肉，至于神农，人民众多，而禽兽不足。于是神农因天之时，分地之利，制耒耜，教民农作。神而化之，使民宜之，故谓之神农也！"至于黄帝，因为兴灶作炊的功劳，被民众奉为灶神。可以这样说，先民时期的领袖人物都是中国饮食文化史上的开创性人物，哺育了中华儿女。饮食与政治并列前行。

夏商周时期，食以体政的国家意识日趋明朗。根据《尚书·益稷》的记载，舜帝曾经这样赞扬后稷的功劳："烝民乃粒，万邦作义。"后稷是舜帝时期的农官，教民稼穑，播种五谷。稷和麦之类的粮食，在当时被称作粒食。此句的意思是，因为后稷的功劳，百姓有了粮食，得以解决温饱，天下万邦从而得到了治理。

民众的温饱系国之命脉所在。据《尚书·洪范》记载，商王朝将"食"列为"八政"之首。八政指的是食、货、祀、司空、司徒、司寇、宾、师，是当时国家施政的八个方面。举个例子，辅佐成汤开创殷商天下的伊尹，起初仅是有莘氏陪嫁过来的媵臣，但是他有经天纬地的治世之才。为了一展抱负，有一天，他背着做饭的大鼎和砧板求见成汤，一边做饭，一边大讲饮食之道。这其实是"醉翁之意不在酒"，他真实目的是"以滋味说汤，致以王道"。成汤听后大加赞赏，认为他是个难得一见的人才，二人从此携手创造了君明臣贤的千古佳话。所谓"治大国如烹小鲜"，说的就是这个道理。反之，商纣王过着锦衣玉食、酒池肉林的奢侈生活。箕子通过商纣王用一双象牙筷子就预测到国家将要覆亡。

在社会财富大规模向权力集团集中的同时，统治者也敏锐地意识到，国家的长治久安必须建立在广大民众最基本的饮食需求得以满足的基础之上。在《诗经·小雅·鹿鸣之什》中就有，"君能下下以成其政"，应顺从"民之质矣，日用饮食"的表述。《论语·颜渊》中，更是有"足食足兵，民信之矣！"的表述。《庄子》也记载："夫事之不可废者，耕织也；圣人之不可废者，衣食也！"

这些都说明，吃、穿是人类最基本的需求，即便是圣人也不可违逆。毫不夸张地说，谁抓住了粮食这个命脉，谁就得到了民心，得到了天下。春秋时期辅佐齐桓公成就霸业的管仲，曾振聋发聩地提出"民以食为天"的思想；而真正将这种思想发扬光大，并被后世所熟知的，则是汉高祖刘邦的谋臣郦食其。

在楚汉相争，刘邦疲于应对、节节败退的时候，郦食其和刘邦说了这样一席话：

> 臣闻知天之天者，王事可成；不知天之天者，王事不可成。王者以民人为天，而民人以食为天。夫敖仓，天下转输久矣，臣闻其下乃有藏粟甚多，楚人拔荥阳，不坚守敖仓，乃引而东，令适卒分守成皋，此乃天所以资汉。方今楚易取而汉反郤，自夺其便，臣窃以为过矣。且两雄不俱立，楚汉久相持不决，百姓骚动，海内摇荡，农夫释耒，工女下机，天下之心未有所定也。愿足下急复进兵，收取荥阳，据敖仓之粟，塞成皋之险，杜大行之道，距蜚狐之口，守白马之津，以示诸侯效实形制之势，则天下知所归矣。

此时天下纷争已久，千里荒漠，渺无人烟。民心惶惶，以致农夫扔掉了农具，无心耕田；妇人下了机床，无心织作。社会供给出现断层，人类最基本的生存权受到了挑战，这是一件很恐怖的事情。面对这种情况，该怎么办呢？郦食其很聪明，他告诉刘邦要知"天"。什么是天？民以食为天，王者以民为天。只要攻下敖仓，拥有藏粟，就抓住了民众的心，拥有了天命，自然就成了王者。道理就是这么简单，郦食其却说得层层递进，环环相扣。刘邦听从了他的建议，据守天下粮仓，占领战略高地，安抚民心，最终成为天下之主。

唐朝的司马贞认为，郦食其秉承的是管仲的思想：王者以民为天，而民以食为天，能知天之天者，斯可矣。西晋历史学家陈寿在写《三国志》的时候，又将其进行了提升：国以民为本，民以食为天。由此可见，我国传统文化一脉相承，源远流长。自此，"民以食为天"成为中国饮食文化的核心思想。

2."寓礼于食"的食礼文化

夫礼之初，始诸饮食。古人认为饮食之礼可以起到经国家、定社稷、序民人、利后嗣的作用，并逐渐形成了一套完整的礼仪标准甚至独特的食礼文化，影响至深。

远古时期，人们祭祀天地祖先之后，部落首领便将祭品分给族人食用，这是最原始的聚餐宴飨。飨，从字面上看就是两个人对着食器跪坐而食的样子，如图4-1所示。

"礼"本作"豐"，后来加了"示"旁表义，分化为古体字"禮"。豐是古代用来祭祀的礼器,和食物有着密不可分的关系。通过聚餐,人们发现彼此之间的关系更加亲密了,便逐渐对聚餐加以规范整理,在祭祀的顺序、宴请的人员、主宾的座次、摆放食物的顺序等方面,形成了特定的食礼文化,从而达到如《周礼》所述"以饮食之礼,亲宗族兄弟……以飨宴之礼,亲四方之宾客"的目的。

图 4-1 "飨"的篆体字

夏商周三代的食礼文化,和后世儒家所主张的"君子远庖厨"是不一样的,当时都是由身份尊贵的人主厨掌勺、分配食物。比如酒的发明人杜康,也叫少康,是夏朝的中兴之君。当初,少康的父亲姒相被寒浞杀害,王位被篡夺,少康在流亡有虞氏期间做了庖正。庖正是夏朝设立的职官,负责掌管饮食,相当于厨师长。杜康一面积极谋划复国,一面将厨师工作做得风生水起,发明了可以用来解忧的美酒,最终在有虞氏的帮助下联络夏朝老臣,成功消灭了篡国的寒浞一脉,开创了少康中兴之治。殷商开国之君成汤,也是制作肉类的高手。商朝中兴之主武丁,不但是制作生脯的行家里手,还亲自教导朝臣们将肉食加工成精细的"腶"。《礼记·乐记》记载:"天子袒而割牲,执酱而馈,执爵而酳,冕而捴干,所以教诸侯之弟也。"

在食物相对匮乏的古代,由身份尊贵之人负责烹调、分配食物是历史的选择。在周朝,为了维护统治,周公旦制定了一套完整的礼乐制度用以管理国家,其中就包括饮食之礼。饮食之礼对筵席的等级、菜品等都有明确的规定。按《仪礼》规定,天子宴请是"六食六饮六膳,百馐百酱八珍之齐",而上大夫请客则是"八豆八簋六铏九俎"。其中的"六食六饮六膳,百馐百酱八珍之齐",是指周天子宴请宾客的规格和食物种类,有用肉酱做出来的各色浇饭,以及用猪、牛、羊、鹿等肉类烧烤、腌渍、熬煮出来的食品等;而"八豆八簋六铏九俎",则是士大夫请客用的食器标准。

儒家的代表人物孔子,一生都在致力于复兴周礼。他在饮食上主张"食不厌精,脍不厌细"。他认为,每一顿饭都应严格遵循进食之礼。《礼记·曲礼上》中有这样的表述:

毋抟饭,毋放饭,毋流歠,毋咤食,毋啮骨,毋反鱼肉,毋投与狗骨。毋固
获,毋扬饭。饭黍毋以箸。毋嚃羹,毋絮羹,毋刺齿,毋歠醢。

这段话的大意是:不要将食物捏成团状去吃,不要将手中的饭放回食器,不要大口喝汤,吃饭时口中不要发出声音,不要啃嚼骨头,不要将拿起的鱼肉再放入食器中,不要将骨头扔给狗,不要独占和争取某一食物,不要为使饭快点凉而扬去饭的热气。吃黄米饭不要用筷子。喝羹汤不要不加咀嚼就连菜吞下,不要自己往羹汤中加调料,不要在吃饭时剔牙,不要像喝羹汤一样喝酱。

3."天人合一"的饮食哲学

天人合一的哲学思想,古人早有论述。老子云:"人法地,地法天,天法道,道法自然"。庄子云:"天地者,万物之父母也。"天之道,在于始万物;地之道,在于生万物;人之道,在于成万物。到了汉朝,董仲舒提出了"天人之际,合而为一"的主张,这种天人合一的哲学思想,成为中国传统文化的重要组成部分。

天人合一的哲学思想体现在饮食文化上,便是主张循天道、行人事。《易经》告诉我们:"天道阴阳,地道柔刚,人道仁义",三者相互感应,相互成全。古代帝王在四时狩猎都有其讲究:春蒐、夏苗、秋狝、冬狩。春天是动物繁殖的季节,只可以搜寻没有怀孕的野兽;而夏天正是庄稼生长茂密的时候,此时需要猎取的是危害农作物的禽兽,如此才能保护当年的收成;秋季,家禽将要长大,需要捕猎伤禽的野兽;只有冬季,万物休眠,可以纵情围猎,获取猎物。佛家也强调人类应重视自然,维护生态平衡,最终达到人与自然相和谐相处的目的,曾慈悲劝世:

> 劝君莫食三月鲫,万千鱼仔在腹中。
> 劝君莫打三春鸟,子在巢中待母归。
> 劝君莫食三春蛙,百千生命在腹中。
> 劝君莫杀春之生,伤母连子悲同意。

古人把天人合一的理念融进了二十四节气,这是经验和智慧的体现。《黄帝内经》记载:"天覆地载,万物悉备,莫贵于人,人以天地之气生,四时之法成。"一年四季,春耕夏耘秋收冬藏。先民们仰观天文,俯视地理,观察物候,随着经验的积累,先是有了冬至和夏至的概念,再有了立春、春分、立夏、夏至、立秋、秋分、立冬、冬至八个节气的归纳。汉武帝下令修编《太初历》,一年又有了十二个月、四时、二十四节气。随之应运而生的便是相关的节气文化、饮食风俗文化,如立春吃春饼、正月十五吃元宵、清明吃寒食等。

我国的语言文字里也蕴含着天人合一的饮食理念。比如"年"。何为年?《说文》曰:"谷熟也。"古人在长期的农业活动中,根据生产规律琢磨出农事纪时的各种办法,譬如唐朝段成式的笔记体小说《酉阳杂俎》中记载:"峡中俗,夷风不改,武宁蛮好着芒心接离,名曰苎绥。尝以稻记年月。"意思是说,峡谷中的居民依然保持着从前夷地的风俗,武宁的蛮族喜欢戴芒心草编织的帽子,名字叫苎绥。他们用稻谷生长成熟记载年月。

什么叫"岁"?甲骨文卜辞认为,杀牲为岁,如图4-2所示。古人杀牲,只有一个目的,那就是祭祀。族人出去捕猎要祭祀,妇人生产要祭祀,祈求粮食丰收要祭祀,诸如此类,不一而足。"岁"是人们渴望幸福生活的符号和仪式,和食物有着密不可分的关系。

甲骨文　　金文　　小篆　　楷书（繁体）楷书

图4-2 汉字"岁"的演变

4."中和至美"的烹饪之道

中和之美是中国传统文化最高的审美理想。《礼记·中庸》:"中也者,天下之大本也;和也者,天下之达道也。致中和,天地位焉,万物育焉。""中"指恰到好处,合乎度。

"和"是烹饪概念。《尚书·说命》中就有"若作和羹,尔惟盐梅"的名句,意思是要做好羹汤,关键是调和好咸(盐)、酸(梅)二味,以此比喻治国。《左传》中,晏婴也与齐景公谈论过什么是"和",指出"和"不是"同","和"是建立在不同意见协调的基础上的。

因此,中国哲人认为天地万物都在"中和"的状态下找到自己的位置以繁衍发育。这种审美理想建筑在个体与社会、人与自然的和谐统一之上。这种通过调谐而实现"中和之美"的想法是在上古烹调实践与理论的启发下产生的,反过来又影响了人们的饮食生活。

辅佐成汤的商朝重臣伊尹(见图4-3),负鼎"以滋味说汤,致以王道",因此得到重用。这番被载入史册的对话到底传达了怎样的烹饪理念?《吕氏春秋》记载:

夫三群之虫,水居者腥,肉攫者臊,草食者膻,臭恶犹美,皆有所以。凡味之本,水最为始。五味三材,九沸九变,火为之纪。时疾时徐,灭腥去臊除膻,必以其胜,无失其理。调和之事,必以甘酸苦辛咸,先后多少,其齐甚微,皆有自起。鼎中之变,精妙微纤,口弗能言,志不能喻。若射御之微,阴阳之化,四时之数。故久而不弊,熟而不烂,甘而不哝,酸而不酷,咸而不减,辛而不烈,澹而不薄,肥而不腻。

图4-3　伊尹画像

这段话大意是说,食物都有其本味,水产类腥,兽类肉臊,食草类膻。烹饪之道就在于,善于运用水、火、木三材,仔细观察鼎中变化,控制火候;其次,要注意调味品的先后顺序、投放数量,达到除腥、去臊、无膻臭、五味调和的目的。一道美食,应当熟而不烂、甘而不腻、酸而不酷、辣而不烈、咸淡适中,如此境界方为中和之美。真正的烹饪高手如伊尹、晏子等,能做到调和五味,恪守中庸,治大国若烹小鲜。

5."药食同源"的保健意识

"药食同源"是指食物和药物有相同的起源,许多食物亦药物,食物和药物一样能够防治疾病,二者之间并无绝对的分界线。

古代医学家将中药的"四性""五味"理论运用到食物之中,认为每种食物也具有"四性""五味"。我国的传统医药学在历史上被定义为本草学,而在这方面被奉为鼻祖的是《神农本草经》一书(见图4-4)。《淮南子·修务训》记载:"神农尝百草之滋味,水泉之甘苦,令民知所避就。当此之时,一日而遇七十毒。"可见,神农时代,人们药食不分,认为百草中,无毒者可食,有毒者须避。

图4-4　《神农本草经》

注重人与自然的和谐,注重四时节气、食材特性与人体健康的关系,是我古人饮食经验的总结。据《周礼·天官》记载,当时的王宫内已有

"食医"一职,地位较高,负责周天子的"六食、六饮、六膳、百羞、百酱、八珍之齐",已经具备了比较明显的养生保健意识,出现了"凡和,春多酸,夏多苦,秋多辛,冬多咸,调以滑甘"等食养思想。

《黄帝内经太素》一书中写道:"空腹食之为食物,患者食之为药物",直接反映了"药食同源"的思想。该书对食疗有较为深入的研究,如"大毒治病,十去其六;常毒治病,十去其七;小毒治病,十去其八;无毒治病,十去其九;谷肉果菜,食养尽之,无使过之,伤其正也",可称为最早的食疗原则。

唐朝药王孙思邈也在《备急千金要方》强调食疗:"为医者,当晓病源,知其所犯,以食治之,食疗不愈,然后命药。"他还总结了一套行之有效的食疗方法:

> 是以善养性者,先饥而食,先渴而饮。食欲数而少,不欲顿而多,多则难消也。常欲令如饱中饥,饥中饱;厨膳勿使脯肉丰盈,常令俭约为佳;五味不欲偏多,故酸多伤脾,苦多伤肺,辛多伤肝,咸多伤心,甘多伤肾,此五味克五脏,五行自然之理也。勿食生粟、生米,深阴地冷,水不可饮。勿食生肉,伤胃;勿食生菜及陈腐之物;不得夜食;饱食既卧,乃生百病,不消成疾;久饮酒者,腐烂肠胃,渍髓蒸筋,伤神损寿。

孙思邈懂得食疗与养生,年逾百岁。而与他同时期、交往亲密的孟诜,著有《食疗本草》一书,被誉为食疗鼻祖。

自此,"食饮必稽于本草"成为养生专家们尊崇的理念,"药膳"一词也应运而生。后经几千年的发展,药食分化,但"药食同源",以食为药、以食代药的养生理念从未改变。

二、小说中的饮食文化

(一)中国古代小说中的饮食描写

中国古代小说经历了琐碎的言论、芜杂的笔记、完整的故事以及以人物描写为主的故事四个阶段。从先秦寓言起,饮食文化在古代小说这个载体中,经历了从无到有,从简到繁,再到形成气候、成为小说的有机组成部分的过程。饮食文化丰富了小说的素材,拓展了小说的内容。从笔记小说开始,饮食文化找到了一个理想的载体,小说也发现了饮食这一素材,二者完美结合。

1. 先秦诸子寓言

先秦诸子寓言是古代小说的雏形,其中不乏饮食的描写。《孟子·齐人有一妻一妾》就记叙了一个每次外出"必餍酒肉而后反"的齐人,而他的饮食之道是"之祭者,乞其余"。

> 齐人有一妻一妾而处室者,其良人出,则必餍酒肉而后反。其妻问所与

饮食者,则尽富贵也。其妻告其妾曰:"良人出,则必餍酒肉而后反;问其与饮
食者,尽富贵也,而未尝有显者来,吾将瞷良人之所之也。"

蚤起,施从良人之所之,遍国中无与立谈者。卒之东郭墦间,之祭者乞其
余;不足,又顾而之他。此其为餍足之道也。

在这篇精彩的讽刺小品中,孟子借饮食描写巧妙抨击了现实,勾画了一个为追求
"富贵利达"而不择手段的厚颜无耻的人物形象,同时也记载了民间以酒肉祭奠死者的
风俗。

2. 魏晋笔记

魏晋笔记虽然也只是小说发展的初级阶段,但在"志人"类作品中,用了大量笔触
描写饮食场景、刻画人物形象、交代社会背景。在志人小说的代表《世说新语》中,饮食
描写比重已经很大,作者常借宴饮场景揭示人物性格、暴露社会现实。

《王蓝田性急》写王蓝田吃鸡蛋时,通过吃鸡蛋的几个小动作,绘声绘色地刻画出
人物"性急"的特征:

以箸刺之,不得,便大怒。举以掷地,鸡子于地圆转未止,仍下地以屐齿
碾之,又不得。嗔甚,复于地取内口中,啮破即吐之。

《石崇要客燕集》则通过描写宴饮场景,表现出石崇以杀人劝酒为阔、王敦(大将
军)以见死不救为豪,揭示了他们的残忍暴虐、灭绝人性。

石崇每要客燕集,常令美人行酒。客饮酒不尽者,使黄门交斩美人。王
丞相与大将军尝共诣崇。丞相素不能饮,辄自勉强,至于沉醉。每至大将军,
固不饮,以观其变。已斩三人,颜色如故,尚不肯饮。丞相让之,大将军曰:
"自杀伊家人,何预卿事?"

《武帝尝降王武子家》中记述,王济以人乳喂猪,所以猪肉肥嫩鲜美。这闻所未闻
的行为,反应出王武子的奢侈行为令人发指。作者通过这段描写,猛烈地抨击了部分
统治阶级的罪恶。

武帝尝降王武子家,武子供馔,并用琉璃器。婢子百余人,皆绫罗绔,以
手擎饮食。烝肥美,异于常味。帝怪而问之,答曰:"以人乳饮。"帝甚不平,食
未毕,便去。王、石所未知作。

魏晋是人的觉醒和文学自觉的时代,酒是魏晋风度的重要媒介。饮食文化在这一
时期的文学作品中得到了普遍重视。饮食描写不再是一种流水账式的生活实录,而是
表现主题的一种重要手段。在小说史上,这是创作题材的一大突破。

3. 唐朝传奇

唐朝传奇翻开了小说史上崭新的一页，大多运用传记体来书写奇谈怪事，把人物形象作为作品构思的中心要素，有"有意为小说"的文学自觉了。饮食作为人类生存的本能活动和贴近生活的特征，自然进入了作家的视野。初唐张文成在其作品《游仙窟》中，就浓墨重彩的描写了饮食场景。

> 少时，饮食俱到。熏香满室，赤白兼前。穷海陆之珍馐，备川原之果菜。肉则龙肝凤髓，酒则玉醴琼浆。城南雀噪之禾，江上蝉鸣之稻。鸡膍雉臄，鳖醢鹑羹，樝下肥腶，荷间细鲤；鹅子鸭卵，照曜于银盘；麟脯豹胎，纷纶于玉迭。熊腥纯白，蟹酱纯黄；鲜脍共红缕争辉，冷肝与青丝乱色。蒲桃甘蔗，楔枣石榴，河东紫盐，岭南丹橘。敦煌八子奈，青门五色瓜；大谷张公之梨，房陵朱仲之李；东王公之仙桂，西王母之神桃；南燕牛乳之椒，北赵鸡心之枣。千名万种，不可具论。

优秀的唐朝传奇常常用宴饮描写来刻画人物、表现主题，如李朝威的《柳毅传》写龙宫宴会箫角鼛鼓、击节高歌，凸显洞庭君、钱塘君以及柳毅的不同性格和情怀；沈既济的《枕中记》以旅舍主人蒸黄粱贯穿始终，黄粱饭尚未煮熟而卢生的梦已醒，讽刺了那些热衷功名、利禄熏心的文人，宣扬了人生如梦的出世思想。

4. 宋元话本

宋元话本，是宋元时代说话人讲故事所用的底本，包括小说、讲史、说经等各种不同的家数和名称。宋元话本在选材上较以往发生了巨大的改变，日益壮大的市民阶层取代了前人小说中的帝王将相、才子佳人，成为了小说的主角，被称为"市民生活的生动画卷"。

由于贴近市民生活，宋元话本中对饮食风俗的描述是多层次、全方位的。冯梦龙的"三言二拍"是宋元话本的杰出代表，也展现了饮食描写的最高成就。"三言"（《喻世明言》《警世通言》《醒世恒言》）（见图4-5）中的饮食描写随处可见，甚至很难找到一篇不涉及饮食文化的。

图4-5 三言二拍

"三言"目录中有许多与饮食有关的内容，有的是小说的主人公，如"卖油郎""种瓜老"；有是故事发生的环境，如"赵伯升茶肆遇仁宗""闹樊楼多情周胜仙"；有是小说的主题，如"李谪仙醉草吓蛮书""卢太学诗酒傲王侯"；有是特定情节，如"晏平仲二桃杀三士""范巨卿鸡黍死生交"等。

类似"三言"的宋元话本中，描写的饮食场景数不胜数。这些饮食场景充满了民间的烟火气息，读之可亲，它们共同把饮食书写推进到一个新的阶段。

5. 明清小说

明清小说是在宋元话本基础上发展起来的，其饮食描写继承了宋元话本的传统，成为刻画人物形象的重要方式。《三国演义》《水浒传》等作品的作者,常常借酒来刻画英雄人物,创作了"青梅煮酒论英雄""景阳冈打虎"等许多脍炙人口的片断。

以《金瓶梅》为标志的世情小说的问世,将饮食描写推进到一个全新的阶段。世情小说以日常生活、饮食起居、婚姻爱情为描写对象,饮食描写与其他流派相较所占比重更大。据统计,《金瓶梅》《红楼梦》等小说中涉及饮食文化的文字数超过全书字数的5%。其中,《红楼梦》堪称古代饮食文化的百科全书,将饮食书写推向了顶峰。

纵观明清两代小说,饮食描写门类齐全:既有汉族饮食,又有少数民族饮食;既有世俗饮食,又有释、道、清真等宗教饮食;既有宫廷贵族盛宴,又有民间小吃秘方;既有食物的烹调工艺,又有食材的加工生产;既有粮食、果蔬、肉类等食材,又有糖、油、盐、酱、醋等调料;其他如饮食风俗、饮食器具、饮食礼仪、饮食功效、饮食理论以及菜系流派等均有涉及。

(二) 四大名著中的饮食文化

饮食作为人类一项基本活动,不仅仅是一杯酒、一碗饭这样简单的生活琐事,甚至与政治、经济、军事、外交重大事件密切相关。楚汉相争"鸿门宴"人尽皆知。宴会上充满杀机,应酬之间蕴藏着剑拔弩张,战火一触即发。宋太祖赵匡胤为了维持长治久安的政治局面,精心策划了"杯酒释兵权"的名场面。饮食作为创作素材进入小说,与现实生活中的矛盾和斗争产生了千丝万缕的联系,大大丰富了小说的内容。这在我国古典四大名著中表现得最为明显。

1.《红楼梦》中的饮食文化

《红楼梦》是描写中国封建社会贵族生活的历史画卷。在这部被誉为中国封建社会"百科全书"的鸿篇巨制中,作者用了将近三分之一的篇幅,描述了丰富多彩的宴饮活动。按规模分,有大宴、小宴、盛宴;按时间分,有午宴、晚宴、夜宴;按内容分,有生日宴、斋宴、冥寿宴、省亲宴、接风宴、诗宴、灯谜宴、合欢宴、梅花宴、海棠宴、螃蟹宴;按节令分,有中秋宴、端阳宴、元宵宴;按环境分,有芳园宴、太虚幻境宴、大观园宴、大厅宴、小厅宴、怡红院夜宴等。通过描写各种宴饮场景,作者为我们创造了一个蔚为大观的"红楼"饮食文化体系,展示了当时贵族阶层的饮食风貌,也为读者提供了一份美食清单,留下了无限遐想的空间。

1) 琳琅满目的"红楼"美食

据不完全统计,一百二十回本的《红楼梦》中提到的食品多达186种,分为主食、点心、菜肴、调味品、饮料、果品、补品、外国食品八个类别。其中,主食原料11种,食品10种;点心17种;菜肴原料31种,食品38种;调味品8种;饮料23种;果品30种;补品11种;外国食品7种。其中,汤类有"酸笋鸡皮汤"(第八回)、"莲叶汤"(第三十五)、"野鸡崽子汤"(第四十三回)、"合欢汤"(第五十三回)、"火腿鲜笋汤"(第五十八回)、"虾丸鸡皮汤"(第六十二回)、"火肉白菜汤"(第八十七回)等;菜类有"糟鹅掌"(第八回)、"烧野鸡"(第二十回)、"火腿炖肘子"(第十六回)、"鸽子蛋"(第四十回)、"茄鲞"(第四十一回)、"牛乳蒸羊羔"(第四十九回)、"烤鹿肉"(第四十九回)、"胭脂鹅脯"(第六十二回)、"酒酿清蒸鸭子"(第六十二回)等;面食有"枣泥山药糕"(第十一回)、"菱花糕(第三十九回）、"松瓤鹅油卷"（第四十一回）、"螃蟹馅饺子"（第四十一回）、"如意糕"（第五十三回）等；粥类有"腊八粥"（第十九回）、"鸭子肉粥"（第五十四回）、"枣儿粳米粥"（第五十四回）、"燕窝粥"（第五十五回）、"江米粥"（第八十七回）等。

作者根据创作的需要，有的详细描写，有的一笔带过，有的看似漫不经心，其实做了精心安排。曹雪芹对饮食文化有精深的研究，《红楼梦》中的茶、酒及其他饮料，都有具体的名称和产地。他还精于烹饪之道，作品中的一些菜肴不仅菜名美妙，还有详细的制作方法，茄鲞（见图4-6）就是其中一例。《红楼梦》第四十一回"栊翠庵茶品梅花雪怡红院劫遇母蝗虫"中写到了茄鲞的做法。

图4-6　茄鲞

贾母笑道："你把茄鲞搛些喂他。"凤姐儿听说，依言搛些茄鲞送入刘姥姥口中，因笑道："你们天天吃茄子，也尝尝我们的茄子弄得可口不可口。"刘姥姥笑道："别哄我了，茄子跑出这个味儿来了，我们也不用种粮食，只种茄子了。"众人笑道："真是茄子，我们再不哄你。"刘姥姥诧异道："真是茄子？我白吃了半日。姑奶奶再喂我些，这一口细嚼嚼。"凤姐儿果又搛了些放入口内。刘姥姥细嚼了半日，笑道："虽有一点茄子香，只是还不像是茄子。告诉我是个什么法子弄的，我也弄着吃去。"凤姐儿笑道："这也不难。你把才下来的茄子把皮签了，只要净肉，切成碎钉子，用鸡油炸了，再用鸡脯肉并香菌、新笋、蘑菇、五香腐干、各色干果子，俱切成丁子，用鸡汤煨干，将香油一收，外加糟油一拌，盛在瓷罐子里封严，要吃时拿出来，用炒的鸡爪一拌就是。"刘姥姥听了，摇头吐舌说道："我的佛祖！倒得十来只鸡来配他，怪道这个味儿！"

2）精美绝伦的饮食器具

"色""香""器""味""型"中的"器"指的是饮食器具。它是中国饮食文化的重要组成部分。古人宴饮讲究"钟鸣鼎食"的仪式感，用"鼎"盛食以示庄重；唐诗"葡萄美酒夜光杯"中，"葡萄美酒"用"夜光杯"做盛器，相得益彰，美轮美奂，正说明了"美器"与"美食"的关系。

《红楼梦》中的贾家声名煊赫、奢侈浮华。这样一个"钟鸣鼎食"的豪门贵族，所用到的餐具、茶具、酒具、桌具，都非常的精致华美。小说中写到的餐具有"鼎"（第二回）、"金盘"（第五回）、"汝窑盘子"（第二十七回）、"乳钵"（第二十八回）、"玛瑙碗"（第三十一回）、"玛瑙盘子"（第三十七回）、"翡翠盘子、乌木三镶银箸、四楞象牙镶金筷、官窑盘"（第四十回）、"官窑碗"（第四十一回）、"定窑碟"（第六十三回）、"淡金盘、金碗、金抢碗、金匙、银大碗、银盘、银碟"（第一百零五回）等。

　　酒具和茶具是《红楼梦》中描写最多的器具,有"觥"(第一回)、"玻璃盒、錾金彝、汝窑美人觚"(第三回)、"玻璃盏、琥珀杯"(第五回)、"金爵"(第十七回)、"银爵"(第十八回)、"乌银梅花自斟壶、海棠冻石蕉叶杯"(第三十八回)、"什锦珐琅杯"(第四十回)、"竹根套杯、黄杨根套杯、绿玉斗"(第四十一回)、"合欢杯"(第九十四回)等。

　　3)多姿多彩的宴饮活动

　　《红楼梦》第四回曾这样描写四大家族的豪横奢华:

　　　　贾不假,白玉为堂金作马;阿房宫,三百里,住不下金陵一个史;东海缺少白玉床,龙王请来金陵王;丰年好大雪,珍珠如土金如铁。

　　贾家是四大家族之首,曹雪芹为其花费的笔墨最多,有关其饮食活动的描写也最多。如《红楼梦》第四十回"史太君雨宴大观园 金鸳鸯三宣牙牌令"、第六十三回"寿怡红群芳开夜宴 死金丹独艳理亲丧"中都充分描写了"红楼"中的宴饮活动。此外,作者在小说中还安排了一系列丰富多彩的宴饮游戏,如打骨牌、行酒令(牙牌令和占花游戏)、斗牌、解九连环、射覆、拇战、击鼓传花、斗叶、抢快、双陆、击鼓催诗等,对研究我国18世纪中叶封建社会的传统饮食文化具有重要的参考价值。

　　2.《三国演义》中的饮食文化

　　《三国演义》作为中国古代著名的长篇历史演义小说,以描写战争谋略和战争场面见长,刻画人物也栩栩如生。小说中多次以酒写人,渲染气氛,烘托情节,使人物形象更为丰满。

　　1)关羽温酒斩华雄

　　温酒斩华雄是关羽在《三国演义》中非常精彩的片段之一。在潘凤等大将接连被斩杀之时,面对华雄的不可一世,关羽主动请缨出战,在酒尚温时斩了华雄,被誉为"威镇乾坤第一功",从此名震诸侯。《三国演义》第五回描写了当时的情景。

　　　　忽探子来报:"华雄引铁骑下关,用长竿挑着孙太守赤帻,来寨前大骂搦战。"绍曰:"谁敢去战?"袁术背后转出骁将俞涉曰:"小将愿往。"绍喜,便著俞涉出马。即时报来:"俞涉与华雄战不三合,被华雄斩了。"众大惊。太守韩馥曰:"吾有上将潘凤,可斩华雄。"绍急令出战。潘凤手提大斧上马。去不多时,飞马来报:"潘凤又被华雄斩了。"众皆失色。绍曰:"可惜吾上将颜良、文丑未至!得一人在此,何惧华雄!"言未毕,阶下一人大呼出曰:"小将愿往斩华雄头,献于帐下!"众视之,见其人身长九尺,髯长二尺,丹凤眼,卧蚕眉,面如重枣,声如巨钟,立于帐前。绍问何人。公孙瓒曰:"此刘玄德之弟关羽也。"绍问现居何职。瓒曰:"跟随刘玄德充马弓手。"帐上袁术大喝曰:"汝欺吾众诸侯无大将耶?量一弓手,安敢乱言!与我打出!"曹操急止之曰:"公路息怒。此人既出大言,必有勇略;试教出马,如其不胜,责之未迟。"袁绍曰:"使一弓手出战,必被华雄所笑。"操曰:"此人仪表不俗,华雄安知他是弓手?"关公曰:"如不胜,请斩某头。"操教酾热酒一杯,与关公饮了上马。关公曰:

"酒且斟下，某去便来。"出帐提刀，飞身上马。众诸侯听得关外鼓声大振，喊声大举，如天摧地塌，岳撼山崩，众皆失惊。正欲探听，鸾铃响处，马到中军，云长提华雄之头，掷于地上。其酒尚温。

以斩华雄为起点，关羽开启了自己辉煌的人生之路。他因忠义神勇的表现，被人尊为"武圣人"，在各地享受香火供奉。

2）青梅煮酒论英雄

《三国演义》多次写酒，其中曹操、刘备"青梅煮酒论英雄"更是喝酒的名场面。自小说问世后，一直为人津津乐道。小说第二十一回写道：

操曰："适见枝头梅子青青，忽感去年征张绣时，道上缺水，将士皆渴；吾心生一计，以鞭虚指曰：'前面有梅林。'军士闻之，口皆生唾，由是不渴。今见此梅，不可不赏。又值煮酒正熟，故邀使君小亭一会。"玄德心神方定。随至小亭，已设樽俎：盘置青梅，一樽煮酒。二人对坐，开怀畅饮。

酒至半酣，忽阴云漠漠，骤雨将至。从人遥指天外龙挂，操与玄德凭栏观之。操曰："使君知龙之变化否？"玄德曰："未知其详。"操曰："龙能大能小，能升能隐；大则兴云吐雾，小则隐介藏形；升则飞腾于宇宙之间，隐则潜伏于波涛之内。方今春深，龙乘时变化，犹人得志而纵横四海。龙之为物，可比世之英雄。玄德久历四方，必知当世英雄。请试指言之。"玄德曰："备肉眼安识英雄？"操曰："休得过谦。"玄德曰："备叨恩庇，得仕于朝。天下英雄，实有未知。"操曰："既不识其面，亦闻其名。"玄德曰："淮南袁术，兵粮足备，可为英雄？"操笑曰："冢中枯骨，吾早晚必擒之！"玄德曰："河北袁绍，四世三公，门多故吏；今虎踞冀州之地，部下能事者极多，可为英雄？"操笑曰："袁绍色厉胆薄，好谋无断；干大事而惜身，见小利而忘命：非英雄也。"玄德曰："有一人名称八俊，威镇九州：刘景升可为英雄？"操曰："刘表虚名无实，非英雄也。"玄德曰："有一人血气方刚，江东领袖——孙伯符乃英雄也？"操曰："孙策藉父之名，非英雄也。"玄德曰："益州刘季玉，可为英雄乎？"操曰："刘璋虽系宗室，乃守户之犬耳，何足为英雄！"玄德曰："如张绣、张鲁、韩遂等辈皆何如？"操鼓掌大笑曰："此等碌碌小人，何足挂齿！"玄德曰："舍此之外，备实不知。"操曰："夫英雄者，胸怀大志，腹有良谋，有包藏宇宙之机，吞吐天地之志者也。"玄德曰："谁能当之？"操以手指玄德，后自指，曰："今天下英雄，惟使君与操耳！"玄德闻言，吃了一惊，手中所执匙箸，不觉落于地下。时正值天雨将至，雷声大作。玄德乃从容俯首拾箸曰："一震之威，乃至于此。"操笑曰："丈夫亦畏雷乎？"玄德曰："圣人迅雷风烈必变，安得不畏？"将闻言失箸缘故，轻轻掩饰过了。操遂不疑玄德。

寥寥几笔，不仅把刘备韬光养晦、规避猜疑和随机应变的能力充分展示出来，也把曹操的雄才大略和慧眼识英雄刻画得淋漓尽致。这段描写虽篇幅短小却把两个人物形象刻画得跃然纸上。一个如飞龙在天，翻云覆雨，虎视天下，何等张扬；一个似潜龙在渊，时机未到，羽翼未丰，在谈吐中一再隐忍，在危急时急中生智，巧渡难关。

3）张飞醉酒失徐州

张飞是《三国演义》中的重要人物，是蜀国的五虎上将之一，为蜀汉政权的建立立下了汗马功劳，也留下了长坂坡据水断桥，一声大吼吓死敌将夏侯杰的经典壮举。但书中的张飞嗜酒如命，经常贪杯，屡屡喝酒误事，曾因醉酒丢失了徐州，失去了重要的战略据点。《三国演义》第十四回"曹孟德移驾幸许都 吕奉先乘夜袭徐郡"中这样写道：

> 却说张飞自送玄德起身后，一应杂事，俱付陈元龙管理；军机大务，自家参酌，一日，设宴请各官赴席。众人坐定，张飞开言曰："我兄临去时，分付我少饮酒，恐致失事。众官今日尽此一醉，明日都各戒酒，帮我守城。今日却都要满饮。"言罢，起身与众官把盏。酒至曹豹面前，豹曰："我从天戒，不饮酒。"飞曰："厮杀汉如何不饮酒？我要你吃一盏。"豹惧怕，只得饮了一杯。张飞把遍各官，自斟巨觥，连饮了几十杯，不觉大醉，却又起身与众官把盏……吕布一声暗号。众军齐入，喊声大举。张飞正醉卧府中，左右急忙摇醒，报说："吕布赚开城门，杀将进来了！"张飞大怒，慌忙披挂，绰了丈八蛇矛；才出府门上得马时，吕布军马已到，正与相迎。张飞此时酒犹未醒，不能力战。吕布素知飞勇，亦不敢相逼。十八骑燕将，保着张飞，杀出东门，玄德家眷在府中，都不及顾了。

张飞以戒酒宴为名设宴畅饮，这是典型的酒徒的做法。又在席上劝吕布岳父曹豹饮酒，曹豹不饮，被张飞鞭打，曹豹因此憎恨于心，连夜差人送信给吕布，里应外合夜袭徐州。张飞因醉酒不能力战，弃城而逃，还抛下了刘备的家眷。

《三国演义》对张飞喝酒的描写着墨很多。张飞虽频频喝酒误事，但也有因喝酒打胜仗的时候。第七十回"猛张飞智取瓦口隘 老黄忠计夺天荡山"中描写了张飞、雷铜与敌将张郃交战的情况。

> 飞就在山前扎住大寨，每日饮酒，饮至大醉，坐于山前辱骂……孔明笑曰："原来如此。军前恐无好酒，成都佳酿极多，可将五十瓮作三车装，送到军前，与张将军饮。"……张郃自来山顶观望，见张飞坐于帐下饮酒，令二小卒于面前相扑为戏。郃曰："张飞欺我太甚。"传令今夜下山劫飞寨……张郃三寨俱失，只得奔瓦口关去了。张飞大获胜捷，报入成都。玄德大喜，方知翼德饮酒是计，只要诱张郃下山。

张飞以阵前饮酒为诱饵，引诱张郃下山劫寨，智取瓦口隘。这是与张飞饮酒有关的为数不多的亮点。但喝酒过量总不是好事，张飞最终因酗酒丧命，可悲可叹。《三国演义》第八十一回"急兄仇张飞遇害 雪弟恨先主兴兵"中写道：

飞令人将酒来，与部将同饮，不觉大醉，卧于帐中。范、张二贼探知消息，初更时分，各藏短刀，密入帐中，诈言欲禀机密重事，直至床前。原来张飞每睡不合眼，当夜寝于帐中，二贼见他须竖目张，本不敢动手。因闻鼻息如雷，方敢近前，以短刀刺入飞腹。飞大叫一声而亡，时年五十五岁。

4）庞统纵酒获举荐

作为人中龙凤的"凤雏"庞统，很有个性，前往投奔刘备时，不屑拿出诸葛亮、鲁肃的推荐信，只说："闻皇叔招贤纳士，特来相投"。庞统见刘备又"长揖不拜"，加上"统貌陋"，所以刘备"心中亦不悦"，并未重用庞统，只让他做了个小小的耒阳县宰。庞统未获得应有的尊重，认为"玄德待我何薄"，到任之后，整日饮酒为乐、不理政事，惹恼了刘备，派张飞前往巡查。小说第七十五回描述了具体的情形。

> 张飞领了言语，与孙乾前至耒阳县。军民官吏，皆出郭迎接，独不见县令。飞问曰："县令何在？"同僚覆曰："庞县令自到任及今，将百余日，县中之事，并不理问，每日饮酒，自旦及夜，只在醉乡。今日宿酒未醒，犹卧不起。"张飞大怒，欲擒之……统曰："量百里小县，些小公事，何难决断！将军少坐，待我发落。"随即唤公吏，将百余日所积公务，都取来剖断。吏皆纷然赍抱案卷上厅，诉词被告人等，环跪阶下。统手中批判，口中发落，耳内听词，曲直分明，并无分毫差错。民皆叩首拜伏。不到半日，将百余日之事，尽断毕了，投笔于地而对张飞曰："所废之事何在！曹操、孙权，吾视之若掌上观文，量此小县，何足介意！"飞大惊，下席谢曰："先生大才，小子失敬。吾当于兄长处极力举荐。"

庞统既不肯卑躬屈膝地谄媚刘备，又不肯靠他人的引荐走捷径，表现出孤高的个性。在怀才不遇、不受重用的情况下，以"终日饮酒为乐"的办法以退为进，创造机会向朝廷展示自己的才能，不失为一种巧妙手段。

3.《水浒传》中的饮食文化

《水浒传》是我国历史上第一部以农民起义为题材的章回体小说，是我国古代长篇小说的代表作之一，在文学史上影响巨大。《水浒传》是一部描写英雄的传奇，不仅在塑造人物形象上艺术成就很高，在烘托人物场景的饮食风俗方面的描写上也有鲜明特色。

1）规格不一的饮食场所

《水浒传》作为一部伟大的现实主义作品，对当时人们的就餐环境，特别是饭店酒楼等，做了多方面的详细描写。按照规模等级，当时的饭店可分为如下几个类型。

（1）品牌酒楼饭店。

北宋大都市东京，餐饮业十分繁荣，有不少品牌酒楼饭店。据《东京梦华录》记载，北宋有一家酒店名曰"樊楼"，规模宏伟。它的整个建筑群，包括五座楼房，每座楼房有三层高，各楼之间架有天桥相通。宋刘子翼曾有诗为证："忆得少年多乐事，夜深灯火上樊楼。《水浒传》第七回"花和尚倒拔垂杨柳,豹子头误入白虎堂"中写道,林冲与陆谦"两个上到樊楼内,占个阁儿,唤酒保吩咐,叫取两瓶上色好酒,稀奇果子按酒"。林冲未上梁山前,作为有一定身份地位的人,在这里宴饮,要"上色好酒""稀奇果子",酒店的档次应该不会太低。而且,在以后的情节中多次提到樊楼这家酒店,也说明这家酒店在当时还是比较有名的。

此外,坐落在北宋大名府的翠云楼,规模之大、装饰之豪华不输樊楼。《水浒传》第六十六回"时迁火烧翠云楼,吴用智取大名府"描写这座酒楼"名冠河北,号为第一;上有三檐滴水,雕梁绣柱,极是造得好;楼上楼下,有百十处阁子。终朝鼓乐喧天,每日笙歌聒耳"。宋江提反诗的浔阳楼,也气派非凡。《水浒传》第三十九回"浔阳楼宋江吟反诗 梁山泊戴宗传假信"写道:"只见门边朱红华表柱上两面白粉牌,各有五个大字,写道:'世间无此酒,天下有名楼'。宋江便上楼来,去靠江占一座阁子坐了,凭栏举目,喝彩不已。"能挂如此对联,且让宋江喝彩不已,足以说明浔阳楼酒店自身的名气与不凡。

(2)城镇酒肆茶馆。

《水浒传》中写到的城镇酒肆茶馆有六七十家之多。写酒肆如第十回林冲"远远望见枕溪靠湖一个酒店",第二十六回武松杀西门庆的"狮子桥下大酒楼",第二十九回武松醉打蒋门神的"快活林酒店",第三十八回江州城中的"临街酒肆"等;写茶馆如第二十回中宋江常去的"县对门的茶坊"。书中还多次写到茶的煎泡方法与功效,细述饮茶之妙。

(3)乡村小店。

《水浒传》中乡村小店比比皆是,有"傍村酒肆",有"丁字路口的一个酒店",有"轻轻酒旗舞熏风"的"小小酒店",有"当垆美女"的"水阁酒店",有"州桥之下,一个潘家有名的酒店",还有卖人肉馒头的"十字坡酒店"等。在第二十九回"武松醉打蒋门神"和第三十七回"没遮拦追赶及时雨"情节中,作者更是一连写了好几个乡村小店。图 4-7 所示便是景阳冈"三碗不过冈"酒店。

图 4-7 景阳冈"三碗不过冈"酒店

2)类型各异的饮食方式

(1)随到随吃的快餐饮食。

《水浒传》中的英雄好汉,都是风尘仆仆、来去匆匆的角色,饮食上需要与之匹配的快餐饮食,做到随到随吃。如第九回"行得三四里路程,见一座小小酒店在村口。深、冲、超、霸四人入来坐下,唤酒保买五七斤肉,打两角酒来吃,回些面来打饼。"第十二回"杨志到店中放下行李,解了腰刀、朴刀,叫店小二将些碎银子买些酒肉吃了。"第五十三回李逵、戴宗二人肚子饿了,"路旁边见一个素面店,两个直入来买些点心吃"。

(2)食聊一体的社交饮食。

这种饮食的特点是时间不限、用餐不快。《水浒传》中的英雄好汉们,有时又特别的悠闲自在,边吃边聊一坐就是半天,而店家也不催他们。如第十一回,林冲与朱贵二人，"随即安排鱼肉，盘馔酒肴，到来相待。两个在水亭上吃了半夜酒。"第二十六回，武松对哥哥的暴死有疑问，喊了团头、何九叔两人，在"巷口酒店里坐下，叫量酒人打两角酒来"，详细询问，时间不会太短。第五十七回，呼延灼因为搜捕梁山失利，"在路行了二日，当晚又饥又渴，见路旁一个村酒店"，"入来店内，把鞭子放在桌上，坐下了，叫酒保取酒肉来吃。"随后又叫酒保到村里买羊肉烧煮，最后竟在店里将就着住下了。

（3）自己动手的自助饮食。

《水浒传》中还有一类酒店，顾客可以自带酒水菜肴，甚至可以自带原料，自己动手烹调食物，形式十分自由。如第十五回写道："吴用和阮家三兄弟同在酒店吃酒，阮小七道，'我的船里有一桶小活鱼，就把来吃些。'于是，便去船内取将一桶小鱼上来，约有五七斤，自去灶上安排；盛做三盘，把来放在桌上。"第三十八回，张顺拿来四尾上等金色大鲤鱼，再叫酒保"讨两樽'玉壶春'上色酒来，并些海鲜按酒果品之类"，又吩咐"把一尾鲤鱼做辣汤，用酒蒸一尾"，叫酒保切鲙。类似作品中的自助饮食，比起国外的快餐连锁，具有鲜明的民族特色。

3）兼收并蓄的地方菜肴

《水浒传》中的饮食涉及的地缘、饮食风俗范围相当广，以鲁菜为主，南北风味兼具。当然，这种饮食风俗的形成和作品中主人公的活动范围是分不开的。据统计，《水浒传》108将中，山东28人，河南16人，河北10人，山西8人，陕西3人，北方人占比过半。他们的活动区域，也主要在山东、河南、河北等。这些地方在宋朝已经形成具有山东特色的"北食"。

山东地区气候温润，物产丰富，东部丘陵地区是我国著名的水果产地，沿海盛产鱼虾和盐。这些得天独厚的条件，为饮食文化提供了丰厚的物质基础，使其成为中国饮食文化重要的发源地之一。《水浒传》中的主食主要为馒头、烧饼、面条和粥，菜肴多为北方人爱吃的蔬菜、肉类和一些豆制品等。北方人喜欢的葱、姜、蒜，在作品中也有细致的描述，尤其是蒜。这是山东人离不开的食材。作品第四回写道："那庄家连忙取半只熟狗肉，捣些蒜泥，将来放在智深面前。智深大喜，用手扯那狗肉，蘸着蒜泥吃。"此外，在梁山好汉接受招安，天子赐宴陪坐情节中，描写宴席"赤瑛盘内，高堆麟脯鸾肝；紫玉碟中，满钉驼蹄熊掌。桃花汤洁，缕塞北之黄羊；银丝鲙鲜，剖江南之赤鲤"。整个筵宴似乎融合了山东风味和大漠、草原饮食风俗。

4）五味杂陈的饮食心理

《水浒传》还对复杂的饮食心理进行了描写，这在四大名著中具有代表性，主要有以下五种。

（1）视死如归的无畏心理。

武松替哥哥报仇，杀了潘金莲和西门庆后被关进死囚，管营每天送来好酒好饭，武松总以为是断头饭，但并没有表现出畏死情绪。他视死如归，说："且由他！便死也做个饱鬼！"

（2）豪气干云的不服心理。

景阳冈武松打虎情节中，武松面对店家"三碗不过冈"的劝告，一连吃了十八碗酒，对自己的酒量充满信心，不服输。在店家以老虎伤人为由劝他不要过冈时，武松不以为意:"你鸟做声! 便真有个虎,老爷也不怕!"浑身上下豪气干云。

（3）举棋不定的矛盾心理。

梁山好汉大部分都是被逼上梁山,他们从正常人到落草为寇都经历了一场艰难的思想斗争。这点在宋江身上表现得最为明显,也最具代表性。小说第三十六回,宋江在酒席上面对晁盖等人的一再挽留,既想上山入伙,干一番事业,又担心"上逆天理,下违父教",做了个不忠不义的人,左右为难。即使后来宋江上了梁山,做了首领,内心依然举棋不定,煎熬和挣扎。

（4）小心翼翼的提防心理。

《水浒传》中的英雄好汉行走江湖,自然时时事事需要小心谨慎,不然面对波诡云谲的江湖,一不小心就会阴沟里翻船,在饮食上同样要如此。在小说"智取生辰纲"情节中,众人酷暑难耐,劳累口渴,想喝白胜的酒,却又担心酒里有诈,最后在试探与反试探中,众人中计,被酒中的蒙汗药麻翻,丢了生辰纲。这样小心提防的饮食心理在小说中还在其他多处出现。

（5）食不甘味的悔恨心理。

食不甘味的悔恨心理一般是和人生境遇的不如意紧密联系在一起的,表现在饮食上多为借酒浇愁、感恨伤怀。在小说浔阳楼宋江题反诗情节中,宋江一个人在浔阳楼吃酒,想到自己年过三旬,功不成名不就,愧对家乡父老,愧对人生理想,带着个人奋斗失败的沮丧喝了一杯又一杯,不觉沉醉,在壮志难酬、无可奈何的悔恨心理作用下,不觉提了反诗。

4.《西游记》中的饮食文化

《西游记》是中国古代第一部浪漫主义章回体长篇神魔小说,也是古代长篇浪漫主义小说的巅峰。小说虽以描写神魔为主,却也有人间烟火味。小说对素食的描写很有特色。

1) 家常素食

《西游记》中多处写到家常素食的场面。师徒四人取经途中,会途经或借宿庄户人家,饭菜多以素食为主,如图4-8所示。如六十七回"拯救驼罗禅性稳,脱离秽污道心清"中写唐僧师徒四人到驼罗庄投宿,李老儿安排饭菜。

图4-8 《西游记》影视剧中的家常素食

　　老者便扯椅安坐待茶,又叫办饭。少顷,移过桌子,摆着许多面筋、豆腐、芋苗、罗白、辣芥、蔓菁、香稻米饭,醋烧葵汤,师徒们尽饱一餐。吃毕,八戒扯过行者,背云:"师兄,这老儿始初不肯留宿,今返设此盛斋,何也?"行者道:"这个能值多少钱! 到明日,还要他十果十菜的送我们哩!"

2) 山珍野蔬

《西游记》师徒四人西天取经,途经山川野道,一路所食离不开山间野果野菜,而取经途中所遇的妖魔鬼怪，活动轨迹也以山川居多。所以，在小说的宴饮场面中，对山珍野蔬的描写不在少数。如小说第八十二回详细写了一桌菜品。

　　　　垒钿桌上，有异样珍羞；篾丝盘中，盛稀奇素物。林檎、橄榄、莲肉、葡萄、榧、奈、榛、松、荔枝、龙眼、山栗、风菱、枣儿、柿子、胡桃、银杏、金桔、香橙，果子随山有。蔬菜更时新：豆腐、面筋、木耳、鲜笋、蘑菇、香蕈、山药、黄精。石花菜、黄花菜，青油煎炒；扁豆角、豇豆角，熟酱调成；王瓜、瓠子、白果、蔓菁。镟皮茄子鹌鹑做，剔种冬瓜方旦名；烂煨头糖拌着，白煮萝卜醋浇烹。椒姜辛辣般般美，咸淡调和色色平。

这里面的木耳、鲜笋、蘑菇、香蕈、山药、黄精等，都是名贵鲜美、营养丰富的素菜。第八十六回写樵夫请唐僧一行吃的黄花菜、马兰头、枸杞头、马齿苋等野菜，也别有一番风味。

　　　　果然不多时，展抹桌凳，摆将上来。果是几盘野菜。但见那嫩焯黄花菜，酸蕌白鼓丁。浮蔷马齿苋，江荠雁肠英。燕子不来香且嫩，芽儿拳小脆还青。烂煮马蓝头，白熝狗脚迹。猫耳朵，野落荜，灰条熟烂能中吃；剪刀股，牛塘利，倒灌窝螺操帚荠。碎米荠，莴菜荠，几品青香又滑腻。油炒乌英花，菱科甚可夸；蒲根菜并茭儿菜，四般近水实清华。看麦娘，娇且佳；破破纳，不穿他；苦麻台下藩篱架。雀儿绵单，猢狲脚迹；油灼灼煎来只好吃。斜蒿青蒿抱娘蒿，灯娥儿飞上板荞荞。羊耳秃，枸杞头，加上乌蓝不用油。几般野菜一溪饭，樵子虔心为谢酬。

3）素味点心

《西游记》以佛教思想为主，佛家忌荤腥，所以饮食以素为主，常伴点心。《西游记》第九十六回描写了蒸卷馒头。

　　　　那里铺设的齐整。但见：金漆桌案，黑漆交椅。前面是五色高果，俱巧匠新装成的式样。第二行五盘小菜，第三行五碟水果，第四行五大盘闲食。般般甜美，件件馨香。素汤米饭，蒸卷馒头……尽皆可口，真足充肠。七八个僮仆往来奔奉，四五个庖丁不住手。

此外，《西游记》七十九回中孙悟空怒打假国丈，在国王的答谢宴上，有鸳鸯锭、狮仙糖；在朱紫国，国王宴席上陈设"斗糖龙缠列狮仙，饼锭拖炉摆凤侣"，外加香汤饼、透酥糖等几样特色点心。

三、诗歌中的饮食文化

来自五湖四海的食材和调味，无时无刻不触动着亿万人的神经和味蕾。从远古时代开始,斗转星移,朝代更替,唯一不变的是人们对美食的欣赏和向往。诗词和饮食,是中国几千年农耕文明孕育出的代表性标签。诗词除了表达家国情怀,亦会体现延续在国人血液里的对美食的追求。

(一)《诗经》《楚辞》中的饮食文化

1.《诗经》中的饮食文化

中国素有"烹饪王国"的称号。《礼记·王制》中记载"八政":饮食、衣服、事为、异别、度、量、数、制,将饮食排在首位,充分说明了人们对饮食的重视程度。中国饮食文化博大精深,烹、煮、蒸、炒……只要物品可以食用,人们就可以做出各种口味来。

而要追溯中国饮食文化的历史,不得不提起《诗经》。《诗经》是我国历史上第一部现实主义风格的诗歌总集,也是反映当时社会风貌的一部百科全书,内容涉及天文地理、民风民俗、战争徭役等各个方面。《诗经》中关于饮食内容的描写颇多。据统计,《诗经》总集311篇中提到饮食方面的篇章就达46篇之多,主要涉及主食原料、烹饪工艺、饮食器具、饮食礼仪几个方面。

1) 主食原料

《诗经》中所记载的农作物种类繁多,主要有黍、稷、麦、禾、麻、菽、稻、秬、粱、苣、荏菽、秠等。其中,黍、稷是《诗经》时代种植非常广泛的农作物,在书中出现次数最多,共有14篇提及。《周颂·噫嘻》中的"率时农夫,播厥百谷"说明当时的农作物种类已经相当丰富,有"百谷"之称。《唐风·鸨羽》中的"王事靡盬,不能蓺稷黍。父母何怙"、《王风·黍离》中的"彼黍离离,彼稷之苗"、《小雅·信南山》中的"疆场翼翼,黍稷或或"等语句中都提到了"黍稷"。"黍稷"常被放在一起,用作农作物总称。这也表示它们是主要的粮食作物。有统计显示,在可辨认的甲骨文中,卜黍之辞100多条,"黍"字出现300多次;卜稷之辞30多条,"稷"字出现40多次,远远超过其他农作物。

除了黍与稷,稻也是《诗经》中常见的主食,见于《唐风·鸨羽》《小雅·甫田》《鲁颂·閟宫》等篇,如《小雅·甫田》中有"黍稷稻粱,农夫之庆",《小雅·白华》中有"滮池北流,浸彼稻田"等。

麦在新石器时代已经开始种植,在商周时期有了进一步发展。《鄘风·桑中》《王风·丘中有麻》等篇均提到了麦子,如《鄘风·桑中》中有"爰采麦矣?沬之北矣",《鄘风·载驰》中有"我行其野,芃芃其麦"等。

菽原先是豆类的总称,直到汉代以后才改称为豆,专指大豆或者黄豆。《诗经》中记载的"菽"及"荏菽"均为大豆,而大豆的叶子被称为"藿",茎则被称为"萁",如《小雅·小宛》中的"中原有菽,庶民采之。螟蛉有子,蜾蠃负之",《小雅·白驹》中的"皎皎白驹,食我场藿",《小雅·采菽》中的"采菽采菽,筐之筥之"等。我国栽培大豆的历史悠久,从南到北都有大豆的分布与栽培记录。

《诗经》中的主食原料,除了谷类,还有蒿、蒌、芩、苹、莪等。《周南·汉广》"翘翘错薪,言刈其蒌"中的"蒌"即蒌蒿。《小雅·鹿鸣》中有"呦呦鹿鸣,食野之苹"。《尔雅》解释"苹"为藾蒿。莪在《诗经》出现两处,分别是《小雅·菁菁者莪》中的"菁菁者莪,在彼中阿"及《小雅·蓼莪》中的"蓼蓼者莪,匪莪伊蒿"。莪也是一种蒿类,味道类似蒌蒿,三月中茎可生食,也可蒸熟。芩在《小雅·鹿鸣》"呦呦鹿鸣,食野之芩"中出现过。芩即黄芩。蘩出现在《召南·采蘩》"于以采蘩,于沼于沚"中,也是蒿类的一种。

2) 烹饪工艺

《诗经》时代的人们对不同的食材,会采取不同方式进行烹饪。《小雅·楚茨》:"济济跄跄,絜尔牛羊,以往烝尝。或剥或亨,或肆或将……执爨踖踖,为俎孔硕。或燔或炙,君妇莫莫。为豆孔庶,为宾为客。"这段话主要写的是祭祀活动的场景。人们仪态端庄,将牛羊都涮洗处理干净之后,拿去祭冬烝和秋尝。有人负责宰割,有人负责烹饪,有人负责装盛食物,有人负责烧烤……从中可以看出,当时的宴会场景非常热闹,分工也很详细。诗中的"燔""炙",指的是烧与烤,也泛指所有的烹煮。

除了"燔""炙",《诗经》中还提到"烹""炮"。《小雅·瓠叶》:"幡幡瓠叶,采之亨之。君子有酒,酌言尝之。有兔斯首,炮之燔之。君子有酒,酌言献之。有兔斯首,燔之炙之。君子有酒,酌言酢之。有兔斯首,燔之炮之。君子有酒,酌言酬之。"其中,"亨"就是烹煮的意思;"炮"是将带毛的动物裹上泥放在火上烧。

先秦时期,流行牛脍、羊脍、豕脍、鹿脍等多种肉类生食的吃法。《小雅·六月》:"饮御诸友,炰鳖脍鲤。"其中,"脍鲤"就是生鲤鱼片,周王室还专设醢醢之人负责准备吃生鱼片的蘸料,而且不同时节要调配不同的蘸料。

3) 饮食器具

《诗经》中还出现了很多饮食器具,主要有"豆""笾""筥""筐""大房"以及"鼎"等,如图4-9所示。"豆"主要用来装酱类或腌制的食物。"笾"是用竹子编制而成的礼器,主要用来盛装果脯。"筥""筐"是用来装蔬菜的。"大房"是用来装大块头的肉类食物的。"鼎"是用来煮食物的。如《豳风·伐柯》中的"我觏之子,笾豆有践"中就提到"笾"和"豆"。

图4-9　周代饮食器具

4) 饮食礼仪

《诗经》时期,在饮食文化不断发展的过程中,饮食礼仪文化逐渐形成,"礼"开始进入饮食。而被"礼"规范了的饮食文化不再局限于追求"饱腹",它被赋予了新的意义与内涵,变成社会交往中的一个重要环节。

从此,饮食不仅仅是个人行为,更成为一种社会活动。《小雅·常棣》中的"傧尔笾豆,饮酒之饫。兄弟既具,和乐且孺"体现了宗族兄弟欢聚一堂,共叙手足之情的情景。《小雅·鹿鸣》中的"呦呦鹿鸣,食野之苹。我有嘉宾,鼓瑟吹笙。吹笙鼓簧,承筐是将。人之好我,示我周行",描写了主人宴请宾客,以鼓瑟吹笙助兴,从而增强人与人之间的沟通的情形。可见在《诗经》时代,人们已经开始通过宴饮交流情感、促进人际关系的融洽了。

《诗经》还体现了礼乐文化精神,如《大雅·行苇》中说:"曾孙维主,酒醴维醹,酌以大斗,以祈黄耇",体现出饮食文化中的尊老、敬老传统,这一传统一直延续至今。

《诗经》是一部经典而伟大的"百科全书",是当时主流社会意识形态的反映,也是当时人们饮食文化的集中体现。那个时代的生产力水平相对低下,但并不影响人们对美好生活的追求。我们可以透过《诗经》看先秦时期人们的饮食,感受当时劳动人民的精神风貌和生活状况,增强民族自信心和自豪感。

2.《楚辞》中的饮食文化

《楚辞》作为我国文学史上第一部浪漫主义诗歌总集,收录了屈原、宋玉、东方朔、淮南小山等人的十六篇作品。《楚辞》"书楚语、作楚声、纪楚地、名楚物",描绘了楚地的风土人情,具有独特的地域文化色彩。饮食文化作为楚文化的重要组成部分,在此书中得到了淋漓尽致的展现。

在《楚辞》中,宫廷筵席菜单包含了20多道楚地美食,让人眼花缭乱。湖北曾侯乙墓中,曾一次性出土了100多件餐具器皿,精美程度让人咋舌。可见在先秦时期,楚地饮食文化已初具规模、独具一格。《楚辞》中的《招魂》篇简直就是一份宴会食谱,摘录如下。

> 室家遂宗,食多方些。稻粢穱麦,挐黄粱些。大苦醎酸,辛甘行些。肥牛之腱,臑若芳些。和酸若苦,陈吴羹些。胹鳖炮羔,有柘浆些。鹄酸臇凫,煎鸿鸧些。露鸡臛蠵,厉而不爽些。粔籹蜜饵,有餦餭些。瑶浆蜜勺,实羽觞些。挫糟冻饮,酎清凉些。华酌既陈,有琼浆些。归来反故室,敬而无妨些。

《招魂》描述的是楚国世家贵族在饮食方面的排场和讲究。其中,有清楚名称的菜肴就有20多道,涉及的食材有接近70种。吃的主食有大米、小米、新鲜的麦子和金黄的粟米。人们在饮食口味上讲究美味,苦、咸、酸、甜等各种口味都能接受,但认为必须调理得当。贵族们喜欢吃带有肥肉的牛腱子。他们采用清炖的烹调方法让食物喷香可口。宴会上还有各色小点心,不但美味还好看。楚国还有一批擅于调制汤羹的厨师,他们来自吴国,拿手好菜是酸辣汤。除此之外,宴会上还有用红烧、叉烧、卤制、烩煮等用各种烹饪方法制作的肉菜。

《大招》中有这样一份诱人的"菜单"。

> 五谷六仞,设菰粱只。鼎臑盈望,和致芳只。内鸧鸽鹄,味豺羹只。魂乎

归来！恣所尝只。鲜蠵甘鸡，和楚酪只。醢豚苦狗，脍苴蒪只。吴酸蒿蒌，不沾薄只。魂兮归来！恣所择只。

它指出，楚人最爱菰米饭，喜欢把龟鳖肉、猪肉等煮成肉羹，把有香味的植物切碎与狗肉一起炖熟，把香蒿拿来做成酸菜，这种酸菜吃起来很是爽口。楚人吃的禽类还有鹌鹑、麻雀等，如文中提到的"炙鸹烝凫，黏鹑敶只。煎鰿臛雀，遽爽存只"。

从这些美食中，我们可以看到楚人对于五味调和的饮食追求，还有楚人对于食物处理手法的多样性。火烤、炖煨、煎炸、煮、清蒸、腌制等烹饪方法均已被掌握。当然这只是楚人宫廷贵族们享用的美食，代表了当时最高的饮食水平。至于普通的老百姓则是"饭稻羹鱼"。荆楚地区，气候温和，适应稻谷生长，一直以"鱼米之乡"著称，故百姓以稻米为主食。楚地河流较多，楚人会在稻田养鱼，渔获很多，到了"食之不尽，卖之不售"的地步，所以鱼成为主要食材。

《楚辞》中还描写了一些南方特色饮食，如《离骚》中的"折琼枝以为羞兮，精琼爢以为粻"指将大米磨成米浆，然后蒸成糕。现在人们经常吃到的"发糕"就是从那时传承下来的。《九歌·东皇太一》中的"奠桂酒兮椒浆"指把桂和椒放在酒中稍加浸泡，这样酒喝起来有桂、椒的香气。《楚辞》还写了服食香草美玉、吸风饮露等特殊的饮食习俗，如"朝饮木兰之坠露兮，夕餐秋菊之落英"。早晨起来喝的是木兰上滴下的露水，晚上吃的是秋菊的花瓣。这些楚地独有的习俗，不仅使我们能窥探南方先民的饮食文化底蕴，还提供了很多古代的信息，让我们能感受到楚文化的脉动、触摸到楚人的精神世界。

（二）汉赋元曲中的饮食文化

1.汉赋中的饮食文化

赋是汉代代表性的文体。它早在战国时期就已经产生，主要特点是铺陈写物，"不歌而诵"。汉赋中系统描写饮食文化的内容并不多见，大多是对广阔国土、丰盛物产、华美宫苑、繁荣都市，以及帝王文治武功的描写和颂扬。

汉赋中对饮食文化着墨相对较多的是枚乘的《七发》。作品主要写的是楚太子有病，吴客前往问候，通过主客问答，批判了统治阶级腐化享乐的生活。赋中用了七段文字，铺陈了音乐的美妙、饮食的甘美、车马的名贵、漫游的欢乐、田猎的盛况和江涛的壮观，振聋发聩，为一个沉溺于安逸享乐生活的太子讲述外面的大千世界，一步步诱导太子改变生活方式，最终成功医治太子物质生活充实而心灵空虚的疾病。其中的饮食场面描写是这样的。

犓牛之腴，菜以笋蒲。肥狗之和，冒以山肤。楚苗之食，安胡之饭抟之不解，一啜而散。于是使伊尹煎熬，易牙调和。熊蹯之臑，芍药之酱。薄耆之炙，鲜鲤之鲙。秋黄之苏，白露之茹。兰英之酒，酌以涤口。山梁之餐，豢豹之胎。小饭大歡，如汤沃雪。此亦天下之至美也……

这段描写记载了当时的煎、熬、炙、烩等烹调法，以及调酱烂熊掌、鲜鲤鱼肉细丝等新奇菜肴。

此外，司马相如作为汉代大赋的奠基者和成就最高的作家，在作品中也偶尔描写饮食。《子虚》《上林》两赋中，作者以游猎为题材，对天子、诸侯的游猎盛况和宫苑的豪华壮丽进行了夸张的描写，以歌颂汉帝国的威严和天子的尊严。在作品的结尾，作者以汉天子享乐后反躬自省的方式，委婉地表达出惩奢劝俭的用意。饮食方面的节制成为作者劝谏帝王的内容之一，这也是汉代大赋"劝百讽一"的传统。

2. 元曲中的饮食文化

元曲是元代文学的代表，与汉赋、唐诗、宋词、明清小说地位相当，以其特殊的艺术成就在中国文学史上占据了重要地位，千百年来一直为人们所传诵。相比唐诗的浓烈和宋词的淡雅，元曲更具生活气息。

元曲对饮食文化的描写中最有特色的是关于葡萄酒的描述。如元曲四大家之首关汉卿在《朝天子·书所见》中写道：

> 鬓鸦，脸霞，屈杀了将陪嫁。规模全是大人家，不在红娘下。巧笑迎人，文谈回话，真如解语花。若咱，得他，倒了葡萄架。

作品中提到的葡萄架，据专家多方考证，应该为争风吃醋之意，其出处尚不可考，但大抵与葡萄有关。

元曲名家张可久，留存散曲 800 余首，其作品中有不少写到葡萄酒的内容，如《山坡羊·春日二首芙》中写到葡萄新酿：

> 芙蓉春帐，葡萄新酿，一声《金缕》槽前唱。锦生香，翠成行，醒来犹问春无恙，花边醉来能几场？妆，黄四娘。狂，白侍郎。

《醉太平·伤春烟消宝》中写到涨葡萄：

> 裹白云纸袄，挂翠竹麻条，一壶村酒话渔樵，望蓬莱缥缈。涨葡萄青溪春水流仙棹，靠团标空岩夜雪迷丹灶，碎芭蕉小庭秋树响风涛，先生醉了。

此外，《朝天子·和贯酸斋小》《湘妃怨·乐闲吹箫按》《朝天子·筝手爱卿丹》《水仙子·梅边即事好》等作品分别写到了涨葡萄、醅泼葡萄、葡萄绿、葡萄酿等。元代散曲家杜仁杰在《集贤宾北》中也写到了葡萄，还写到了鸡头米等稀奇食品。

> 团圞笑令心尽喜，食品愈稀奇。新摘的葡萄紫，旋剥的鸡头美，珍珠般嫩实。

（三）唐诗宋词中的饮食文化

1.唐诗中的饮食文化

中国是诗歌的国度,唐诗更是中国诗歌发展的高峰。据统计,仅《全唐诗》中有姓名可考的作者就多达2200人,存诗4.89万余首,散落民间的诗人诗歌更是不计其数。唐朝又是我国封建社会发展的繁荣昌盛期,经济、文化的发展刺激了饮食文化的发展。作为主要文学形式的诗歌,除了"言志",还反映出社会生活方方面面的内容,饮食文化也是其中之一。

1）李白诗中的饮食文化

作为"诗仙"的李白,存诗近1000首,展示给我们豪放飘逸的浪漫主义诗风。他在饮食文化的描写中也展示出真性情。

一首《行路难》,以美食美酒起兴,但面对"斗十千"的"金樽清酒","直万钱"的"玉盘珍羞",作者却"停杯投箸不能食"。但是作者敢于直面现实,表达出战胜困难的坚定信念,最终"长风破浪会有时,直挂云帆济沧海"。真是诗如其人,豪爽超迈。

《宿五松山下荀媪家》则表现出李白关心民间疾苦的一面。

> 我宿五松下,寂寥无所欢。田家秋作苦,邻女夜舂寒。
> 跪进雕胡饭,月光明素盘。令人惭漂母,三谢不能餐。

晚年的李白流放夜郎,赦免途中经过五松山,借宿在一户穷苦农家,目睹了农家秋天耕作的辛苦,甚至为了生活整夜都在干活。贫困如斯的他们却给李白端来一盘菰米饭,让李白想起汉代救济韩信的漂母,心中惭愧,一再推辞不敢进食。此时此刻,在李白的眼里,这一盘极其普通菰米饭,比起那些价值过万的玉盘珍馐,更算得上是一种人间美味。

李白不仅写"食",还在作品中写"饮"。他写过一首关于养生的诗——《答族侄僧中孚赠玉泉仙人掌茶》。

> 常闻玉泉山,山洞多乳窟。仙鼠如白鸦,倒悬清溪月。
> 茗生此中石,玉泉流不歇。根柯洒芳津,采服润肌骨。
> 丛老卷绿叶,枝枝相接连。曝成仙人掌,似拍洪崖肩。
> 举世未见之,其名定谁传。宗英乃禅伯,投赠有佳篇。
> 清镜烛无盐,顾惭西子妍。朝坐有余兴,长吟播诸天。

这是李白在品尝了仙人掌茶后,写下的诗篇。仙人掌茶的创始人是玉泉寺的中孚禅师,此僧俗姓李,是诗人李白的族侄。诗歌原序云:"后之高僧大隐,知仙人掌茶发乎中孚禅子及青莲居士李白也。"

但李白最为得意的,也是一生最离不开的还是酒。他爱酒甚至达到嗜酒如命的地步。杜甫称其"酒中仙",为了喝酒连"天子"的话都不听。一生写下许多与酒有关的诗

推荐阅读
▼

《一馔千年》相关篇目

歌,如《月下独酌》中的"举杯邀明月,对影成三人"、《客中作》中的"兰陵美酒郁金香,玉碗盛来琥珀光"、《金陵酒肆留别》中的"风吹柳花满店香,吴姬压酒劝客尝"、《将进酒》中的"烹羊宰牛且为乐,会须一饮三百杯""五花马,千金裘,呼儿将出换美酒,与尔同销万古愁"。

在中国古代,酒与文人、文学结下了不解之缘,李白"斗酒诗百篇",对酒的喜爱达到了无以复加的地步,甚至专门为酒写下一首诗。

> 天若不爱酒,酒星不在天。地若不爱酒,地应无酒泉。
> 天地既爱酒,爱酒不愧天。已闻清比圣,复道浊如贤。
> 贤圣既已饮,何必求神仙。三杯通大道,一斗合自然。
> 但得酒中趣,勿为醒者传。

该诗堪称一篇"爱酒辩",从天地"爱酒"说起,将饮酒提高到最高境界:通于大道,合乎自然。李白终于为自己的嗜酒如命找到合适的理由,真不愧"酒仙"称号。

2) 杜甫诗中的饮食文化

大唐诗坛高手林立,但在现实主义诗人中,杜甫是当之无愧最伟大的存在。杜甫人称"诗圣",诗号"诗史"。他的诗直指社会现实,具有鲜明的时代特征和强烈的政治倾向,充满着对祖国的热爱和对人民的同情。

就是这样一位伟大的现实主义诗人,留存的一千四百多首诗歌中,除了我们熟知的"朱门酒肉臭,路有冻死骨"外,还有超过四百首与饮食有关。可以说,杜甫堪称潜伏诗坛的美食家。杜甫对美食用笔最细、着墨最多,正因如此,被现代人戏称为"大唐第一吃货"。杜甫笔下的饮食类诗歌兼容并蓄、海纳百川,既有宫廷盛宴的奢华,也有寻常百姓家的朴素,这与他独特的人生经历息息相关。杜甫生于北方官宦世家,曾长期居于长安、洛阳,后又移居西南巴蜀之地,终于潇湘。因此,出现在他诗文中的饮食种类繁多,各有特色,构成了一幅唐朝饮食画卷。

首先,杜甫是个"鱼生控"。杜甫笔下热度最高的美食就是鱼,白鱼、鲈鱼、鲂鱼、雅鱼、黄鱼……不一而足。"安史之乱"后,杜甫浪迹于巴蜀大地,在颠沛流离之时得到老朋友严武的帮助。后来严武被朝廷召回,杜甫相送于绵州并留在那里打渔养家,写下《观打鱼歌》,其中,"饔子左右挥双刀,脍飞金盘白雪高"描写技艺纯熟的厨师片好的生鱼片堆在盘里色如白雪,令人馋涎欲滴。此句既是夸赞鱼味的鲜美,更是赞赏厨师的刀工。在《峡隘》一诗中,杜甫写道:"白鱼如切玉,朱橘不论钱。"到了晚年,他仍对鱼肉念念不忘,《过客相寻》里记载了"挂壁移筐果,呼儿问煮鱼"的趣事。从文字证据上来看,唐朝最喜欢吃生鱼片的就是杜甫。

其次,杜甫是个素食粉。杜甫诗中提到的蔬菜亦不胜枚举,如莼、薇、葵、藜、藿、芋等。这些食物是杜甫的主要下饭之物,被他写得极具美感。《赠别贺兰铦》中"我恋岷下芋,君思千里莼",借莼菜和芋头寄托乡思。马齿苋也是杜甫喜爱的野菜之一,他在《园官送菜》中写道:"苦苣刺如针,马齿叶亦繁。青青嘉蔬色,埋没在中园。"

杜甫不仅对素食颇为偏爱,在素食研究上也有一定的造诣。这从他吃藕上可以看出:"棘树寒云色,茵蔯春藕香。脆添生菜美,阴益食单凉。"杜甫吃生藕,专挑春天的嫩藕吃,而且还选在树荫下吃,完全是专业的吃货作风。

除了吃藕,杜甫在吃树叶上也别出心裁,最能反映这一点的诗篇就是《槐叶冷淘》。

> 青青高槐叶,采掇付中厨。
> 新面来近市,汁滓宛相俱。
> 入鼎资过熟,加餐愁欲无。
> 碧鲜俱照箸,香饭兼苞芦。
> 经齿冷于雪,劝人投此珠。

这首诗将槐叶冷淘的食材选择、制作工艺、色泽口感等描述得十分详尽且传神,非精于此道者不能描摹。

再次,杜甫是个水果控。在杜甫的诗歌中,我们可以发现,从山东的梨,到成都的枇杷,再到重庆的几十亩果园,对水果的偏爱贯穿了杜甫饮食的一生。杜甫曾在落榜后跑到父亲的辖区兖州,写下《题张氏隐居二首》,其中"杜酒偏劳劝,张梨不外求",把自家的酒和朋友老张家的梨都狠狠夸了一顿。杜甫在47岁时移居到成都,专门写诗给朋友,要来果树苗种在自家院子里,好将来吃枇杷。54岁杜甫迁到三峡附近,更是种了几十亩地的水果,可见他对水果的偏爱。

杜甫在诗歌中,频繁地运用与颜色有关的字词描绘食物,展现出他对色彩文化的体悟、对饮食美学的追求,如"紫收岷岭芋,白种陆池莲""鲜鲫银丝脍,香芹碧涧羹""盘剥白鸦谷口栗,饭煮青泥坊底芹"等。有时,杜甫也会通过间接描写给人以色彩的联想和感知,如《赠卫八处士》中,"夜雨剪春韭,新炊间黄粱"的前半句不用一个颜色词,却分明让我们看到了那春天的韭菜经过夜雨的洗礼,透出晶莹碧绿之色。这无形的"绿"与第二句中的"黄"相互映衬,令人称绝。

杜甫还擅长为美食命名,如《九日杨奉先会白水崔明府》中"坐开桑落酒,来把菊花枝"两句中,"桑落酒"既有意境,又有历史渊源。这些典雅优美的名称,能为菜肴锦上添花,让人在品尝美味的同时,还能领略诗词的意境。

3)白居易诗中的饮食文化

白居易作为唐朝三大诗人之一,诗歌留存近三千首。作为唐朝新乐府运动的主要倡导者,其诗形象鲜明,通俗易懂,同时诗歌中大量的饮食描写也为我们展示了唐朝饮食的风情画卷。

(1)白居易诗中的主食。

白居易诗歌中的主食主要为面食,常见的有馒头和各种饼类食物,如粉饼、蒸饼、煎饼、胡饼和汤饼等,如《晚起闲行》中的"午斋何俭洁,饼与蔬而已",《斋居偶作》中的"甘鲜新果饼,温暖旧衣裳",《寄胡饼与杨万州》中的"胡麻饼样学京都,面脆油香新出炉"等。小麦粉制作的面食作为主食,在中国有着悠久的历史,在唐朝时成为社会中重要的主食之一。唐朝笔记小说《因话录》里就记载唐人"世重饼啖"。

(2)白居易诗中的辅食。

唐朝人日常饮食中,蔬菜占有很大的比重,水果的种类也很多。蔬菜、水果作为唐朝重要的辅食,在白居易的作品中大量出现。《烹葵》中的"贫厨何所有,炊稻烹秋葵",《官舍闲题》中的"禄米獐牙稻,园蔬鸭脚葵",都写了同一类植物——葵。葵类似现在的青菜。在唐朝人的菜园里,葵类植物占的比重最大。葵也是唐朝人食用最多的蔬菜。

竹笋、荠菜、蕨菜等野菜,也是唐朝人喜爱的蔬菜。这在白居易《夏日作》中的"宿雨林笋嫩,晨露园葵鲜。烹葵炮嫩笋,可以备早餐"、《早春》中的"满庭田地湿,荠叶生墙根"、《早夏游平原回》中的"紫蕨行看采,青梅旋摘尝"等诗句中都有体现。其中,竹笋和荠菜多在初春时节食用,蕨菜夏季常吃。竹笋和葵类菜肴是早餐的必备菜品。

至于水果,桃、李、柑橘等为当时常见的水果品种,枣、梨、樱桃等也深受百姓喜爱。白居易诗中"沤麻池水里,晒枣日阳中",描写了制作干枣的方法。枣是唐朝人主要的甜食之一,晒枣可以去除枣中的水分以便储存枣。"攀枝摘樱桃,带花移牡丹",描写的是樱桃。樱桃因果形优美、气味诱人,深受诗人喜爱。白居易在苏州任刺史时,因非常喜欢吴地出产的樱桃,还写过一首《吴樱桃》。

> 含桃最说出东吴,香色鲜浓气味殊。
> 洽恰举头千万颗,婆娑拂面两三珠。
> 鸟偷飞处衔将火,人摘争时蹋破珠。
> 可惜风吹兼雨打,明朝后日即应无。

白居易作品中描写水果的代表作当数《荔枝图序》。

> 荔枝生巴峡间。树形团团如帷盖,叶如桂,冬青;华如橘,春荣;实如丹,夏熟。朵如葡萄,核如枇杷,壳如红缯,膜如紫绡,瓤肉莹白如冰雪,浆液甘酸如醴酪。大略如彼,其实过之。若离本枝,一日而色变,二日而香变,三日而味变,四五日外,色香味尽去矣……

作品生动描述了荔枝的生长过程,像一篇专业的科普小品文。白居易喜爱荔枝,他不仅亲自栽种,还创作了《种荔枝》《题郡中荔枝诗十八韵兼寄万州杨八使君》等诗歌,甚至请人为荔枝绘图,并写下了这篇著名的散文《荔枝图序》。

白居易一生游历了大半个中国,曾担任江州司马、杭州刺史等职务,诗歌也记录了不少江南风味,如《池上小宴问程秀才》中的"净淘红粒署香饭,薄切紫鳞烹水葵"。诗中的"红粒"是产于陆浑县的红粒米,白居易很喜欢这种大米,在诗歌中多次写到。《舟行》中的"船头有行灶,炊稻烹红鲤",记录了当时人们食用米饭时往往搭配几道荤素相宜的菜品。白居易还喜欢吃粥,《风雪中作》中有"粥熟呼不起,日高安稳眠",他把粥当作一种养生食物食用。

米制的糕点和粽子也是唐朝饮食结构中的一部分。"移座就菊丛,糕酒前罗列"记录了糕点和酒成为唐朝重阳节的祭祀用品。重阳登高时,人们有带着糕点和酒纪念亲友的习俗。唐朝已有端午吃粽子的习俗,因粽子有特殊香味,平日里唐朝人也有吃粽子的习惯。"粽香筒竹嫩,炙脆子鹅鲜"记录了白居易在苏州生活时食用粽子的习俗。

纵观有唐一代,描写饮食的还有许多名家名作,如孟浩然的"故人具鸡黍,邀我至田家",张志和的"西塞山前白鹭飞,桃花流水鳜鱼肥",韩翃的"春城无处不飞花,寒食东风御柳斜",杜牧的"越浦黄柑嫩,吴溪紫蟹肥",李贺的"鲈鱼千头酒百斛,酒中倒卧南山绿",韦应物的"杏粥犹堪食,榆羹已稍煎",储光羲的"淹留膳茗粥,共我饭蕨薇",李颀的"菊花辟恶酒,汤饼茱萸香",陆龟蒙的"旧闻香积金仙食,今见青精玉斧餐"等。由于篇幅所限,此处不再细述。

2. 宋词中的饮食文化

中国饮食文化博大精深、源远流长。饮食文化的第三个高峰期出现在宋朝。文学史上词发展的高峰也在宋朝。著名文人苏轼、陆游、黄庭坚、欧阳修、梅尧臣、杨万里等,不仅为宋朝诗词发展做出了卓越贡献,也用诗词记录了宋朝饮食文化的发展风貌。在吃货的眼中,宋词就是一桌饕餮盛宴。

据统计,《全宋词》中有除夕词31首,其中写到饮食的就有二十余首,也就是说有近三分之二的篇目都说到了吃。《清明上河图》中,错落有致的楼宇房屋中,有不少餐饮业的痕迹。在汴河岸边,有各种小饭馆和小酒店,条件虽然简陋,但也可想见当时饮食业的兴盛。

在中国饮食史上,宋朝是一个承上启下的特殊时期。它开创了饮食文化的新境界。宋朝,饮食业开始突破传统,遍布城乡,其营业时间也打破常规,有店家通宵服务。农耕技术日趋精细,人们得到更多大自然的馈赠,食物品种日渐繁多,人们也愿意花时间去关注营养、追求式样。

翻阅宋词,可以发现宋人吃饭,有多种吃法:青精饭、蟠桃饭、红莲饭、玉井饭、盘游饭、二红饭、羊饭、煎鱼饭、荷包白饭、水饭……这些饭食各有特色,但都以米、麦为主食,通过加入不同的蔬菜、肉类甚至水果,呈现出不同的风味。宋朝蔬菜的品种也变多了。人们根据节令,食用同一种蔬菜不同的部分。荤素相配的菜式也逐渐增多。宋人可食用的水产品有鱼、鳖、虾、蟹、蛤蜊等。其中,光是鱼就有多种做法,煎鱼、紫苏鱼、旋切鱼脍、水晶脍、虾鱼包儿、江鱼包儿、鱼鲊等,比前朝丰富了许多。

随着农业生产技术的发展,出现在宋朝人餐桌上的食物品种更加丰富,饮食结构也更为科学。和唐朝人大碗喝酒、大块吃肉的习惯相比,宋朝的饮食开始讲究荤素搭配、精工细作。宋朝人对于食物精细化和艺术化的追求,既来自于物质基础的丰富,也来自于自身对饮食之道的理解。在中国的土地上,宋朝的人们用自己的方式,引领着中国饮食文化向前发展。当我们翻阅宋词,或许能体会到更多舌尖上的美味带给我们内心的享受。

宋朝词人中涌现出一大批歌咏饮食的文人,其中的代表人物有苏轼、陆游、黄庭坚、杨万里等,尤以苏轼、陆游二人为最。

1) 苏轼词中的饮食文化

苏轼既是文学巨擘,也是著名的美食家,自称"馋太守"。他的一生三起三落,足迹遍及祖国大江南北,创作的许多诗歌生动地反映了宋朝的饮食文化。与他有直接关系的名馔不少,用他名字命名的菜肴也很多,比如"东坡肘子""东坡肉""东坡腿""东坡豆腐""东坡玉糁""东坡芽脍""东坡墨鲤""东坡饼""东坡酥""东坡豆花"等。

传统的儒家学说认为"君子"应当"远庖厨",而苏轼却反其道而行之,作为一位美食老饕,一头扎进吃货世界,感受人间烟火,用美食的情趣来抚慰受伤的心灵。他写过一首《老饕赋》,在赋里写尽了他对美食的追求。

> 庖丁鼓刀,易牙烹熬。水欲新而釜欲洁,火恶陈而薪恶劳。九蒸暴而日燥,百上下而汤鏖。尝项上之一脔,嚼霜前之两螯。烂樱珠之煎蜜,滃杏酪之蒸羔。蛤半熟而含酒,蟹微生而带糟。

这段话的大意是要庖丁来操刀,易牙来烹饪。水一定得是新鲜的,碗筷也一定要是干净的,柴火要烧得恰到好处。有的菜要把食物经过多次蒸煮后晒干待用,有的菜要在锅中慢慢地用文火煎熬。吃肉只选小猪颈后部那一小块最好的肉,吃螃蟹只选霜冻前最肥美螃蟹的两只大螯。把樱桃放在锅中煮烂煎成蜜,用杏仁浆蒸出精美的糕点。蛤蜊要半熟时就着酒吃,蟹则要和着酒糟蒸,稍微生些吃。字字句句,都彰显着了一位吃尽天下美味的老饕,对食物的要求之高。

他曾在文章里号称"盖聚物之天美,以养吾之老饕"。在他的诗文中,对于鱼肉、蔬果、酒、茶的描述应有尽有,有关桃、杏、梨、枣或鲫鱼、鲈鱼、白鱼、鲤鱼的描写到处都是。在他的笔下,所食之物皆可为文章,吃野鸡,便作《野雉》篇;吃豆粥,便作《豆粥》篇。经他妙笔润色的美食,往往色香味俱佳。例如,他在《四月十一日初食荔枝》一诗中,就极尽所能描绘荔枝鲜润如河豚腹,美貌不似凡间物的口感与外在。他还写下"日啖荔枝三百颗,不辞长作岭南人"的佳句,以表示自己由衷的赞叹。

苏轼的大快朵颐向来是舒适而惬意的。对于各种食材和烹饪手段,他都愿意尝试。他的菜谱中不乏羊肉、猪肉、螃蟹等家常可见的美味,颇有几分"早晨起来打两碗,饱得自家君莫管"的自得其乐。而对于河豚、熊白等珍奇食材,他也向来不吝于享用。这位诗词界的老饕对于美食可谓来者不拒。无论山珍海味还是粗茶淡饭他都愿意尝试。譬如,《食槐叶冷淘》中用槐树汁加工的简易凉面,《除夕访子野食烧芋戏作》中用牛粪煨制的芋头,他也以对待佳肴的态度细细品尝,足见其豁达乐观的人生态度。

对自己的烹饪技艺,苏轼也十分自信。长居南山之下的东坡先生善于使用各种自然界的食材烹调羹粥,如蔓菁、芦藤、苦荠等,稍稍烹饪便清香入味。他所做的芦荟羹、大麦粥等更有益气补血的养生之效。苏轼饮食中最为人熟知的当属东坡肉,如图4-10所示。在《猪肉颂》一文中,苏轼曾详细描写猪肉的烹调步骤:

> 净洗铛,少著水,柴头罨烟焰不起。
> 待他自熟莫催他,火候足时他自美。

图4-10 东坡肉

　　虽然是一首打油诗,但苏轼发现美食的喜悦,享受猪肉美味的自得之情,溢于言表。

　　苏轼一生创作出数量繁多的美食诗,使我们深切感受到他对美食的热爱。他援引美食,以诗言志。在历尽千帆、勘透世情后,他也找到了内心对生活、对饮食的准则:

　　(1)崇尚节俭。

　　苏轼在给朋友的书信中说:"口腹之欲,何穷之有,每加节俭,亦是惜福延寿之道。"他认为,人对饮食的追求是不会有尽头的,只有崇尚节俭,才是长寿的秘诀。

　　(2)不时不食。

　　苏轼的《惠崇春江晚景》只有四句,隐约表达出饮食应该应运时节,只有到了河豚活跃时节才可以吃河豚。

> 竹外桃花三两枝,春江水暖鸭先知。
> 蒌蒿满地芦芽短,正是河豚欲上时。

　　(3)清淡饮食。

　　苏轼以一首《撷菜》诗,说自己拥有满园蔬菜,跟西晋时崇尚奢侈、锦衣玉食的何曾一样,都能吃饱。所以,为什么非要吃肉呢?

> 秋来霜露满园东,芦菔生儿芥生孙。
> 我与何曾同一饱,不知何苦食鸡豚。

　　他曾说:"凡物皆可以观,苟有可观,皆有可乐,非必怪奇伟丽者也。铺糟啜醨,皆可以醉;果蔬草木,皆可以饱。推此类也,吾安往而不乐。"他认为,吃酒糟、喝薄酒,就可以使人醉,(吃)水果蔬菜草木,就可以饱。以此类推,怎么会到哪儿都不快乐呢?

　　在长达四十年的仕宦生涯里,苏轼有一大半的时间都是在贬谪之地生存着。这些地方没有玉盘珍馐,没有美酒佳肴,甚至连最基本的生活设施都没有。但苏轼依旧怀揣着热爱,从不怨天尤人,享受着自己所能尝到的每一口美食。其实,对待饮食的态度,往往就是对待生活的态度。苏轼,给了我们一个如何面对苦难生活的样板:面对生活的挫折,没有抱怨,没有屈服,而是尽可能去改变现状,积极面对,昂扬向上。

　　2)陆游词中的饮食文化

　　陆游,不仅是南宋著名的爱国诗人,也是一位业余烹饪大师。他一生的创作极为丰富,存诗9300多首。他的诗歌中洋溢着强烈的爱国主义热情,如《示儿》《关山月》《十一月四日风雨大作》等。

　　据不完全统计,在陆游存世的九千多首作品中,以饮食为主题的就有近四百首,与美食相关的更有三千多首。这些作品不仅记载了当时吴中、四川等地的美食佳肴,还提出了关于饮食的独到见解,如《山居食每不肉戏作》《饭罢戏示邻曲》《薏苡》等,生动地介绍了一些烹饪原料和烹饪方法;《病中遣怀》《食粥》等,提倡蔬食,强调吃素、吃粥的养生作用。这些诗对后世的烹饪技艺和饮食倾向都产生了一定影响。

陆游的诗词常常流露着忧国忧民的情思，但他也是一个离不开人间烟火的凡人。他的作品中对饮食的大量描写，让我们看到了他接地气的一面。他的《蔬食戏书》让我们知道，新津的韭黄天下第一，娇俏鹅黄，又长又鲜嫩；东门的猪肉更是美味，又肥又美，一点儿也不比胡羊酥逊色。

> 新津韭黄天下无，色如鹅黄三尺余。
> 东门彘肉更奇绝，肥美不减胡羊酥。

《饭罢戏作》中，他一口气写了好几样食材：猪大骨、醋、酱油、肉酱、蒸鸡、鱼与螃蟹。

> 东门买彘骨，醯酱点橙薤。
> 蒸鸡最知名，美不数鱼蟹。

陆游不仅钟情大鱼大肉，也很喜欢新鲜的时蔬。在《山居食每不肉戏作》中，他记述，朋友送了一条鱼给他，他不忍杀生，每天还是用粗茶淡饭裹腹。他觉得香喷喷的米饭，加上清水煮的白菜，吃起来滋味也很美，未必比不过荤腥，吃得也很满足。

> 溪友留鱼不忍烹，直将蔬粝送余生。
> 二升畲粟香炊饭，一把畦菘淡煮羹。

陆游对食材十分讲究。《小饮》中提及的"乳下豚"是还在吃奶的小猪仔，"雨中韭"是初春雨后的韭菜。《岁暮》中提及的"新弋雁"是刚射下的大雁。可见，陆游重视食材的新鲜。

晚年陆游对食材的讲究从新鲜延伸至养生。如《夜食炒栗有感》"齿根浮动叹吾衰，山栗炮燔疗夜饥"中的"山栗"，中医认为性甘温，有补脾健胃、补肾强筋的功效。《对食戏咏》"洗釜烹蔬甲，携钼劚苟鞭"里的"苟鞭"，中医认为味甘、性微寒，归胃、肺经，具有滋阴凉血、和中润肠、清热化痰、养肝明目的功效。这样看来，陆游不仅是位美食家，还是个养生专家。

陆游不仅喜欢美食，对烹饪手法也很有研究。《饭罢戏示邻曲》一诗中，作者以戏谑的手法向邻居夸耀自己的厨艺。

> 今日山翁自治厨，嘉肴不似出贫居。
> 白鹅炙美加椒后，锦雉羹香下豉初。
> 箭茁脆甘欺雪菌，蕨芽珍嫩压春蔬。
> 平生责望天公浅，扪腹便便已有余。

Note

烧烤白鹅肉,加上花椒,就十分的美味;野鸡炖成汤,加上调料味道更好。看来作者对自己做的这一顿饭很满意。在各种烹调技艺中,陆游最爱原始朴素的烹调方法。他在《对食戏作》中强调:

> 霜余蔬甲淡中甜,春近录苗嫩不菑。
> 采撷归来便堪煮,半铢盐酪不须添。

春天将近,蔬菜又嫩又鲜肥。从菜园里采了回来,煮了就吃,不必加盐,也无需其他调料,吃的就是蔬菜的本味,也是季节的味道。《荞麦初熟刈者满野喜而有作》"猎归炽火燎雉兔,相呼置酒喜欲狂"中的"火燎",《村饮》"银炉炽兽炭,狐兔纷炮燔"中的"炮燔",都是原始的烹饪方法。"炮燔"类似于现在的"烤"。《甜羹之法以菘菜山药芋莱菔杂为之不施醯酱山庖珍烹也戏作一绝》中,他描述了甜羹的做法。

> 老住湖边一把茆,时沽村酒具山肴。
> 年来传得甜羹法,更为吴酸作解嘲。

这道羹的做法,其实就是把白菜、山药、芋头、萝卜放到锅里清水煮,保持食材的本味。

宋朝是中国饮食文化大发展、大繁荣时期。尤其在南宋时期,南北民族融合,市民阶层兴起,商业文化发达,这些都极大促进了饮食文化的丰富。士大夫对于饮食的兴趣也空前浓厚。宋朝诗人几乎没有不谈论饮食的,他们不仅写食物,记述烹饪技法,还注重表达个人感受,在诗中寄寓深刻的情感和审美情趣。一道道美食,融入了亲情、友情和爱情。

杨万里写过一首《上元夜里俗粉米为茧丝书吉语置其中以占一岁之福祸谓之茧卜因戏作长句》。

> 去年上元客三衢,冲雨看灯强作娱。今年上元家里住,村落无灯惟有雨。
> 隔溪业祠稍萧鼓,不知还有游人否?儿女炊玉作茧丝,中藏吉语默有祈。
> 小儿祝身取官早,小女只求蚕事好。先生平生笑儿痴,逢场亦复作儿嬉。
> 不愿著脚金毕殿,不愿增巢上林苑。只哦少陵七字诗,但得长年饱吃饭。
> 心知茧卜未必然,醉中得卜喜欲癫。

诗中提到一种民俗,在正月十五的晚上,百姓们做米粉圆子时,要把自己的美好愿望写在纸条上包进去,用来占卜接下来一年的运气。一枚普通的圆子,在杨万里的笔下,就有了祈福和祝愿的美意。小儿女各有各的心事,儿子祈祷自己能早点做官,女儿祈祷蚕事一切如愿。理智清醒的父亲以往都笑话儿子太傻了,此时却不忍扫了孩子的兴致,也跟着逢场作戏。父亲的愿望不是在朝廷做大官,也不是住上华美的居室,只是全家能够平平安安,一年到头能吃饱肚子。心里明明知道这种占卜未必能够成真,但醉醺醺的时候得到了吉祥的卜辞,他还是开心得像是癫狂。此刻,饮食被赋予了浓厚的人文气息,圆子的滋味,全在圆子以外。

在他们的诗词里,吃的不仅是美食,更是对生命的珍爱和对美好生活的向往。今天我们在传承经典的同时,依然能感受到那个时代的民俗风情。

四、其他文艺形式中的饮食文化

(一)语言中的饮食文化

1. 成语中的饮食文化

成语是语言中经过长期使用、锤炼而形成的固定短语。中国人十分重视饮食文化,在长期的历史沉淀中保留了大量的与饮食有关的成语,已经成为中华优秀传统文化的一部分。如:

钟鸣鼎食:击钟列鼎而食。形容贵族的豪奢生活。

举案齐眉:送上饭菜时,把托盘举得同眉毛一样高。比喻夫妻相敬相爱。

兔死狗烹:把抓住兔子的猎狗烹煮吃掉。比喻成就事业后就把有功之臣杀了,只能共患难,不能共欢乐,多指独裁专权。

鱼肉百姓:把百姓当作鱼、肉一样任意宰割。指贪官污吏残害、欺压百姓。

瓦釜雷鸣:声音低沉的砂锅发出雷鸣般的响声。比喻无德无才的人占据高位,威风一时。

食言而肥:食言意思是失信,不履行诺言;肥指肥胖。形容说话不守信用,不算数。

饮鸩止渴:饮用鸩羽毛浸泡过的毒酒解渴。比喻用错误的办法来解决眼前的困难,不顾严重后果。

众口难调:吃饭的人多,饭很难符合每个人的口味。比喻不容易使所有的人都满意。

添油加醋:比喻叙述事情或转述别人的话时,为了夸大,或为了引起别人的注意而添上原来没有的内容。

饮水思源:指喝水的时候要想到水是从哪儿来的。比喻不忘其本。

贪多嚼不烂:比喻工作或学习,贪多而做不好或吸收不了。

2. 谚语中的饮食文化

谚语是指广泛流传于民间的言简意赅的短语,口语性强,通俗易懂。多数谚语反映了劳动人民的生活实践经验,多数跟吃有关,充满了人间烟火气。如:

人是铁,饭是钢,一顿不吃饿得慌。

早吃好,午吃饱,晚吃少。

大锅饭,小锅菜。

千煮豆腐万滚鱼。

油多不坏菜。

姜是老的辣,醋是陈的酸。

千事万事,吃饭大事。

鱼吃跳,猪吃叫。

少吃多滋味,多吃伤脾胃。

寝不言,食不语。

能忌烟和酒,活到九十九。

三餐不合理,健康远离你。

饭后百步走,活到九十九。

一顿吃伤,十顿喝汤。

干活细心,吃喝当心。

吃米带点糠,营养又健康。

宁可锅中存放,不可肚子饱胀。

大蒜是个宝,常吃身体好。

朝食三片姜,胜过人参汤。

病从口入,祸从口出。

冬吃萝卜夏吃姜,不劳医生开药方。

一天吃个枣,一生不知老。

饭前一口汤,胜过良药方。

饭吃八成饱,到老肠胃好。

民以食为天,食以味为先。

少吃多得味,多吃活受罪。

气上房,不用尝。

咸鱼就饭,锅底刮烂。

3. 歇后语中的饮食文化

歇后语是广大群众在生活实践中所创造的一种特殊语言形式,幽默风趣,耐人寻味。它一般将一句话分成两部分来表达某个含义,前一部分是隐喻或比喻,后一部分是意义的解释。这种文学形式与饮食相结合,产生了美妙的吸引力。如:

卤水点豆腐——一物降一物。

小葱拌豆腐——一清二白。

哑巴吃黄连——有苦说不出。

炒菜不放盐——无味。

煮熟的鸭子飞上天——弥天大谎。

初一晚上借砧板——不看时候。

酒柜掉进酒池里——求之不得。

蒸笼盖子——受不完的气。

饺子破皮——漏了馅。

厨房里的垃圾——鸡毛蒜皮。

蒸笼里的馒头——自我膨胀。

见了麦苗叫韭菜——五谷不分。

厨房里打架——砸锅。

酱瓜煮豆腐——有言在先。

软面包饺子——好捏。

吃着肥肉唱歌——油腔滑调。

4. 俗语中的饮食文化

俗语是由群众创造,并在群众口语中流传,具有口语性和通俗性的语言单位,是通俗并广泛流行的定型语句,蕴涵着人们的生活哲理和处事原则,是对生活经历和经验的高度概括和归纳。不少俗语跟饮食有关。如:

靠山吃山,靠水吃水。

天下没有不散的宴席。

不当家不知柴米贵。

兔子不吃窝边草。

好马不吃回头草。

大鱼吃小鱼,小鱼吃虾米。

刀子嘴,豆腐心。

姜是老的辣。

酒香不怕巷子深。

萝卜白菜,各有所爱。

宁吃鲜桃一口,不吃烂杏一筐。

饱汉不知饿汉饥。

生米煮成熟饭。

别拿豆包不当干粮。

吃一堑长一智。

心急吃不了热豆腐。

癞蛤蟆想吃天鹅肉。

（二）影视戏曲等艺术形式中的饮食文化

在各种影视剧里,饮食成为传递情感、情绪的具象化纽带。好好吃饭、好好活着,美食能给人带来最原始最直接的满足。我们一起来看看那些影视剧里关于饮食的名场面。

李安导演的电影《饮食男女》将场景设置在国外,开篇便是厨房的一角,鱼缸、案板,一双粗糙的手抓鱼、插筷、去鳞、剖肚一气呵成。第一个镜头便能让你感觉到这是个专业的厨师。然后悠扬的音乐响起,他展示着行云流水的手法,然后,一道道美食如小珠落玉盘般流泻而出。扣肉、炖鸡、红烧鱼,你甚至能感觉到他在做菜时那种愉悦、满足、期待。这时候,导演终于给了人物一个全身的镜头。一个老人出门看看阳光,觉得时间尚早又去鸡笼里抓了一只鸡,像一个守在家里的父母,唯恐远行回来的子女吃不好、吃不够。

在中国的语境下,食物是传递爱意的纽带。剁馅的声音和音乐融为一体,在案板上一唱一和,充满了烟火气,所有的食物都没有滤镜、没有特意美化,就是那么直观赤裸地摆在你面前,却能让你垂涎三尺。这就是漂泊在外的游子日思夜想的家的味道。电影展现了养鱼的鱼缸、案板、汤盅、蒸菜时的竹篾等细节。这些细节无一不在诉说中国家庭特有的韵味,虽然菜式都是家常菜,但要花时间、下功夫、讲火候,看得出来这是个特别隆重的宴请,也把中国式父亲那种不善言语但是润物细无声的性格刻画得淋漓尽致。

香港影片也展现了非常多的饮食,如《食神》里的杂碎面、叉烧饭和佛跳墙,《行运一条龙》里的蛋挞和茶餐厅,《追龙》里的菠萝油等。港产片在给我们展示香港生活的同时,也给我们展示了独具特色的港式饮食文化。他们的饮食以轻便、快捷为主。《无间道1》里,反派在警察局接受审讯,桌前摆满了各式便当。为了体现反派的有恃无恐和嚣张跋扈,导演采取了以量取胜的策略。于是,便有了一个人吃一桌子菜的场景。当剧中警察说到"不好意思让你损失了几千万"时,反派一把扫去了桌上的饭菜,冲突出现了,戏剧张力扑面而来,主客场气场瞬间转换。寥寥几份便当,在导演手上却能衬托出角色的风采,妙手生花,让人叹为观止。

《食神》是一部非常经典的美食电影,情节引人入胜,美食数不胜数。其中,杂碎面、叉烧饭和佛跳墙都是我们耳熟能详的特色美食。杂碎面是港人路边摊饮食文化的标志。它的主要食材包括萝卜、牛大肠、新鲜的猪血、弹力十足的鱼丸等。一碗正宗的杂碎面首先要做到鱼丸新鲜、猪血劲弹不松散、萝卜筋挑干净。这些都是做好一碗杂碎面的前提。叉烧饭也是一种让人很有食欲的快餐美食,属于粤菜,在粤港地区非常流行,常见于茶餐厅、酒楼以及快餐店等地。叉烧饭做起来非常简单,主要由叉烧肉、油菜和米饭组成,其中叉烧肉要提前做好。一碗香气喷喷的叉烧饭,光是看起来就让人很有食欲,如图4-11所示。佛跳墙也是一道非常有名的菜式,属于闽菜,最早是由清朝道光年间福州一家菜馆老板创制,传入香港后,在港人中引起了轰动,从此名震香港,成为港片里多次提及的内地美食。佛跳墙的食材众多且比较名贵,包括鲍鱼、海参、鱼唇、牦牛皮胶、墨鱼、瑶柱等。食材的名贵,也让佛跳墙成了一道上乘菜品。

图4-11 叉烧饭

知识链接
▼

音乐里的
美食

《行运一条龙》里的蛋挞和茶餐厅则展示了香港的早茶文化。香港人的早茶习惯跟广东人差不多,讲究一天三茶——早茶、午茶、晚茶。其中,早茶最受重视。早茶不只是喝茶,还会配有很多美食,蛋挞就是其中之一,其他还有叉烧包、肠粉、虾饺、烧卖等,种类繁多。香港人享用早茶的地点,就是很多港产片都有提及的茶餐厅。茶餐厅是香港人难以割舍的地方,里面的点点滴滴,都带有岁月的痕迹。

在一些电视剧中,饮食文化也多有体现。如《梦华录》第一集中的龙凤茶、梨条桃圈、蜜饯雕花、碧涧豆儿糕等,还原了不少宋朝美食;《知否》中的"曲水流觞"宴席、莼菜鲈鱼羹、蜜浮酥奈花、樱桃煎等精致美食也被细细勾勒,呈现在观众面前;《清平乐》剧中人常点的荔枝白腰子、鲤鱼烩面等,无不包含着宋朝人对美食的讲究。

任务二　外国饮食文化与文学艺术

一、典籍中的饮食文化

古希腊是西方饮食文化起源。根据考古学家对古希腊文明遗址的发掘和历史学家对古籍的译解,史学界普遍认为古希腊出现的第一个较为成熟的文明是迈锡尼文明。而当古希腊被罗马帝国征服后,其文明更是在罗马人破坏性的继承中,广泛传播于欧洲地中海沿岸,对西方整体的文明进程产生了巨大的推动力。古希腊的饮食文化深深嵌入了罗马帝国的方方面面,伴随着罗马帝国的不断向外扩张,古希腊饮食文化的影响也呈辐射性扩散,为西方各国的烹饪提供了蓝本。

在古希腊尤其是雅典,烹饪有了最基础的分工。通常来说,男性负责准备肉食,而女性则主要负责磨面粉、烤面包或其他烹饪工作。随之发生的是,古希腊男性职业厨师的社会地位显著提高,因为在古希腊人观念中,畜肉是高贵者或宴请、庆祝时才能享用的美味。《奥德赛》中,畜肉是"神祇钟爱的王者们的餐食";《伊利亚特》中,当俄底修斯一行抵达阿基琉斯的营棚时,主人待客用的是现成的羊肉和猪肉。

古希腊的烹饪技术与近现代西方的烹饪技术大致相似,主要烹饪方法有烤、炸、煎和煮等,而烧烤通常在室外进行。《伊利亚特》第九卷中曾描述过古希腊人烤制畜肉的过程:(帕特罗克洛斯)搬起一大块木段,扔进燃烧的柴火,铺上一头绵羊的皮和一头肥山羊的脊背,外搭一条挂着厚厚油膘的肥猪的脊肉。奥忒墨冬抓住生肉,由阿基琉斯动刀肢解,仔细地切成小块,挑上叉尖。与此同时,墨诺伊提俄斯之子,神一样的凡人,燃起熊熊的柴火。当木柴烧竭、火苗熄灭后,他把余烬铺开,悬空架出烤叉,置于支点上,遍撒神圣的食盐。烤熟后,他把肉块脱叉装盘。接着,帕特罗克洛斯拿出面包,就着精美的条篮,放在桌面上;与此同时,阿基琉斯分发着烤肉,并嘱告帕特罗克洛斯献肉祭神,后者把头刀割下的熟肉扔进火里。祭毕,他们伸手抓起眼前的佳肴。

《伊利亚特》中描写的古希腊人的烧烤方式固然听起来略显原始,但文中对于烧烤步骤的描写却有条不紊。

古希腊饮食文化中的风味流派几乎成为了西餐宴会的蓝本。时至今日,西方饮食文化中仍有不少古希腊饮食文化的影子,为研究古希腊社会的经济、政治、文化和生活提供了参考,是古希腊留给世界的珍贵遗产。古希腊的饮食文化中的"食"主要是共餐文化,"饮"主要是会饮文化。

(一)共餐文化

在古代希腊,宴饮一般被分为正餐和酒会。正餐一般是古希腊人一日两餐中的晚餐,也是更重要的一餐,是偏正式的。古希腊人在正餐用餐时间里用佳肴来满足自身的饥饿感,以便在之后的酒会里畅饮美酒、娱乐找趣。一场宴会首先会因为城邦的一些事件而举办,例如庆祝胜利、节日宴饮、运动竞赛,又或者是因为某人的去世或者新生儿的出生而举办。一般宴饮活动又分为城邦范围内的活动和家庭内部的活动。

在色诺芬的《会饮篇》中,阿伽通由于获得了戏剧比赛的一等奖而特意邀请宾客举办了一场宴会。宴会的正式宾客一般由主人提前拟好名单,主动邀请。宾客数量一般不会太多,厨师会根据主人提供的名单为每一位宾客按照口味做出食物。而宴会中也会有一些不请自来的客人,一般这样的人被古希腊人称作"寄食者",通常他们会凭借自身的机智风趣来讨取主人家的欢心,态度都会比较卑微。

(二)会饮文化

会饮是古希腊社会中普遍流行的一种习俗,在古希腊的发展历程中逐渐演变为一种文化。会饮在古希腊的荷马时代就已经初露端倪,古希腊人通常会在家中或者半公共的范围内聚饮,且在这个只能由男人来参加的聚会里,人们都会默认遵循一些礼仪,一边享用主人家提供的美酒一边讨论一些看似轻松的话题,在讨论中展现个人的机智、敏锐。

古希腊人会饮的主角都是葡萄酒,甚至可以说,葡萄酒与希腊文明紧密相连。古希腊人约在6000年前就已掌握了酿造葡萄酒的工艺。希腊剧作家欧里庇得斯在其作品《酒神的伴侣》中曾借酒神狄奥尼索斯之口说明,葡萄酒是从东方传入希腊的,而古希腊文学作品中最早的关于葡萄酒的记载出现在荷马的《奥德赛》中:"当奥德修斯误入独眼巨人的洞内面临死亡威胁时,他发动手下人四处采集葡萄并它们集中在一处,并用脚踩出葡萄汁,酿成葡萄酒,将独眼巨人灌醉,乘机逃脱。"会饮作为古希腊饮食文化的组成部分,在传播过程中对西方饮食文化产生了强烈且深远的影响。

在基督教世界中,美食的存在感丝毫没有降低。《新约》中有关耶稣的许多记载都涉及吃饭场景,更不用说他用食物展开的诸多妙喻,如无花果树、芥菜籽、新瓶装旧酒、葡萄园里的劳作等。

二、文学作品中的饮食书写

(一)外国小说中饮食主题表达

1. 饮食中的政治隐喻

食物,既是日常生活元素,也是政治文化元素。无论是西方亚瑟王的圆桌,还是中国的钟鸣鼎食,都充满了象征或标志性的寓意。食物可以看作是文本,在文学中成为政治寓意的重要组成部分。

《愚人船》是凯瑟琳·安·波特创作的唯一一部长篇小说,书中饮食语言、进餐场景和食物意向俯拾皆是。"真理号"航船上不同层级的饮食空间和食物种类充分体现了这个微缩世界的等级秩序。"真理号"航船就像一个微型王国,船长蒂特仿佛拥有绝对权威的国王。在小说中,蒂特船长至高无上的权威直接体现在餐桌上。

> 餐厅拾掇得干净而闪闪发亮。桌上都摆着鲜花,还适当地陈列着一些干净的白餐巾和餐具……船长没有出场,但是舒曼医生站在他的餐桌旁迎接船长的客人,而且向他们解释,船长的习惯是,在航行的事关重大的最初时刻是在驾驶台上进晚餐的。客人们都点点头,表示完全同意,并且感谢船长的这项把他们安全地送到海上去的繁重的工作。

食物作为一种文化符号,演变为一种文化性的权力策略,全面渗透到人们的日常生活之中,铺成一张毛细血管似的微观权力网。在进餐行为中,阶层身份得到协商,等级关系得以确立。"愚人船"上的宴会场景,直观地呈现出社会模式的秩序化,进而隐喻了国家意志。

无独有偶,英国诗人雪莱在他的《伊斯兰的反叛》中,用饮食来隐喻暴政。他在谈到肉食与暴政的关系时这样描述:

> 暴君的那匹猎犬是如何凶残
> 把毫无戒备的人们当作猎物
> 用别人的死亡来满足自己的饕餮

同时,雪莱借助诗的语言,激发人们对自由和正义的热忱,对善的信念和希望。他在作品中说:

> 但愿再也不要有鸟兽的血迹
> 带着毒液来玷污人类的宴席
> 让腾腾的热气含怨冲向洁净的天庭
> 早就应当制止那报复的毒液
> 不让它哺育疾病、恐惧和疯狂

2. 饮食中的文化冲突

食物是社会阶级、族裔、宗教以及几乎所有其他社会体制化群体的标记。一个人选择某种饮食,很大程度上表明了他对这种饮食背后的族群身份的认同。当两个甚至多个来自不同饮食文化群体的人相遇,饮食冲突和交融成为不可避免的主题。

在吉恩·瑞斯的《茫茫藻海》中,克里斯托芬是被当作"礼物"送给安托瓦内特的母亲安妮特的黑人女仆,一直兢兢业业地服侍着主子一家。作品中的克里斯托芬对自己本土的饮食风俗有着强烈的自豪感,她一直坚守着土著的身份,以致造成饮食文化上的冲突和误解。

> 在她周围打转的黑女人说:"姑爷,尝尝我泡的牛血。"她递给我的咖啡很好喝,她手指细长,我觉得挺漂亮。"不是英国太太们喝的那种马尿。"她说,"我了解她们。喝就喝黄马尿,说就说瞎胡扯。"她向门口走去,裙子拖地,沙沙作响。她在门口转过身来:"我叫个女孩来清理你们弄得到处都是的鸡蛋花,这会招来螳螂。小心点,别踩在花上滑一跤,姑爷。"她轻快地走出门去。"她的咖啡味道很好,但说的话太难听。而且她应该提起裙子走路。一大截裙摆拖在地上,肯定会脏得厉害。""她们不提起裙子是表示尊敬,"安托瓦内特说,"或者是在节日期间,或者是在望弥撒的时候才不提起裙子"。

这段文字直观反映了不同文化之间的误解和冲突,男主人认为克里斯托芬应当提起裙子走路,但他不知道,按照克里斯托芬家乡的习俗,不提起裙子走路才是对主人的尊敬。在食物和饮料的称呼上,克里斯托芬称呼直白随意,而男主人罗切斯特认为这样做粗俗不雅。

读过美国华裔文学和非裔文学的人都会有一个共同的印象,几乎每部作品都对"吃"进行过或详或略但意味深长的描述。在这些作品中,饮食早就超出了事物的表层意义,而成为意识形态领域中一种受文化约束、表达社会关系的一种代码。饮食,既是人与食物之间的关系,又是个人与社会之间沟通的桥梁。

《华女阿五》是华裔作家黄玉雪的自传体小说,描写的是二十世纪二三十年代,华人在美国西海岸谋生的奋斗历程。在这部小说中,我们明显能够从"吃"中嗅到文化霸权的味道。小说中的玉雪是一个穷得交不起学费的亚裔学生。作者是这样描写她的居住环境的。

> 住在这座房子里的有一对名叫普普里和帕帕里的西班牙长耳狗,一只叫贝西的黑猫,还有玉雪。他们同住在这里,共同享受着系主任的仁慈与呵护。

玉雪的地位和系主任家的猫狗没什么两样,她得到学校经济上的帮助只是因为学校一位白人教授对东方人非常感兴趣。在小说的第十八章,玉雪为了挣学费住在系主任家做兼职,有了与白人同学聚会和宴请主流社会音乐家的机会。她利用这些机会大展厨艺,做出的东方美食博得了同学和所有客人的一致好评。这给靠助学金和打工上学的玉雪增添了极大信心,甚至感觉到"第一次扮演了女主人的重要角色",在学业上也取得了长足的进步。

70年代美国华裔文学运动的教父赵建秀曾写过一部作品——《龙年》,里面写到了唐人街(见图4-12)的食物。

图 4-12　纽约唐人街

想知道在唐人街的什么地方吃一顿吗？让我来告诉你吧……

我这就告诉你们。唐人街有 99 家餐馆和杂碎店。我每家都吃过。我可以告诉你们，那都是真的，你们听到的那一切……

广东的甜酸汤能直下你的阴囊，

北京的烤鸭能让你做出三维的梦，

上海的肉丁菜不但能解酒，还能把你的智商提高 6 个点！

还有那无所不能的花生油炸的东西，

它能调动起你的每根神经，

从中枢神经到每个指尖……在唐人街你花两块五毛钱就什么都能吃到。

小说强调了美国主流思想对少数民族的脸谱化认知，他们觉得东方文化越是野蛮，越是异样，本身就越具有优越感。

黑人女作家托妮·莫里森早期作品《最蓝的眼睛》，是一部反映占主导地位的白人中产阶级的审美标准与价值观念在黑人女性身份确定上带来毁灭性伤害的小说。小说女主人公佩科拉是一位黑人姑娘，因为穷、丑、黑人等标签，她认为自己一钱不值。她一生渴望的是有朝一日自己能变成白人。她每天向上帝祈祷能拥有一双"最蓝的眼睛"，不知不觉中，她迷恋上了印有白人明星秀兰·邓波儿照片的杯子，同时迷恋上了杯子里的牛奶。为了找到生活的意义，她用印有秀兰·邓波儿照片的杯子疯狂饮用牛奶。因为糖纸上有漂亮的白人小女孩形象，她便大把大把地吃下"玛丽·珍妮"糖果。佩科拉的这些怪异的做法，是一种精神上的异化。她陷入了"白人即正确"的怪圈。这个错误的观念最终使她走向了疯狂。由此可见，"吃"的深层意义显得非常突出，它不仅是维持生命的行为，更是一个人、一个族群的身份象征。

3. 饮食中的伦理表达

饮食作为人最基本的需求之一，伴随着人的整个生命过程。随着社会经济的不断发展，饮食文化已经超越了其满足生理需要的基本特点，有了更为深刻的社会意义和更高雅的精神追求。作为日常生活中必不可少的一部分，饮食背后的人情伦理都能通过饮食过程表现出来。食物的生产到使用的全程，交织着个人与他人、个人与群体、群体与群体之间的复杂关系，伴随的是家庭伦理、社会伦理。对食物的态度及制作过程彰显了生活伦理、情感伦理等。

　　早在古希腊罗马，人们就认识到宴会与饮酒是社会的黏合剂。"食"与"理"相伴相生，不可分割。"理"可以支配人对食物的选择、制作方法和食用方法等，而人们在饮食的过程又可以生出新的伦理文化，体现出一个文化群体的处世哲学，支配群体中个人生活理念和生活秩序。

　　在19世纪英国的小说作家里，狄更斯痴迷于描写吃喝。在他的笔下，吃喝总带着一种独特的味道，除了他的童年经历和个人的宴饮之乐，还蕴含着对社会正义的渴求、对理想社会的憧憬，以及对国家良心的反思。狄更斯在作品中描写吃喝，首先是对自己童年时代饥饿经历的一种心理补偿。狄更斯曾坦言："我清楚，关于我那时的饥肠辘辘和生活辛酸，我没有丝毫夸大，哪怕是不经意的或是无心的夸大都没有；我清楚，不管谁给我块儿八角的，我都会拿去买顿饭或弄杯茶。"所以，他在许多作品里写到吃喝，如《小杜丽》中的米格斯摆家宴，《老古玩店》奎尔普吃早餐等。这些文字描写的多是日常生活中的饮食场景，看似是无意之笔，其实可能是一种无意识的心理补偿。小时候的忍饥挨饿，让狄更斯形成了刻骨铭心的记忆，让他对吃有了一种别样的依恋，形成了创作无意识。

　　狄更斯在作品中描写吃喝，也并非全是无意之笔。他还通过作品中的吃喝描写表达富裕社会人的冷漠和无情。在他的代表作《雾都孤儿》（见图4-13）中，济贫院的女总管在温暖的小屋里，正准备享用烤肉、热茶，忽然听到有人敲门，以为济贫院中又有女人病死，埋怨道："她们总是在我吃饭的时候死掉。"这种对生命的蔑视和人性的冷漠，让狄更斯义愤填膺，他曾写道："时下，贫富之间形

图4-13　查尔斯·狄更斯：《雾都孤儿》

成了如此巨大的鸿沟。这鸿沟非但没有如所有良善之士所盼不断缩小，反倒日趋增大。"他在作品《博兹札记》中指出，人们已将社会疾苦视为"理所当然之事，已无动于衷"。通过吃喝讽刺社会中一些人的冷漠，成为他作品中反复出现的一个主题。

　　狄更斯在作品中，还通过描写饮食场景，表达对社会正义的渴求。狄更斯笔下的济贫院如同一个巨大的阴影，笼罩在19世纪英国贫民的心头。孤儿奥利弗所在的济贫院"每天管三顿稀粥，两周一个葱头，每周日给半个面包卷"。当奥利弗没吃饱想要再添一碗粥时，委员会的绅士竟然说奥利弗"要被绞死"。为何想再要一碗粥就要被绞死？幕后的罪魁祸首就是政治经济学。狄更斯把它的弊端放大了，济贫会就是整个社会的缩影。狄更斯认为，能否吃饱肚子，主要不在于是否勤劳，而在于社会分配是否公正。"社会本有责任统一安排所有人的勺子"，应该解决所有人的温饱，而那些"吃得脑满肠肥的哲学家"，也即是狄更斯所指的政治经济学家，"血冷如冰，心硬如铁"，不关心穷人的死活。

　　狄更斯在《艰难时世》中，给政治经济学的信徒葛朗台的两个幼子取名亚当·斯密

和马尔萨斯,表达自己对他们观点的不满。亚当·斯密曾以"食不果腹的高地女子经常能生20多个孩子"证明穷人的生育能力强大;马尔萨斯主张穷人应该具备抚养能力后再生育。这种经济门槛的不公平,能养方可生的荒谬观点正是狄更斯所要抨击的。狄更斯并不反对控制人口,只是不能只限制穷人,富人也要一视同仁。济贫院里要夫妻隔离,高宅大院却可以享尽天伦,狄更斯在作品里的猛烈抨击,正是对社会公平正义的渴求,对国家良心的反思。正如一位评论家所说,他的伟大成就"就在于阻止刚刚苏醒的良心跌回到认为现在一切都很好的自满信念之中"。

诺贝尔文学奖得主J.M.库切以素食主义者的身份关联其创作实践,将素食主义价值观和伦理观用个性化的艺术手法呈现在作品中,传达其伦理信仰,实践其伦理向导者的角色。素食主义不仅是库切的生活方式,也是其重要的创作思想。既聚焦动物关怀,又饱含对性别他者和种族他者的关切。他在作品中不仅揭露了动物在食肉主义文化中所遭遇的血腥暴力和痛苦,为其生命权利和道德权益伸张,而且戳穿了父权文化下食肉行为所隐匿的性别和政治话语,以抵制和严厉鞭挞与食肉主义纠结合谋的性别压迫和种族暴力。其作品中的素食伦理表达了对人与动物、人与人之间关系的深刻反思,对人性的扪心叩问,达到了伦理教诲和道德警示的旨归。

4. 饮食中的素食主义

素食(vegetarian)一词来自于拉丁文vegetus,语意"新鲜""健康"。其源头可以追溯到古希腊和古罗马文明。但直到19世纪40年代,人们才创造了素食主义者这个词汇。西方历史上毕达哥拉斯是第一个反对肉食的人。《圣经》里,上帝给人类安排的饮食最初都是素食;历史上也有很多哲学家和神学家都有素食的习惯。因此,一提到素食,人们往往联系起宗教和哲学来。18世纪,英国出现了与清教徒很接近的以素食为倡导的苦行。19世纪,英国社会实行和宣传素食俨然成为一个潮流。

雪莱曾扛起素食主义的大旗,提倡"素食主义是一种批判的实践"。这一素食观点已经成为素食主义的经典。雪莱直接写了两篇文章提倡素食主义——《为自然饮食的辩护》和《论素食》,认为"疾病和罪恶都来源于不自然的饮食",人的身心品质堕落,根源在他违反自然的生活习惯,把素食与人类的病态身体以及由病态身体引发的道德与政治等问题联系起来。雪莱认为,在普罗米修斯以前,人类拥有朝气蓬勃的青春,不知道灾难和痛苦,而普罗米修斯盗取天火后,人类学会了烹煮,把令人作呕的生肉变成了可口的食物,才把慢性的毒瘤和各种病症带给了人类。这种违背人类自身的饮食习惯让人类咎由自取,疾病、痛苦和死亡随之而来。

雪莱将素食主义观念诗化在他的作品里。《解放了的普罗米修斯》《麦布女王》《宇宙的精灵》《马吉伦》《阿拉斯特》等,都融入了作者的饮食观念。在《解放了的普罗米修斯》中,雪莱借助时辰精灵之口表达素食观念:"他们食用烈火的菜蔬及其花朵/再不必辛苦劳累到各处去奔波"。作品中的普罗米修斯不愿任何生灵痛苦,认为禽兽、鱼虫等都是"寄居在血肉之中的精灵",他最终摒弃肉食,用自己的智慧和美德引导人类通过自身努力战胜罪恶,从而达到无罪有德的善的世界。

《麦布女王》写于雪莱18岁时。那时的他已经在表达停止肉食对人类有益了:"那肉曾经在人的躯体内激起/所有各种腐败的体液,并在/人类心灵中引发出所有各种/邪恶欲望、虚妄信念、憎恶"。《麦布女王》建立了一种人类反抗自然的模式,表现了食肉与人类道德堕落的关系,传达了雪莱主张通过放弃屠杀和食用动物而达到人与自然和谐相处的生态理念。《宇宙的精灵》中有关素食主义的描写只是在《麦布女王》的基础上对极少数词汇的修改。

《马吉伦》中,马吉伦在野外不杀生,与动物们和谐相处,吃的是"野生的无花果和草莓"。但马吉伦的内心,"一定燃烧过/比生命和希望更光辉热烈的火/拒不堕落"。雪莱在这首诗中将素食理念上升到自我约束的隐士精神以及哲理性的思考。

《阿拉斯特》的主人公"以旷野为家,以致鸽子和松鼠/为他温良的面容所吸引而敢于/从他的手掌取食不带血的食物"。作品描写的是一位以素食为生的纯洁的个体生命,被认为是"有关人类心灵一种最耐人寻味状况的寓言"。雪莱的夫人曾这样评价《阿拉斯特》:"再没有一首雪莱的诗能比这一首更富有他的个性特色了。"

(二)文学作品中的饮食场景描写

文学作品中的饮食描写,不仅会让读者的味蕾蠢蠢欲动,增加文章的吸引力,也能让作者借助美食手段,嵌入人性的表达和人文精神的关怀。这些具体的宴会场景,通过作者的精心选材,往往成为折射国家和社会的一面镜子。

1.《包法利夫人》:蛋糕的终极体验

福楼拜的《包法利夫人》是法国十九世纪现实主义文学大师福楼拜的成名作和代表作,讲述的是一个无论在生活里还是在文学作品中都很常见的桃色事件,作者的笔触感知到的是旁人尚未涉及的敏感区域。

> 他们还从伊夫托请了一位制糕点的师傅,来做夹心圆面包和杏仁饼。因为他在当地才初露头角,所以特别小心在意。上点心的时候,他亲自端出一个塔式奶油大蛋糕,使大家都惊喜地叫了起来。首先,底层是一块方方的蓝色硬纸板,剪成一座有门廊、有圆柱、周围有神龛的庙宇,神龛当中有粉制的小塑像,上面撒了纸剪的金星;其次,第二层是个萨瓦式的大蛋糕,中间堆成一座城堡,周围是白芷、杏仁、葡萄干、桔块精制的玲珑堡垒;最后,上面一层是绿油油的一片假草地,有假石,有果酱做的湖泊,有榛子壳做的小船,还看得见一个小爱神在打秋千,秋千架是巧克力做的,两根柱子的顶上有两朵真正的玫瑰花蕾,那就是蛋糕峰顶的圆球了。

2.《追忆似水年华》:最经典的玛德琳蛋糕

马塞尔·普鲁斯特的《追忆逝水年华》卷帙浩繁,4000多页,200多万字,委婉曲折,细腻至极。全书以叙述者"我"为主体,将其所见所闻所思所感融合一体,既有对社会生活、人情世态的真实描写,又有有关作者追求自我、认识自我的内心经历的记录。

> 有一年冬天,我回到家里,母亲见我冷成那样,便劝我喝点茶暖暖身子。而我平时是不喝茶的,所以我先说不喝,后来不知怎么又改变了主意。母亲

着人拿来一块点心，是那种又矮又胖名叫"玛德琳"的点心，看来像是用扇贝壳那样的点心模子做的。那天天色阴沉，而且第二天也不见得会晴朗，我的心情很压抑，无意中舀了一勺茶送到嘴边。起先，我已掰了一块"玛德琳"放进茶水准备泡软后食用。带着点心渣的那一勺茶碰到我的上颚，顿时使我浑身一震，我注意到我身上发生了非同小可的变化。一种舒坦的快感传遍全身，我感到超尘脱俗，却不知出自何因。

3.《我的叔叔于勒》：吃牡蛎的高贵艺术

莫泊桑的短篇小说《我的叔叔于勒》中通过描写吃牡蛎（见图4-14）的情景，形象地展示了菲利普一家想要得到所谓的上流社会的生活体验。菲利普一家对待穷于勒和富于勒的态度不同的原因也就显而易见了。莫泊桑的这篇小说在批判人的自私冷酷、极度虚荣心理的同时，也反映了小人物的辛酸与无奈。

父亲忽然看见两位先生在请两位打扮得漂亮的太太吃牡蛎。一个衣服褴褛的年老水手拿小刀一下撬开牡蛎，递给两位先生，再由他们递给两位太太。她们的吃法很文雅，用一方小巧的手帕托着牡蛎，头稍向前伸，免得弄脏长袍；然后嘴很快地微微一动，就把汁水吸进去，蛎壳扔到海里。

图4-14　牡蛎

4.《漂亮朋友》：被心情左右的清爽沙拉

莫泊桑的长篇小说《漂亮朋友》，讲的是农民出身的杜洛瓦，学业不佳却生性机灵。他凭着在两年军队生活中学来的胆大妄为、冷酷残忍的流氓性格，独闯巴黎，利用自己漂亮的外表和如簧之舌，很快博得了上流社会女人的青睐。他利用自己的朋友弗雷斯蒂埃进入了《法兰西生活报》，于是主编的妻子、经理的小姐、政界的太太，一个个都成为了他飞黄腾达的政治工具。

由于第一道正菜还未上来，大家只得间或喝口香槟，嘴里嚼一点从小圆面包上剥落下来的脆皮。随着刚才的谈话，对于爱的思念现在正慢慢地侵入每个人的心里，渐渐地，人人都沉陷在如痴如醉、虚无缥缈的梦幻中，正像这清醇的美酒，在一滴滴地流过喉间后，很快便使人周身发热，神思恍惚，如坠云里雾中。侍者端来了嫩而不腻的羊排，羊排下方还厚厚地铺着一层砌成细块的芦笋尖。弗雷斯蒂埃一见，不禁就喊了起来："啊，好菜啊！"众人于是就吃了起来，细细品尝着这鲜美的羊肉和吃在口中滑腻如脂的笋尖……

侍者这时端来一盘烤小竹鸡和鹌鹑、一盘豌豆、一罐肥鹅肝及一盘沙拉。沙拉中拌有生菜，叶片参差不齐，满满地盛在一个状如脸盆的器具里，面上好像浮着一层碧绿的青苔。但这些美味佳肴，他们并没有认真品尝，而是盲目地送进口中。因为他们的思绪仍停留在刚才所谈论的那些事情上，陶醉于爱情的氛围之中。

5.《孤独美食家》:鲜得不要不要的石蟹

在村上龙的《孤独美食家》里,村上龙以半自传的形式,讲述了三十二个吃遍天下美食的故事。穿插于甲鱼、牛排、毛蟹、咖喱羊脑、鱼子酱、山椒味噌之间的,是巴塞罗那、维也纳、东京等时尚之都,大小饭馆与酒店,以及各色男女的交往场景。

我们喝着香草大蒜蛋花汤,互相看了一眼,点了点头。那种汤有一点甜味,香草和大蒜的香味巧妙地刺激着喉咙,软软的蛋花在舌尖上滑动,令人忍不住想要叹息。暗橘色的石蟹只有脚尖是黑色的,剥开坚硬的外壳,便看到饱满的,仿佛果肉版的螃蟹肉。石蟹要蘸热奶油酱或芥末酱后食用,但石蟹本身的味道很醇厚,无论蘸了哪一种酱汁,一旦放进嘴里,就完全尝不出酱汁的味道。嘴巴和手指立刻变得滑腻腻的。螃蟹肉很滋润,舌头顿时冷得微微发抖。螃蟹肉带着生命的芳香,残留着些许海洋的腥味,和在纽约或是西海岸吃到的石蟹完全不同。一开始喝的蛤肉汤的温暖已经完全消失,只有白葡萄酒和螃蟹的冰凉感觉在内脏扩散,我渐渐开始有一种奢侈的失落感。冰冷的螃蟹令人沉默。

6.《午餐》:贵得可怕的新鲜芦笋

毛姆的《午餐》中,一名尚未成名的青年作家因经不起恭维,只好打肿脸充胖子,请他的读者——一位已届不惑之年的女士吃午餐。尽管这位女士反复强调自己的午餐基本上“什么也不吃”,但事实上她指定了最昂贵的饭店,且尽点最贵的菜,害得作家因此“破产“——一个月的衣食没有了着落。

我们等着芦笋(如图4-15所示)烹制好送上来。我突然惊恐起来。现在的问题已不是我还能剩下几个钱来维持这个月的生计了,而是我的钱够不够付账。要是我差十法郎,不得不向客人借的话,那就太难堪了。我可做不出那样的事来。身边到底有多少钱,我心里有底,倘若账单超过了这个数字,我就决心这么办:伸手往口袋里一摸,随即

图4-15　芦笋

故意惊叫一声,跳起来说钱给小偷扒了。当然,如果她的钱也不够付账的话,那就尴尬了。那样,唯一的办法就是将我的手表留下,言明以后再来付。芦笋端上来了,又大汁又多,令人垂涎不止。我一面看着这个邪恶的女人大口大口地将芦笋往肚里塞,一面彬彬有礼地谈论着巴尔干半岛戏剧界的现状。她终于吃完了。

Note

7.《奥勃洛摩夫》:衣襟底下带回来的最好的肥母鸡

本选段出自伊万·亚历山德罗维奇·冈察洛夫的《奥勃洛摩夫》。奥勃洛摩夫养尊处优,视劳动与公职为不堪忍受的重负。尽管他设想了庞大的行动计划,却无力完成任何事情,最后只能躺在沙发上混日子,成为一个彻头彻尾的懒汉和废物。从这段美食桥段中,我们可以对奥勃洛摩夫又馋又懒的形象窥见一斑。

　　奥勃洛摩夫在家吃饭的时候,房东太太便帮阿尼西亚的忙,那就是,对她说或者用手指点一下,该不该把烧肉拿下来,或者还早一点,调味品里要不要加一些红酒或者奶酪,或者说鱼不应该这样,而应该那样烧……伊利亚伊里奇早晨八九点钟起床,有时候从篱墙的格眼里看见房东的哥哥腋下夹着一个忽隐忽现的公文夹走去办公,随后便喝咖啡。咖啡始终那么可口,乳脂浓厚,面包喷香、松脆。随后,他点燃一支雪茄。窗子底下又传来了孵卵鸡沉重的咯咯声和一群新的雏鸡的唧唧声。雏鸡馅和鲜菌馅的面饼、新腌的黄瓜上桌了,不久草莓也登场了。"现在的内脏不好,"房东太太向奥勃洛摩夫说,"昨天两副很小的讨价要七十戈比,但是有新鲜的鲑鱼,要吃冻鱼汤,天天都可以煮。"因此,普希尼钦娜家的食桌上经常出现头等的小牛犊肉、琥珀色的鲟鱼、白色的松鸡。有时候他还亲自到菜市或者米留青区的商店里,像猎犬似的东嗅西嗅,在衣襟底下带回来一只最好的肥母鸡,不惜花四卢布买一只火鸡。他从市场上买了酒回来,亲自藏起,亲自取用,但是在食桌上,除了一瓶用醋栗叶浸泡的伏特加以外,谁也没有看见过别的什么酒。

三、其他文艺形式中的饮食文化

(一)谚语、俗语中的饮食文化

No smoke without fire. 无火不起烟。

Life is not all beer and skittled. 人生并不全是吃喝玩乐。

New wine in old bottles. 旧瓶装新酒。

Everybody's business is nobody's business. 三个和尚没水吃。

Sow nothing, reap nothing. 春不播,秋不收。

No sweet without sweat. 先苦后甜。

Old friends and old wine sare best. 陈酒味醇,老友情深。

One boy is a boy, two boys half a boy, three boys no boy. 一个和尚挑水喝,两个和尚抬水喝,三个和尚没水喝。

Pour water into a sieve. 竹篮子打水一场空。

Praise is not pudding. 恭维话不能当饭吃。

Soon ripe, soon rotten. 熟得快,烂得快。

In wine there is truth. 酒后吐真言。

Good wine sells itself. 货好自会有人求。

Eat at pleasure, drink with measure. 随意吃饭,适度饮酒。

Dietcures morethan doctors. 自己饮食有节,胜过上门求医。

Charity is like moiasses, sweep and cheap. 慈善好像糖水,又甜又便宜。

Eat to live, but not live to eat. 吃饭是为了生存,但生存不是为了吃饭。

Хлебец ржаной‐отец наш родной. 黑麦面包是我们的亲爹。

Блюди хлеб про еду, а копейку про беду. 吃饭时看管好面包,困难时看管好财产。

Без хлеба куска везде тоска. 没有面包,到处都是忧愁。

Был бы хлеб, а мышки будут. 只要有面包,就会有鼠类。

Хлеб питает тело, а книга разума. 面包滋养身体,书本增长智慧。

(二)影视绘画等艺术形式中的饮食文化

1.《七宗罪》表达的饮食文化

《七宗罪》是一部惊悚悬疑片。该片以罪犯约翰·杜制造的连环杀人案件为线索,从警员沙摩塞和米尔斯的视角出发,讲述了"七宗罪"系列谋杀案的故事。该片1995年在美国上映,1996年获得了第5届MTV电影奖最佳影片等奖项。

"七宗罪"源自天主教教义中对人类恶性的分类,分别为傲慢、嫉妒、暴怒、懒惰、贪婪、暴食和色欲。为什么暴食会被列为七宗罪之一?电影中暴食的胖子被人活活撑死,难道仅仅因为吃得多就有罪吗?基督教文化为什么那么警惕饮食?这些问题从《圣经》中可以找到答案:人类的原罪就是因为夏娃没有听上帝的话,吃了不该吃的苹果。著名教父安波罗修说:"一旦进入饮食,世界末日便开始了。"一个名为萧伯翰的传教士也说:"贪吃是一种可恶的罪过,因为第一个人类的堕落是由于犯了暴食罪,如果亚当不贪吃,他铁定不会被处罚,其他人类也不会受牵连。"

"享受"是暴饮暴食的核心。我们知道,节制可以维持一个人内心的清明,而饕餮容易让人沉醉,放弃清醒的思考。享受太多的人会失去目标和理想,对什么都无所谓。暴食甚至会带来自我中心主义和冷漠。当暴食者脱离了周围人的频率,必然无法和别人产生共鸣,对别人的痛苦也视而不见。这就是为什么骄傲是最严重的罪,因为骄傲的核心是极端的自我。在其他犯罪中,贪婪代表"我的",愤怒是"我"对欠我的人或物的制裁,嫉妒代表"为什么不是我",懒惰代表"我不在乎",情欲和暴食与"我的感官"有关,暴食者追求的是享受和放纵。

中国有句古话叫"民以食为天",说明饮食对人的重要性。但是在古代,由于生产力不发达,粮食产量往往不足,让每个人都吃饱饭是一件很难做到的事。在这种情况下,如果有人恬不知耻地"暴饮暴食",几乎就是一件惨无人道的事。所以在当时,有人甚至把"暴食"放在七宗罪的首位。

2.《最后的晚餐》吃了什么

达·芬奇《最后的晚餐》是有史以来最著名的晚宴。虽然人人耳熟能详,但是耶稣和他的门徒们吃了什么却是个谜团,因为《圣经》中并未提及《最后的晚餐》中有哪些食物。所以,画家们有了自由想象的空间。文艺复兴时期的画家热衷于描绘像《最后的晚餐》这样留有很大想象空间的场景。《最后的晚餐》绝不仅仅指的是达·芬奇的这幅作品,许许多多的艺术家都创作过《最后的晚餐》。达·芬奇的这幅壁画(如图4-16所示)是其中最出名的画作。

达·芬奇用时四年,才完成这幅画作,这幅画也可谓是"多灾多难"。在壁画完成不久,因为要在食堂与厨房中间开一扇门,教堂的人就把画中耶稣及他的三个门徒的脚截去了。1499年,路易威登国王入侵米兰,他竟然想从墙上把它割下来带走,虽然没有成功,但是壁画已经被毁得不轻了。除了人为的破坏,画作自身的损坏也是一个问题。几乎从1498年壁画完成后,画作的颜料就开始脱落。1517年的一位参观者观察到图像"已经损坏了"。1566年,瓦萨里在米兰看到原作后,也掩饰不住自己的失望,说:"简直是一片混乱。"到了1901年,意大利作家邓南遮宣称这幅杰作"已经死亡"。由于画作损坏严重,画中的食物已经难以辨认。后世研究者根据达·芬奇留下的五千多页笔记以及《圣经》中的饮食习惯,整理出一份晚餐菜单:烤鳗鱼、烤羊、无酵面包、豆类、蘑菇、石榴、苦菜、葡萄酒……这些都是健康的绿色食物。

图4-16 《最后的晚餐》

有趣的是,"最后的晚餐"不仅激发了艺术家的绘画灵感,还激发了经济学家的研究精神,比如说康奈尔大学营销和应用经济学教授布赖恩·万辛克和他的兄弟,弗吉尼亚卫斯理公会学院宗教学教授、长老会牧师克雷格,对1000年至2000年间绘制的52幅以"最后的晚餐"为主题的著名画作进行分析比较后发现,随着时间越来越近,画中摆放在耶稣和他的信徒面前的食物分量不断增加。他认为,在过去一千年间,食物的生产、可用性、安全性、丰富程度以及可购性都大幅提高。由于艺术描绘的是现实生活,所以这些变化也反映在描绘这一史上最著名的晚餐的作品之中。

教学互动

饮食文化我来讲

围绕本项目所学内容,融会贯通饮食文化知识点,以小组为单位进行专题讲解,如

"好吃的唐诗""美味的宋词""名著中的饮食名场面"等。分组讲解,小组互评,教师点评。

项目小结

　　本项目围绕"饮食文化与文学艺术"这一主题,分中外两条主线进行论述。任务一"中国饮食文化与文学艺术"从古代典籍、小说、诗歌、民族语言、影视作品等方面分析了中国的饮食哲学和作品中的饮食文化,重点解读了四大名著和唐诗宋词中的饮食描写。任务二"外国饮食文化与文学艺术"从外国典籍中的共餐文化、会饮文化,和文学作品、谚语、俗语以及绘画、影视中的饮食文化等方面分析了外国的饮食之道,对外国小说中饮食主题表达进行了归纳总结,对外国文学作品中的饮食场景描写进行了详细解读。要求学生在项目学习的过程中,兼收并蓄中外饮食文化并理解中外文学作品中的饮食理念和人文情怀,在比较学习的过程中,培育民族文化认同,坚定民族文化自信,增强民族文化自豪感。

项目训练

一、知识训练

1.中国古代典籍中的饮食思想有哪些?

2.唐诗中的酒文化丰富多彩,试举例分析。

3.苏轼作为美食界的老饕,其饮食特点和饮食准则有哪些?

二、能力训练

1.举例论述中外文学作品中的饮食主题表达。

2.中国四大名著中的饮食书写各有什么特色? 请结合作品背景进行阐述。

项目五
饮食文化与地理

 项目描述

在一定地理环境下,食物资源和生产活动决定着人们的饮食方式,尤其在人类生产活动早期,饮食文化的产生与地理环境、物质条件之间是明显的、直接的依赖关系,饮食文化打上了人们为适应地域特殊环境而做出的种种努力的深刻烙印。地理环境是饮食文化的因,不同的饮食文化是地理环境的体现。饮食文化发展与当地地理环境相适应,很好地体现了地域差异,也说明了地域对饮食文化的影响。从文化保护角度来说,了解饮食文化的区域差异性有助于传承与保护饮食文化。

 项目目标

知识目标

1.了解饮食文化区域的划分。
2.了解中国菜系文化。
3.了解中国主副食文化。
4.了解国外饮食文化特点。

能力目标

1.理解饮食文化区域划分的原因。
2.掌握中国菜肴及面点不同流派的风味特点。
3.感受不同国家饮食的烹饪特点。

素质目标

1.能够从地理的角度分析饮食文化的差异性。
2.能将饮食文化融入专业学习,尝试创新。
3.兼收并蓄中外饮食文化,在比较学习的过程中,培育民族文化认同,坚定民族文化自信,增强民族文化自豪。

知识导图

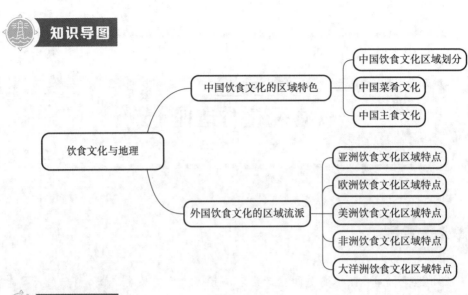

饮食文化与地理

- 中国饮食文化的区域特色
  - 中国饮食文化区域划分
  - 中国菜肴文化
  - 中国主食文化
- 外国饮食文化的区域流派
  - 亚洲饮食文化区域特点
  - 欧洲饮食文化区域特点
  - 美洲饮食文化区域特点
  - 非洲饮食文化区域特点
  - 大洋洲饮食文化区域特点

学习重点

1. 饮食文化圈。
2. 中国菜系及面点流派。
3. 不同地区的饮食特点。

项目导入

不同的地理环境与物质条件，使人们形成了不同的生活方式与思想文化观念，这也必然造成饮食文化的地域差异。所谓"一方水土养一方人"，任何地区的文化都是一定地域内社会历史发展的产物，有着很深的社会根源和地理根源。让我们从地理的角度一起感受不同国家的饮食文化。

任务一　中国饮食文化的区域特色

一、中国饮食文化区域划分

（一）中国饮食文化区域概述

中国饮食文化是各族人民在100多万年的生产和生活实践中，在食源开发、食具研制、食品调理、营养保健和饮食审美等方面创造、积累并影响周边国家和世界的物质财

Note

富及精神财富。中国饮食文化研究所所长赵荣光先生认为,经过漫长历史过程的发生、发展、整合,中国域内大致形成了12个饮食文化圈。即东北饮食文化圈、京津饮食文化圈、黄河中游饮食文化圈、黄河下游饮食文化圈、长江中游饮食文化圈、长江下游饮食文化圈、中北饮食文化圈、西北饮食文化圈、西南饮食文化圈、东南饮食文化圈、青藏高原饮食文化圈、素食文化圈。而且,各饮食文化圈有重叠,表示彼此既相对独立又相互渗透影响。中国饮食文化传播不受政区的限制,从这些饮食文化圈中可以看到区域饮食的文化差异和口味流变。

1. 中国饮食文化是一种广视野、深层次、多角度、高品位的悠久文化

在中国传统文化教育中的阴阳五行哲学思想、儒家伦理道德观念、中医营养摄生学说,还有文化艺术成就、饮食审美风尚、民族性格特征诸多因素的影响下,中国烹饪技艺彪炳史册,中国饮食文化博大精深。中国饮食文化是文明的标尺,也是民族特质的体现。

从沿革看,中国饮食文化绵延170多万年,分为生食、熟食、自然烹饪、科学烹饪4个发展阶段,推出6万多种传统菜点、2万多种工业食品、五光十色的筵宴和流光溢彩的风味流派,令中国有"烹饪王国"的美誉。

从内涵上看,中国饮食文化涉及食源的开发与利用、食具的运用与创新、食品的生产与消费、餐饮的服务与接待、餐饮业与食品业的经营与管理,以及饮食与国泰民安、饮食与文学艺术、饮食与人生境界的关系等,深厚广博。

从外延看,中国饮食文化可以从时代与技法、地域与经济、民族与宗教、食品与食具、消费与层次、民俗与功能等多个角度进行分类,展示出不同的文化品位,体现出不同的使用价值,异彩纷呈。

从特质看,中国饮食文化突出养助益充的营卫论(素食为主,重视药膳和进补)、五味调和的境界说(风味鲜明,适口者珍,有"舌头菜"之誉)、奇正互变的烹调法(厨规为本,灵活变通)、畅神怡情的美食观(文质彬彬,寓教于食)四大属性,有着不同于海外各国饮食文化的天生丽质。

从影响看,中国饮食文化直接影响日本、蒙古国、朝鲜、韩国、泰国、新加坡等国家,是东方饮食文化圈的轴心;与此同时,它还间接影响欧洲、美洲、非洲和大洋洲,例如中国的素食文化、茶文化、酱醋、面食、药膳、陶瓷餐具等影响全世界数十亿人。

2. 中国饮食文化存在地域差异

由于我国自然环境、气候条件、民族习俗等存在地域差异,各地区和各民族在饮食结构上和饮食习惯上又有所不同,我国的饮食文化呈现复杂的地域差异,体现了我国饮食文化的丰富内涵,充分说明了我国各族人民的智慧。正是辛勤的劳动人民创造了这丰富而神奇的饮食文化。

1) 具有东方型饮食特征

全球的饮食可分为东方型饮食和西方型饮食两大体系,东方型饮食以我国饮食为代表。它的发展历史、饮食结构、饮食方式,以及与之有关的民族风情等,同以欧美为代表的西方型饮食有很大差异。这是由我国地理环境、社会经济和文化的发展状况决定的。

我国饮食文化的历史起步较早,发展也很快。早在十万年前,我们的祖先就懂得烤制食物。陶器等较为先进的储器或饮器问世后,人们能较为方便地煮、调拌和收藏食物,饮食便进入了烹调阶段,足见我国的饮食文化源远流长,内容又相当丰富。

我国的饮食结构复杂多样,以五谷为主食者最多,即吃面食或米食,并配以各种汤、粥。我国广大地区自然条件优越,尤其是东部广大平原地区适宜种植小麦、水稻等农作物,广大劳动人民在长期生产和生活中逐渐形成了自己的饮食习惯,大多地区习惯于早、中、晚一日三餐。我国的饮食调制方式各式各样,有烹、炒、煮、炸、煎、涮、炖等,佐料丰富,有大葱、香菜、蒜、醋等,使我国的饮食和菜肴花样繁多、色香味俱全。

2)存在明显的地域差异

我国在饮食习惯上有"南甜、北咸、东辣、西酸"之说,充分体现了我国饮食的地区差异。我国地域辽阔,饮食调制习俗、饮食风味也必然千差万别,最能反映这一特点的是我国的菜系。

我国有八大菜系(也有人认为有十大菜系),各菜系的原料不同、工艺不同、风味不同。川菜以"辣"著称,调味多样,取材广泛,麻辣、三椒、怪味、黄香等自成体系,"江西不怕辣、湖南辣不怕、四川怕不辣"即突出反映了四川菜系辣的特点。川菜以辣为特色,与当地人抵御潮湿多雨的气候密切相关。

粤菜汇古今中外烹饪技术于一炉,食材以海味为主,兼取猪、羊、鸡、蛇等,使粤菜以杂奇著称。而丰盛实惠、擅长调制禽畜味、工于火味的鲁菜,因黄河、黄海为它提供了丰富的原料,成为北方菜系的代表。鲁菜以爆炒、烧炸、酱扒诸技艺见长。另外,现在的鲁菜仍能体现山东人爱吃大葱的特点。此外,淮扬菜、北京菜、湘菜等各居一方,各具特色,充分显示了我国饮食体系因各地特产、气候、风土人情不同而形成的复杂性和地域性。

3)各民族有差异

我国有56个民族,汉族主要居住在东部平原地区,众多的少数民族则分布在西北、东北、西南地区,聚居地地形和气候差异很大,更重要的是各民族在生产活动、民族信仰上都有各自的特点,因此各民族饮食也形成了自己的民族特色。

（二）中国饮食文化区域形成的历史原因

中国拥有广袤的疆域、复杂的地质地貌环境和多种气候特征,为中国人民多样的饮食提供了坚实的物质基础。五千年不间断的文明史,孕育了优秀的中国文化,为中国人民多样的饮食提供了精神基础。我国是56个民族的多民族国家。各民族独有的习俗、信仰,以及发展不均衡的经济等,都影响着中国饮食文化,使它呈现出多样化的发展趋势。中国饮食文化区位形成的历史原因有地理环境、气候物产等地域因素;政治、经济与饮食科技因素;民族、信仰与饮食习俗因素。

1.地理环境、气候物产等地域因素

人们择食多是"靠山吃山,靠水吃水",就地取材。越是历史早期,越是文化封闭程度高的地区越是如此。

2. 政治、经济与饮食科技因素

政治、经济及饮食科技也是饮食文化区域形成的重要因素。经济的发展对饮食文化的发展起着十分重要的作用。饮食文化区域处于不停止的动态之中，随着经济的发展、科技的进步、历史的变迁而不断地发生变化。

3. 民族、信仰与饮食习俗因素

在中国西部游牧文化区，形成了中北、西北、青藏高原彼此风格差异较大的三个饮食文化区域。这既有自然地理、气候物产、政治经济的原因，也有民族、信仰与习俗的原因。

（三）中国饮食文化区域划分

中国饮食文化区域划分的方法较多，但常常会引起争议。中国的烹调方式是随着地区的不同而逐渐变化的，尤其是在地区交界的地方，常会出现多种烹调方式混合的情况。如果粗略地划分，中国的饮食文化区域可分为以小麦为主食的北方饮食区域和以稻米为主食的南方饮食区域。本教材根据地区进行划分。

1. 东北地区饮食文化

东北地区包括辽宁、吉林、黑龙江三省，物产丰富，烹调原料门类齐全。人们称其"北有粮仓，南有渔场，西有畜群，东有果园"，一年四季食不愁。该地区日习三餐，杂粮和米麦兼备，一"黏"二"凉"的黏豆包和高粱米饭最具特色。主食有窝窝头、虾馅饺子、蜂糕、冷面、药饭、豆粥和黑、白大面包。以饽饽和萨其马为代表的满族茶点曾是《满汉燕翅烧烤全席》的重要组成部分，名重一时。蔬菜则以白菜、黄瓜、番茄、马铃薯、菌耳为主，近年来大量引种和采购南北时令蔬菜，市场供应充裕。肉品，人们偏爱白肉和鱼虾蟹蚌，嗜肥浓，喜腥鲜，口味重油偏咸；制菜，习用豆油与葱蒜，或是紧烧、慢熬，用火很足，使其酥烂入味；或是盐渍、生拌，只调不烹，取其酸脆甘香。

人们好食炖菜，摄取高热量的动物脂肪，以御寒冬。由于此前缺少新鲜蔬菜，当地人有吃生肉、葱蒜、冻食和腌菜的习惯。吃生肉、冻菜、冻水果可帮助补充维生素，避免一味吃热食导致缺乏维生素而得坏血病，吃冷冻食品已发展成人们的一大嗜好。吃葱蒜可以减轻吃生肉的不良后果，帮助杀菌。另外，因寒冷的冬季缺少新鲜蔬菜，腌菜和泡菜占了很大比重，几乎每家都有大大小小的酱缸。酸菜腌渍时间长，调味咸重。

东北地区口味特点：喜咸重、（葱蒜的）辛辣、生食。

2. 京津地区饮食文化

元明清时期，蒙古人、汉人、满族人先后在北京建都，北京成为全国的政治、经济、文化中心。天津是漕运、盐务和商业发达的都会，与北京共构京畿文化。

京城聚集着诸多衙属官吏、庞大驻军以及乐医百工、普通市民，众多民族汇聚于此，形成了五方杂处的局面。饮食的层次性和变化性特别明显。皇宫御膳、贵族府宴与市井小吃，孕育了全国特有的层次性饮食文化。政治经济的影响超过了自然环境对饮食风格的影响，但食料还是以周边地区食材为主，兼辅以全国各地精华物产。北京菜品种复杂多元，在满汉全席中达到极致。

京津地区的口味特点：以咸香为主，兼容并蓄八方风味。

3. 中北地区饮食文化

该区主要集中在内蒙古,但在东北和西北地区也有延伸,是典型的草原文化类型,以游牧和畜牧为主要生产方式。历史上,这里曾生活着众多的游牧民族,战事不断,民族势力此消彼长,但社会生活与区域饮食文化总体上保持着自己的草原特色。

人们逐水草而居,擅长射猎,君王、百姓都爱咸食畜肉、热喝奶茶、畅饮烈酒。由于物产单一,粮食结构不够合理,人们普遍以各种肉食和奶制品为主,几乎不吃蔬菜。他们通过与中原民族交换或征掠来获得足够的盐、粮食和酒。自元朝之后,一些地区发展屯田,汉文化的影响日愈明显。农区以粮食为主食,以奶食为辅食;但牧区仍以牛羊和奶食为主食,以粮食、蔬菜为辅食。

中北地区口味特点:以咸重为主。

4. 西北地区饮食文化

西北的饮食文化受自然环境和宗教因素的影响非常明显。西北地区有优良的天然草场,从西汉至清朝中叶,西北地区基本上以畜牧业为主,农业种植香辛料较多。食物结构较简单。人们基本不吃蔬菜,爱吃烤肉,佐以孜然、辣椒粉等调味品,口味咸重。这里地广人稀,少数民族众多,又为西北的饮食文化增添了许多民族风情。伊斯兰教唐末至北宋时期取代其他宗教成为西北地区的主要宗教,当地绝大部分少数民族都改信伊斯兰教,这对当地人的食物禁忌、进食礼仪等都产生了深刻的变化,使它们具有鲜明的地域特色。中华人民共和国成立后,由于农业比重增加,现在粮食蔬菜也成了日常食物,饮食结构发生了一些变化。

西北地区口味特点:以咸为主,辅以适当的干辣椒和香辛料。

5. 黄河中游地区饮食文化

这一地区历史文化十分灿烂。北宋以前,这里一直是中国文化的中心地带,并且政治中心大致在西安—洛阳—开封一线移动。这里农业开发最早,也最完善,各种牲畜和谷物都有,属于五谷杂粮并食区,家蔬野果等植物性食物也十分丰富。但由于这一地带被过度开发,土地承载力下降,加上各种灾害和战乱,这一地区除了少数上层社会奢侈消费外,大多数黎民百姓保持着节俭朴素的生活传统。

黄河中游地区的面点小吃很有特色,尤以陕西、山西最具代表性。陕西的小吃反映了关中人的厚道和豪放,比如油泼辣子、像腰带的面条、像锅盖的烙饼、使用如盆海碗的羊肉泡馍等。山西面食品种繁多,素有"一面百样吃"之誉,用料广泛,制法多样。黄河中游地区口味强调酸辣、味重,但又比东北和中北地区稍淡一点。

黄河中游地区口味特点:酸辣,味稍重。

6. 黄河下游地区饮食文化

黄河下游地区属于齐鲁文化区域,有着丰富的历史文化积淀,以孔孟为代表的儒家思想对中国的传统文化影响至深。因而这一区域饮食的文化味较浓,讲究"平和正统"大味必淡的至味境界。海洋和京杭大运河使这里成为南北饮食文化的交汇之地。

山东菜在北方的影响很大。山东半岛食料广泛,水陆杂陈,五谷蔬果、鱼盐海味等都很丰富,为其成为四大菜系之一提供了基础。山东百姓爱吃煎饼和玉米饼子,卷葱抹酱,或以蒜泥拌生菜,别有风味。山东大葱蘸酱的吃法后来也被上层社会和宫廷所接受。无论富贵贫贱之家,每饭必具葱蒜,形成了典型的山东特色。

黄河下游地区口味特点:喜咸鲜、正味、葱蒜的辛辣。

7. 长江中游地区饮食文化

长江穿越雄伟壮丽的三峡后,由东急折向南,就到了湖北宜昌,进入"极目楚天舒"的中游两湖平原,一直到江西鄱阳湖口,这便是长江中游区域,即洞庭湖平原和江汉平原,古人常说"两湖熟,天下足",主要指的就是这两大平原。在社会经济、文化方面,由于长江的纽带作用,流域内的文化、物质、信息交换比其他区域要频繁得多,这些都是长江流域不同于其他区域所特有的性质,而长江中游在这方面的优势也更为明显。

长江中游地区以低山和平原为主,境内河网交织、湖泊密布、雨水充沛、四季分明,稻米、水产和畜禽、果蔬都很丰富,是古代楚文化的发祥地。因此楚文化与发源于长江上游的巴蜀文化和发源于长江下游的吴越文化是近邻,异同互见,但又互相渗透、吸收,具有高度亲和力。经过两千多年的发展,楚文化内部又形成了江汉文化和湖湘文化,表现在饮食文化上也略有侧重。

湖南的口味偏重于酸辣,以辣为主,酸寓其中。湖南多山区和僻湿之地,常食酸辣之物有祛湿驱风、暖胃健脾之功效,而且,由于古代交通不方便,海盐难于运进内地山区,人们爱以酸辣之物来调味。江西与湖南的饮食口味较为接近。而湖北"九省通衢",淡水鱼虾资源丰富,形成了饭稻羹鱼的特色,口味以咸鲜、微辣为主。平原地区吃辣程度不如山区强。

长江中游地区口味特点:喜酸辣和微辣,但辣的程度不如西南地区。

8. 长江下游地区饮食文化

江西鄱阳湖口以后便是长江下游河段,长江流域的饮食文化在此拓展。长江下游地势坦荡开阔,河道多分叉,形成许多江心洲。安徽大通以下,长江受海潮顶托的影响,水势大而和缓。到江苏江阴以下,长江便进入河口段,江面越来越开阔,呈喇叭口形入海。长江下游平原,包括苏皖平原和长江三角洲平原,是中国非常富庶的地区。

沿江有安庆、铜陵、芜湖、马鞍山、南京、镇江、南通、上海等重要城市。长江三角洲的太湖平原,从古至今都是美丽富饶的同义语。这里土地肥沃,农业和航运事业特别发达,仅仅一条大运河,就串连了扬州、镇江、常州、无锡、苏州、杭州这些"人间天堂"般的城市。俗话说:"上有天堂,下有苏杭。"可以说,扬州、苏州、杭州等地的饮食,算得上是"天堂"才有的饮食。

在苏州糕点中,最为人称道的是苏式船点。船点由古代太湖中的船餐演变而来。它的制作工艺受到吴门画派清和淡逸、典雅秀美的风格影响,无论是制作鸟兽虫鱼、花卉瓜果,还是山水风景、人物形象,均能做到色彩鲜艳、惟妙惟肖、栩栩如生,再包上玫瑰、薄荷、豆沙等馅心,更是鲜美可口,不仅给人以味蕾上的享受,还给人以精神上的美感,充分显示了吴地饮食具有高文化层次的特征。由此也可以看出,源远流长的吴越稻作生产对人民饮食生活结构与习俗的巨大影响。

长江下游地区的著名风味还有徽菜,徽菜因起源于南宋时的徽州府(今皖南屯溪、歙县一带)而得名,以烹制山珍野味而著称全国。

"一方水土养一方人"。同在长江流域而分处上游的巴蜀饮食文化、中游的荆楚饮食文化、下游的吴越饮食文化,由于地理环境的不同,其风味也各有特色,这深刻说明复杂多变的地理形势和气候环境是中国饮食文化多样化发展的空间条件和自然基础。

长江下游地区口味特点:喜咸甜适中、清淡,但食甜较其他地区突出。

9. 东南地区饮食文化

东南地区多丘陵,临海,雨水充沛。该地区谷物、蔬菜、水果、海产、畜禽都很丰饶。人们喜食稻米,重鲜活,尚茶饮,蔬果与海产比重高,俗尚食事。清末以来,东南地区政治、经济都发生了很大的变化,无论闽粤还是客家,都有海外贸易经商的传统,这使东南地区的饮食文化带有明显的商业性,其食材讲究高档稀贵,爱食稀奇食物。由于岭南地区天气炎热,人们流汗多,爱喝汤滋补身体,口味偏清淡。高档的粤菜也成为我国四大菜系之一。

我国香港、澳门、台湾等地饮食习惯受西方饮食影响较为明显。

东南地区口味特点:喜清淡、咸鲜。

10. 西南地区饮食文化

西南地区除了四川盆地等历史上开发较早的发达农业地区以外,大部分地区是高山峡谷,地域封闭、交通不便,不同地区的文化联系也很薄弱,中国有一半以上的少数民族都分布于此。

西南山区土地贫瘠,作物产量较低,坝区和河谷地带多种稻米,山上作物以玉米为主。由于种植业不发达,人们在食物原料上的禁忌很少,也吃一些昆虫。这里空气潮湿,为了散寒去湿、避辛解毒、调味通阳,西南地区的人们自古以来就爱饮酒和吃辛香刺激之物,如花椒、茱萸、生姜等。辣椒传入西南地区后,迅速普及。

四川盆地自然环境较为独特,冬暖春早,物料丰富,巴蜀文化发达,川菜也是我国四大菜系之一。巴蜀"好滋味",调味丰富;"尚辛香",嗜好辛香刺激之味,这点与西南其他地区相似。

西南地区口味特点:喜麻辣、酸辣。

11. 青藏高原地区饮食文化

青藏高原地区为高寒地区,这里社会发展较慢,但到吐蕃王朝时,有了藏文字,出现了藏传佛教,藏民势力也覆盖到整个高原地区,使青藏高原地区成为一个独特的文化地理单元。独特的地域环境上的食料生产与佛教文化,决定了青藏高原饮食文化的基本内容和风格。

这里以农牧业为主,人们广泛种植青稞、大麦等作物,蔬菜与水果的比重不大。人们的主食为糌粑、牛羊肉及各种面食,生冷食物的比重较高,因而酷爱喝酥油茶,以适应高原地区的寒冷。受宗教文化影响,人们饮食有些特有的禁忌和仪式,比如不吃鱼、餐前诵经等。

青藏高原地区口味特点:喜咸、微辣、辛香。

二、中国菜肴文化

(一)中国菜系流派划分

中国菜肴由于地区不同,呈现出明显的差异性,如四川风味菜的麻辣、山东风味菜的咸鲜、广东风味菜的清鲜等,它们各用各的原料,各有各的方法,各有各的口味特点。我们将这种特色称为风味。中国的烹饪文化凝聚了中国人丰富而独特的经验和情感,承载了中国人深刻的历史记忆。

一些烹饪原料选择和搭配偏好、烹调方法、口味特点相同或相近的区域的烹调师往往将这些风味结合在一起,形成了一股新的烹饪潮流。他们烹调菜肴的风味表现出鲜明的一致性,我们称之为风味流派。

1. 山东风味菜

山东风味菜简称鲁菜,主要由济南风味、胶东风味和济宁风味构成。山东风味菜的主要特点是:

1) 用料广泛、刀工精细

山东风味菜选料讲究、用料广泛,上至山珍海味,下至瓜果蔬菜、畜肉内脏等一般原料,都能被制成美味佳肴。其菜肴处理方法变化多端,能根据原料特色和烹调要求进行适当变化,烹制出不同的菜肴。

2) 精于制汤、注重用汤

山东风味菜十分注重用汤调味,且精于制汤。色清鲜者为清汤,白醇者为奶汤。人们在制汤原料上十分讲究,常采用具有鲜味的动物肉、骨熬制,如老母鸡、鸭、海鲜、猪肘等。

3) 技法全面、讲究火候

山东风味菜采用的烹调方法多种多样,其中主要的方法在30种以上,如爆、炒、烧、炸、蒸、扒等,形成了一系列具有地方特色的烹调方法。仅爆的方法,就又可细分为若干种,如油爆、汤爆、葱爆、酱爆等。山东风味菜特别注重火候的掌握与运用,不同的烹调方法需采用不同的火候。

4) 咸鲜为主、善用葱香

山东风味菜调味讲求纯正,以咸鲜为主,以其他味型为辅。葱为山东特产,用葱调味是山东人的特长。无论是爆、炒,还是扒、烧,山东人都借助葱香提味,形成了浓郁的地方特色。

5) 丰满实惠、雅俗皆宜

与山东民风相适应,无论是大宴小酌、市肆民间等均注重丰富实惠。如宴会上菜历来以大菜、一般热菜为格式,民间饮食尤其重视经济实惠。

山东风味菜的代表菜有"葱烧海参"(见图5-1)"油爆双脆""锅烧肘子""清汤燕菜""烩乌鱼蛋""糖醋黄河鲤鱼"(见图5-2)"九转大肠""锅塌豆腐""油爆海螺""清蒸加吉鱼""奶汤蒲菜""油焖大虾"等。

图5-1　葱烧海参

图5-2　糖醋黄河鲤鱼

2. 四川风味菜

四川风味菜简称川菜,主要由成都风味、重庆风味和自贡风味构成。四川风味菜的主要特点有:

1)调味多样

四川风味菜味型十分丰富,素有"百菜百味"之誉。川菜以麻辣为基调,发展出了多种味型,而且一种味型又有多种变化。四川风味菜的主要味型有麻辣、鱼香、红油、怪味、豆瓣等。

2)选料广泛

四川号称天府之国,物产极为丰富。四川风味菜就是以此为基础形成和发展起来的。当地物产从动物到植物,从低档到高档,凡是能作为烹饪原料的,均为取材对象。四川的郫县豆瓣、新繁泡菜、潼川豆豉、简阳辣椒、汉源花椒等都很有特色。

3)方法多样

四川风味菜常用的烹调方法达数十种,其中以干煸、干烧、小煎、小炒最具地方特色。尤其是小炒,急火短炒,卧油煸炒、不换锅,一锅成菜,敏捷泼辣。

4)博采众长

四川风味菜善于将其他风味菜的长处融为己有,如四川风味菜在吸取山东风味菜制汤调味的优点后,形成了注重用汤、色调自然的特点。

四川风味菜的代表菜有"樟茶鸭子""宫保鸡丁""鱼香肉丝"(见图5-3)"麻婆豆腐"(见图5-4)"水煮牛肉""毛肚火锅""干煸牛肉丝""干烧岩鲤""川府豆花""家常海参""回锅肉"等。

图5-3　鱼香肉丝　　　　　　　　　　图5-4　麻婆豆腐

3. 广东风味菜

广东风味菜简称粤菜,由广州风味、潮州风味、东江风味和港式粤菜风味构成。广东风味菜的主要特点有:

1)用料广博

由于广东特殊的地理环境和风俗习惯,广东风味菜的原料广博多样、奇特杂异,生猛海鲜、飞兽等原料无所不用。在调料方面,除了一些常用调料外,粤菜中的蚝油、鱼露、沙茶酱、辣酱油、老抽、生抽酱等都独具一格。

2)方法独特

广东风味菜所用烹调方法不但多,而且善于变化。除常见的烹调方法外,广东风味菜还有自己独有的方法,如焗、煲等,从而形成了自己特有的风味。

3) 兼容并蓄

广东风味菜在其发展、形成过程中,既吸取国内其他风味菜之长,又借鉴国外一些比较科学的方法,灵活变化、融会贯通。广东风味菜因此适应了不同地域、不同层次的要求,为自己开拓了广阔的生存发展空间。

4) 口味清鲜

广东风味菜调味以突出清鲜为主,质感讲求滑爽脆嫩,而且注重随季节变化而变化。除此之外,广东风味菜还注重夏秋清淡以消暑清贝,冬春浓郁以进补滋身。

广东风味菜的代表菜有"蚝油牛肉""白云猪手""脆皮鸡""脆皮乳猪"(见图5-5)"东江盐焗鸡""三蛇龙虎会""大良炒鲜奶"(见图5-6)"红烧大裙翅"等。

图5-5　脆皮乳猪　　　　　　　图5-6　大良炒鲜奶

4. 江苏风味菜

江苏风味菜简称苏菜,由淮扬风味、金陵风味、苏锡风味和徐海风味构成。江苏风味菜的主要特点有:

1) 用料讲究、四季有别

江苏风味菜选料严谨,制作精细,在讲究原料选择的同时,不拘一格、因材施艺、物尽其用,菜肴别具风味。同时,随四季变化,江苏风味菜的口味也会变化,清、腻、淡、浓不一。

2) 刀工精细、刀法多变

江苏风味菜讲究刀工成形,注重在加工原料过程中刀法的运用,能根据原料质地的不同运用不同的刀法,形成刀法多样、富于变化、精妙细致的特色。

3) 重视火候、讲究火功

江苏风味菜在烹调方法上以炖、焖、蒸、烧、炒见长,同时重视煨、叉烧等。这些烹调方法能体现厨师火功的精妙,如"扬州三头""苏州三鸡""金陵三叉"等。

4) 口味清鲜、咸中稍甜

江苏风味菜所用的原料都突出其主体本味的鲜,调味过程中注重其"清",保持一物呈一味、一菜呈一味、浓而不腻、淡而不薄,这些形成了江苏风味菜的基本格调。

江苏风味菜的代表菜有"松鼠鳜鱼""清炖蟹粉狮子头""梁溪脆鳝"(见图5-7)"大煮干丝""镜箱豆腐""水晶肴蹄""三套鸭""清蒸鲥鱼""扒烧整猪头""拆烩鲢鱼头"(见图5-8)"金陵盐水鸭"等。

微课视频
▼

醋溜鳜鱼的制作方法

Note

图 5-7　梁溪脆鳝

图 5-8　拆烩鲢鱼头

（二）中国菜肴命名文化

菜肴的命名体现了饮食的文化内涵,是菜肴美化的形式之一,是消费者选择菜肴的主要依据。我国菜肴的命名方法多种多样。给菜肴命名是一门学问,太实可能乏味,太虚可能让人茫然,要做到虚实结合,这样既可以给菜肴锦上添花,也可以陶冶情操,让人们获得心理上的满足。

1. 菜肴命名的原则

1）力求通俗易懂,不可莫测高深

通常情况下,大多数顾客不是烹饪方面的专家,即使是文学水平很高的人,也很难将引申文字的含义与相关菜肴所要表达的原料、烹饪方法、特色联系起来。难以理解的菜名既影响了顾客的心情,又影响了饭店的效益。事实上,菜肴命名最根本的目的就在于向顾客展示该菜肴的原料、口味、特色、风格等实质性内容,以供顾客在众多的菜品中找到符合自己喜好和口味的菜肴。

2）充分体现菜肴风格特色,不可千篇一律

我们知道,流派和地方菜系再多,所用的烹饪原料和烹饪方法基本都是相同或相似的。而同一种原料之所以能被不同的流派制成不同的菜肴,关键在于其具有某种特定的风格。而我们在将其推向市场时,也是基于其具有某种特定的风格。所以,作为这种特定的风格与顾客联系的纽带——菜名,一定要把这种风格表示清楚。

3）名副其实,不可生搬硬套

菜肴的称谓要与菜肴的主辅料相关,不可将食品雕刻、菜肴围边的用料扯入名称中。另外,还应据情指明菜肴用料的性质,如素菜荤做,即"仿荤菜",通常要注明,如"赛螃蟹""素卷肘"等。

4）力求雅致,不可庸俗

名称雅致是人们对菜肴的一个重要要求。庸俗、低级的称谓只能令人大倒胃口。例如"横财到手""渔人得利"便不符合人们对"真、善、美"的追求。

5）与宴席主题相符,多用比喻、祝愿语

由于宴席具有强烈的目的性,或为结婚,或为祝寿,或为团圆,或为庆贺,或为会友,或为升迁等,需要有符合该种宴席主题或气氛的特定菜肴名称来增强宴席的气氛。宴席一般都具有特定的服务程序,通常有专人服务,对菜肴进行讲解。符合宴席性质的、贴切的、寓意深远的菜肴名称在生动的解说之下会带动宴席气氛,诱人食欲。因而宴席菜肴多以比喻、祝愿或造型命名以契合宴席主题或气氛的要求。

6) 引经据典要可靠,不可牵强附会

比如某地推出"十大元帅宴",在菜肴名称前冠以十大元帅之名便极为不妥;又如将"鸳鸯火锅"取名为"一国两制"也过于牵强附会。至于历史传承下来的已经公认的以人名或以官衔为元素的菜名则可以沿用,如"宫保"系列菜、"东坡"系列菜、"太白"系列菜等。

2. 命名方法

1) 写实命名法

写实命名法是一种质朴型的菜肴命名法,是结合料、形、色、味、质、器、烹调方法等方面的特点给菜肴命名的方法。其特点是开门见山、突出主料、朴素中蕴含文雅,让人一看就能大致了解菜肴的构成和特色。其中,有以主料加烹制命名的方法,如"清蒸鲈鱼""油焖虾"等;有以主料加配料命名的方法,如"豆腐鱼""葱烧海参"等;有以用主料加风味命名的方法,如"鱼香肉丝";有以主料加盛器命名的方法,如"砂锅鱼头""汽锅鸡"等;有以主料加颜色命名的方法,如"水晶肴蹄";有以主料加地名命名的方法,如"北京烤鸭""西湖醋鱼"等;有以主料加人名命名的方法,如"麻婆豆腐""宫保鸡丁"等(注:这种命名方法往往含有一定的寓意,可以看成是写实与寓意的结合);还有以烹制方法命名的方法,如"粉蒸肉""干煸鳝鱼"等。

2) 寓意命名法

寓意命名法是针对人们猎奇的心理,撇开菜肴具体内容另立新意的一种方法。这种方法的特点是突出菜肴某一特色,赋予其诗情画意,以起到引人入胜、耐人寻味的作用,可以分为如下几类。

(1) 祝贺型。

这在我国宫廷御膳中应用普遍,如以燕窝拼制的"万年如意"四品菜是指金银鸭子(代表"万"字)、三鲜肥鸡(代表"年"字)、锅烧鸭子(代表"如"字)、什锦鸡丝(代表"意"字)。民间也喜用一些暗喻祝贺和象征吉兆的菜名,如竹笋炒猪天梯(猪排),名为"步步高升"。

(2) 典故型。

很多菜肴以历史事件和趣闻轶事来命名,如"霸王别姬"烘托了人们的爱憎情感,"宫保鸡丁"表现人们对清代禁烟名将丁宫保的怀念。此外诸如佛跳墙、麻婆豆腐、无心炙等都有其典故来历。

(3) 趣味型。

这种命名方法可以增添愉悦,营造轻松的进食氛围,如"凤入竹林"是以"鸡鸭"为"凤"料,用竹笋炒制而成的;鸡脚炖白蘑菇丁叫"雪泥凤爪";菜花炒鸡块叫"凤穿牡丹"。此外,以"神仙""鸳鸯""麒麟"等命名的菜肴也不胜枚举,如鸳鸯鱼片、麒麟鲈鱼、神仙豆腐等。

(4) 数字型。

这类菜肴以数字为首命名,包含了一定的寓意,如三元白汁鸡,就是借古代科举解元、会元、状元来表达节节高升之意;四喜丸子,寓意福禄寿禧四喜或代表久旱逢甘露、他乡遇故知、洞房花烛夜和金榜题名时这"四喜"。

（三）中国历代名菜

1. 先秦时期

中国菜肴起源很早。约五千年前,中国已有早期的烹饪技艺,并已出现了烤肉、烤鱼、羹等食品。商周时期,随着生产的发展,动植物性原料、调味料的增多,铜制炊具的使用,烹饪技艺的提高,菜肴的品种已迅速增加。据记载,当时的主要品种有:炙、羹、脯、脩(xiū)、醢(hǎi)、菹(zū)、齑(jī)、脍等。而每一类菜又可以派生出若干品种,如醢,就多达上百种。用猪、牛、羊、犬、鸡、兔、鹿、麋、鱼、蟹、蛤、蚌、蜗牛等均可制作醢。

此外,周代还出现了被称为八珍的名食:淳熬、淳母、炮豚、炮牂、捣珍、渍珍、熬珍、肝膋(liáo)。其中,淳熬、淳母类似后代的盖浇饭,其他的均为菜肴。炮豚是将洗净的乳猪经烧烤、油炸、炖焖而成的,最后需用酱、醋调味食用,表现了较高的烹制水平。肝膋的制作也比较讲究,是将狗肝用狗网油包裹后在火上烤成的,食用时去网油,极其香嫩。

春秋战国时期,菜肴的品种又有所增加。例如《左传》《孟子》中提到了胹(ér)熊蹯、鸡跖(zhí)、羊羹、炖鼋(yuán)、蒸豚、脍炙等。《楚辞》中更记有二十多种楚地名菜,有胹鳖(煮甲鱼)、炮羔(烤羊羔)、鹄酸(醋烹天鹅)、腊凫(炖野鸭)、煎鸿鸧(煎雁类)、露鸡(卤鸡或烙鸡)、豺羹等。

2. 秦汉时期

秦汉时期,菜肴在大类上基本和先秦时期相似,但各类菜肴均有不同程度的发展。例如羹,品种就很多。仅长沙马王堆一号汉墓出土的遣策上就记有用牛、羊、豕、豚、狗、雉、鸡、鹿、凫等制作的20多种羹。此外,楚地还有猴羹,岭南还有蛇羹。脯的制作技术也有提高。据《史记》记载,汉代有一种胃脯十分有名,系用羊胃煮熟后,加姜、椒、盐腌制,晒干而成。炙类菜也很出色,有一种被称为貊(mò)炙的菜肴,为北方少数民族所创,类似烤全羊或猪,吃的人各自用刀割食。酱的名品也不少,有榆仁酱、鳢鱼酱、鲐酱、豆酱、肉酱、清酱、蒟(jǔ)酱等。秦汉时期还出现了一些用新的烹饪方法制作的菜肴,主要有杂烩类、濯类、鲊类等。

3. 魏晋南北朝时期

这一时期是中国菜肴的重要发展阶段。其主要特点:菜肴的烹饪方法明显增多,制法更精,品种相当丰富,风味也日趋多样。由于佛教盛行,素菜开始独树一帜。少数民族菜中也出现不少名品。

据记载,这一时期的菜肴烹饪方法约二十多种,主要有烧、煮、蒸、鱼、炙、腌、糟、酱、醉、炸、炒等。炒这种旺火速成的烹饪方法的出现,对中国菜肴的进一步发展起了推动作用。又据《齐民要术》等书记载,当时用上述烹饪方法制作的菜肴有二百种以上。著名的有八和齑、裹鲊、蒲鲊、五味脯、甜脆脯、鲤鱼脯、猪蹄酸羹、鸡羹、胡麻羹、莼羹、鸭臛、鳖臛、兔臛、蒸熊、蒸鸡、蒸豚、蒸藕、焦鹅、焦豚、腊鸡、腊白肉、蜜纯煎鱼、鸭煎、蝉脯菹、炙豚、腩炙、棒炙、肝炙、酿炙白鱼、炙蚶、捣炙、糟肉、苞肉等。由于五熟釜的出现,当时已有火锅类菜肴。此时菜肴的制作已比较重视造型,出现了灌肠、肉丸、圆形鱼饼、烤肉圈(肉蓉敷在竹筒上烤熟,脱下而成)等。

　　这一时期由于佛教盛行,加之梁武帝的提倡,佛教斋食的影响逐渐扩大,并和中国固有的素食结合,使素菜出现迅速发展的局面,涌现出很多新品种,如《齐民要术》中《素食第八十七篇》专记素食共11个品种。传说江南地区还出现了面筋等素食原料,使素菜品种更加丰富。

　　少数民族菜也有较大发展。《齐民要术》中记载的胡炮肉、羌煮、胡羹等均是北方和西北少数民族所创制的佳肴,如胡炮肉是将羊肉末加调料放入羊肚,缝好,然后将其放进灰火坑中烤熟的“香美异常”的菜肴,非一般菜肴可比。这道菜显然是北方和西北游牧民族的创造。羌煮则是羌族人的发明,这道菜是将煮熟的鹿头肉切长条块,再放入肉汁中,加葱白、姜、橘皮、椒、苦酒、盐、豆豉等调味而成,风味也很独特。

　　4. 隋唐五代时期

　　隋唐五代时期的菜肴在继承前代的基础上又有所发展。在隋谢讽的《食经》、唐韦巨源《烧尾宴食单》中均各记有用多种烹饪方法制作的数十种名菜。花色菜发展迅速,冷菜名品有五生盘、八仙盘、辋川小样等,热菜名品有玲珑牡丹鲊等。其中,五生盘是将羊肉、豕肉、牛肉、熊肉和鹿肉精细加工后拼成的;辋川小样为用多种荤素熟原料拼摆的大型组合式风景冷盘;玲珑牡丹鲊是鱼鲊片拼成牡丹花形,再蒸熟而成的,“微红如初牡丹”。三者均表现了巧妙的构思和高超的烹饪水平,堪称古代花色菜的代表作。

知识链接
▼

中国第一
花拼——
辋川小样

　　当时食疗发展较快,这在唐朝的孟诜著、张鼎补的《食疗本草》、唐朝昝(zǎn)殷著的《食医心鉴》中多有反映。例如《食医心鉴》中,用动植物为原料制作的菜肴达数十种,著名的有治中风的蒸驴头、治足踵的焦(fǒu)猪肝、治消渴伤中的黄雌鸡汁、治水气大腹浮肿的煮牛尾、治小便涩少疼痛的青头鸭羹、治痔疮的烤野猪肉等。

　　5. 宋元时期

　　菜肴的发展在宋元时期形成一个高潮,主要烹饪方法大体具备,品种激增。各类菜肴均有发展,风味多样,早期的菜肴风味流派已经出现。据《东京梦华录》《梦粱录》《武林旧事》等书记载,北宋都城汴京,南宋都城临安市场上的菜肴五花八门,数以百计。

　　例如羹,仅《梦粱录》所记就超过30种,如百味羹、锦丝头羹、十色头羹、莲子头羹、百味韵羹、杂彩羹、五软羹、四软羹、二软羹、双脆羹、群鲜羹、江瑶清羹等。此外,还有宋五嫂鱼羹、东坡羹等名品。脯、腊、鲊、齑、酱、糟、醉等类菜的品种也十分丰富,数以百计。

　　尤为值得重视的是,素菜在宋朝发展较快。笋、菌类、豆芽、花卉、豆腐、面筋均已入馔。名菜有用豆腐和芙蓉花合煮的雪霞羹,将嫩笋、小草、枸杞头焯熟后加调料拌成的山家三脆,用面筋加多种调料制作的五味熬麸等。素菜的象形菜制作得也十分逼真,名品有五灌肺、夺真鸡、假炙鸭、假煎白肠等。在汴京、临安的市场上出现了素菜馆,专卖素菜。宋朝还出现素食专著《本心斋疏食谱》《山家清供》,书中收录有数十种素菜的制作方法。

　　元代,少数民族菜发展较快。例如《饮膳正要》中,就记有许多蒙古族菜,多以羊肉、牛肉及一些禽兽为原料,用烧烤或煮的方法制菜。名品有马思答吉汤、炙羊心、炙羊腰、柳蒸羊、带花羊头、姜黄腱子、攒羊头、攒羊蹄、攒雁、炒鹌鹑、马肚盘、鼓儿签子、炒狼汤、熊汤、荤素羹、杂羹、肝生、烧水札等。

微课视频

文思豆腐
的制作
方法

6.明清时期

明清时期的名菜多达数千种,烹饪方法30多种。例如明代《宋氏养生部》中收录的菜肴就有几百种。该书以原料结合烹饪方法分类,收录了许多江南和北京名菜。以猪为例,就有烹猪、蒸猪、盐煎猪、酱烹猪、酒烹猪、酸烹猪、猪肉饼、油煎猪、油烧猪、酱烧猪、清烧猪、蒜烧猪、藏蒸猪、藏煎猪、火猪肉、风猪肉、冻猪肉、油爆猪、火炙猪、生猪鲊、熟猪脍、猪豉、炕猪等20多个品种。再如清代食谱《调鼎集》,仅菜肴就收录有1600多种,书中也是将原料和烹饪方法结合起来收集菜肴,如鸭,就收录了用各种方法制作的菜160多种。当时的著名鸭菜,差不多都收了进来。其他菜谱,如明代的《易牙遗意》《饮馔服食笺》、清代的《食宪鸿秘》《养小录》《醒园录》《随园食单》《素食说略》等也分别收有上百种菜肴,加上笔记、农书中所收的菜肴,品种就更加丰富了。

这一时期各地方菜及素菜、清真菜均有较快发展。例如北京的烤鸭、涮羊肉、满汉全席,山东的烧海参、扒鲍鱼、爆肉丁,扬州的葵花肉丸、大烧马鞍桥、文思豆腐,淮安的鳝鱼席,南京的鸭菜,苏州的松鼠鱼、斑肝汤,浙江的火肉(火腿)、卷蹄、醋搂鱼,广东的鱼生、烤乳猪、蛇羹,四川的麻婆豆腐、绣球燕窝、清蒸肥坨,素菜中的罗汉斋、花卉菜、菌类菜、豆制品菜,清真菜中的全羊席等均已闻名遐迩。其风味或咸鲜,或咸甜适中,或清淡,或麻辣辛香,各具特色。正如《清稗类钞》上所说:"肴馔之有特色者,为京师、山东、四川、广东、福建、江宁、苏州、镇江、扬州、淮安。"至此,中国菜肴的主要风味流派已经形成。

三、中国主食文化

(一)中国主副食文化的形成过程

人类在漫长的进化过程中,经过了茹毛饮血的食肉社会,而后进入农耕社会,但是"五谷"的形成有着漫长的历史过程。传说,神农教会人们"艺五谷,教民以稼穑"。神农在"尝百草"的过程中,识得五谷,并引以为食。我们的先民长期过着狩猎采集的生活,在采集植物块根、茎叶、果实的过程中,偶然筛出草籽"五谷",以其为食。但是,这些籽实数量毕竟有限,生长的周期长,仅仅依靠大自然的恩赐不能饱腹。于是人们把植物的种子收集起来种在土地里,形成了原始的农耕业。

粟是最早的一种栽培作物。考古学家在半坡遗址和磁山遗址中都发现了炭化粟。在后来的文献古籍中,粟是谷物的总称,也指代俸禄。粟的最早吃法是"石烹法",即在石板上烘烤,虽然味道不如大米和小麦,但营养价值比其他谷物高。早期,粟脱粒不净,因而干涩难以下咽,于是人们使用陶器烹煮食物,以"羹"作为"助咽剂"。羹本是肉汁,这一风俗一直延续到了汉代。其实,这是早期饭和菜的定位,之后渐渐形成了主食和副食的膳食结构。《周礼·天官·膳夫》记载:"凡王之馈,食用六谷,膳用六牲,饮用六清,馐用百二十品,珍用八珍,酱用百二十瓮。"这虽然是周天子的饮食标准,但可以看出当时主副食已经分开。《黄帝内经》记载:"五谷为养,五果为助,五畜为益,五菜为充,气味合而服之,以补精益气。"这说明远在春秋战国时期,中国古代的膳食结构就已经形成了,即"养"是主食,占主要位置;"益""助""充"是副食,占辅助性地位。

通过不同地方对"饭"的理解,可以看出我国主食结构存在南北差异。北方人将所有用米和面做成的正餐叫"饭",而南方人只把米做成的主食叫"饭"。根据史料记载,北方以小米为主食,南方以大米为主食的主食结构早在新石器时代就基本定型了。

关于面食的记载最早见于汉代,汉代将面食统称为"饼",如把调好味的面团压平放在烤炉边烘烤称为"烧饼",放在平底锅上加油煎熟的称为"烙饼",蒸熟的馒头包子叫"蒸饼",用水煮的面条或饺子叫"水溲饼"。但是我国北方以粟为主食是如何演变成以小麦面食为主食的呢?有关学者评论说:"在黄河流域以粟黍为主食到以小麦面食为主食的转变上,西域的食物可能起了相当大的作用。"唐朝是一个文化"大熔炉"的时代。外来饮食中引入最多的是西域的面粉类食物,相关的食品加工工艺、加工工具、餐饮器皿融入中原的饮食文化中。唐朝之后,"饼"的概念发生了变化,出现了蒸饼、馅饼、环饼、索饼(今天所指的面条)、白饼、烧饼、乳饼、菜饼、薄饼等多种饼类。敦煌文献中记载了一种叫"馎饦"的面食。专家推测"馎饦"应该是用面把肉、菜、蛋、奶结合一起烹饪,这样催生了主副食合一的蒸煮食品。

(二)中国面点风味流派

我国历代面点师不断总结、实践和广泛交流,已创造出许多口味醇美、工艺精湛、色形俱佳的面点制品,在国内外享有很高的声誉。我国幅员辽阔、资源丰富,受气候、地理环境、物产、民俗习惯、人文特点等诸方面因素影响,各地面点制品具有浓郁的本地特色。从全国看,面点制品在选料、口味、制作工艺上,大体形成了京式、苏式、广式、川式等地方风味流派。

1. 京式面点

京式面点泛指黄河流域及黄河以北的大部分地区所制作的面点,以北京为代表,故称京式面点。

北京曾为金、元、明、清的都城,具有悠久的历史和古老的文化。京式面点博采各地面点制作之精华,特别是清宫仿膳面点集天下精湛技艺于一身,花式繁多,造型精美,极富传统民族特色。京式面点师特别擅长制作面食,并有独到之处,所做面食以独特的技能、风味享誉国内外。其中,抻面、刀削面、小刀面、拨鱼面制作方法格外精妙,堪称中国面食绝技。

京式面点的坯料以面粉、杂粮为主,皮坯质感较硬实、筋道。馅心口味甜咸分明,味较浓重。甜馅以杂粮茸泥为主,或有蜜饯点缀;咸馅多用肉馅或菜肉馅。肉馅多采用"水打馅"制法,咸鲜适口,卤汁多,喜用葱、姜、酱、小磨麻油等为调料。

京式面点中富有代表性的品种有龙须面、银丝卷、三杖饼、一品烧饼、麻酱烧饼、都一处三鲜烧卖、天津狗不理包子、酥盒子、莲花酥、萨其马(见图5-9)、豌豆黄(见图5-10)、芸豆卷、艾窝窝、京八件等。

图5-9 萨其马

图5-10 豌豆黄

2. 苏式面点

苏式面点泛指长江中下游江、浙、沪地区所制作的面点,以江苏为代表,故称苏式面点。

江、浙、沪地区是我国著名的鱼米之乡,物产丰富,为制作多种多样的面点提供了良好的物质条件。苏式面点包括宁、沪、苏州、淮扬、杭宁等风味流派,各自又有不同的特色。

苏式面点的坯料以米、面为主,皮坯形式多样。苏式面点师一般擅长调制水调面团、发酵面团、油酥面团、米粉面团。米粉面团可用来制作各式糕团、花式船点等。苏式面点的馅心用料广泛,选料讲究,口味浓醇、偏甜,色泽较深。肉馅中喜掺皮冻,烹饪后鲜美多汁;甜馅多用果仁蜜饯。苏式面点大多皮薄馅多、滑嫩有汁,造型上注重形态,工艺细腻。

苏式面点中富有代表性的品种有扬州三丁包子、翡翠烧卖、千层油糕(见图5-11)、淮安文楼汤包、黄桥烧饼,苏州的糕团、花式船点、苏式月饼,上海南翔小笼、生煎馒头,杭州小笼包,宁波汤圆(见图5-12)等。

图5-11 千层油糕

图5-12 宁波汤圆

3. 广式面点

广式面点泛指珠江流域及南部沿海地区所制作的面点,以广东为代表,故称广式面点。

广东地处我国南方,气候温和,物产极为丰富。传统的广式面点以米制品为主,如糯米鸡、粉果、年糕、油煎堆、伦教糕等。后广式面点师又吸取各地面点制作之精华,借鉴西方点心技艺,兼收并蓄,创作了风味独特的各种面点,如蚝油叉烧包、干蒸烧卖、奶黄包、鲜奶鸡蛋挞等。长期以来,广东一带养成了"饮茶食点"的习惯,各酒楼、茶肆推出"星期美点",使广式面点品种愈发繁多,极富南国特色。

广式面点用料广泛,皮坯质感多变,除米、面外,荸荠(马蹄)、芋头、红薯、南瓜、马

Note

铃薯等原料也被用来制坯。馅心味道清淡、原汁原味、滑嫩多汁,讲究花色、口味的变化。

广式面点中富有代表性的品种有笋尖鲜虾饺、蚝油叉烧包、娥姐粉果、鸡油马拉糕、生磨马蹄糕、伦教糕、糯米鸡、沙河粉、佛山盲公饼、南乳鸡仔饼、老婆饼、莲蓉甘露酥、咸水角、蕉叶粑、蜂巢荔芋角、广式月饼(见图5-13)、鲜奶鸡蛋挞、卷肠粉(见图5-14)等。

图5-13　广式月饼

图5-14　卷肠粉

4. 川式面点

川式面点泛指长江中上游以及西南一带地区所制作的面点,以四川为代表,故称川式面点。四川素称"天府之国",气候温和,物产丰富,巴山蜀水,人杰地灵,给四川小吃、面点的形成和发展奠定了良好的基础。四川传统的面点以地方小吃为主,不少品种风味独特、久负盛名、世代相传,如赖汤圆、龙抄手、合川桃片等。

川式面点历史悠久、用料广泛、制作精细、口味多样。富有代表性的川式面点有赖汤圆、担担面(见图5-15)、龙抄手(见图5-16)、黄凉粉、钟水饺、叶儿粑、白蜂糕、波斯油糕、葱椒油旋、合川桃片等。

图5-15　担担面

图5-16　龙抄手

以上四大面点流派都具有鲜明的特点,品种多样、内容丰富,汇聚了我国面点制作技术的精华。我国地大物博,地理环境、民族习惯差异较大,除以上介绍的以外,还有许多富有地方特色、民族特色的面点。同时,随着交通、信息、科技的发展,帮式流派的格局已逐渐被打破,各地面点博采众长、不断创新,形成了我国面点制作技术的新局面。

(三)中国风味小吃

中国点心的外延很广,除了以上四大流派的点心外,还有各地的风味小吃以及各种特色系列细点。

小吃亦叫小食、零吃,原多由摊贩制作,以当地土特产作为原料,在街头销售,方便顾客,地方风味特别浓郁。在一些城市往往还会出现小吃集中的民俗文化集散地,如北京的西四、大栅栏、天桥和王府井一带,天津的南市食品街,上海的城隍庙,苏州的玄妙观,南京的夫子庙都是数百年来形成的闻名遐迩的"小吃群",带有明显的市民饮食文化特色,成为极具魅力的重要旅游资源。一到节假日,这些风味小吃集中地人山人海,一片繁盛,休闲的居民、观光的游客纷至沓来,品尝各种美味小吃,体验民俗风情。

至于各地的著名小吃则有北京天兴居炒肝、馄饨侯馄饨、都一处三鲜烧卖,回民小吃中的老豆腐配火烧、馅饼配小米粥、豆汁及宫廷小吃中的豌豆黄、芸豆卷等。天津有狗不理包子、桂发祥大麻花、耳朵眼炸糕、贴饽饽熬小鱼、嘎巴菜、炸蚂蚁等。山西小吃花样繁多,功力特深,有金丝一窝酥、麻仁太师饼、天花鸡丝卷等100余种晋式面点,又有荞面灌肠、大头麻叶、豆面瞪眼、莜面搓鱼、鸡蛋旋等100余种面类小吃;更有集中国面食拉面、削面、搓鱼、流尖、蘸尖等多种技法大成的山西面饭,如太谷流尖菜饭、吕梁山药合冷、雁北冷莜面、昔阳扁食头脑、汾阳酸汤刀削面等;另有栲栳栳(即莜面窝窝)、漂抿曲、油柿子、豆角焖面、奶油烤面,以及"面人""面羊"等喜庆礼馍这些全国少有的小吃。

四川小吃是西南地区风味小吃的典型代表,用料从米麦豆薯到鸡鸭鱼肉,从蛋奶蔬果到野味山菜,十分广泛;技法全面,有赖汤圆、龙抄手(馄饨)、夫妻肺片、粉蒸牛肉、担担面、火边子牛肉、宜宾燃面、广汉三合泥等著名小吃。

广东小吃数以千计,洋洋大观,代表品种有生磨马蹄糕、腊肠糯米鸡、煎堆、艇仔粥、皮蛋粥、娥姐粉果、蚝油叉烧包、薄皮鲜虾饺等。几十年来,香港的点心、台湾小吃发展得很快,也值得专门品尝。另外,山东、湖南、湖北以及东北、西北等地区都有自己的风味小吃,在此不一一列举。

任务二　外国饮食文化的区域流派

一、亚洲饮食文化区域特点

亚细亚洲,简称亚洲,位于东半球的东北部;东、北、南三面分别濒临太平洋、北冰洋和印度洋,西靠大西洋的属海地中海和黑海;面积4400万平方千米(包括附近岛屿),约占世界陆地总面积的29.4%,是世界第一大洲。

亚洲共有48个国家和地区,在地理上习惯分为东亚、东南亚、南亚、西亚、中亚和北亚。东亚包括中国、朝鲜、韩国、蒙古和日本等。东南亚包括越南、老挝、柬埔寨、缅甸、泰国、马来西亚、新加坡、印度尼西亚、菲律宾、文莱等。南亚包括斯里兰卡、马尔代夫、巴基斯坦、印度、孟加拉国、尼泊尔、不丹等。西亚也叫西南亚,包括阿富汗、伊朗、阿塞拜疆、亚美尼亚、格鲁吉亚土耳其、塞浦路斯、叙利亚、黎巴嫩、巴勒斯坦、约旦、伊拉克、科威特、沙特阿拉伯、也门、阿曼、阿拉伯联合酋长国、卡塔尔和巴林等。中亚包括土库曼斯坦、乌兹别克斯坦、吉尔吉斯斯坦、塔吉克斯坦和哈萨克斯坦的南部等。北亚指俄罗斯的西伯利亚地区。

亚洲是佛教、伊斯兰教和基督教三大宗教的发源地。中南半岛各国的居民多信佛教；马来半岛和马来群岛上的居民主要信伊斯兰教，部分居民信天主教和佛教；南亚各国的居民主要信印度教、伊斯兰教和佛教；西亚各国的居民主要信伊斯兰教。

亚洲沿海渔场面积约占世界沿海渔场总面积的40%，盛产鲑鳟、鳕、鲣、鲭、小黄鱼、大黄鱼、带鱼、乌贼、沙丁鱼、金枪鱼、马鲛鱼以及鲸等。著名渔场有舟山群岛、台湾岛、西沙群岛、北海道岛、九州岛等岛屿的附近海域，以及鄂霍次克海等。中国沿海渔场面积占世界沿海渔场总面积近四分之一。

亚洲稻米、天然橡胶、金鸡纳霜蕉麻（马尼拉麻）、柚木和胡椒等的产量均占世界总产量的90%以上。中国稻米产量占世界第一位，印度占第二位；马来西亚的天然橡胶产量占世界第一位，印度尼西亚占第二位。金鸡纳霜主要产于印度尼西亚；马尼拉麻主要产于菲律宾；柚木和胡椒主要产于东南亚各国。

亚洲黄麻、椰干、茶叶的产量均占世界总产量的80%左右。黄麻主要产于中国、印度和孟加拉国；椰干主要产于菲律宾、印度尼西亚、印度、马来西亚和斯里兰卡等国。茶叶主要产于中国、印度和斯里兰卡。

亚洲棉花、花生、芝麻、烟草、油菜籽等的产量在世界上也占有一定的地位。

基于以上丰富的物产，亚洲各国及地区形成了各自的饮食体系及文化。以下介绍中国以外，亚洲其他国家或地区的区域饮食文化。

（一）日本料理的种类及饮食文化特点

日本人习惯称日本菜为"日本料理"。按照字面的含义来讲，就是把料配好的意思。日本料理独特风味的形成同其岛国的地理环境及东方传统文化是分不开的。日本四面环海，有得天独厚的新鲜海产，日本人的饮食按东方人的饮食习惯，素有主食与副食之分。主食以米饭、面条为主；副食多为新鲜鱼虾等海产，常搭配日本酒享用。

日本人自称"彻底的食鱼民族"，鱼的消耗量超过大米。自古以来，日本料理就被称为"五味五色五法之菜"。其中，"五味"是指甜、酸、辣、苦、咸；"五色"是指白、黄、红、青、黑；"五法"则是指生、煮、烤、炸、蒸的烹调法。清淡，不油腻，精致，营养，重视视觉、味觉与器皿的搭配，是日本料理的特色。可见，日本饮食是精工细作的菜肴。

1. 日本料理的种类

日本料理在形式上主要分为三类：本膳料理、怀石料理和会席料理。

1）本膳料理

本膳料理是一种传统的正式日本料理，特点之一是将菜放在有脚的托盘上食用。现在正式的"本膳料理"已不多见，只出现在少数的正式场合，如婚丧喜庆、成年仪式和祭奠宴会上，属红白喜事所用的仪式料理。本膳料理一般分三菜一汤、五菜二汤、七菜三汤。烹调时注重色、香、味的调和，亦会做成一定图形以示吉利，用膳时也要讲究一定的规矩。

2) 怀石料理

在各类日本传统料理中,怀石料理的品质、价格、地位均属最高等级。怀石料理,最早是从日本京都的寺庙中传出来的。有一批修行中的僧人,在戒规下清心少食,吃得十分简单清淡,但有人实在感到饥饿难耐,于是想到将温暖的石头抱在怀中,以抵挡些许饥饿感,因此有了"怀石"的名称。

演变到后来,怀石料理将最初简单清淡、追求食物原味精髓的精神传了下来,发展出一套精致讲究的用餐规矩,从器皿到摆盘都充满禅意及气氛。怀石料理讲究环境的幽静、料理的简单和雅致,最不可少的菜式包括三菜一汤,三菜即生鱼片、煮炖菜和烧烤菜,汤即日本独有的酱汤。

3) 会席料理

会席料理也称为宴会料理。会席料理不像本膳及怀石料理那么严谨,吃法较为自由。人们一般以较轻松的方式享用宴会料理。

2. 日本饮食文化的特点

1) 原料新鲜、季节性强,以海味和蔬菜为主

日本菜强调原料的新鲜度,一般什么季节采用什么季节的蔬菜和鱼。其中蔬菜以各种芋头、小茄子、萝卜、豆角等为主。鱼类的季节性也很强。人们在不同的季节吃不同种类的鲜鱼。例如春季吃鲷鱼,初夏吃松鱼,盛夏吃鳗鱼,初秋吃鲭花鱼,秋吃刀鱼,深秋吃鲑鱼,冬天吃鲥鱼和海豚。肉类以牛肉为主,其次是鸡肉和猪肉,但猪肉是较少用的。另外,使用蘑菇的品种比较多。

2) 烹制方法简单,保持原味清淡不腻

日本菜在烹制上强调保持菜的本身味道,其中很多菜以生吃为主。在做法上也以煮、烤、蒸为主,带油的菜极少。在煮法上用微火慢慢煮,使汤似开不开,而且烹制的时间长。在加味的方法上大都先放糖、味淋酒,后放酱油、盐,少量放味精。糖和酒不但起调节口味的作用,而且还能维护蔬菜里的各种营养成分。

3) 配料讲究,加工精细

日本菜在制作中大都以木鱼花汤代替水。因此,在日本菜中,木鱼花汤是很重要的,就如同中餐的鸡汤、西餐的牛肉汤一样。所以,高级菜品大都会使用木鱼花汤和清酒,而且清酒的使用量很大。日本菜使用的酱油有淡口、浓口、重口三种。淡口酱油即色浅一点的酱油,浓口酱油即一般酱油,重口酱油颜色深而口味上甜一点。日本菜使用的大酱也是多种多样的,一般早餐用信州大酱或白大酱做酱汤,午晚用赤大酱做酱汤。

4) 讲究色彩的搭配和摆放的艺术化

日本菜的拼摆独具一格,多喜欢摆成山、川、船、岛等形状,有高有低,层次分明。一份拼摆得法的日餐菜点,犹如一件艺术佳作。日本菜的刀法和切出的形状与中餐、西餐不同。日本菜的加工多采用带棱角、直线条的刀法,尽量保持食品原有的形状和色泽,同时还要根据不同的季节使用不同的原料。用不同季节的树叶、松枝或鲜花点缀,既丰富了色彩,又增强了季节感。同时,拼摆的数量一般用单数,多采用三种、五种、七种,各种菜点要摆成三角形。拼摆菜时,在颜色上要注意红、黄、绿、白、黑协调;

在口味上要注意酸、甜、咸、辣、苦的搭配。

5）餐具精美

日本菜除了在原料加工、刀法、拼摆上有独特之处外，餐具也多种多样。可以说，日本餐的餐具形状比别的国家多，有些盘子是按照不同的季节和不同的菜名而使用的。多采用花形、树叶形、水果形、长方形、方形的瓷盘或一些仿古的竹篮、小筐等。因此，没有日本餐的餐具就难以营造品尝日本菜的气氛。精美的餐具不仅满足了饮食要求，还使人在用餐时，仿佛又欣赏了一件件艺术品，得到一种美的享受。

（二）韩国饮食文化的特点

由于地理位置和气候的原因，韩国饮食有着十分鲜明的特点。饮食很讲究，有"食为五福之一"的说法。韩国菜的特点是"五味五色"，即由甜酸、苦、辣、咸五味和红、白、黑、绿、黄五色调和而成。韩国人的日常饮食是米饭、泡菜、大酱、辣椒酱、咸菜、八珍菜和大酱汤。韩国饮食的主要特点是高蛋白、多蔬菜、喜清淡、忌油腻。韩国饮食文化具有以下五个特点。

1. 以粮谷类为主食

韩国人自古以来把米饭当作主食，为增加营养也有时添加豆类、栗、高粱、红豆、大麦和谷物等。粥的种类也很多，根据添加材料不同而定名，如红豆、南瓜、鲍鱼、人参、蔬菜、鸡肉、蘑菇、黄豆芽等。

2. 喜爱喝汤

汤是韩国人饮食中的重要组成部分，是就餐时所不可缺少的，种类很多，主要有大酱汤、狗肉汤等。韩国人习惯吃饭时先喝口汤或先将汤匙放汤里蘸一下称"蘸调匙"。韩食中的汤用蔬菜、山菜、肉鱼、大酱、盐等各种材料制作而成。其中，用酱油调咸淡的称清汤，用大酱调咸淡的称大酱汤；先清炖，然后再调咸淡的称清炖汤。

3. 菜肴清淡，少油腻

韩国菜肴以炖煮和烤制为主，基本上不做炒菜，口味比较清淡，少油腻；蔬菜以生食为主，以凉拌的方式做成。韩国人喜欢吃牛肉、鸡肉和鱼，不喜欢吃羊肉、鸭肉及油腻的食物。

4. 善于使用各种调料

在药食同源的饮食观念下，韩国人将生姜、桂皮、艾蒿、五味子、枸杞子、沙参、桔梗、木瓜、石榴、柚子、人参等药材广泛用于饮食的烹调，因此有参鸡汤、艾糕、沙参等各种食物，也有生姜茶、人参茶、木瓜茶、柚子茶、枸杞子茶、决明子茶等多种饮料。韩国菜中使用的基本调料有盐、酱油、辣椒酱、黄酱、醋和糖等。人们一直认为葱蒜、生姜、辣椒、香油芝麻、芥末、胡椒等香料有药性，所以经常使用。韩国菜与其他国家的饮食菜肴相比，因烹制任何一道菜都至少要放五六种佐料，而颇具特色。韩国人爱吃辣椒，家常菜里几乎全放辣椒。辣椒面、辣椒酱是平时不可缺少的调味料。

5. 发酵食品丰富

爱吃发酵食品是韩国人一个很突出的饮食特点。韩国发酵食品的首要代表就是泡菜。泡菜的口味据说有百种以上，原料除了大白菜外，还有萝卜、黄瓜等。除了泡菜,韩国最重要的发酵食品就是大酱、酱油和辣椒酱了,很多菜里都可以找到它们的影子,例如排骨汤和烧带鱼肉。大酱是把辣椒酱、辣椒粉混合后加肉、豆腐、蔬菜或海带,长时间炖煮制成的。韩国还有很多特色地方饮食都是发酵制成的。

(三)印度饮食文化的特点

印度位于亚洲南部。印度是个多民族、多宗教、区域文化各异的国家。印度教徒一生有三大凤愿:到圣城朝拜湿婆神,到恒河洗圣浴、饮圣水和死后葬于恒河。印度教徒以牛为神,对它顶礼膜拜。印度耆那教徒忌杀生、忌食肉类、忌穿皮革和丝绸的。印度的食物在世界上独具特色,也许没有一个国家的饮食文化像印度那样,具有如此明显的宗教色彩,如此深厚的文化意蕴。印度饮食文化具有以下六个特点。

1. 具有明显的宗教色彩

由于宗教的原因,印度人的饮食习惯差异很大。虔诚的印度教徒绝对不吃牛肉,因为他们把牛奉为神牛。在印度,由于印度教徒占人口的多数,牛肉成为禁忌。虔诚的印度教徒和佛教徒是素食主义者,不沾荤腥。耆那教徒更是严格食素,连鸡蛋也不吃,但可以喝牛奶、吃乳酪和黄油。印度的素食者大约占人口的一半。因此,可以毫不夸张地说,印度是素食王国,素食文化是印度饮食文化中最基本的特色之一。

2. 食材选择有局限

印度人一般以大米、麦面饼为主食,副食为鸡肉、羊肉、海鲜和各类蔬菜。印度人喜爱的蔬菜有番茄、洋葱、马铃薯、大白菜、菠菜、茄子、菜花等,特别爱吃马铃薯(洋山芋),认为它是菜中佳品;不吃菇类、笋类及木耳;多采用炖、烧、煮、烤等法烹饪;一般不喝酒,认为喝酒是违反宗教习惯的。

3. 调料使用多,咖喱是主角

印度菜所放调料之多,恐怕是世界之最,每道菜都不下10种,如咖喱、辣椒、黑胡椒、豆蔻、丁香、生姜、大蒜、茴香、肉桂等,其中用得最普遍、最多的还是咖喱粉。印度饮食文化也可以称为咖喱文化。印度人对咖喱粉可谓情有独钟,几乎每道菜都用。每个经营印度饭菜的餐馆都飘着咖喱味。

4. 奶制品、豆制品食用较多

印度人不吃牛肉但喝牛奶,牛奶价格便宜,质量也很好,男女老幼都喝牛奶。其奶制品,如冰淇淋、奶酪、酸奶、蛋糕等的质量也属上乘。为了补充动物蛋白摄取不足,豆类成了素食主义者每餐必吃的食物。

5. 进餐方式特殊

虽然目前在许多正式场合,印度人已经开始用刀叉吃饭,但在私底下,部分人仍然习惯用手抓饭吃。"手抓饭"是印度人长久以来的就餐习俗,吃饭前他们会洗净手,然后准备就餐。也正因为这一习惯,印度大部分菜都被制作成糊状,这样才便于用手抓饼卷着吃,或是抓米饭拌着吃。

印度菜的吃法也很特别,是中西合璧的,既使用刀叉,也要大家一起点菜一起吃。印度人用手是有忌讳的,那就是他们只用右手抓食物,而左手绝对不得用来触碰食物。印度人认为,左手是专门用来处理不洁之物的,因此吃饭时,他们的左小臂一般沿桌边贴放,手垂放于桌面以下,或是干脆把左手藏在隐蔽的地方。

6. 不爱喝汤爱喝茶

印度人吃饭时没有喝汤的习惯,但在饭后必须要喝一杯香浓的奶茶。由于印度曾经是英国的殖民地,印度人也像英国人一样,有喝下午茶的习惯。印度人的生活中不能没有红茶。

印度的红茶举世闻名,像大吉岭红茶、阿萨姆红茶、尼尔吉里红茶等。其中,最著名的要数大吉岭红茶了。大吉岭是世界著名的红茶出产地,以5—6月的二号茶品质最优,被誉为"红茶中的香槟"。它的味道醇香,冲泡成奶茶后,味道更丰富,而且不容易伤胃。

(四)土耳其饮食文化的特点

土耳其地跨欧亚大陆,地理位置十分特殊。历史上曾有许多文明在这块土地上驻留。土耳其人来到之后,吸收了当地的饮食文化。奥斯曼土耳其人建立跨亚欧非三大洲的帝国后,土耳其饮食文化融合了各地特色。可以说,历史丰富了土耳其菜系,使之成为世界上知名的菜系之一。土耳其菜肴以种类繁多、美味益寿而著称,与法国菜、中国菜同时并列为世界三大美食。土耳其饮食文化具有以下三个特点。

1. 重视原料新鲜和健康

土耳其人以面为主食,喜欢吃各种形式的大饼和面包。肉类、蔬菜和豆类是土耳其菜的主要原料,而肉类以牛、羊、鸡为主。土耳其人喜用番茄、青椒、酸奶和香料,菜肴味道浓烈鲜香。土耳其国内种植着各种各样的水果、蔬菜,又三面环海,盛产多种鱼类。所以,土耳其菜讲究使用新鲜的原料。

2. 讲究菜肴的原汁原味

土耳其菜讲究菜肴的鲜、脆、嫩,注重烹调技法和质量;主要烹调方法是炖、煮、烤,强调体现菜肴的原汁原味;调料主要有橄榄油、玉米油、蒜、糖、胡椒等。

3. 爱喝葡萄酒和茶

葡萄酒和茶是土耳其饮食文化的一种体现。土耳其人不可一日无茶,不可一日少于十杯茶。土耳其人爱喝茶的习惯源自中国,所以土耳其语的茶也叫cha。人类种植葡萄和酿葡萄始于土耳其,其中卡帕多起亚地区产的葡萄是最有名的,佐餐来杯酒是当地人的饮食习惯。

(五)越南饮食文化的特点

越南饮食文化具有以下四个特点。

1. 以植物性食物为主

越南盛产大米,人们日常的主食是粳米,有的民族以糯米为主食(如傣族),副食品有各种蔬菜、肉、禽、蛋、鱼等。肉在越南人日常食材中所占的比重很小,猪肉、牛肉、鱼肉和鸡肉是主要肉食原料。对越南人来说,蔬菜和水果是生活中不可缺少的、天天都要吃的东西。越南蔬菜和水果极为丰富、多种多样,一年四季水果不断。

2.喜欢青菜生吃

越南人爱将鲜绿欲滴的各种青菜生吃,这是越南的传统吃法。青菜主要有洗净的空心菜、生菜、绿豆芽,还有芫荽、薄荷等。生吃的青菜要蘸佐料,主要是鱼露、酸醋和鲜柠檬汁。越南地处热带,气候炎热,青菜生吃有生津降火的作用,且有助于消化和营养吸收。

3.烹调方法简单

越南人饮食以生酸辣和清淡为特色,烹调重清爽、原味,只放少许香料,鱼露、香花菜和青柠檬等是其中必不可少的佐料,技法以蒸煮、烧烤、熬焖、凉拌为主,较少用炒的方法烹饪。一些被认为较"上火"的油炸或烧烤菜肴,多会配上新鲜生菜、薄荷菜、九层塔、小黄瓜等可生吃的菜一同食用,以达到"去油下火"的功效。

4.调料特殊

越南菜非常注重色、香、味,鱼露、葱油、炸干葱和碎花生粒是烹调时用于调香的"四大金刚"。鱼露的鲜香、葱油的浓香、炸干葱的焦香和碎花生粒的清香为越南菜增色不少。而香料的使用更是越南菜的重中之重,与印度香料最大的区别在于,越南的香料都是用新鲜的植物制作的。香茅,是越南菜里最常用到的一种调味的佐料,带有一股浓郁的花香;柠檬草、罗勒、薄荷、芹菜给越南菜增色不少;洋葱、青葱、欧芹又为越南菜带来异国情调。

(六)泰国饮食文化的特点

泰国是临海的热带国家,土地肥沃,培育出了多种稻米、蔬菜、水果。因三面环海,海鲜产品丰富,泰国成为世界第一产虾大国,海味也成为泰餐一大特色。泰国人主食是米饭,泰国大米晶莹剔透,蒸熟后有一种特殊的香味,是世界稻米中的珍品;副食主要是鱼和蔬菜;餐后点心通常是时令水果或用面粉、鸡蛋、椰奶、棕榈糖做成的各式甜点。泰国饮食文化具有以下三个特点。

1.使用海鲜、蔬菜较多

泰国是一个临海的热带国家,绿色蔬菜、海鲜、水果极其丰富。因此,泰国菜用料主要以海鲜(鱼、虾、蟹)、水果、蔬菜为主。

2.调料独特

泰国菜的特点是酸辣、开胃。其调料很独特,有很多调料是东南亚甚至是泰国特有的。最常用的调料有泰国朝天椒、泰国柠檬、咖喱酱、柠檬草、虾酱、鱼酱、柠檬叶、香茅等。泰国朝天椒是一种虽小但极辣的辣椒。据说,泰国朝天椒是世界上最辣的辣椒。

泰国柠檬是一种东南亚特有的调味水果,味道和个体都有别于美国口味略甜的柠檬。它个小、味酸、香味浓郁,往往使闻过它香味的人终生难忘。泰国柠檬主要用来做泰国菜的调料。泰国人几乎在每一道菜中都会挤上柠檬汁,使每一道菜都散发出浓郁的水果清香,带有典型的东南亚味道。

鱼露是一种典型的泰国南部调料,是像酱油一样的调味品,用一些小鱼、小虾发酵而成。而咖喱酱是以椰乳为基础的调味料。泰国文化深受印度和中国文化的影响,有人说泰国文化的父亲是印度,从泰国菜中咖喱酱的地位便可以感受到。

3.烹饪技法多样

由于深受中国、印度、印尼、马来西亚,甚至远至葡萄牙的厨艺影响,泰国菜的做法独树一帜,吃起来别有风味。其做法主要有以下三种。

(1)炒。

用新鲜的蔬菜,佐以泰式调料,可以炒出一道道口感极其新鲜的炒菜。主要代表作有:炒米粉(用虾、猪肉、蛋及甜酸酱合炒的米粉)、泰国咖喱鸡、椰汁鸡、辣牛肉沙拉。

(2)"yam"。

"yam"是泰式菜做法之一,目前找不出可替代的中文翻译,做法有点像做汤,又有点像做凉拌菜。在泰国,什么东西都可以做成"yam"。泰国地处热带,因此孕育了不少有名的"yam",比较著名的是一种叫作"somyam"的辣味木瓜沙拉。这种沙拉综合了木瓜丝、虾米、柠檬汁、鱼酱、大蒜和随意掺杂的碎辣椒。

(3)炖。

泰国炎热的天气孕育了丰富的汤文化。而泰国最有名的汤是味道鲜美、酸辣刺激的泰国柠檬虾汤(冬阴功汤)。

二、欧洲饮食文化区域特点

欧罗巴洲,简称欧洲,位于东半球的西北部,亚洲的西面;北临北冰洋,西濒大西洋,南隔地中海与非洲相望,东以乌拉尔山脉等同亚洲分界,西北隔格陵兰海、丹麦海峡与北美洲相对;面积仅大于大洋洲,是世界第六大洲。

欧洲沿海渔场面积约占世界沿海渔场总面积的30%,盛产鲭、鳀、鳕、鲑、鳗、沙丁鱼和金枪鱼等。著名渔场有挪威海、北海、巴伦支海、波罗的海、比斯开湾等。欧洲捕鱼量约占世界30%,捕鱼量最多的国家为俄罗斯和挪威,其次为西班牙、丹麦、英国和冰岛等。

欧洲农业为次要生产行产业;农牧结合和集约化水平高为其农业重要特点;主要种植麦类、玉米、马铃薯、蔬菜、瓜果、甜菜、向日葵、亚麻等,小麦产量约占世界总产量的50%,大麦、燕麦占60%以上;园艺业发达,主产葡萄和苹果;畜牧业以饲养猪、牛、绵羊为主。

(一)法国饮食文化的特点

作为世界三大烹饪王国之一,法国的饮食文化非常悠久。精美的菜品、高超的烹饪技艺以及华丽的就餐风格让人们惊叹于法国饮食的华美,法国饮食以精致、浪漫、豪华、品位征服了世界,从而奠定了法国美食的世界地位。随着时代的前进,法国饮食也不断地发生着变化。19世纪末,法国菜烹饪革命的代表人物艾斯科菲耶针对传统的大排场法国菜提出"高雅的简单"的主张,并且简化菜单,合理调整菜点分量,创制了许多新名菜,提升了菜点的装饰艺术,为法国菜的发展做出了重大贡献。近年来,法国菜不断精益求精,并针对古典菜肴推出了所谓的新菜烹调法,调制更讲究风味、天然性、技巧性、装饰性以及颜色的搭配。

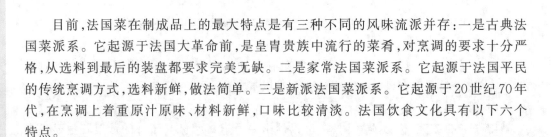

目前,法国菜在制成品上的最大特点是有三种不同的风味流派并存:一是古典法国菜派系。它起源于法国大革命前,是皇胄贵族中流行的菜肴,对烹调的要求十分严格,从选料到最后的装盘都要求完美无缺。二是家常法国菜派系。它起源于法国平民的传统烹调方式,选料新鲜,做法简单。三是新派法国菜派系。它起源于20世纪70年代,在烹调上着重原汁原味、材料新鲜,口味比较清淡。法国饮食文化具有以下六个特点。

1. 选料广泛、讲究

一般来说西餐在选料上的局限性较大,而法国菜的选料却很广泛,常选用稀有的名贵原料,如蜗牛、鹅肝、黑菌、鱼子酱等,在普通原料上较偏好牛肉、羊肉、家禽、海鲜、蔬菜、田螺等,各种动物的肝、心、肠也可入肴;而且在选料上很精细,极重视原料素材的新鲜程度,善于使用新鲜的季节性原料,力求将原料最自然、最美好的味道呈现给食客。

2. 讲究菜的鲜嫩

在食物方面,法国人崇尚新鲜,讲究鲜嫩和原味,比较爱吃半熟或生的食物,要求菜肴水分充足、质地鲜嫩,如牛排一般只要求三四成熟,烤牛肉、烤羊腿只需七八成熟,海鲜烹调时须熟度适当,不可过熟,而牡蛎加上柠檬汁则完全生食。

3. 注重原汁原味和调味汁的做法

法国菜的精神就在于突出食物的原汁原味,而不是烹调出的味道。沙司的使用以不破坏食材原味为前提,好的沙司可提升食物本身的风味、口感,而且讲究不同的菜配用不同的沙司,如做牛肉菜肴用牛骨汤汁,做鱼类菜肴用鱼骨汤汁,做羊肉菜肴要用羊骨汤汁,目的是把主料的原味带出来。有些汤汁要煮8个小时以上,使菜肴具有原汁原味的特点。

4. 喜用酒和香料调味

法国盛产酒类,所以烹调中也非常注重酒的使用,喜欢用酒调味。法餐中不同的菜点用不同的酒,有严格的规定,而且用量较大,如制作甜菜和点心常用朗姆酒,烹饪海鲜用白兰地酒和白葡萄酒,烹饪牛排使用红葡萄酒等。除了酒类,法国菜里还要加入各种香料,如大蒜头、欧芹、迷迭香、塔立刚、百里香、茴香等。各种香料有独特的香味,放入不同的菜肴中,就形成了不同的风味。法国菜对香料的运用也有规定,什么菜放什么样的香料、放多少,都有规定。可以说,酒类和香料是组成法国菜的两大重要特色。

5. 注重酒水与菜肴的搭配

法国人在用餐时对用餐喝什么酒非常讲究,如香槟和白葡萄酒适合作饭前开胃酒,冷餐和汤可以用白葡萄酒或玫瑰红葡萄酒佐之,白葡萄酒可配沙拉、鹅肝、海鲜等菜肴,红葡萄酒配火腿、牛排、家禽等红肉类菜肴,味浓的奶酪搭配红葡萄酒,味淡的奶酪搭配白葡萄酒,最后吃甜点时喝甜味白葡萄酒。

6. 进餐充满情调

法国人对饮食艺术有极高的品位,他们认为,美食不仅是一种享受,更是一种艺术。所以他们不仅对菜式的精致苛求至极,对饮食的礼仪、环境和情调的讲究还更胜一筹。除了讲究食物的色香味外,法国人还特别追求进餐时的情调,比如精美的餐具、幽幽的烛光、典雅的环境以及周到的服务,这一切都使法国饮食充满了艺术情调,品尝它则是一种美的享受。

(二)意大利饮食文化的特点

在古代,意大利菜是西餐中历史最悠久、最杰出的风味流派,也可以说是欧洲烹饪的鼻祖。意大利菜源自古罗马帝国宫廷,有着浓郁的文艺复兴时期佛罗伦萨的膳食情韵,在世界上享有很高的声誉,并且在15世纪拥有了独特的饮食风格。在文艺复兴时期,意大利的烹饪艺术家充分展现出自己的才华,不仅制作出品种丰富样式多变的菜肴,也制作出了以通心粉和比萨为代表的众多面食,并最终形成了意大利饮食独有的古朴风格。

意大利菜强调选料新鲜,用最先进的工艺制作出最精美最丰富的菜点。意大利人对美食的理解与追求成就了意大利烹饪繁荣兴盛的局面,强烈地影响着其他西方国家。随着意大利公主嫁给法国的国王亨利二世,作为陪嫁的30名厨师把意大利先进的烹饪方法和新的原料带到法国,极大地影响和促进了法国烹饪的发展。意大利烹饪这种繁荣兴盛的局面保持到16世末,以后它在保持自己特色与风格的基础上进入了长时间的平稳发展时期。意大利饮食文化具有以下五个特点。

1. 食品原料多样化

意大利菜多以海鲜、蔬菜、谷类、水果、奶酪和畜肉等为主要原料,最常用的蔬菜有番茄、白菜、胡萝卜、龙须菜、莴苣、马铃薯、蘑菇等,制法常用煎、炒、炸、煮、红烩或红焖,喜加蒜蓉和干辣椒,略带小辣。意大利北部地区的烹调方法与法国菜相近,多用奶油、鲜奶、肉食;而且靠近阿尔卑斯山,所以原料多用山区特有的野菜、香菇、松露等。南部气候较热,而且三面环海,故食海鲜以及番茄、橄榄油。而西西里岛南部的菜肴基本属于阿拉伯风味。

2. 突出食物的本味

意大利菜最为注重原料的本质、本色,成品力求保持原汁原味。通常将主要材料或裹或腌,或煎或烤,再与配料一起烹煮,从而使菜肴的口味异常出色,缔造出层次分明的多重口感。意大利菜肴对火候极为讲究,很多菜肴要求烹制成六七成熟,而有的则要求鲜嫩带血,例如佛罗伦萨牛排、安格斯嫩牛扒等名菜。米饭、面条和通心粉则要求有一定硬度。意大利菜有"醇浓、香鲜、断生、原汁、微辣、硬韧"的12字特色。

3. 谷物品种丰富

意大利人善做面、饭类制品,几乎每餐必做,而且品种多样,风味各异。目前意大利面食已闻名世界,仅面条的种类就有几百个品种,面条的做法也有多种。因而其面食在外形、颜色、口味的上是多姿多彩的。意大利面分为线状、颗粒状、中空状和空心花式状四个大类,是用面粉加鸡蛋、番茄、菠菜或其他辅料经机器加工制成的。其中最著名的是通心粉、蝴蝶结粉、鱼茸螺蛳粉、青豆汤粉和番茄酱粉,有白、红、黄、绿诸种颜色。这些粉大都煮熟后有咬劲,佐以各色佐料,馨香可口。意大利人还喜食意式馄饨、意式饺子、意式薄饼和米饭,意大利的米饭品种很丰富,口感硬,别有风味。

4. 调味直接、简单

意大利菜在调味上的特点是大量使用橄榄油与醋，因为意大利盛产优质的橄榄油与醋。橄榄油在意大利占有重要地位，不仅可以用来炸食品，还可以用来制备调料。意大利菜在烹煮过程中非常喜欢用蒜、葱、番茄酱、干酪，讲究制作沙司。大部分沙司的主要成分为番茄、干蘑菇等，另外也常用酒类、柠檬、奶酪、香草、红花、牛至等调味。

5. 讲究酒水与菜肴的搭配

吃意大利菜一定要佐以葡萄酒（vino），否则就是美中不足了。因为酒能够带出并增添食品的口感和美味。意大利人饭前饮用较淡的开胃酒；沙拉、汤及海鲜搭配白葡萄酒或玫瑰酒；食用肉类时饮用红酒；而饭后则饮用少许白兰地或甜酒类。

自古以来，意大利就是著名葡萄酒产地。从生产量来看，每年意大利和法国竞争世界之冠。而在出口量方面，意大利则保持世界第一。意大利南北地形狭长，气候差异大，因此生产的葡萄酒，种类繁多、风味各异。"皮埃蒙特"在意大利语中意为"山脚"，它位于阿尔卑斯山脚下，邻近法国，气候既适合种植葡萄也适合酿造葡萄酒。这里不仅酿造了大量的DOC级葡萄酒（意大利葡萄酒管制法），也生产DOG级葡萄酒（G代表"保证"其为顶级葡萄酒），因此被视为意大利高级葡萄酒产地。

（三）英国饮食文化的特点

1066年，法国诺曼底公爵继承了英国王位，为英国带来了法国和意大利的饮食文化，为英国菜的发展打下了基础。11—13世纪，由于十字军东征带回了大量香料，英国菜也像意大利菜、法国菜一样经常使用香料和其他调味品。14世纪时，英国宫廷的宴会崇尚豪华、气派，其规模和华丽程度已到相当水平。

16—17世纪，英国烹饪形成了自己的特色，出现两种风格并存的局面：上层社会的烹饪以法国菜极其精美的风格为主；中下层社会尤其是下层社会的烹饪更多地沿袭和推崇英国古老的传统，讲究简朴和实惠，不是按照名厨的菜谱做菜，而是按照家常菜烹制的习惯，做简单的烤肉、布丁和馅饼，初步形成了简约的烹饪风格，强调简单而有效地使用优质原料，并尽可能地保持其原有的品质和滋味。17世纪，随着工业革命的到来，食品加工技术的改进使工业化食品成为英国简约风格的重要体现，也成为英国烹饪的重要组成部分。

受地理及自然条件所限，英国的农业不是很发达，粮食每年都要进口而且英国人也不像法国人那样崇尚美食，因此英国菜相对来说比较简单，英国人也常自嘲不精于烹调。但是，英国传统早餐却比较丰富，世界闻名，饮食选择有面包、咸猪肉、香肠、煎鸡蛋、麦片、蘑菇菜、烤菜豆、果酱、咖啡、茶、果汁等。英式下午茶也是格外的丰盛和精致。在英国，晚餐是一天中最丰富、最讲究的一餐，在用餐时的服饰、座次、用餐方式等方面都有严格的规定，而且持续的时间也很长，晚餐对英国人来说也是生活品位的重要组成部分。

英国饮食文化具有以下四个特点。

1. 选料局限

英国菜选料比较简单，肉类主要为牛肉、羊肉、禽类肉等，蔬菜品种繁多，有卷心菜、新鲜豌豆、马铃薯、胡萝卜等,但英国的蔬菜大都是从荷兰、比利时、西班牙等国进口的。

2. 口味清淡、原汁原味

简单而有效地使用优质原料,并尽可能保持其原有的质地和风味是英国菜的重要特色。英国菜的烹调对原料的取舍不多,一般用单一的原料制作,要求厨师不加配料,要保持菜式的原汁原味。英国菜有"家庭美肴"之称,英国烹饪法根植于家常菜肴,因此只有原料是家生、家养、家制时,菜肴才能达到满意的效果。

3. 烹调简单、富有特色

英国菜烹调相对来说比较简单,配菜也比较简单,香草与酒的使用较少,常用的烹调方法有煮、烩、烤、煎、蒸等。各种调味品,如盐、胡椒粉、沙拉酱、芥末、辣酱油、番茄沙司等大都放在餐桌上,人们可以根据自己的口味来进行调味。

4. 爱好喝茶

除了中国人,英国人可算得上是世界上最爱喝茶的了。据统计,平均每个英国人每天喝茶4杯以上,其中96%为袋泡茶。英国人每天喝茶的次数很多,按时间分有晨茶、上午茶、下午茶、晚茶和饭后茶;按茶的"内容"来分,有加牛奶的茶和清茶。其中优雅自在的下午茶文化,成为正统的英国红茶文化。茶叶的冲泡方式、茶具的品质、茶点的品类被视为喝下午茶的基本要素。英国人还十分重视喝茶的艺术,从沏茶、喝茶到收茶具都有严格的规定,而且茶具也十分讲究,有陶瓷的、不锈钢的、白银的等。

(四)俄罗斯饮食文化的特点

俄罗斯横跨欧亚大陆口,饮食文化更多地受到欧洲大陆的影响,呈现出欧洲大陆饮食文化的基本特征。到了近代,俄罗斯菜受法国菜影响较大,同时也吸收了意大利、奥地利、匈牙利等国菜式的特点。俄罗斯饮食文化具有以下四个特点。

1. 传统饮食简单朴素

因为气候寒冷,俄罗斯人可用的食材算不得丰富。他们以面包为主食,以肉类、牛奶、奶酪、香肠、鱼类、禽蛋和块茎类的蔬菜如圆白菜、胡萝卜、马铃薯和甜菜等为副食。肉类以牛羊肉为主,猪肉次之,但非得要烧得熟透才吃。

2. 讲究量大实惠,油大味厚

俄罗斯大部分地区气候比较寒冷,人们需要较高的热能,所以传统的俄罗斯菜量大、油重,许多菜做完后要浇上少量黄油,部分汤菜上面也有浮油。俄罗斯菜口味浓厚,酸、甜、咸、微辣各味俱全,在烹调中多用酸奶油、奶渣、柠檬、辣椒、酸黄瓜、洋葱、白塔油、小茴香、香叶作调味料,并喜欢吃大蒜、葱头。俄罗斯人烹调多用煎、煮、焗、炸、串烤和红烩等方法。

3. 冷菜丰富多样

俄罗斯冷菜包括沙拉、酸黄瓜、酸白菜、香肠、火腿、鱼冻、腌青鱼、鱼子酱等,一次家宴往往要上近十个品种的冷菜,其中鱼子酱颇负盛名。冷菜口味比热菜一般要重一些,并富有刺激性,这样便于促进食欲。冷菜在调味上突出了俄罗斯菜的特点,酸、甜、辣、咸、烟熏。有些海鲜是冷食的,相应冷菜要突出鲜来。

4. 日常饮食必备汤

在俄罗斯,人们午餐、晚餐必喝汤。汤的种类繁多、制作技巧千变万化。俄罗斯的汤类是除冷菜外的第一道菜,能起到润喉和促进食欲作用。人们一般在喝了汤后才吃其他菜。俄式汤可分为清汤、菜汤、红菜汤、米面汤、鱼汤、蘑菇汤、奶汤、冷汤、水果汤及其他汤。其中,"红菜汤"是一道有名的菜肴。

(五)德国饮食文化的特点

德国饮食文化具有以下五个特点。

1. 追求实惠营养

不同的国家有着不同的饮食习惯,有种说法非常形象,"法国人是夸奖着厨师的技艺吃,英国人注意着礼节吃,德国人考虑着营养吃,意大利人痛痛快快地吃……"这一语道破了德国人的饮食观念,他们注重食物的热量,肉食占据了一日三餐的主导地位,也注重蔬菜的摄入,食用生菜较多,特别是多种多样的白菜和马铃薯。焖酸白菜非常普及,而小香肠焖酸白菜举世闻名。

2. 面包食用量大

德国人是世界上吃面包较多的人之一。德国人认为面包是营养最丰富、最利于健康的天然食品。面包主要在早餐食用,要抹上一层黄油,配上干酪和果酱,加上香肠或火腿一起食用。在面包的生产方面,不论是在质量上还是数量上,德国都可称得上是世界冠军。德国每天出炉的各种各样的面包有1500多种。德国的面包有用精粉做的,也有用混合面做的。混合面一般由黑麦、燕麦、精粉与杂粮制成。

3. 猪肉消费多

德国是一个喜欢"大块吃肉,大口喝酒"的民族,人均每年猪肉消耗量为65千克。居世界首位;由于偏好猪肉,大部分有名的德国菜都是猪肉制品。

4. 营养全面、丰盛的早餐

德国人最讲究、最丰盛的不是午餐、晚餐,而是早餐。在旅馆或政府机构的餐厅,早餐大都是自助形式,不仅品种繁多,且色香味俱佳,营养非常全面。而在普通百姓家,早餐一般包含饮料(包括咖啡、茶、各种果汁、牛奶等)、主食(各种面包),以及与面包相配的黄油、干酪、蜂蜜和家庭主妇自酿的果酱,外加香肠和火腿,品种丰富。

5. 爱好马铃薯

德国人非常爱吃马铃薯,很多人一日三餐至少两餐吃马铃薯。可以说,德国人吃马铃薯,无论在数量还是吃法上,在世界上都首屈一指。面对共30多种马铃薯,讲究精确的德国人硬是将每一种马铃薯区分出适合的烹调方式,不仅伴随不同的主菜作配菜,还自成一格烹调出许多美味的乡村佳肴,将马铃薯做得十分可口。烹饪时,德国人在马铃薯中加入各种佐料、黄油、果酱、色拉油和肉丝、青菜、水果等。

(六)西班牙饮食文化的特点

从大区域的角度看,西班牙饮食的地方风味一般可以分为:北方地区风味、地中海地区风味、高原地区风味和南方地区风味。北方地区饮食以鱼、海鲜、肉及肉制品为特色,季节性比较明显。"家庭风味"是该地区饮食的重要特点。西班牙饮食文化具有以下三个特点。

1.烹法讲究变化

西班牙烹饪方法讲究变化,但以尽量保持原料的特有风味为基本原则,烹法与原料之间有较强的针对性。例如,为保持海鲜类原料的鲜美滋味,多采用可以快速成熟的简单烹调方法,如油炸、煮等。

肉类的烹调以炖、煮、烤为主,烤肉是其一大特色。传统的烤制菜肴以木材为燃料,风味别致。炖制肉类菜肴时,往往加入蔬菜,或加入酱后炖。猪肉、羊羔肉、鸡肉、鸭肉、火鸡肉、乳鸽肉、山猪肉、鹌鹑肉是常用的肉类原料。

中国人所熟悉的"炒"法,在西班牙烹饪中比较少见。

2.用橄榄油调味

西班牙烹饪在调味方面的特色大致可以归结为两个方面:一是大量使用橄榄油;二是善于使用各种香料。

西班牙的橄榄油一般被分为四个等级,质地品评指标一般分为味觉和嗅觉两种。上等的橄榄油一般具有与某种水果或植物相类似的特殊香味,并在入口后表现出先甜(舌尖)、后苦(舌根)、再辣(到喉咙)的自然味觉过渡。

3.海鲜饭、它帕

海鲜饭(paella)是西班牙东部瓦伦西亚名食。paclla一词的确切含义据说并不是十分清楚,有人认为它是从做海鲜饭所用的特制铁锅paellera转化而来,有时paella可以用来泛指瓦伦西亚地区以米为原料的菜式——各种各样的"饭"。这些"饭"中,米有时是主料,有时是配料。特制的铁锅、各种海鲜、番红花、西班牙长米是做西班牙海鲜饭必须的基本材料。在吃海鲜饭时,西班牙人一般会选用酒和一种名为sangnia(意为血色的饮料)的果味调作为饮品(红葡萄酒与石榴汁、柳橙汁等的混合物)。据说,传统海鲜饭的主要配料是鸡肉、兔肉、带壳蜗牛,再加上三种豆子,并不像现在这样有许多海鲜,而且海鲜的数量有时要超过饭的数量。烹制海鲜饭时,先要将米与橄榄油、蒜、海鲜和蔬菜一并放入锅中炒制;待原料将要成熟时,加入适量用鲜鱼熬制的汤料,再放入烤箱中烤至成熟。

它帕(tapa)指饭前开胃的小菜或是两顿正餐之间的点心,在西班牙人的日常饮食生活中具有重要的作用。制作它帕的原料有肉类、海鲜和蔬菜。它帕在成品上一般分为冷、热两类。冷食的它帕一般是面包夹馅料,馅料一般用橄榄油、葱头末、蛋黄酱等做调味料;热食的它帕一般用炸、烤、蒸、煎、炖等方法制成,品种繁多,举不胜举,常见的有炸乌贼、炸小墨鱼、炸鸡翅膀、香烤咸酥虾、香蒜虾、清蒸柠檬淡菜、酥烤奶油淡菜、烤小羊排、烤猪肉串、煎肉片、炖牛肚、烤猪耳朵,等等。从中国人的习惯看,西班牙的它帕实际上应属于点心、小吃或小炒之类。

三、美洲饮食文化区域特点

北美洲是北亚美利加洲的简称,位于西半球的北部;东滨大西洋,西临太平洋,北濒北冰洋,南以巴拿马运河为界,同南美洲分开。

北美洲居民主要信基督教和天主教;通用英语和西班牙语。加勒比海、纽芬兰附近海域是世界著名渔场。北美洲中部平原是世界著名的农业区之一,农作物以玉米、小麦、稻子、棉花、大豆、烟草为主,大豆、玉米、小麦生产在世界农业中占重要地位。中美和西印度群岛诸国主要产甘蔗、香蕉、咖啡、可可等热带作物。

南美洲是南亚美利加洲的简称,位于西半球的南部;东临大西洋,西濒太平洋,北滨加勒比海,南隔德雷克海峡与南极洲相望,一般以巴拿马运河为界,同北美洲分开。也有人从政治地理的角度,把南美洲及其以北的墨西哥、中美洲和加勒比海地区(西印度群岛),亦即美国以南的美洲地区称为拉丁美洲。

南美洲沿海水产资源极为丰富,其中智利北部沿海盛产金枪鱼,秘鲁沿海盛产沙丁鱼,巴西、阿根廷沿海盛产鲈鱼、鲻鱼、鲽鱼、鲭鱼、鳕鱼等鱼类。秘鲁沿海、巴西沿海为南美洲两大渔场。

南美洲土地辽阔,条件优裕,农业生产的潜力很大;盛产甘蔗、香蕉、咖啡、可可、橡胶、金鸡纳霜、剑麻、木薯等热带、亚热带农林特产,它们的产量均居世界前列。其中,巴西的咖啡、香蕉和木薯产量均居世界第一位,可可产量居世界第三位,剑麻的产量在世界也占重要地位。秘鲁的捕鱼量和鱼粉、鱼油产量,阿根廷的肉类产量均居世界前列。

(一)美国饮食文化特点

美国是典型的移民国家,其中大部分居民都是英国移民的后裔,所以美国菜基本上是在英国菜的基础上发展起来的。另外美国人又吸收欧洲其他国家和当地印第安人的烹饪精华,兼收并蓄,创造了独特的美国饮食文化。美国人对饮食要求不高,不讲究精细,只要营养、快捷、方便。美国人的早餐以面包、牛奶、鸡蛋、果汁、麦片、咖啡为主。正餐比较丰盛,通常先喝果汁或浓汤,然后吃主菜。美国人常吃的主菜有牛排、猪排、烤肉、炸鸡等;随主食吃的有蔬菜、面包、黄油、米饭、面条等。美国饮食文化具有以下五个特点。

1. 饮食多元化

美国是个开放的国度,美国饮食也是世界各国各地美食的总汇,呈现多元化态势。一方面,美国大城市中都有世界各地风味的餐馆,人们可以品尝到各个国家的美食;另一方面,美国移民人口众多,新移民带来的烹饪方式及菜肴特色,使美国菜融合了各方特长,创造了许多新食物组合,使美国家庭和餐馆的餐桌上出现了丰富而多元化的食物。所以美国饮食是世界各国佳肴风味的汇合体。

2. 盛行快餐文化

快餐是典型的美国饮食文化,在美国十分普及。快餐食品是随着美国人生活节奏加快而出现的。快餐店在其后快速发展,其中有以麦当劳为代表的汉堡包餐厅、以肯德基为代表的炸鸡餐厅,还有出售比萨、三明治和热狗的快餐店。快餐店供应的快餐食品有汉堡包、烤牛肉、煎牛排、火腿、三明治、面包、热狗、油炸马铃薯片、烘馅饼等。

3. 菜肴味道清淡

美国菜是在英国菜的基础上发展起来的,继承了英国菜简单、清淡的特点,口味咸中带甜。美国人一般对辣味不感兴趣,喜欢铁扒类的菜肴,常用水果作为配料与菜肴一起烹制,如菠萝焗火腿、菜果烤鸭;喜欢吃各种新鲜蔬菜和各式水果,蔬菜大都生吃。

4. 热爱烧烤

烧烤英文为barbecue,通常简写为BBQ。BBQ在美国是一种独特的饮食文化,它代表着轻松、休闲、和睦,非常适合在野餐和家庭聚会的时候进行。根据美国饮食协会的统计,BBQ中最常见的食物是汉堡、牛排、鸡肉和热狗。只要是肉食,几乎都可以出现在烤架上,无论是牛排、鸡肉还是三文鱼。美国人对BBQ十分热爱,几乎家家户户都有固定式的烤肉架(grill)或是整台可以移动的烤肉推车(smoker),大部分公园也会为游客提供烧烤用具。

5. 爱喝速溶茶、冰茶

在美国,茶消耗量占第二位,仅次于咖啡。美国人饮茶形式多样,以饮红茶为主,饮绿茶、花茶、乌龙等次之。美国人饮茶讲求效率、方便,不愿冲泡茶叶、倾倒茶渣,似乎也不愿茶杯里出现任何茶叶的痕迹,因此他们青睐于喝速溶茶。美国人还喜欢饮冰茶,而不是用开水冲泡热茶。饮用时,先在冷饮茶中放冰块,或事先将冷饮茶放入冰箱冰一会儿。在美国,90%的茶饮为冰饮,这在全世界独一无二。而自从美国人20世纪初年发明袋泡茶之后,其袋泡茶便成为主导的茶叶类型,占美国整个茶叶消费量的60%—65%。由于绿茶具有增强体质、预防癌症的作用,越来越多的美国人成为绿茶爱好者。

(二)墨西哥饮食文化特点

墨西哥是中美洲的文明古国,除了古迹多,其加勒比海的优美景色更令人向往。在墨西哥,到处可以看到仙人掌,据说全世界已知的1000多种仙人掌中,有500多种在墨西哥,其中200多种是墨西哥特有的。墨西哥的国旗和国徽上都有仙人掌的图案,因而素有"仙人掌之国"的美称。墨西哥可能是世界上最早种植玉米的国家,被称为"玉米的故乡"。墨西哥年产玉米1200万吨以上,玉米是墨西哥最主要的农产品。墨西哥以产白银而著称于世,其白银产量居世界首位,占世界白银总产量的18.3%,素有"白银王国"之称。

墨西哥的饮食文化源远流长,有着4000多年的历史。因为受到古印第安文化影响,墨西哥又被西班牙统治过,墨西哥菜式均以酸辣为主。墨西哥美食被誉为世界名菜。墨西哥饮食文化具有以下四个特点。

1. 以玉米为主食

玉米是墨西哥人的面包,将玉米喻为墨西哥文化的精髓一点不过分。玉米是墨西哥人的先民印第安人培育出来的。墨西哥国宴也是一盘盘玉米美食,面包、饼干、冰淇淋、糖、酒等,均以玉米为主料制成,令人大开眼界。至今,在用玉米做美食这件事上还是墨西哥人领先。

2. 爱吃辣椒

除了玉米,墨西哥人每顿还离不开辣椒,辣椒成了墨西哥人不可缺少的食品。墨西哥盛产辣椒,出产的辣椒估计有百款之多,颜色由火红到深褐色,各不相同;至于辛辣度方面,体形愈细,辣度愈高,选择时可以此为标准。正宗的墨西哥菜,材料多以辣椒和番茄为主,味道有甜、辣和酸等,而酱汁九成以上由辣和番茄调制而成。墨西哥人爱把番茄、香菜、洋葱和辣椒切成碎块,卷在玉米饼里吃,甚至在吃水果时也要撒上辣椒粉。

3. 喜食豆类和仙人掌

和玉米一样,豆也是墨西哥饮食中很重要的原料。墨西哥人很喜欢吃豆子,也发明了许多豆类食品的做法,如辣豆烧牛肉、凉拌青豆等。另外,因为墨西哥是"仙人掌之国",当地人喜食仙人掌,他们把它与菠萝、西瓜并列,当作一种水果食用,并用它制成各种家常菜肴。

4. 有特色的酱料

墨西哥菜式以辣闻名,食物的烹调方法以烤、烧为主。酱料的配搭是烹调墨西哥菜中重要的一环。酱料是墨西哥美食里最有特色的,多是用墨西哥特有的热带雨林里的各色蔬果做成的。其中,鳄梨酱比较特殊,是由鳄梨加上100多种原料混制而成的。墨西哥人更喜欢把辣椒和各种蔬菜一起制成酱料。墨西哥最著名的酱料,也是当地人最爱吃的有两种——萨尔萨和莫莱酱料。

(三) 巴西饮食文化特点

巴西各地饮食习惯极具地方特点。巴西南部土地肥沃,牧场很多,烤肉就成为当地最常用的大菜。东北地区人们主食是木薯粉和黑豆,其他地区的主食是面、大米和豆类等。东南部和南部地区蔬菜的消费量较多。巴西饮食文化还深受各地区移民国影响。巴西饮食文化具有以下三个特点。

1. 食物种类全面

巴西人的饮食特点是以大米为主食。黑豆也是当地重要食品,被用来做黑豆饭。由于巴西畜牧业较发达,所以食品中肉类较多。人们常食牛羊肉、猪肉、鸡肉和各种水产品,喜欢番茄、白菜、黄瓜、辣椒、马铃薯、洋葱等各种蔬菜。巴西人讲究菜肴量少而精,注重菜肴的营养成分。

2. 菜肴口味重

巴西人喜爱麻辣味道,对中国的川菜最为推崇;调料喜用棕榈油、胡椒粉、辣椒粉等;偏爱采用清蒸、滑炒、炸、烤、烧等烹调方法制作的菜肴。大多数人都爱吃红辣椒。

3. 喜爱喝咖啡

巴西有"咖啡王国"之称,是世界上的咖啡消费大国,也是世界三大咖啡产地之一。咖啡是大多数巴西人喜欢的饮品。巴西人比较喜欢喝浓咖啡,饭后闲谈时喜欢喝一杯浓浓的、加方糖的黑咖啡。

四、非洲饮食文化区域特点

阿非利加洲,简称非洲,位于东半球的西南部,地跨赤道南北,西北部有部分地区伸入西半球;位于亚洲的西南面,东濒印度洋,西临大西洋,北隔地中海和直布罗陀海峡与欧洲相望,在东北角上习惯以苏伊士运河为非洲和亚洲的分界。非洲面积3037万平方千米,仅次于亚洲,为世界第二大洲。

非洲居民多信原始宗教、伊斯兰教,少数信天主教和基督教。非洲草原辽阔,面积占非洲总面积的27%,居各洲首位;可开发的水利资源丰富;沿海盛产沙丁鱼、金枪鱼、鲐、鲸等。农业在非洲国家国民经济中占有重要的地位,是大多数国家的经济支柱。非洲的粮食作物种类繁多,有麦、稻、玉米、小米、高粱、马铃薯等,还有特产木薯、大蕉、椰枣、薯芋、食用芭蕉等。非洲的经济作物,特别是热带经济作物在世界上占有重要地位,棉花、剑麻、花生、油棕、腰果、芝麻、咖啡、可可、甘蔗、烟叶、天然橡胶、丁香等的产量都很高。乳香、卡里特果、柯拉、阿尔法草是非洲特有的作物。非洲畜牧业发展较快,牲畜头数多,但畜产品商品率低,经营粗放;渔业资源丰富,但渔业生产仍停留在手工操作阶段,近年来淡水渔业发展较快。

(一)埃及饮食文化的特点

由于外来的饮食文化不断楔入,埃及传统的饮食文化难以一脉相承。现今埃及饮食文化属于阿拉伯饮食文化范畴。

与此同时,埃及领土又地跨亚、非两洲,除了尼罗河谷、地中海沿岸、苏伊士运河和西奈半岛外,绝大多地区是炎热干燥的热带沙漠,主要的农产品仅有小麦、玉洋葱和甘蔗,畜牧业的发展也受到限制。因此,该国的饮食文化又具有西亚和北非热带气候的特色。非洲大米稀少,蔬菜也不充裕,人们常食用政府补贴的"耶素面饼"。非洲人喜好焦香、麻辣与浓郁,制菜习用粗盐、胡椒、辣椒、咖喱、番茄酱、孜然、柠檬汁、黄油等调味,因此菜肴口感偏重。另外,该国的饮料多为红茶、淡咖啡、酸奶与果啤,爱吃瓜果与雪糕,这也是其居住环境使然。

(二)南非及其他国家饮食文化的特点

南非的烹饪技术来源于很多民族,是各种文化和传统的综合。

海外移民浪潮迭起,为南非带来了世界各地的菜肴。在南非,英式(包括鱼和薯条)、德式、葡萄牙式、西班牙式、匈牙利式、马来式、印度式和中式佳肴应有尽有。

南非荷兰菜系起源于17世纪的开普敦,后来从开普敦迁走的布尔人将其传到了北方。它是一种用欧洲农家混合方法烹调,再佐以从荷兰东印度公司购买的香草和调味品制成的独特菜系。

南非的部分美食受到亚洲饮食文化的影响,如炖番茄和菜豆、南瓜肉桂油炸面团、姜饼、馄饨汤、肉丸子。南非人的肉食以牛肉为主,最受欢迎的是以特殊料调味,再搭配风干桃子、杏果或葡萄干的碎牛肉或羊排。这种典型的马来菜,反映出马来厨师正在尝试调整传统的东方烹调方式,适当运用南非当地的材料,以创造出崭新的南丰美食。在南非,全国各地都可以买到咖喱肉馅饼和素馅饼。

南非的Karoo因汁浓味厚的羊肉而闻名,还有睡莲叶芽炖羊肉、葡萄干黄米饭和烤红薯。凌波波省的主食是玉米粉,早餐时,桌上经常有黄色的玉米粥。在南非,早餐还很流行吃玉米饼,还有喝麦片豆粥。南非的肉类食品质量很好,鸵鸟肉味道比牛肉好,而且胆固醇含量较低。

其他菜肴有混合烧烤、牛尾、加香料和红酒炖制出的肉烂离骨的珍珠鸡砂锅。还有鸡腿、蚂蚱和桑比虫的幼虫干等。甜食有麻花糖、脆饼干、葡萄干布丁、蒸布丁和奶馅饼。脆饼干的传统吃法是蘸咖啡。

烧烤是南非生活方式中不可缺少的组成部分。在南非到处都可看到牛排、鸡块蘸辣汁在烤架上嗞嗞作响。肉食总是配以各种沙拉、蔬菜和一种叫"pap"的粥,再有就是番茄葱头酱、马铃薯咖喱豆和咖喱腌鱼。

五、大洋洲饮食文化区域特点

大洋洲陆地总面积约897万平方千米,是世界上面积最小的一个洲。

美拉尼西亚附近海域、澳大利亚东南沿海及新西兰附近海域为主要渔场,盛产沙丁鱼、鳕、鳗、鲭和鲸等。农作物有小麦、椰子、甘蔗、菠萝、天然橡胶等。小麦产量约占世界小麦总产量的3%。居民的主要粮食是薯类、玉米、稻米等。畜牧业以养羊为主,绵羊头数占世界绵羊总头数的20%左右。

(一)澳大利亚饮食文化的特点

澳大利亚传统的饮食文化以英格兰、爱尔兰饮食文化为主。澳大利亚人一般吃西餐,饮食习惯与英国人相似。20世纪,随着大量移民涌入,澳大利亚饮食文化具有了多样性。意大利、希腊、法国、西班牙、土耳其、阿拉伯等地饮食方式相继在澳大利亚各地落户生根。它不仅满足了各地移民的需要,也给那里的英国后裔带来了新的口味。

20世纪50年代的淘金潮将中餐带进了澳大利亚。当时的许多小城镇都可以找到中餐馆。糖醋排骨、黑椒牛柳、杏仁鸡丁成为风行一时的带有异国情调的菜肴。现在你可以在澳大利亚任何一个小城镇里看到中式餐馆。在大城市里的唐人街上,中餐馆更是鳞次栉比,不胜枚举。据说在各国风味餐馆中,中餐馆的数目是最多的。

随着20世纪70年代后期越南人的涌入,一种价格低廉的越南菜在澳大利亚悄悄流传开来,其中最脍炙人口的就是牛肉粉,这几乎成了越南食品的象征。然而没过多久,咸、辣、甜的泰国菜开始流行。泰国餐馆就像当年的法国餐馆一样迅速遍及澳大利亚各个城区,并风行了10年。现在,澳大利亚最为流行的亚洲餐依次为中餐、泰餐、日餐、韩餐、越餐和马来餐。

澳大利亚人的食物应该是世界上最丰富多样的,包括各种肉、蛋、禽、海鲜、蔬菜和四季时令水果。他们的食物几乎全部是本地产的,很少依赖进口,而且品质优良。澳大利亚这块广袤的土地上,可以种植任何在其他国出产的东西。所以澳大利亚人学会了各种烹调技术且在饮食上有了创新意识,希望将丰富的物产物尽其用。

(二)新西兰饮食文化的特点

新西兰人同新结识的人见面或告别时,礼仪一般为握手。如果对方是位女士,男士应等她先伸出手后再与她握手。

新西兰人时间观念强,赴约守时,交谈话题大都涉及天气和体育运动,不愿谈及种族问题。新西兰的毛利人善歌舞、讲礼仪,当远方的客人来访时,致以"碰鼻礼"。碰鼻次数越多,时间越长,说明礼遇越高。

新西兰人饮食与英国人大致相仿,喜欢吃西餐,特别爱喝啤酒。新西兰人还最好喝茶,一般每天需喝7次茶(早茶、早餐茶、午餐茶、午后茶、下午茶、晚餐茶和晚茶)很多机关、学校、工矿企业都安排了专门的喝茶时间,茶店和茶馆几乎遍及新西兰各地。

(三)汤加饮食文化的特点

汤加为南太平洋西部的岛国。汤加国虽小,饮食文化却举世闻名。其中包括催肥的薯块、特异的全猪宴、神圣的卡瓦酒、反对节食减肥等。汤加人的主食是硕大薯类的块茎,还有椰子和香蕉。由于经常食用营养丰富的优质碳水化合物,汤加人大多都肥胖,并且以胖为美,以胖为荣,以胖为尊贵;以身材苗条为丑陋。在汤加,人们一般不在宴会上提及节食、减肥等内容。

汤加人平时很少吃肉,也不喝牛奶。如遇大典,则在王宫举行盛大的"全猪宴"。届时,广场上摆放着许多棕榈叶编成的特大条案,每个案上陈放25头烤猪、30只烧鸡、原始的几十只大鳌虾和成堆的蔬果。赴宴者席地而坐,用手撕扯着肉菜胡吃海喝,同时表演热烈奔放的劲歌狂舞。此宴吸引了五洲四海的观光客,为该国增加了不少外汇收入。

"卡瓦"是一种胡椒科灌木的树根,将其晒干、捣碎、浸出、过滤的汁液,即为卡瓦酒。它虽不含酒精,但有浓烈的辛辣味,会使舌头麻木。此酒可以健肾降压,并且越喝越上瘾。汤加人敬献卡瓦酒时,常有礼节严谨的神圣仪式,带有原始部落宗教的遗痕。通常情况下,汤加人忌讳13和星期五,不许吃饭时说话,还忌讳将鲜花当礼物送人。

教学互动

饮食文化大比拼

围绕本项目所学内容,融会贯通饮食文化知识点。教师拿出世界地图随机点击地区,以小组为单位讲解当地饮食文化。分组讲解,小组互评,教师点评。

项目小结

本项目围绕"饮食文化与地理"这一主题,分中外两条主线进行论述。任务一"中国饮食的区域特点",从中国饮食文化区域划分、中国菜肴文化、中国主食文化等方面分析了中国饮食的区域特色,重点解读了中国菜肴及主食文化。任务二"外国饮食文化的区域流派",详细叙述了各大洲的区域饮食文化特点,对各国饮食风味特点进行了归纳总结,对各国的饮食习惯进行了详细解读。要求学生在项目学习的过程中,能够学习到各国的饮食文化的特点,在比较学习的过程中,培育民族自豪感。

项目训练

一、知识训练

1.中国饮食文化区域的形成有哪些历史原因?

2.中国菜系有几大风味流派?

3.广式面点的风味特点有哪些?

4.法国饮食文化特点有哪些?

二、能力训练

1.试分析以小麦为主食的北方饮食区域和以稻米为主食的南方饮食区域饮食文化的差异性。

2.试将番茄炒鸡蛋根据命名方法中的寓意命名法重新命名。

3.试分析中国餐桌上的民族精神。

项目六
饮食文化与食艺

 项目描述

烹调技法在世界美食的发展过程中扮演了至关重要的角色。它们是厨师们传递食材风味、创造口感和提升菜品美味的关键工具。烹饪对食材的味道和口感的提升，对不同地域食材特色的展现，对传统饮食文化的传承和对创新和变革的推动，都使烹饪活动与我们生活的密切连接。本项目要求学生了解中外饮食的食材、烹调方法和饮食器具等方面的基本内容，理解其与饮食文化的关联和意义。

 项目目标

知识目标

1. 了解中外饮食文化中的代表性食材。
2. 了解中外饮食文化中的制熟技艺。
3. 了解中外饮食文化中的调味技艺。
4. 了解中外饮食文化中的饮食器具。

能力目标

1. 理解中外饮食文化中各种食材的地域特色。
2. 理解中外饮食文化中制熟与调味的特点。
3. 感受中外饮食器具的发展与演变。

素养目标

1. 能够从文化的角度分析饮食现象和餐饮特征。
2. 能将饮食文化融入专业学习，尝试创新。
3. 兼收并蓄中外饮食文化，在比较学习的过程中，培育民族文化认同，坚定民族文化自信，增强民族文化自豪。

知识导图

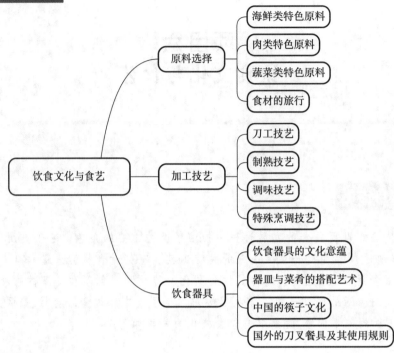

饮食文化与食艺
- 原料选择
  - 海鲜类特色原料
  - 肉类特色原料
  - 蔬菜类特色原料
  - 食材的旅行
- 加工技艺
  - 刀工技艺
  - 制熟技艺
  - 调味技艺
  - 特殊烹调技艺
- 饮食器具
  - 饮食器具的文化意蕴
  - 器皿与菜肴的搭配艺术
  - 中国的筷子文化
  - 国外的刀叉餐具及其使用规则

学习重点

1. 中外饮食文化中的特色食材。
2. 中外饮食加工技艺。
3. 中外饮食器具的使用与发展。

项目导入

　　各个国家的烹饪在其漫长发展历程中，形成了各自烹饪的绚丽多彩的文化内涵和坚实的技术基础。在距今50多万年前，先民学会了食用被火烧熟的食物。火化熟食，使人类食物来源扩大了，疾病减少了，有利于人类有效地吸取营养，增强体质。火的掌握和使用，是人类烹饪发展史上的一个里程碑。完备意义上的烹饪必须具备可提供热量的能源、炊具、调味品和烹饪原料四个条件。

Note

任务一　原料选择

中国人对原料的选择向来都是非常讲究的。《黄帝内经·素问》说："五谷供养，五果助，五畜益，五菜补。带着气味去补精。这五味苦、苦、咸，各有千秋，或散，或收，或缓或急，或坚，或柔。四季五时藏，病宜五味。"这段话本来是从中医的角度讨论如何通过饮食治疗疾病。但我国传统医学和养生自古就有"药食同源"的说法。食物可以吃，也可以入药。所以，从养生的角度来说，这段话讲的是如何通过饮食来强身健体。其中，"五谷为养，五果为助，五畜为益，五菜为补"是关系到中国人健康和体质的食物结构。虽然长期以来，没有人把养、助、益、补作为中国人的食物结构来讨论，但事实上，两千多年的历史实践表明，中国人的饮食基本遵循这种食物结构。

放眼全球，各个大洲的不同国家和民族也都具有各自特色的饮食结构。在就地取材的前提下，随着迁徙、社会进步和文化交融等，不同国家和民族的食材的选择也有各自的传承和演进。在近代，随着物流的快速发展，食材也逐渐在"新家"安家落户。人们在寻求新食材时，保持着对食材"原产地"的尊重，贝隆生蚝、泰国香米、斯里兰卡红茶、巴西黑豆等闻名世界。食材的选择，也是各个国家美食文化重要的一部分。

一、海鲜类特色原料

（一）贝隆生蚝

法国绵长的西海岸盛产不同种类的生蚝，包括本土生蚝和外部引进的养殖生蚝，其中贝隆河口的贝隆生蚝世界闻名。贝隆生蚝全称布列塔尼—贝隆生蚝，在离开海水后会紧闭蚝壳，所以人们在品尝贝隆生蚝的时候，能感受到布列塔尼海水的味道以及海藻的气息，体验到布列塔尼海风的味道。

生蚝又称牡蛎、蚝，因为其重要的品尝方式之一为生食，常被称为生蚝。生蚝在全球的各个国家都很流行。蚝像其他的双壳软体动物一样，通过强壮的肌肉打开或者关闭贝壳。生蚝外壳呈现不规则的椭圆形或者圆形（见图 6-1），部分养殖主会为了保证蚝壳的美观而控制生蚝的单位养殖密度，并且定期耙动，使其生长出美观的外壳。新鲜的蚝的蚝壳是密闭的，并且不使用专业的蚝刀是很难打开的。不论是野生还是养殖生蚝，都出现在温带沿海水域。目前世界上主要的生蚝品种有生长在欧洲和美国西海岸的和生长在亚洲、澳洲和美国东海岸的。

图 6-1　生蚝

不同水域的生蚝在味道上有很大的差别，即使是相同的品种，在不同的海域或者不同的季节，味道和质感也是不同的。品生蚝就像是品红酒，人们将生蚝的味道分为坚果味、金属味、臭氧味、黄瓜味、甜味、碘味、水果味、铜味和泥土味。贝隆生蚝是铜蚝之中的佼佼者，其金属质感让很多初次接触生蚝的爱好者望而却步，却是生蚝深度爱好者的必品蚝之一。由于其口味偏重，传统法式餐厅在上生蚝时，会搭配红酒醋和红葱头碎，让生蚝的味道在和两个侵略性较强的配料味道在碰撞后，得到平衡。葡萄酒是另一个适合的搭配，年代较近的清新白葡萄酒，例如夏布利的干白中的矿物质香气能很好地迎合贝隆生蚝的金属口感，同时酒中柠檬的香气和酸度，可以很好地凸显生蚝的鲜味，经典的霞多丽香槟和雷司令等干白也是不错的选择。

野生蚝食用的最佳季节通常是晚春和初夏，养殖蚝则全年都有供应。生食蚝通常留半个壳作为底座，摆放在碎冰之上，搭配红酒醋、辣椒仔酱汁、新鲜柠檬汁等。生蚝还可以采用油炸、炒、低温煮、烤和焗等方式烹调，搭配意大利银鱼柳汁、黄油或者菠菜。

（二）挪威三文鱼

三文鱼又被称为鲑鱼，是目前餐桌上常见的海鱼类食材。"鲑"字在《康熙字典》之中有多种不同的意思，《山海经》中提到的"敦薨之山""多赤鲑"中的"鲑"为河鲀之意。但是从杜亚泉先生的《动物学大辞典》开始，鲑字指河豚的原意就不再沿用了，仅指数种鲑科鱼类，包括我们今天所说的三文鱼。而在东亚地区历史上能够见到的鲑鱼基本上都是钩吻鲑，也就是俗称的大马哈鱼。日本历史上将日本产出的大马哈鱼称为石桂鱼（但这种石桂鱼并非我国所说的石桂鱼）。

今天的"三文鱼"由英文salmon的粤语音译而来。近年来，用于生食的鲑科鱼逐渐增多，形成了"生食三文鱼"这一名词，泛指达到生食标准的大马哈鱼。而中国原来并没有生食大马哈鱼的习惯，这是因为中国原生大马哈鱼是陆封型鳟鱼，并不适合生吃。一些新标准中，允许使用虾青素来饲养陆封型虹鳟，使得它们具有了和洄游型大马哈鱼相似的外观，由此引发了真、假三文鱼之争。

目前，野生的鲑鱼是很珍贵的。被称为"鱼之王"的野生大西洋鲑鱼，已经卖到了很高的价格。多国政府为了保护野生鲑鱼付出了努力，颁布了猎捕鲑鱼禁令。目前我们市场上能见到的鲑鱼，主要都是养殖鲑鱼，品质和味道以及鱼身脂肪的比例都控制得很好。鲑鱼肉含有高蛋白质、ω-3脂肪酸、维生素D及较高胆固醇。鲑鱼肉一般呈橙色、深红色（例如红鲑）或白色。野生鲑以虾子等甲壳类海洋生物为食，鱼肉呈现橘红色。鲑养殖业者为了让养殖鲑鱼肉外观和野生鲑鱼类似，会在饲料中添加类胡萝卜素等可食用色素，以增色并提高卖相。接近99%的大西洋出产的鲑鱼为人工饲养，挪威是世界第一大养殖鲑鱼出口国。

鲑鱼的食法有多种。因为寄生虫问题，传统的食法中没有生食。即使是在以生鱼片闻名的日本料理中，鲑鱼最初也是加热后食用的。在日本，烤鲑鱼是家常菜，人们还会用鲑鱼头制作盐烧鲑鱼。欧美人会以热或冷烟熏方式制作烟熏鲑鱼，或把鲑鱼制成罐头以便储存，北欧地区有腌制鲑鱼的习惯。为人所熟知的日式三文鱼刺身，诞生于20世纪下半叶。当时挪威为了开拓在亚洲的出口市场而大力推广自己的"天然鲑鱼"

产品。这种食法逐渐被日本大众接受并被传到其他国家。

（三）波士顿龙虾

波士顿龙虾，也被称为美洲龙虾，是螯虾的一种，被发现于北美大西洋海岸。它是该地区最大的和最具商业价值的龙虾品种之一，成年龙虾体长约24cm，外壳可以是棕色、绿色或斑驳的黑色。波士顿龙虾在美国有三个种群，分别是缅因湾、乔治海岸和新英格兰南部种群。缅因湾的龙虾是这三个种群中数量最多、产量最高的，约占美国龙虾捕捞总量的80％。乔治海岸龙虾种群数量位居第二，位于马萨诸塞州和罗德岛海岸。新英格兰南部的龙虾种群数量是三个种群中最少的，分布在康涅狄格和纽约海岸附近。波士顿龙虾产业每年产值约10亿美元。

加拿大龙虾也属于螯虾。加拿大龙虾的壳更硬，相对波士顿龙虾，它的肉没有那么嫩和甜。

国内另外一种比较知名的龙虾是澳洲龙虾。澳洲龙虾又称多刺龙虾，多生活在温水中，波士顿龙虾更喜欢冷水。食客很容易通过波士顿龙虾又大又重的爪子将它与澳洲龙虾区分开（见图6-2）。澳洲龙虾的特点是长而有力的触角和眼睛上方的一对长触须，但澳洲龙虾爪子很小。澳洲龙虾也会以冻虾尾的形式出售。

龙虾的商业化捕捞是从19世纪中期开始的。在此之前，龙虾数量众多，体型更大，寿命也比现在长得多。麦哲伦的日记指出，这些生物在旧马萨诸塞州领地（现在称为缅因州）的一些沿海水域中像"糖蜜"一样厚。过去龙虾被认为是穷人的食物，但现在波士顿的高端海鲜餐厅也提供种类繁多的龙虾菜肴，例如简单的煮龙虾、精致的龙虾菜肴等。波士顿人很乐意为这个城市提供的最好的龙虾支付高价。真正令缅因龙虾在全球拥有知名地位的，是纽

图6-2　澳洲龙虾（左）与波士顿龙虾（右）对比图

约人和波士顿人，他们喜爱缅因龙虾的香甜多汁。如今，龙虾在某种程度上是高级餐厅和昂贵自助餐的代名词。我们想象它们在纯白的瓷器上，在金色的餐具的衬托下，依偎在绿叶沙拉中。

活龙虾的颜色通常是深棕、绿、蓝色的，因为其体内有许多不同的色素。除了典型的彩色龙虾，还有罕见的黄、红、蓝、白龙虾。研究显示，每3000万只龙虾中就有一只龙虾出生时带有蓝色外壳。龙虾通常在晚上活动，吃鱼、螃蟹、蛤蜊、海胆，有时也吃其他龙虾！

龙虾肉比牛肉、鸡肉和猪肉含有更少的胆固醇、卡路里和饱和脂肪。龙虾是蛋白质和Ω-3脂肪酸的良好来源，可以减少患动脉硬化和心脏病的风险。龙虾还富含氨基酸、钾、镁、钙、磷、锌、铁、维生素A和许多B族维生素。

活龙虾可以煮、蒸、烤或烤。龙虾的肉位于尾巴、钳子和钳子与身体连接的关节。龙虾腿部也有少量的肉。龙虾身体和尾巴交界处的绿色物质是肝脏，许多食谱称其有一种非常独特的"胡椒味"。

龙虾在烹调之前通常要在冰箱中冷藏一段时间,以达到"麻醉"的效果,并在烹煮前先"杀死"龙虾,以更人道的方式处理食材。龙虾煮熟后,肉呈乳白色,壳呈鲜红色。烹饪龙虾的时间超过推荐时间通常会使肉太硬。对于龙虾来说,铁板烤、蒜蓉粉丝蒸、芝士焗,或者生食都是不错的选择。

（四）鱼子酱

鱼子酱(caviar)是轻度加工过的鲟鱼鱼卵,如图6-3所示。虽然鱼子酱价格较高,但随着大众对鱼子酱的认知和对味道的追求,其仍然逐渐在全球流行。其价格取决于等级和品种。鱼子酱不是一种调味酱,其中只含有一种成分:鱼卵。普通鱼卵酱和鱼子酱之间的一个重要区别是,后者必须用鲟鱼卵制作。鱼子酱中的鱼卵未受精,因为只有在雌鲟鱼自然产卵时,鲟鱼卵才会被雄鲟鱼受精,而鱼子酱是人们直接从鱼身上获取的。所有鱼子酱都会被清楚地贴上标签,显示其等级、品种和原产国等信息。

图6-3　鱼子酱

和大多数海鱼一样,鲟鱼可以是野生的,也可以是人工养殖的。传统的生产鱼子酱的鲟鱼来自里海和黑海,现在用于生产鱼子酱的鲟鱼则来自世界各地。而且随着人工养殖鲟鱼越来越普遍,鱼子酱也更加受欢迎。在野外,鱼子酱收获的时间是鲟鱼群在春天从咸水迁移到淡水中的时候,而养殖鲟鱼时,通过超声波定期观察,可以知道它们将什么时候产卵。

传统的获取鲟鱼卵的方式是直接杀死鲟鱼,而另外一种方法是在取出鱼卵之后,把鱼缝起来,保护鱼的生命,还有一种更罕见的收获鱼子的方法,通过按摩鱼腹来刺激鱼释放出鱼卵。不过大多数鲟鱼还是在鱼卵被收获之前就被杀死了,然后剩下的部分被清洗、分割和出售。鲟鱼的肉又硬又密,在质地上更接近猪肉,而不像我们平时吃到的鱼肉般软嫩,所以鲟鱼肉一般以鱼排的方式进行煎和烤,还可以熏制并作为一种开胃菜出售。

鱼子酱有不同的分类和等级。大小、质地、味道、颜色和香气在鱼子酱分类时都很重要。一些鱼子酱生产商创造了自己特定鱼子酱的等级,但这只是营销手段。人们普遍认可将鱼子酱分为两个等级,即A级鱼子酱和B级鱼子酱。A级鱼子酱是最好的级别,结实、饱满、多汁、芳香、鲜美。B级鱼子酱仍然很好,但卵可能不太完美,会有裂开或畸形的。所以B级鱼子酱的价格也会比A级鱼子酱低一些。

鱼子酱通常是以鲟鱼品种来命名的。每一款鱼子酱都有其独特的风味,像是生蚝一样,通常都有大海的味道,同时又像是红酒一样,不同款之间具有细微的差别,这也正是鱼子酱的魅力之一,如具有不同程度的黄油味或者坚果味,或者更有侵略性。目前世界上比较流行的鱼子酱品种见表6-1。

表6-1　世界上比较流行的鱼子酱品种

品种	主产地	特点	菜肴搭配
哈克尔巴克鱼子酱	美国	鱼子个体小,闪亮,颜色介于深灰和黑色之间,味甜,有黄油味,尾调带坚果味,来自养殖的鲟鱼	生食,或搭配黄油吐司、马铃薯、布列尼饼、酸奶油等
勃卢加鱼子酱	俄罗斯	鱼子个体大,质地有弹性,颜色介于浅灰色到深灰色之间,黄油味,来自野生的鲟鱼。野生的鲟鱼通常需要25年达到成熟,因而勃卢加鱼子酱产量非常低,十分珍贵	生食为主要推荐的品尝方式
卡卢加鱼子酱	中国	鱼子个体大而韧,颜色有灰色、橄榄绿、棕色,味道更柔和,是容易让人接受的黄油风味,与勃卢加鱼子酱相似,但这种鱼子来自淡水鲟鱼	冷藏后生食,也可以搭配布列尼饼、酸奶油等
奥西特拉鱼子酱	俄罗斯	鱼子个体大小中等,颜色为橄榄绿、深棕色、金色,随着鱼的生长环境和进食内容的不同,鱼子的颜色随之变化,味道有坚果味、奶油味	首选生食,也可搭配海鲜和禽类
塞夫鲁加鱼子酱	俄罗斯	这种鱼子酱产自黑海和里海,这里的鲟鱼繁殖速度快,所以鱼子产量大,价格较便宜。鱼子体积很小,口感脆,味道有咸味和黄油味,颜色从浅灰色到黑色不等	最适合用珍珠勺或木勺生食,搭配香槟、起泡酒或伏特加,也可搭配布列尼饼、马铃薯或面包
鱼子酱替代品	—	用鲑鱼、白鲟、白鱼、鳟鱼等鱼类的鱼子制作的种类和口味多样的普通鱼卵酱	广泛的搭配选择

（五）福建海参

福建海参是福建省的特色食品之一,有着悠久的历史。其历史可以追溯到唐朝,据史书记载,唐朝时期有福建人在沿海地区捕捞海参,将其作为贡品献给朝廷。唐朝时期的《晋书·地理志》中就有关于海参的记载:"泉州及福建南海之岸,盛产海参,肥而大,当上等之列。"随着时间的推移,福建海参的品种和数量逐渐增多。在明清时期,福建海参已成为贡品之外的一种名贵食材,常常被用于制作宴席上的菜肴。在过去,海参被视为珍贵的贡品,只有皇室贵族才能享用。随着时间的推移,福建海参的种类逐渐增多,成为福建省地方特色食品之一。在福建文化中,海参也被视为珍贵食材之一,常常被用于烹饪节日或宴席上的菜肴。福建人在烹饪海参时,注重保留海参的鲜嫩口感和鲜美滋味。因此,在烹饪海参时,往往会用低温长时间慢炖的方式,让海参的口感更加鲜嫩可口。

福建海参的等级通常分为一至五级,根据海参的体形、质地、色泽和口感等因素来评定。其中,一级海参体形完整、体态端正、质地鲜嫩、口感细腻;五级海参体形较小、体态扭曲、质地较硬、口感较为粗糙。

福建海参常见的菜肴做法包括:

海参炖鸡:选用上等鸡肉和一级海参,加入适量的调味料,用慢火炖煮2—3个小时,让海参和鸡肉完美融合。

红烧海参:先将海参用清水洗净,然后用开水焯水,去除海参中的杂质,最后用酱油、糖、料酒、葱姜等调味料烹制,制成色香味俱佳的红烧海参。

海参炒韭菜:将韭菜切成段,用清水焯水,备用。再将海参切成丝,加入适量调味料,煸炒片刻后加入韭菜,翻炒均匀即可。

(六)山东海螺

山东海螺是中国山东半岛海岸线上的一种贝类海产品,具有丰富的历史文化背景。据史书记载,山东海螺的历史可以追溯到战国时期。当时山东海螺是贡品,被称为"赤魄",作为宫廷宴席上的珍馐之一。汉代《山东志》中也有记载,山东海螺被誉为"汉水之珍"。在明清时期,山东海螺更是享有盛名。当时的皇室和贵族喜欢品尝山东海螺,并且在宴席上经常将山东海螺作为烹调的主要材料。在清朝时期,山东海螺还被列为官方礼仪用品,可见其地位之高。

在现代,山东海螺已经成为山东半岛地区的特色美食之一,备受人们喜爱。山东海螺属于软体动物,其分类学名为"海螺科鳃亚纲"。山东海螺的营养价值很高,富含蛋白质、脂肪、碳水化合物、多种矿物质和维生素等营养成分。山东海螺的蛋白质具有很好的消化吸收率。此外,山东海螺还含有丰富的牛磺酸和牛磺酸盐等营养成分,对人体健康有很好的保健作用。中医认为山东海螺具有清热解毒、滋阴润燥、降血压等功效,对人体有很好的保健作用。

山东海螺的烹调方法多样,有烤、煮、炸、蒸等。在山东半岛地区,还有许多以山东海螺为主要原料的地方特色菜肴,如山东烤海螺、海螺酿豆腐、海螺汤,等等。

(七)广东河虾

广东河虾,又称白沙河虾,是广东省流行的一种特色食材,具有悠久的历史和浓厚的地方文化。据传,广东河虾的历史可以追溯到清朝时期,当时,人们在广东省清远市白沙镇的白沙河中发现了这种小型淡水虾。当时这些虾数量非常多,加上口感鲜美,逐渐形成了一种特色美食文化。在广东省白沙镇,每年都会举行盛大的白沙河虾文化节,吸引了大批游客前来观光和品尝河虾。此外,广东河虾有"小巧玲珑、色香味俱佳"的美誉,备受人们的喜爱和追捧。

广东河虾营养价值丰富,它的蛋白质含量丰富,每100克河虾肉中含有约15克蛋白质;同时,其脂肪含量较低,每100克河虾肉中只含有约0.7克脂肪,适合追求低脂健康饮食的人群；并且，广东河虾富含多种维生素，如维生素 B_1、B_2、B_{12} 等。其中，维生素 B_{12} 对维持神经系统健康和红细胞数量具有重要作用；广东河虾富含多种矿物质，如钙、磷、钾、镁等。其中，钙是人体必需的矿物质之一，有助于骨骼生长和保持骨密度。

广东河虾的制作方式主要有清炖、白灼、蒸煮、爆炒等，其中以清炖最为经典。清炖广东河虾的制作过程十分考究，首先将河虾去掉头部和脚爪，然后用清水泡洗干净，接着将虾放入瓦煲中，加入冬菇、竹笙、鸡肉、鲍鱼、枸杞等多种配料，用文火慢炖数小时，直至虾肉入味，汤汁浓郁。

（八）江西蚝

江西蚝又称为赣江蚝，赣江蚝生长在赣江口的泥质沙滩、海岸线和河口湾等地方。这里水质很好，氧气充足，是良好的生长环境。赣江蚝的外形呈扇形，壳的表面有不规则的凸起和泥沙。赣江蚝肉质细腻，味道鲜美，富含蛋白质、矿物质和维生素等营养物质，是江西省的重要水产资源。唐朝时期的皇室就特别喜欢赣江蚝，每到寿宴或宴会都会点用赣江蚝。

赣江蚝在江西的饮食文化中有着重要的地位。赣江蚝被誉为"江南第一蚝"，被列为江西省非物质文化遗产，是江西省的地方名特产之一。赣江蚝可以生食或加工烹制成各种美食，如蚝油、蚝什锦、蚝豉鸡煲等。其中蚝什锦是非常有特色的一道菜。先把赣江蚝洗净，放入开水中焯一下捞出备用。再将火腿肉丁，木耳丝，红椒、绿椒丁，赣江蚝一同煸炒，最后将鸡蛋液倒入锅中，快速搅拌均匀。蚝什锦口感鲜美，鲜嫩多汁，营养丰富。这道菜品不仅融合了赣江蚝的鲜味，还融合了其他配料的香味和口感，是赣江蚝的经典菜肴之一。

二、肉类特色原料

（一）肥肝

肥肝，是在一种特殊的喂养方式下变大的鹅或者鸭子的肝脏。以鹅肝（foiegras）为食材的做法源自法国。在法国，法律规定鹅肝是"属于受保护的法国文化和美食遗产。"鹅肝酱从法国流行到世界各地，但实际上当古埃及人知道鸟类可以通过强制喂食来增肥它们的肝部的时候，肥肝就已经存在了。这项技术备受争议，但肥肝，尤其是鹅肝仍然是世界上流行的食物之一。

通过特殊方式饲养鸭和鹅，鸭肝或鹅肝会增大到原来的近10倍。这种特殊方式就是通过用喂食管强行给鸭和鹅喂食。这种方法是有争议的，可能被视为一种虐待动物的行为。烹饪界在这个问题上有些分歧，一些厨师拒绝制作肥肝相关菜肴。肥肝生产商认为，以人道的方式进行灌胃是可能的，鹅和鸭是候鸟，它们在迁徙前会吃很多东西，这实际上意味着它们会自然地使自己发胖。有人认为利用这种自然机制安排屠宰时间，是一种"道德"或"人道"的肥肝的获得方式。

鸭肝和鹅肝都含有丰富的脂肪，有人说它们具有黄油的味道，有人说有牛肉味。鹅肝被认为是更精致的，味道更温和。鸭肝虽然脂肪含量稍低，但味道可能更浓郁，因此更适合高温烹饪。

所有的肥肝都是由两个叶片组成,一大一小。肝脏重量在0.7kg到1kg。肥肝有三个等级:A级、B级和C级。A级是最好的品质。A级肥肝指的是肝脏体积最大,结构紧实,外观有光泽,质地光滑,颜色一致,没有血斑或瑕疵。A级肥肝应该有一种甜美的气味,适合煎制。B级肥肝与A级肥肝味道相同,但比A级肥肝更小,有明显的纹理和缺陷,质地更柔软,是制作肥肝酱的理想选择。C级肥肝是质量最低的肥肝,主要用于调味和增稠酱汁。

制作鹅肝酱(见图6-4),需要去除鹅肝内的筋膜和血管,用调味料腌渍后,放入烤箱内进行烘烤,塑型并冷藏。冷藏也是为了更好地定型,食用时取出切片即可。鹅肝酱常用来搭配前菜,也可以与餐包、法式蛋卷、三明治、芝士和新鲜蔬菜搭配食用。鹅肝也经常被做成慕斯。人们将煮熟的鹅肝与白兰地和黄油一起在食品加工机中打成泥状,再调制成丝滑的糊状,涂在新鲜的面包上,如图6-5所示。

图6-4　鹅肝酱图

图6-5　鹅肝慕斯

(二)布雷斯鸡

布雷斯鸡(Pouletde Bresse)是法国的一种传统家禽品种,产自法国东部布雷斯地区。它是全球著名的顶级食材之一,享有"鸡中之皇"的美誉。布雷斯鸡的历史可以追溯到16世纪。当时,这种品种的鸡只在法国布雷斯地区饲养,且只供给法国贵族食用。在17世纪,布雷斯鸡逐渐被推广到全国,并成为了普通人家庭节日聚餐的重要菜品。20世纪初,法国政府为了保护布雷斯鸡这一传统品种,开始对其进行认证,确定了其特定的产区和生产标准。

布雷斯鸡的特点是身材修长,颜色鲜艳,羽毛洁白,眼睛周围的皮肤呈蓝色。与其他鸡品种不同,布雷斯鸡的骨架很细,肉质紧实、弹性好、味道鲜美,富有层次感。此外,布雷斯鸡的生长期比其他品种长,饲养周期也更长,因此价格相对较高,通常被视为高档美食之一。

布雷斯鸡有着近乎苛刻的饲养要求:布雷斯鸡必须在法国布雷斯地区进行孵化、饲养和屠宰。这个产地限制是法国政府为了保护布雷斯鸡这一传统品种而设定的。饲养布雷斯鸡必须采用天然、无污染的饲料,其中最重要的是玉米和小麦。为了确保鸡肉的品质和口感,饲料中不能添加抗生素、激素等化学物质。布雷斯鸡饲养的关键是自由放养。在布雷斯地区,鸡群可以在户外自由活动,吃草、捉虫、享受阳光。自由放养可以让布雷斯鸡生长得更加健康,肉质更加美味。饲养布雷斯鸡需要定期清理鸡舍,保持其干燥卫生,同时,要确保鸡舍内的温度和湿度适宜,避免鸡群受到寒冷或者潮湿的影响。布雷斯鸡的屠宰也需要遵循特定的标准,必须在布雷斯地区的认证屠宰场进行,屠宰后的布雷斯鸡必须在24小时内销售或者制成菜品,以确保鸡肉的新鲜度和质量。

布雷斯鸡是法国食材的代表之一,也是世界著名的高档家禽品种之一。它不仅在法国享有盛誉,在国际上也备受瞩目。许多著名的法国大厨都将其列为必备食材之一,并将其用于制作各种传统菜品,如布雷斯鸡汤、布雷斯鸡腿、布雷斯鸡饼等。布雷斯鸡汤需要慢火熬制,熬制时间较长。在熬制过程中,需要不断地撇去表面的浮沫和油脂,以保证汤的清澈透明。这样熬制出来的布雷斯鸡汤,香味浓郁,口感鲜美。厨师还会在布雷斯鸡汤中加入一些香料、调味料等,如洋葱、胡萝卜、香菜等。这些食材可以为汤增加浓郁的味道和香气,使得布雷斯鸡汤更加美味可口。布雷斯鸡汤中含有丰富的蛋白质、胶原蛋白、氨基酸等营养成分,可以促进人体新陈代谢、提高免疫力,对于调节人体机能和健康非常有益。

(三)日本和牛

日本和牛,又称"神户牛"或"黑毛和牛",是世界上著名的高级牛肉品种之一,享有"肉中之王"的美誉。日本和牛的养殖历史可以追溯到公元前2世纪左右的古代日本。在日本传统文化中,和牛被视为珍贵的财产和重要的文化遗产。日本和牛的肉质细嫩、口感丰富,以独特的味道和质感在全球范围内广受欢迎。日本和牛的品种主要有黑毛和牛、白毛和牛和短角和牛等,其中以黑毛和牛最为著名。黑毛和牛的主要特点是肉质细嫩、口感丰富、纹理分明、肉色鲜红等,且具有丰富的脂肪纹理和独特的香气,被誉为"美食中的香槟"。

日本和牛的养殖技术非常严格和复杂。日本和牛的饲养环境非常重要。它们需要适宜的温度、适当的空气湿度和良好的通风,以及清洁、干燥和宽敞的舒适空间。饲养场通常会提供日光浴场,以帮助和牛保持健康。日本和牛的饲料也非常重要,因为它直接影响肉质和口感。日本和牛的饲料主要是秸秆、草、玉米等植物性食物。此外,饲养者还会添加一些特殊的饲料,如麦糠、鱼粉等,以增加营养和提高口感。饲养者需要定期检查日本和牛的健康状况,包括身体状态、毛发、精神状态等,如果发现有任何问题,应及时采取措施。在繁殖方面,人们通常精心培育,选择最优质的日本和牛品种进行配种,以获得更好的后代。日本和牛的屠宰也非常重要,因为它会影响肉质和口感。在屠宰过程中,需要采用特殊的技术和工具,在保证人道主义的同时,确保肉质和口感完美。

为了保护和推广日本和牛,在2014年日本政府向欧盟提交了"和牛肉"的地理标志申请,最终在2017年获得了欧盟的认证保护。这项认证保护意味着日本和牛肉在欧盟市场上的商标和品牌受到保护,同时也意味着日本和牛的品质和口感得到了认可。

日本和牛一般都是在高档餐厅或者是特殊场合才食用。下面是三种常见的烹调方式。

烧烤:将和牛肉切成厚片,在高温的烤架上烧烤,口感鲜美多汁。烧烤时需要注意让牛肉与热源保持足够的距离,以免烤焦。

切花:将和牛肉切成薄片,可以用作寿司或者刺身,以保持和牛肉的原味。通常,和牛肉切花前会在肉上撒上盐和胡椒粉,以提高其风味。

炭烤:将和牛肉放在炭烤架上,用炭烤出具有特殊香味的和牛肉,同时保证牛肉内部柔嫩的口感。

(四)东山羊

海南东山羊是海南省东山岛上生长的一种传统养殖品种,其历史可以追溯到数百年前。传说,海南东山羊最早是由福建省福州市的移民带到东山岛上的,他们在那里繁殖和饲养这种羊。随着时间的推移,当地人逐渐将这种羊视为重要的食品资源,这也促使了该品种的进一步繁殖和发展。东山羊被称为"神仙羊",不仅因为其美味的肉质和独特的营养价值,还因为当地人相信这种羊肉有治病、强身健体的功效,将其视为珍贵的滋补品。

除了作为食品之外,海南东山羊在当地文化中也具有重要的地位。它们是东山岛的标志性物种之一,被认为是当地乡村文化的代表。每年,东山岛都会举办各种庆祝活动和民俗表演。

(1)羊肉美食展示。

在活动现场,会有许多当地的餐厅和厨师们展示他们的东山羊肉菜品,包括烤羊肉、清蒸羊肉、红烧羊肉,等等。游客可以品尝到正宗的东山羊肉美食,也可以学到东山羊肉的做法和制作技巧。

(2)东山羊赛事。

在东山羊文化节上,主办方还会举办一些与东山羊有关的比赛和竞赛。比如羊奶挤奶比赛、羊毛织毛衣比赛、羊叫比赛,等等,这些比赛都非常有趣,并且让人更好地了解东山羊的生活和特性。

(3)传统文化表演。

在东山羊文化节上,还会有一些传统的文化表演,如舞狮、舞龙、道教祈福仪式,等等。这些表演展示了东山岛传统文化的独特之处,也能让游客更好地了解当地的文化风情。

(4)手工艺品展示和销售。

在东山羊文化节上,还会有一些当地手工艺品的展示和销售。这些手工艺品包括毛衣、纪念品、手工艺术品,等等。游客可以选购到具有当地特色的纪念品和礼品。

无论是红烧、烤还是清炖,东山羊肉都非常适合慢火烹制,这样能够让肉质更加鲜美,口感更加细腻。同时,东山羊肉本身比较清淡,适合与一些调味料和配菜一起烹调,使得味道更加丰富。东山羊肉常见的做法有:红烧东山羊、清炖东山羊和东山羊羊肉汤。

(五)福建南靖黑猪

福建南靖黑猪是福建省南靖县特有的一种本土黑猪品种,是中国优秀的猪种之一。南靖县位于福建省南部,是中国传统文化的重要发源地之一。南靖黑猪在当地有着悠久的历史和文化渊源。

南靖县的传统农业生产和文化习俗受到当地人民的有力传承和发扬。南靖黑猪的养殖历史可以追溯到明代嘉靖年间。据传当时官方出现了一个征猪肉税的政策，南靖县养殖户就大量养殖黑猪来应对，逐渐形成了南靖黑猪的养殖体系。在当地，人们还有一个习俗，就是在每年的农历七月十五(中元节)和农历十月十五(下元节)祭祀祖先时，献上一头南靖黑猪。因此，南靖黑猪也与当地的传统文化密不可分。

南靖黑猪是一种体形较小，但肉质鲜美、营养丰富的猪种。在当地，人们采用自然放养和集约化饲养相结合的方式来养殖南靖黑猪，保证其品质和口感。南靖黑猪肉质细嫩，富有弹性和韧性，适宜慢火烹调。南靖黑猪营养价值高、口感好，相关产业近年来已经成为福建省重要的农业特色产业之一，吸引了众多游客前来品尝特色美食和了解当地的文化历史。

三、蔬菜类特色原料

(一) 松露

松露生活在地下，属盘菌纲块菌目块菌科块菌属。它喜欢生长在潮湿森林里的树根的周围。从植物学上讲，它是多种蘑菇，大小从栗子到拳头大小不等。传统的松露猎人会用母猪来辅助寻找野生松露，这是因为它们的嗅觉灵敏，并且松露中和雄性猪体内含有同一种物质——雄烯醇，因此具有相同气味。后来也出现了使用训练过的狗来寻找松露的情况，这是因为猪通常会吃掉它们找到的松露，而狗在接受专门的训练过后服从性更好。

黑松露(见图6-6)也被称为佩里戈尔松露，以法国西南部的佩里戈尔地区命名。黑松露通常比白松露便宜，所以对于普通家庭来说更容易买到。虽然它们不像白松露那么芳香，但更适合烹调，所以它们经常被用于制作酱汁、松露黄油、意大利烩饭等，当然生食黑松露也是常见的用途。

白松露(见图6-7)来自意大利北部皮埃蒙特地区。与黑松露相比，它们的味道更刺鼻，更芳香。白松露稀有，而且味道浓郁，所以通常直接生食。你经常会发现它们被松露刨刀刨成薄片或者擦成细丝，撒在精致的菜肴上或用作装饰。

微课视频
▼

松露与茶

图6-6　黑松露

图6-7　白松露

松露味道和香气独特，并且难以获取，一旦收获它们的香气会逐渐散失，这使它们成为较为昂贵的食物。一些品种的松露1磅(1磅≈0.45千克)可以卖到2000美元。那么,松露是什么味道的呢?尽管它们的味道和香气因品种而异,但总的来说,松露有蘑菇味、麝香味、橡木味、坚果味、湿布味和森林泥土味。黑松露让人联想到巧克力的味道,而白松露的味道和香气略刺鼻,有点像大蒜或青葱的味道。此外,来自世界不同地区的松露的风味和香气因独特的生长环境,包括土壤的特定性质、与之相关的树木类型以及它们收获的季节等会有微妙的不同。

松露的食用方法也比较简单。松露中的风味化合物极易挥发,加热时它们会蒸发并迅速消失。基于这个原因,松露通常是在上菜前在热的熟食上薄薄地刮一层,让食物的温暖激发其味道和香气。为了突出松露的独特风味,最好为它搭配一些口味简单的食物,比如鸡蛋或意大利面。而边角碎料可以磨碎做成酱。薄的刨片可以放在烘烤前的家禽皮下,也可以在食用前刨花放在牛肉、猪肉、野猪或鹿肉等制成的菜肴上。

松露逐渐可以人工种植。这种方法包括用松露真菌的孢子接种幼树,然后将这些树种植在果园里。如今,高达80%的法国松露来自这样的松露果园。目前国际市场上的松露主要源自欧洲部分地区、美国西部、澳大利亚东部和中国云南等地。

(二)墨西哥辣椒

墨西哥辣椒(Habanero Pepper)是墨西哥的特色食材之一,被誉为世界上最辣的辣椒。它产自墨西哥中南部及加勒比海地区。墨西哥辣椒是墨西哥美食文化的重要组成部分,据考古学家推测,当地的印第安人在公元前7000年左右就开始种植辣椒了。墨西哥辣椒在印第安人的生活中发挥着重要作用,不仅用于调味,还被用于祭祀和草药治疗等。

墨西哥辣椒味道辛辣,口感极佳,而且颜色鲜艳,很受人们的喜爱。通常可以生食或用于烹饪,适用于各种菜肴,包括墨西哥菜、加勒比海菜等。墨西哥辣椒营养丰富,富含维生素A、维生素C、钾、镁、铁和叶酸等营养素,对于身体的健康非常有益。此外,辣椒中含有辣椒碱和辣椒素等物质,具有促进新陈代谢、提高身体免疫力和增强食欲等作用。墨西哥辣椒是一种极具特色的食材,它不仅是墨西哥饮食文化的重要组成部分,而且还具有很高的营养价值和口感。

(三)法国芦笋

法国芦笋(asparagus)是法国特色的蔬菜之一,它主要分布在法国西南部的大西洋沿岸地区,尤其以普瓦图市和布尔多市附近产地的最为著名。法国芦笋种植历史悠久,早在公元前4000年左右,埃及人就已经开始种植芦笋。在古埃及的文献和壁画中,也可以找到关于芦笋的描述和描绘。在古埃及,芦笋被视为一种非常珍贵的食材,通常只供应给贵族和富人。古埃及的医生和草药学家认为芦笋具有多种药用价值,可以用于治疗许多疾病,如消化不良、肝病和关节炎等。古埃及人种植芦笋的方法也很有特色。他们通常会将芦笋种子混合沙子,然后将其沿着河流的河岸种植。在种植过程中,他们会定期浇水,并使用肥料和草药来促进芦笋的生长和健康。法国的芦笋种植可以追溯到罗马时期,当时芦笋被视为一种高档食材。中世纪时期,法国芦笋开始在贵族社会中流行起来,成为一种重要的食材。

法国芦笋富含多种维生素(如维生素 A、维生素 C、维生素 E 和维生素 K 等)、矿物质(如钾,铁,钙,磷等)及膳食纤维。它还含有多种抗氧化物质,有助于保护身体健康。此外,法国芦笋还有利尿作用,可以促进身体的新陈代谢。法国芦笋的口感清爽、甜润,质地细嫩,非常适合烹饪。法国人通常将芦笋蒸煮或烤制,也可以用来制作沙拉或作为主菜的配菜。法国芦笋是一种营养价值高、口感优美的蔬菜,历史悠久,文化底蕴深厚。它不仅是法国饮食文化的重要组成部分,在全球范围内也备受欢迎。

(四)中国大白菜

中国大白菜的原产地可以追溯到古代中国的黄河流域。据考古学研究,早在新石器时代晚期,人们就已经开始种植白菜,并且在商周时期已经开始了有关白菜的文字记载。在古代中国,大白菜被广泛种植和食用,并被认为是一种营养丰富的蔬菜。

大白菜在中国的文化中也有着重要的地位。它被用来庆祝新年,成为"年菜"中的重要食材。此外,大白菜也在传统的中医中被认为有着保健功效,例如可以清热解毒、利尿除湿等。

随着时间的推移,大白菜逐渐成为中国菜系中的一种代表性蔬菜。在中国的北方菜系中,大白菜被广泛使用,例如酸菜、白菜炖粉条等。而在中国的南方菜系中,大白菜也是一种常见的蔬菜,例如白斩鸡配卤白菜等。大白菜也被广泛应用于中国的面食中,例如猪肉大白菜水饺、香菜牛肉白菜卷等。随着中国的开放和文化交流,大白菜也开始在国际上广泛传播。如今,大白菜已经成为世界上非常受欢迎的蔬菜,被广泛应用于各种菜肴中。

(五)地中海茴香头

茴香头(fennel)的原产地可以追溯到地中海沿岸的地区,包括欧洲、北非和西亚等地。在古代,茴香头被广泛种植和使用,被认为是一种重要的调味品和草药。在古希腊和罗马帝国时期,茴香头是一种非常受欢迎的香料,被广泛用于烹饪和草药医学。在古希腊神话中,茴香头还被视为一种神圣的植物,被用于祭祀等宗教仪式。在中世纪欧洲,茴香头是一种非常流行的调味品和草药。它被认为有着消化和镇静的功效,并被广泛用于医疗和美容领域。

随着时间的推移,茴香头逐渐传播到全球各地,并成为世界上最受欢迎的香料。在现代,茴香头被广泛用于欧洲、中东和印度等地的烹饪中,并被认为是一种具有药用价值的植物。茴香头的种子和茎叶均可以食用,并可以用于制作肉类、鱼类、面包、糕点等各种食品。

意大利烤茴香头是一道传统的意大利菜肴,它创制于意大利地中海沿岸地区,是一道富含地中海风味的菜肴。这道菜肴的主要食材包括茴香头、洋葱、彩椒、番茄等。厨师通常会将这些蔬菜切成均匀的小块,并与橄榄油、盐、黑胡椒等香料一起拌匀,然后将拌好的蔬菜放在烤盘上,放入预热好的烤箱中,以适当的温度和时间烤制,直到蔬菜变软熟透。在烤制的过程中,蔬菜会散发出茴香头的浓郁香气,让人垂涎欲滴。这道菜肴的做法非常简单,而且健康美味,特别适合作为一道素食菜肴。在意大利,这道

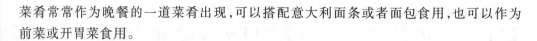

菜肴常常作为晚餐的一道菜肴出现,可以搭配意大利面条或者面包食用,也可以作为前菜或开胃菜食用。

(六)美国甜玉米

美国甜玉米是一种由玉米改良而来的甜味玉米品种。在欧洲人到达美洲大陆之前,印第安人就已经开始种植和食用玉米。他们将玉米作为主食,并将其作为各种仪式和庆祝活动的重要食材。欧洲人到来后,玉米才开始传播到其他地区。美国甜玉米最早是在19世纪末由一位名叫弗雷德·希克曼的农民在伊利诺伊州发现的。他选择了最好的品种进行杂交,以创造一种更加甜美、嫩滑的玉米品种。此后,美国甜玉米迅速在美国各地传播开来,成为一种非常受欢迎的甜玉米品种。

今天,美国甜玉米已经成为美国家庭中常见的蔬菜之一,通常在夏季出现在菜单中,作为烧烤、烤制和煮食的重要配菜。它有着甜美的味道和嫩滑的口感,被广泛用于制作玉米饼、沙拉、烤玉米和蔬菜混合物等各种美食。玉米饼的制作过程比较简单,主要是将玉米面和水混合,揉成面团,并将面团分成小块搓成球状,接着将球状面团压成扁平的圆形饼状,然后放在平底锅上煎炸,直到两面金黄色。不同地区和家庭有不同的制作方法和配方。例如,有些人会将玉米面和面粉混合使用,以增加韧性和口感。而在一些地区,人们会加入鸡蛋、牛奶和香料等成分,以增加味道和丰富口感。

四、食材的旅行

在18世纪,马铃薯从南美洲传入欧洲,它的引进增加了欧洲的农作物种类,为欧洲人提供了更多的食物选择,帮助人们度过了饥荒时期。在哥伦布发现美洲后,玉米成为欧洲和其他地区的重要作物之一。玉米的适应性强,产量高,易于种植和储存,因此在欧洲和其他地区有广泛种植。玉米的引进填补了某些地区粮食的缺口,减轻了饥荒问题。

食材的迁移扩大了食物供应的范围,为不同地区提供了更多的选择,从而在一定程度上缓解了饥荒问题,如表6-2所示。然而,迁移并不总是解决饥荒的万全之策,因为它可能遇到环境适应性、种植技术、交通运输等方面的挑战。综合考虑各种因素,制定综合的食物安全和饥荒缓解策略才能更好地为人们提供充足的食物。

表6-2　全球范围内主要的迁移食材

食材	发源地	目的地	说明
小麦	中东	全球	小麦是重要的粮食作物,起源于中东地区。随着农业的发展,小麦迁徙到世界各地,成为全球主要的粮食
大豆	东亚、中国	全球	大豆起源于东亚,特别是中国。随着贸易和农业发展,大豆传播到全球各地,成为重要的植物蛋白来源
玉米	中美洲	欧洲、其他大陆	玉米起源于中美洲,并成为美洲原住民的主要农作物。在哥伦布时代,玉米被带到欧洲,并迅速传播到其他大陆

续表

食材	发源地	目的地	说明
马铃薯	南美洲	欧洲、其他大陆	马铃薯原产于南美洲安第斯山脉地区。在16世纪,西班牙人将马铃薯带回欧洲,随后迅速传播到世界各地
胡椒	南亚	中东、欧洲、其他地区	胡椒是一种香料,起源于南亚地区。通过古代的丝绸之路和贸易网络,胡椒传播到中东、欧洲和其他地区
香蕉	东南亚	非洲、美洲、其他地区	香蕉起源于东南亚地区。随着贸易和探险,香蕉被引进到非洲、美洲和其他地方,成为重要的水果之一
咖啡	非洲	全球	咖啡豆原产于非洲的埃塞俄比亚地区。通过贸易和殖民地扩张,咖啡豆传播到世界各地,咖啡成为世界上非常受欢迎的饮料
茶叶	中国	亚洲其他国家、欧洲和其他地区	茶叶起源于中国,历史悠久。随着贸易和文化交流,茶叶被引入到亚洲其他国家、欧洲和其他地方
番茄	中美洲	欧洲	番茄起源于中美洲,是古代美洲文明的重要农作物之一。在哥伦布时代,番茄被带到欧洲,并迅速传播到世界各地
辣椒	美洲	欧洲、亚洲、其他地区	辣椒是美洲的食材,由葡萄牙航海家带回欧洲,并逐渐传播到亚洲和其他地区

任务二　加工技艺

一、刀工技艺

刀工技艺是菜肴制作过程中的一项基本的技艺,能够为食物带来更多的美感和更好的口感。中国刀工文化的历史可以追溯到商代。这一时期,中国的烹饪文化已经开始发展。在古代中国,刀工技艺是非常重要的技艺,被认为是一种高雅的艺术。刀工技艺不仅被应用于烹饪中,还被用于雕刻、制作家具等方面。中国刀工文化历史悠久,不断发展,至今已经成为一种代表中国传统文化的技艺。

西方刀工文化的历史相对较短,起源于中世纪欧洲。在欧洲的餐桌上,烤肉和切片肉类是一种非常常见的菜肴种类,制作这两种菜肴都需要熟练的刀工技艺。欧洲的刀工技艺一直受到军事和宗教方面的限制,因此刀工技艺在很长一段时间内都没有得到很好的发展。直到文艺复兴时期,随着人们对自然界和艺术的探索,西方刀工文化得到了很大的发展。

厨刀是每一个厨房必备的工具之一,不论是中式、日式还是西式厨刀,都由最简单的刀柄和刀身两个部分构成。厨刀的材质和功能随着烹饪的进步而逐渐发展,最终发展出了各式功能的中、外厨刀。

日式厨刀有如下几种常见的种类：

（1）主厨刀。

主厨刀是日本最常用的厨刀，也称作"主力刀"或"万能刀"。它的刀刃长度通常在8英寸至10英寸（1英寸≈2.54厘米）。主厨刀刀刃比较厚重，能够应对各种不同的切割任务，如切鱼、切肉、切蔬菜等。

（2）出刃。

出刃是一种细长而略带弧度的刀，通常用于切生鱼片和刺身。它的刀刃较细，刀身轻盈，适合做精细的工作。

（3）牛刀。

牛刀是一种大而沉重的刀，通常用于砍肉骨和鱼头等大块的食材。它的刀刃较宽，刀身厚重，能够满足大块食材的切割需求。

（4）三德刀。

三德刀是一种多功能的刀，它具有独特的三角形刀刃，通常用于切肉、鱼和蔬菜等。它的设计使得它既适合剁，又适合切。

（5）蔬菜刀。

蔬菜刀是一种宽而平直的刀，通常用于处理蔬菜，如切片、剁碎、去皮等。它的刀刃较细，适合进行精细的切割工作。

除以上列出的五种常见的厨刀外，日本还有许多其他类型的厨刀，如鱼刀、切身刀、骨切包丁，等等。每种厨刀都有其独特的外形与功能。

西餐厨刀是专门用于烹饪西餐的刀具，一般有以下几种类型：

（1）厨师刀。

厨师刀是西餐厨师最常用的刀具，也被称为法国刀或者圆头刀。它有一个宽大的刀身和一个长而弯曲的刀刃，长度通常在6英寸至14英寸。厨师刀适用于几乎所有的切割任务，如切肉、鱼、蔬菜和水果等。

（2）烤肉刀。

烤肉刀是一种专门用于切割烤肉的刀具，通常长度在8英寸至15英寸。它有一个长而薄的刀刃和一个尖锐的尖端，适合切割整块肉、家禽或者烤鱼等。烤肉刀的形状和设计使得它可以轻松地切割大块食材，切割时还可以控制刀刃的角度，使得切割出的食材更加整齐。

（3）切片刀。

切片刀是一种长而薄的刀具，通常长度在9英寸至14英寸，适合用于切割大块的肉类、鱼类等。切片刀的刀刃很薄，可以轻松地切割大块食材，如烤肉、火腿、火腿肠等。

（4）削皮刀。

削皮刀是一种小巧而精致的刀具，通常长度在3英寸至4英寸。它适合切割蔬菜、水果，去除鱼骨等细致的工作。削皮刀的刀刃很尖，可以精准地切割食材，同时它的短小也使得它更加灵活,能够切割出更多形状和有更多用途,适用于不同的食材和切割方式。

中西方刀工文化主要有以下几点不同:

(1)工具不同。

中西方在使用的刀具上有很大的区别。中国刀工文化中,刀具种类繁多,不同的刀具用途不同,切割方式也有所不同。常见的有:

削刀:削刀是一种细长而有弹性的刀,主要用于削比较薄的食材,如蔬菜、水果和肉类。

砍刀:砍刀是一种大而沉重的刀,主要用于将大块的食材劈开,如肉骨、鱼头等。

切菜刀:切菜刀是一种常用的多用途厨房刀,具有宽而平直的刀身和锋利的刀刃,用于切菜、剁肉和切鱼等。

剁刀:剁刀是一种短而厚重的刀,主要用于剁碎食材,如肉类、蔬菜和坚果等。

(2)切法不同。

中西方在切菜的方式上也有很大的不同。中国刀工文化中,切菜的方式比较多样化,常见的有横切、斜切、剁、拍、切花等。为食材匹配合适的切法可以使食材的口感和外观得到更好的呈现。而西方刀工文化中,主要的切法是切片和切丝。此外,在使用刀具的时候,西方厨师通常以"撇"的方式来磨刀,而中国厨师则用"磨刀石"来磨刀。

中西方在刀法上也有很大的差异。中国刀工文化注重的是刀法的流畅和优美,刀刃更多的是在整个手臂的力量和手腕的灵活性的控制之下;而西方刀工文化则注重的是切割的准确性和速度,因此他们更重手腕的灵活性。可以说,中国刀工技艺注重利用整个手臂的力量来操作刀具,而西方刀工技艺则更多地注重手腕的力量,使刀具更加灵活。但是不论是使用哪一种刀具来切割,厨师都要有勤奋的练习态度,最终才能拥有精益求精的刀工技艺。

二、制熟技艺

《随录·烹饪杂事》是一本古代中国的烹饪书籍,作者为清代官员、文化名人袁枚。袁枚以其丰富的知识和独特的视角为后人留下了珍贵的烹饪遗产。袁枚不仅是一位文学家,也是一位饮食文化的研究者。他在书中详细介绍了中国传统烹饪方法、器具和饮食文化等方面的知识,并提出了不少独特的观点和见解。他的著作不仅在当时广受欢迎,现在仍被许多人视为烹饪学习的经典之一。书中介绍了很多沿用至今的烹饪方法,例如清蒸、干煎、炖、煮、香煎,等等。《随录·烹饪杂事》作为中国古代烹饪书籍中的一部分,是对中国烹饪文化的重要记录和传承,具有非常高的历史和文化价值。

《饮膳正要》是一部中国古代的烹饪书籍,作者为忽思慧。《饮膳正要》共有十二卷,包括了饮食起居、烹调技法、菜肴配方、食品养生等多个方面的内容,是一部非常全面的烹饪书籍。这本教材以其翔实的记载、精准的技法、讲究的调味和严谨的流程,为后来的烹饪工作者提供了重要的参考和指导,对于烹饪技艺的发展和传承起到了重要的作用。书中介绍了很多沿用至今的烹饪方法,例如焯、滑、爆、烩,等等。《饮膳正要》是中国古代烹饪文化中的重要组成部分,它的出现代表着当时社会对烹饪的高度重视,同时也为后人留下了宝贵的历史和文化遗产。

另外还有《齐民要术》和《食品志》等优秀的典籍,《齐民要术》是北魏时期颇有影响力的一部农业和生活技能书,其中包含了许多关于烹饪技法的内容。例如,它详细介绍了烹调肉类、禽类和蔬菜的方法,如如何烤鸡、如何煮肉、如何腌制鱼等。《食品志》是清代官员袁枚所著的一部详细介绍中国传统食品的著作,其中包含了对许多烹饪技法的描述和说明。例如,它详细讲解了如何烹制腊肉、如何腌制黄鱼等。

西餐方面,《经典法式菜谱》(*The Escoffier Cookbook*)是法国大厨奥古斯特·艾斯考菲尔所著的一本著名的法式烹饪书籍,被誉为"现代法式烹饪的圣经"。奥古斯特·艾斯考菲尔是19世纪末20世纪初杰出的法国大厨之一,他对现代法式烹饪的发展做出了巨大贡献。他主张菜肴应该以简洁、纯净的方式烹调,保留原料的原始风味。他还发明了现代餐厅的菜单形式,将菜单分类,并加入菜肴的描述、价格等信息。

《经典法式菜谱》是奥古斯特·艾斯考菲尔的代表作,首次出版于1903年。这本教材收录了数百种法式菜肴的做法,菜肴类别包括汤、肉类、鱼类、蔬菜等,以及各种调味品和酱汁的配方。它被广泛认为是学习法式烹饪的必备书籍之一,并对后来的厨师和餐厅菜单的发展产生了深远的影响。《经典法式菜谱》已经被翻译成多种语言,并成为全球范围内最著名的烹饪书籍。

三、调味技艺

(一)味的概述

"味"左半部为"口",意为吞咽,右半部"未"既是声旁也是形旁,有将要但是还没有发生的意思,所以"味"字的本意是在食物被吞咽之前,对食物的品尝。人们对食物味道的认知,不仅仅是通过味觉来获得的。嗅觉、视觉和大脑中的记忆等也在辅助呈现味觉。人类的口腔内部是和鼻腔相连接的,所以鼻子在食物入口之前到口中都会参与味道的辨别;视觉辨别的是食物的颜色、形状、食材品种等,对食物进行辨别的同时,也会产生心理味觉;味觉也是和记忆连接非常紧密的,这也是为什么我们吃到一道菜的时候,会说有"妈妈的味道",这正是味觉与记忆的快速链接,一道菜勾起了食客对人的思念。

《礼记·礼运》中提到:"五味六和十二食"。"五味"是人们常说的"酸""甜""苦""辣""咸",但其中的"辣"应该是触觉,所以真正科学的味道应该分为"酸""甜""苦""咸""鲜"。"酸"对应的是腐烂的味道,代表腐败变质或者尚未成熟的水果的味道。"甜"的代表食物是糖。糖是所有动物所需求的能量的来源。"苦"是生物碱或者有毒物质的信号,是警示人们不要进食的标志。"咸"的来源是钠和钾离子等,是维持生物电信号的重要物质。"鲜"是氨基酸的味道,氨基酸是蛋白质的重要组成部分。因此,"鲜"代表着营养。

为了生命的延续,大自然为人们选择了原始的人们对味道的好恶,但是随着人类历史的发展和对自然认知的进步，以及人们对味觉搭配的探索，所谓的带有"危险"信号味道的食材，例如苦瓜、咖啡、杏仁、苦荞麦、啤酒、柠檬、青梅、山楂等，也逐渐走上人们的餐桌。

（二）中餐常见调味

中餐中的调味，《内经》有提到。《内经》认为，食物具有"四性五味"，"四性"为"寒""热""温""凉"，五味是指"酸""苦""甘""辛""咸"。其实，辣是一种物理上对口腔黏膜和鼻腔黏膜的综合的刺激感觉，并不是人们通过味蕾识别出来的。

中餐中的基础口味有鲜、咸、苦、酸、辣、香、甜七种。在基础口味上，又衍生出不同的复合口味，比如常见的糖醋汁和番茄酱属于酸甜味；虾酱、豆豉酱属于鲜咸味；甜面酱属于甜咸味；芥末酱、咖喱粉属于香辣味。各种不同的味型，不但可以给不同的食材赋予缤纷的味道，更可以改变菜品的质感和色彩，增强视觉对"味"的感知。

中餐中多元的食材、丰富的烹调技巧、各种系统的调味方式和悠远的历史沉淀中，奠定了中餐在世界美食界的重要地位。下面介绍在中国八大菜系中在调味方面特色鲜明的两个菜系：川菜和粤菜。

1. 川菜

川菜目前在国内外都很流行，例如回锅肉、麻婆豆腐、夫妻肺片、宫保鸡丁。通常人们都会认为川菜是以辣而出名，但传统川菜对辣椒的使用并没有那么频繁，甜而不辣是川菜的本味。

川菜以麻辣闻名于世，许多人把此视为天经地义，认为冬季日照数少，湿润而寒冷的气候导致了四川人选择了辛辣的口味。这种说法并非全无道理，但是这种简单的地理决定论却忽视了历史上各地菜肴味型和烹饪方式的巨大变化。

川菜二十四味是四川巴蜀菜系的代表之一，据传由蜀地名厨"谭元龙"所创制。谭元龙是中国四川省成都市著名的厨师和食品科技专家，被誉为"川菜味型发明人"。他在川菜调味方面有着深厚的造诣和独到的见解，是中国川菜行业中备受尊重的大师级人物之一。谭元龙出生于1955年，自幼酷爱烹饪，曾在成都多家饭店和酒楼担任厨师长和调味师。他对川菜独特的口味和调味方式进行了深入研究，并在实践中不断探索和创新。他发明的"味型"调味方法，既保留了川菜传统的口味特色，又添加了新的元素和层次，使得川菜的味道更加丰富和深入人心。除了烹饪技艺，谭元龙还是一位食品科技专家，他在研究和应用食品添加剂、调味料等方面有着卓越的成就。他发明的多种调味产品和调味方法，不仅在川菜界广受好评，也被广泛应用于其他地方菜肴中。

下面是二十四味中部分味型的名称和简要介绍：

麻辣味：由川菜的代表性调味品——花椒、干辣椒、姜、蒜、盐等调料激发。

鱼香味：是一种酸甜口味，由蒜、姜、葱、豆瓣酱、白糖、醋等激发。

干锅味：将食材在砂锅中煸炒，然后加入调料，再加入鸡汤或者牛肉汤烧制后形成。

2. 粤菜

粤菜是中国传统八大菜系之一，起源于广东省的珠江三角洲地区，其中，广州菜和潮州菜最为著名。粤菜讲究原汁原味,清淡爽口,强调食材的鲜美和烹饪技法的精湛,追求色香味形俱佳,注重烹调过程中火候的把握和时间的掌控,要求材料烹饪到位、口感清爽细腻。

粤菜大师中有很多著名的厨师和烹饪家,如郑德荣、黄健民、王富生等。

郑德荣是广州顺德人,粤菜名厨中的代表人物之一。他拥有丰富的烹饪经验和精湛的技艺,在粤菜的创新和传承方面做出了卓越的贡献,被誉为"粤菜翘楚"。

黄健民是广东人,也是著名的粤菜大师之一。他在粤菜调味、烹饪技法等方面有着独到的见解和深厚的造诣,曾多次参加国际烹饪比赛,并赢得多个奖项。

王富生是香港人,也是著名的粤菜大师之一。他精通广式点心、粤菜等多种烹饪技法,曾担任多家酒店的主厨,传承和推广了香港的烹饪文化。这些粤菜大师都在烹饪技艺、口味创新、传承推广等方面做出了杰出的贡献,为粤菜的发展和推广做出了重要的贡献。

粤菜的口味可以分为以下几个类别:

(1)清淡型。

这是粤菜最基本的口味类型,突出原味和鲜味,以保持食材的本真味道为主,用盐、鸡精等轻微的调味品调味,清淡爽口。

(2)浓油赤酱型。

这种口味类型突出浓郁、香辣、甜酸等多种味道的融合,调料使用较多,如豆瓣酱、辣酱、甜面酱等,菜肴烹制时间较长。

(3)酸甜型。

这种口味类型以酸甜爽口为主,常用醋、糖等调味品制作,适合搭配海鲜或者肉类食材。常见的酸甜型菜肴有甜酸鱼、松子鸡等。

(4)清炖型。

这种口味类型菜品以原味为主,色泽金黄、清汤透亮,口感嫩滑,常用的食材包括鲍鱼、干贝、海参、翅尖等。

(5)烧腊型。

这种口味类型主要来源于广东特色的烤制肉类和熏制肉类。它们口感鲜嫩,味道香甜,其中以叉烧、烧鸭等最为著名。

总的来说,粤菜注重材料原汁原味的呈现,强调口味的鲜美和烹饪技法的精湛,以清淡、鲜香、清炖、烧腊等口味为主,深受广大食客的喜爱。

(三)西餐常见调味

西餐风味中,除了食材的本味,香草和香料的味道也是不可或缺的部分。以下介绍西餐中几种主要的香草。

西餐中的香草搭配食物以后,通常会给人印象深刻的体验。例如搭配罗勒叶的玛格丽特比萨,搭配莳萝的三文鱼,搭配迷迭香的烤牛排,搭配鼠尾草的烤鸡,等等。香草可以按照质地分为嫩叶型和硬叶型,也可以按储存方式分为,新鲜型和干燥型。

1. 欧芹

欧芹以其烹饪和药用价值已经被使用了数千年，它是Apiaceae家族的一员，该家族还包括莳萝、茴香和芹菜等。

欧芹的历史可以追溯到古希腊和罗马，是当时应用较广泛，可作装饰、口气清新剂和烹饪的香草。在希腊神话中，欧芹与死亡联系在一起，被用来装饰死者的坟墓，但同时也是新生的象征，被用于春天的庆祝活动。在古罗马，欧芹被用作助消化剂，同时被认为有驱邪的能力。

欧芹由希腊人和罗马人引入中东和地中海地区，并在该地区广受欢迎，被用于制作各种菜肴，包括汤、炖菜、酱汁和沙拉。在中世纪时期，欧芹被广泛种植在修道院，被认为是虔诚和美德的象征。在传统医学中，它也被用于治疗各种疾病，包括消化问题、呼吸道感染和皮肤病。今天，欧芹在世界各地的许多不同的菜肴中被广泛使用，因其独特的风味和对身体健康的益处而受到赞誉。它富含维生素（维生素A和维生素C）和矿物质（铁和钾），被认为具有抗氧化和抗炎的特性。

常见的欧芹主要有意大利欧芹（见图6-8）和荷兰欧芹（见图6-9）两种。意大利欧芹叶面平整，味浓，具有明亮而微苦的味道，茎比叶具有更多的味道和香气。荷兰欧芹叶子小而卷曲，呈球状，风味柔和，主要用作配菜。意大利欧芹有时会被误认为香菜，因其外形相似，意大利欧芹的叶子往往比香菜叶颜色更深、更光亮，且香菜叶一般味道更加芬芳。

欧芹常搭配番茄类菜、烤马铃薯、鱼、蔬菜和鸡蛋，与黄瓜、干豆、牛肉、鸡肉、柠檬、大蒜、蘑菇、辣椒和南瓜也很搭配。贝类、肉类和家禽的食谱中经常需要用到欧芹。它可以很好地与其他调味料混合，同时也适合单独使用。

图6-8 意大利欧芹

图6-9 荷兰欧芹

2. 薄荷

薄荷的名字最早要追溯到希腊神话。冥王哈迪斯，一个留着长胡子、手持鸟头杖、身边伴随着三头犬的神，他的初恋珀耳塞福因为嫉妒曼特（Menthe，menthe是薄荷的别称）而把她变成了一株植物，可以被过路的人们践踏。在古希腊，人们因为薄荷诱人的香气而将其用于制作香水，薄荷精油中的薄荷醇是一些化妆品和香水的成分。人们也会把薄荷涂在手臂上，相信这会让他们更强壮。薄荷最初还被用作治疗胃痛和胸痛的草药。薄荷醇和薄荷精油也用于芳香疗法，用于缓解术后恶心。在餐桌上，希腊人和罗马人常将薄荷用在菜肴和酱汁的调味中。薄荷原产于地中海，后来传入英国，然后传入美国。目前薄荷分布在欧洲、非洲南部、亚洲、澳大利亚、北美和南美洲。

薄荷香气浓郁,属于多年生草本植物。薄荷可以长到 10—120 cm 高。它的叶子是成对生长的,叶子通常有绒毛,并具有锯齿边缘,叶子的颜色可以呈现出深绿色、灰绿色、紫色、蓝色和淡黄色,如图 6-10 所示。薄荷有着旺盛的生命力,随之产生的问题就是薄荷的种类很难划定,目前有 65 个类别。薄荷在古代就有不同种类杂交,所以它们有着丰富的物种科目和亚种科目。例如,一位植物分类学家在 1911 年至 1916 年之间,发表了 434 个新的薄荷品种。

图 6-10　薄荷

薄荷通常生长在池塘、河流、湖泊以及阴凉潮湿的地方,同时,薄荷也可以在充足的阳光下生长。全年都是薄荷的生长周期。它们生长迅速,只要稍加照料,就可以在家庭中种植出新鲜的薄荷。薄荷家族有着很强的侵入性,即使是低侵入性的薄荷,在与其他植物混合种植时,也要注意不要让其他植物被薄荷取代。

新鲜薄荷通常比干薄荷使用得更频繁。薄荷清新,芳香,带有甜的味道与凉爽的余味,常用于制茶、饮料、果冻、糖浆、糖果、冰淇淋和搭配甜品。在中东菜肴中,薄荷被用于搭配羊肉菜肴,而在英美菜肴中,薄荷酱和薄荷果冻也常被使用。印度薄荷是印度菜肴中的标志,被用于给咖喱增加风味以及给其他菜肴调味。薄荷是摩洛哥薄荷茶的必要成分。在阿拉伯国家,人们普遍用这种加入薄荷的方式喝茶。酒精饮料有时会用薄荷来调味或装饰,比如薄荷冰镇朱莉酒、薄荷甜酒和莫吉托。薄荷精油和薄荷醇被广泛用于制作口气清新剂、饮料、漱口水、牙膏、口香糖和巧克力等。能够给予独特薄荷香气和风味的物质是薄荷醇。

3. 莳萝

莳萝是莳萝属的一种多年生草本植物。它的名字被认为源于挪威语或盎格鲁 – 撒克逊语中的 dylle,有安抚或平静的意思。

它有细长的茎,纤细而致密的叶子(见图 6-11),在开花的季节会有白色或黄色的小花。虽然莳萝和小茴香在生长的各个阶段,外观上都很相似,但是莳萝、小茴香、孜然是三种不同的物种。莳萝喜欢温暖或炎热的夏天、较强烈的阳光照射和排水性良好的土壤,通常莳萝可以存活 3—10 年。莳萝曾经在埃及法老阿蒙霍特普二世的坟墓中被发现,最早可以追溯到公元前 1400 年,后来也在公元前 7 世纪的希腊城市萨摩斯被发现。希腊植物学家提奥夫拉斯图

图 6-11　莳萝

斯在著作中提到,莳萝受到欢迎,不单是因为其独特的风味,还因为其在医疗上有减轻腹部胀气的作用。

莳萝通常是在新鲜时食用,干燥后会损失大部分的风味。相对于干燥的储存方式,冷冻可以一定程度减少味道的损失。目前莳萝和法葱、欧芹一样,在欧洲的烹饪中被广泛使用。新鲜的、切得很细的莳萝叶被用作汤的配料,可以用于搭配热的罗宋汤,

Note

如果是冷罗宋汤,还会同时搭配酸奶、酸奶油或者开菲尔(一种发酵乳制品),这种汤在俄罗斯是一种传统的、在炎热的夏天会食用的汤。在冷菜方面,新鲜的莳萝叶一年四季都被用作沙拉的配料,例如由生菜、新鲜黄瓜和番茄制成的沙拉。

在波兰菜中,新鲜的莳萝叶和酸奶油混合可作为冷菜酱汁的基础。特别流行的做法是用这种酱汁搭配刚切好的黄瓜,黄瓜完全浸在酱汁里,做成一种沙拉。在波兰,一种以莳萝为主味的汤配上马铃薯和煮熟的鸡蛋,非常受欢迎。莳萝的整个茎,包括根和花芽,可以用来制作波兰特色的腌黄瓜。莳萝经常会搭配马铃薯,整个莳萝茎和根与马铃薯一起煮,可以增加马铃薯的风味,也可以在马铃薯煮好以后搭配新鲜莳萝的叶子混合黄油。另外一种常见的搭配,就是莳萝与鱼和虾的组合,尤其是鳟鱼和鲑鱼。传统上,鳟鱼和鲑鱼是搭配莳萝的茎和叶来烤制的。

在瑞典,完全成熟的莳萝的顶部被称为皇冠莳萝,是烹饪小龙虾时使用的。在小龙虾煮熟后,将皇冠莳萝放入水中,此时水仍然是热的状态,然后需要冷藏至少24小时,再呈现在餐桌上时要搭配烤面包和黄油。莳萝也用于腌渍黄瓜。使用伏特加、糖和莳萝,经过一两个月的发酵,腌黄瓜就可以食用了。这种腌黄瓜可以搭配猪肉,平衡猪肉的味道。和其他国家一样,在瑞典,莳萝经常被用来调味鱼和海鲜,例如,腌渍鲑鱼和鲱鱼。瑞典还有一道传统的菜肴,是一种用莳萝调味的肉炖菜。人们将小牛肉或羊肉块煮到变软,然后与莳萝醋酱汁一起食用。

4. 罗勒

在中国,常见的罗勒有甜罗勒和九层塔。在欧洲,常见的罗勒品种还包括柠檬罗勒和紫罗勒。九层塔的叶片较细长,如图6-12所示。甜罗勒的叶子偏圆偏厚,质地更柔嫩,如图6-13所示。

图6-12　九层塔　　　　　　　图6-13　甜罗勒

九层塔属于罗勒家族,因为它开花时节,花呈现出多层的塔状,所以被称为"九层塔"。九层塔带有相对浓烈的八角茴香味,全草有疏风解表、化湿和中、行气活血、解毒消肿的功效,而甜罗勒味道更柔和单纯。在西餐中,通用术语"罗勒"指的是甜罗勒,原产于温带和热带气候下的中非到东南亚地区。罗勒通常被视为一年生植物,然而,随着环境温度的变化,罗勒可转换为多年生或两年生植物。

古埃及人和古希腊人相信罗勒可以为逝者打开天堂之门。犹太民间传说认为它可以在进食时增加力量。草药学家尼古拉斯·卡尔佩珀认为罗勒是一种令人恐惧和怀疑的植物。在葡萄牙,传统上,在宗教节日,罗勒被放在一个罐子里,连同一首诗和一朵纸康乃馨一起送给爱人。在14世纪,乔万尼·薄伽丘的《十日谈》中,叙事第四天的第五个故事以一盆罗勒作为故事的重要情节线索。这个著名的故事启发了约翰·济慈,从而使他在1814年写出了的诗歌《伊莎贝拉，或者一盆罗勒》，也令约翰·埃弗雷特·米莱斯于1849年创作出了的《伊莎贝拉》，威廉·霍尔曼·亨特于1868年创作出了《伊莎贝拉和一盆罗勒》。

甜罗勒在热菜的食谱中，通常是最后加入的，因为烹饪会使罗勒损失一部分味道。新鲜的甜罗勒可以在冰箱中保存一小段时间，或在冷冻室中保存较长时间，不过使用之前，通常要在沸水中快速焯水。罗勒是意式青酱（一种以橄榄油和罗勒为主要原料的绿色酱汁）的主要配料之一。意式青酱可以搭配意大利面、面包等。在甜品中，罗勒通常浸泡在奶油或牛奶中。冰淇淋或松露巧克力中也常融合了罗勒风味。在印度尼西亚，柠檬罗勒是肉或鱼的配菜。由于柠檬醛的存在，柠檬罗勒有强烈的柠檬气味。当浸泡在水中时，罗勒的种子会变成凝胶状，可以用于制作亚洲的饮料和甜点，如印度的faluda。

5. 法葱

法葱，又称多香葱，是一种香气浓郁的葱类植物，具有辣、芳香的味道，可以提高食物的风味。法葱在国内又被称为北葱、虾夷葱、西洋细葱，但是其实在国内并不常见。在国内，厨师有时用细香葱代替法葱使用，但其实法葱相比细香葱直径更小，味道更加柔和。

中世纪时期，欧洲开始种植法葱。罗马人相信法葱可以缓解晒伤或喉咙痛，认为吃法葱可以增加血压，并起到利尿的作用。在19世纪，荷兰农民用这种草药喂牛，让牛奶有不同的风味。

在西餐中，法葱是常见的调料之一。用法葱烹制西餐时，人们通常会使用其叶片、茎部和根。叶片可以用来装饰食物表面，也可以撒在菜中，以增强其清香辛香的气息；茎部可以切成很小的切块，做沙拉或混入汤中；根部可以烹调成汤，也可以切成丝状，放入沙拉或炒食物里。

法葱还可以用来配制西餐中常用的调味料或酱汁。比如，可以把法葱、橄榄油、柠檬汁和盐一起混合制成法葱汁，然后淋在牛排、鱼、鸡翅或海鲜上；也可以将法葱、橄榄油、蒜蓉以及其他调料混合制成滋味丰富的芦笋酱。

总之，法葱既可以烹饪出美味佳肴，也可以混合成拌酱、调味料或其他调料，为西餐增添令人不胜枚举的美味。

6. 迷迭香

迷迭香的历史可以追溯到古希腊和古埃及时期，它曾被认为是神秘的药物，被用于治疗病痛和改善心理健康，它的图案被视为神圣的图腾。古希腊人将迷迭香视为能保护他们的财产和家庭的香草。古埃及人则将迷迭香称为"幸福之花"，据说他们用它来搭配著名的空中花园。后来，迷迭香在中世纪的英国和法国开始了流行，它被用作香料和药物，也被用于烹饪和研制香水。

19世纪，迷迭香的影响蔓延到美国，改变了美国人的生活方式，成为一种礼物、保健产品和烹饪添加剂。到20世纪，它开始普及，几乎每个家庭中都有一些迷迭香被放置在家庭祈祷本、厨房或浴室内，以及用于烹饪和烘焙。现在，它仍然被广泛使用。它可以用于制作药物、香料、护肤品和香水，也可以用于烹饪和烘焙，而且通常被用于改善心理健康。

迷迭香是常用的西餐调料之一。由于其独特的芳香味,它常被用于提鲜或者调味西餐菜肴。它可以用来调味肉类、鱼类、蔬菜类、面食等菜肴。迷迭香也可以用来做排骨,把排骨放入一个大盘子里,加入少许迷迭香、洋葱、蒜瓣、胡萝卜和马铃薯,再加点盐、胡椒粉,把它们搅拌均匀,放入一个烤盘中,用大火烘烤30分钟,就可以享受到美味的迷迭香烤排骨。迷迭香也可以用来烤牛排,牛排,把牛排放入一个盘子里,加入少许迷迭香、洋葱、蒜瓣,再加点盐、胡椒粉,把它们混合均匀,放入一个烤盘中,用大火烘烤20—25分钟,就可以享受到新鲜的迷迭香烤牛排了。迷迭香也可以用来烹饪海鲜,将海胆、虾、蟹等海鲜放入一个盘子里,加入少许迷迭香、洋葱、蒜瓣、胡萝卜和柠檬,再加点盐、胡椒粉,把它们混合均匀,放入一个烤盘中,用中火烘烤15—20分钟,就可以享受到新鲜的迷迭香烤海鲜了。

7. 百里香

百里香的历史可以追溯到古埃及时期。古埃及人在古埃及文明中使用百里香作为药物和香料。后来,古希腊和古罗马人也使用百里香来驱蚊和消炎。中世纪时,百里香在天主教会和犹太教中都被用作芳香礼品。而15世纪时,它被用来装饰火龙,在颁奖仪式上点燃,以庆祝和祝福胜利。18世纪,百里香被用作一种香料,并被收入英国和美国的食品中。此外,百里香还被用作祛痰和止咳的药物。19世纪,百里香的用途又有新的发展,它被用作室内装饰来消除过敏、舒缓焦虑。20世纪以来,百里香被广泛用于医疗、烹饪和酿酒业中,以及辅助抗炎等。百里香现在已经被认为是经典的香料,并被广泛用于家居、烹饪和美容等领域。

百里香在西餐菜肴中被用作调味剂,主要有以下几种应用:

(1)烹饪。

百里香可加入西餐菜肴中,如汤、肉、鱼、鸡、蔬菜等,以调味增香。

(2)调制。

百里香也可以用来制作调味料,如百里香酱、卤料等。

(3)调酒。

百里香可以用来调酒,用百里香调制的鸡尾酒,如绿百里香鸡尾酒口感丰富,有一种清新的柠檬香气。

(4)料理。

百里香可以拌入沙拉、比萨、煎蛋等西餐料理中,提供清新的口感。

8. 芜荽

中国古代就有关于芜荽的记载。《本草纲目》中记载:"芜荽,来自古代,名曰芜芽,颜色紫黑,叶形菱形,果实可食,味苦烈,可入药,宜苦热"。从先秦的《食疗书》中可以看出,当时人们已认识到芜荽的药用价值,它被用来治疗胸闷、便秘、腹泻等病症。随着中国文化和经济的发展,芜荽已经成为民间普遍使用的调料和调味料,像清汤、炖菜等都可以加入芜荽,以增加菜肴的口感和颜色。

20世纪90年代,随着多学科研究的发展,人们发现了芜荽的医学价值。它具有良好的抗菌、抗病毒、抗氧化、降血压、保护心脏健康等功效。今天,芜荽在中国乃至世界范围内,已经被广泛应用于调味、医疗、美容和保健领域,被称为"亚洲大草药"。

在西餐菜肴中运用芫荽,可以让菜肴多一种清新的草香,更加美味可口。例如用芫荽来装饰牛排、鱼片、比萨和汉堡等菜肴,能提供新的口感和风味,让餐桌上的食物更加美味可口。除此之外,芫荽也可以作为调味料来使用,例如可以把香菜碎粒放入牛排的酱汁中,提供一种鲜美的草香,也可以在比萨、汉堡等食物的表面撒上香菜碎粒,让食物的口感和风味更加丰富。

四、特殊烹调技艺

(一)分子料理

分子料理,又称现代料理,是指以烹饪技艺与科学技术为工具,将新颖食材与物理学、化学、生物学等科学原理联系在一起,运用科学技术及烹饪技巧制作新式结构和别样口感的料理。

分子料理的过程因常用的原料和工具的不同而有所差异,烹饪过程可以分为熟成、凝固、发泡、溶解等,每一步制作方法都有其独特的科学原理。

(1)凝固制作。

凝固制作运用的是胶体原理,也就是将食材和味道以胶状结合在一起,使菜肴拥有特殊的口感,口感更加丰富,而不是普通料理固定的形状和口感。

(2)发泡制作。

分子料理中最常见的制作方法就是气泡制作。气泡制作运用的是气泡原理,用气泡原理将食材和味道加以分离,形成细腻的气泡结构,可以让菜肴口感更加丰富、更加爽口。

(3)溶解制作。

溶解制作是分子料理中最基本的制作方法,运用的是溶质原理。它是利用溶质原理将食材和味道混合,形成浓稠的液体,以满足人们对口感的要求。

(4)熟成制作。

熟成制作运用的是熟成原理,是将食材进行熟成,使食材吸收更多的味道和维生素,以增加食物的口感和营养价值,使食物更加有营养和口感。

分子料理的优缺点也很明显,优点有3个:①可以以更具创造性的方式处理食物,让食物有视觉冲击力、吃起来更加有趣;②某些分子料理会加强食物的营养价值,使食物口感更加丰富,更具诱惑力;③将食物分解成不同的成分后再组合,可以让更多的食材得以发挥其本身的风味和营养。

分子料理的缺点有3个:①在制作过程中需要使用一些化学添加剂,这可能会影响食物的营养价值;②制作过程复杂,需要一定的技巧,做起来比较耗时;③由于分子料理的复杂性,需要购买一些特殊的原料和冰冻用具,成本比普通烹饪高。

分子料理是一种新兴的烹饪技术,它将烹饪、化学和物理学相结合,以创造出具有独特质感和口感的料理。它使用各种技巧来改变食物的外观、结构和口感,以达到新奇的创意效果。比较常见的使用分子料理方法制作的食物有以下几种：

（1）烟雾包。

烟雾包是用液氮制作的，外表像烟雾一样，口感极其特别，是一种新颖的特色料理。

（2）碎冰。

碎冰是将水冻结成冰粒，再用酒精烧着。碎冰在以色列等国家和地区很受欢迎。

（3）发泡酒。

它是将酒放入碳酸溶液中，飞溅成发泡的样子，是一种新奇的饮品。

（4）油冻。

它是将液体置于低温环境，让冷液凝固，口感像水果冻，也很讨喜。

总之，分子料理不仅能丰富饮食的口味，还能让饮食的口感更具特色、更有意思。

（二）低温慢煮

低温慢煮（sous-vide）是目前国际上比较流行的烹调方式。sous-vide源自法语，直接翻译为"在真空下"，意为给烹煮的食物创造一个真空的环境。低温慢煮通常是将调好味道的食材放入真空塑料袋，借助真空机排除袋中的空气，同时用机器将袋子的口封住，然后将食物完全浸没于低温慢煮机之中进行烹煮。

金属的低温慢煮机加上真空机这样的设备，如果被认为是二十一世纪的发明，是不足为奇的，但是其实早在1799年，英国的物理学家本杰明·汤普森（Benjamin Thompson）在他的文章中就提到了使用精准的温度来烹饪肉类，但是汤普森爵士并没有将理论付诸实践。1974年，在法国的一家米其林三星餐厅工作的厨师乔治·普拉鲁斯（Georges Pralus），在烹调餐厅非常受欢迎的一道鹅肝酱的时候，开始尝试他自创的新方法。在受到工厂使用真空包装来保存食物的启发之后，普拉鲁斯将鹅肝放入真空包装之中，然后放到恒温的水浴之中进行烹煮，通过低温慢煮的鹅肝酱的口感和口味更佳，同时还大大地节省了食材的损耗，因为传统的方法烹制鹅肝之后，鹅肝的重量会损失一半，因此为餐厅节省一大笔开销，并且催生了这种新的烹饪技术。

与此同时，布鲁诺·古萨特（Bruno Goussalt）使用真空技术延长冷冻牛肉的保质期，并研究这种真空包装技术如何能够更大范围地得到应用。1980年，这一项技术得以完善，并且通过了法国的国家食品安全标准，真正地普及开来。

任务三　饮食器具

一、饮食器具的文化意蕴

原始人在过着茹毛饮血的日子的时候，首先使用的餐具就是人类的手。这虽然是人类最初的状态,但是在目前的某些国家和地区依然沿用。随着火的使用,一些烹饪时所使用的器具产生了,同时也人类也创造出了就餐时使用的器具。在历史的长河之中,不同地区的人们在各自独特的文化背景之下,发明了各式各样的带有各自文化特色的饮食器具,各自带有鲜明的特色,又在不同中可以看到各种相似的设计。比如,盛器中的碗、盘子、碟子和杯子,虽然展示着不同的花纹、尺寸和形状,亦或者是采用朴实无华的质地与颜色,但是总能从相隔万里的两个盛器中发现其中相似的外观或者相似的功能。

当今国际上最广为使用的就餐形式主要有用手直接进食、用刀叉进食和用筷子进食三种。如果问一个人,中西餐当中最具有代表性的两个餐具,很多人脑海中的第一个答案应该就是筷子和刀叉了。它们也被很多人认为是东西方餐饮文化的一个形象的象征性符号。在如今的信息化时代,这种标志在不断地相互影响着。在中国,走进一家西餐厅时,大部分人已经不再是要一双筷子,而是在"左刀右叉"的口诀中,体验着切割食物的乐趣。而在国外影视作品中,可以看到一个外国人在点了一份中餐外卖以后,自信地拿起筷子,享受一份"原汁原味"的中餐。下面我们一起来了解能展现各自饮食文化的东西方的饮食器具。

二、器皿与菜肴的搭配艺术

(一)中式食盒与盒饭

古人把"吃饭"当成生活中的头等大事。所以才会有"民以食为天"之说。他们在日常生活中,给许许多多日常实用器物注入了意趣。我们知道中国文化中自古就有万千雅物,而古人对于生活的趣味以及表现食物的美好可谓匠心独具,他们可以通过一方方糕点、一碗碗汤羹、一盘盘佳肴来凸显精美细致、古色古香的食器,带给食者古朴静雅、美观华丽的感觉。

中国古代时民间普遍使用竹篮子、藤篮子等简单的容器盛装食物。随着时间的推移,人们开始发明不同的容器,用于携带食物和保持食物的温度和新鲜度。唐朝时期,出现了一种名为"食盒"的饮食容器,它是一种方便携带的饮食器具,可以装饰得很华丽。食盒分为多层,每一层可以装不同的食物,可以用于供应宴会食物或外出旅行时携带食物。随身携带的食盒内通常有饭、菜、饮料等多种食品,可以在外出时轻松享用。

宋朝时期,食盒开始普及。此外,宋朝还出现了用竹子编制的茶叶盒,用于保存茶叶。明清时期,食盒得到了进一步发展和普及。食盒的材料多样化,除了竹木食盒之外,还出现了用金属、玻璃、陶瓷等材料制成的食盒。食盒的样式和风格也不断变化(见图6-14和图6-15),出现了不同的装饰和雕刻技术。

在现代,中餐食盒已经成为了中餐文化的一个重要组成部分。不同地区、不同文化背景的食盒,呈现出多样化的风格和形式。比如,粤菜中的蒸笼、川菜中的火锅、东北饺子中的餐盒等都是中餐文化的代表性食盒。食盒的文化背景也相当丰富,它既是中国文化的精髓,也反映了人们对于便利生活的追求和创新精神。

图6-14 圆角食盒图

图6-15 方角食盒

（二）樽与酒

樽,古代盛酒器,敞口,高颈。下面一般有圈足,上面是镂空,中间可点火对器中的酒加热,樽上常饰有动物形象。

樽的起源可以追溯到古代商周时期。当时的酒器主要以陶器和青铜器为主。这些酒器多为大型容器,适用于宴会、祭祀等场合。随着时间的推移,樽逐渐出现并得到了发展。在春秋战国时期,樽逐渐普及,一般用陶瓷、青铜、玉石等材料制成。这些樽大多是小型的容器,方便个人或小团体享用。樽的设计和装饰开始注重美感和实用性,有些甚至被视为艺术品。

汉代时期,樽的制作技术和风格得到了进一步的发展。随着丝绸之路的开通,各种文化和手工艺品传入中国,使得樽的样式和装饰风格更加多样化。此外,樽的用途也变得多样化,不仅用于宴会、祭祀等正式场合,也用于日常生活中的饮酒。

唐朝时期,樽的发展达到了一个新的高峰。当时的酒器制作技术非常发达,出现了许多精美的樽,如玉杯、琉璃杯、瓷杯、金杯等。唐·李白《行路难》:"金樽清酒斗十千"中有记载。此外,唐朝还流行"走瓶""散坛"等特殊形状的樽。这些樽不仅具有实用价值,还具有较高的艺术价值。

宋朝时期的,樽的制作技术又有了一次革命性的突破。当时出现了一种新型材料——瓷,它的亮度和洁白度比之前的材料更胜一筹。宋朝的樽多为瓷器,外形精美,色彩丰富,装饰华丽。

明清时期,樽的样式和风格更加多样化。樽不仅用于饮酒,还被作为礼品赠送给友人。

觥与樽相似,是一种盛酒、饮酒兼用的器具,很像一只横放的牛角,一般三只杯脚,有盖,形状多数是兽形,如图6-16所示。觥常被用作罚酒,欧阳修《醉翁亭记》"射者中,奕者胜,觥筹交错,起坐而喧哗者,众宾欢也",《国语·越语》"觥饭不及壶食",其中的"觥"均指这样的器具。

图6-16 觥

（三）藏族的木碗与酥油茶

藏族的木碗和酥油茶是密不可分的。在藏族人民的日常生活中,酥油茶是不可或缺的饮品,而木碗则是喝酥油茶的必备器具。酥油茶是藏族人民的传统饮品,制作方法独特,口感浓郁。它由茶叶、酥油、盐、碱等原料制成,其中最重要的是酥油。在藏族人的观念中,酥油是"大精华",能够提供人体所需的能量,因此被称为"藏式能源饮料"。而酥油茶的制作过程也非常讲究,需要用到特殊的木碗和木棍。

藏族的木碗是藏族饮食文化的重要组成部分,其起源可以追溯到古代。据传说,最早的藏族木碗是由贡山石龙岗地区的一个部落发明的。当时,这个部落的人们居住在高山和峡谷中,缺乏石头和金属等材料制作器具,于是他们开始采用当地的木材制作碗和筷子。

随着时间的推移,藏族木碗的制作技艺逐渐发展壮大。在唐朝,木碗被广泛用于藏传佛教的仪式中,成为了一种神圣的器具。为了追求更加完美的制作工艺,当时的木碗多由经验丰富的工匠亲手制作。这些木碗造型优美,线条流畅,充满了佛教的神秘气息。

到了宋元时期,藏族木碗的制作技艺得到了进一步的提升。当时,许多手工艺人开始在制作木碗上创新,不断地探索新的制作工艺和造型设计。这些木碗具有细腻的手感和高度的实用性,成为了藏族民间生活和宗教仪式的重要组成部分。

明清时期,由于政治、经济和文化的发展,藏族木碗的制作技艺达到了巅峰。当时的木碗造型多样,外观绚丽,制作工艺非常成熟。有些木碗上还刻有佛经和佛教图案,具有很高的艺术价值。

到了现代,由于材料、技术和生活方式的变化,藏族木碗的使用已经逐渐减少。但是,在某些重要的场合,如婚礼、葬礼和宗教仪式等中,藏族木碗仍然扮演着重要的角色。同时,由于其精美的工艺和深厚的文化背景,藏族木碗也已成为藏族文化遗产的一部分,备受藏族人和游客的珍视和收藏。

(四)木制托盘与意大利比萨

意大利木制托盘是一种专门用来盛放比萨的托盘。在意大利的比萨文化中,木制托盘是非常重要的一部分。比萨是意大利的传统美食之一,有着悠久的历史。比萨最早在意大利南部的那不勒斯市出现,后来逐渐流传到全国各地。随着比萨的流行,木制托盘作为比萨必备的器具之一也逐渐流行。

意大利木制托盘通常是由坚硬的木材制成,如橡木、榆木或枫木等。这些木材具有很好的耐磨性和防潮性,能够有效地保护比萨不受外界的影响。另外,木制托盘的表面一般都是平滑的,方便比萨切割和食用。除了高功能性,意大利木制托盘也具有很高的美学价值。它们的外观通常非常精美,上面可以雕刻各种图案和花纹,以展示制作者的技艺和艺术品位。同时,木制托盘也经常用作室内装饰品,与意大利的美食文化相得益彰。意大利木制托盘是意大利比萨文化中不可或缺的一部分,它们不仅具有实用性,还具有很高的美学和文化价值。

(五)多层金属托盘架与下午茶

多层金属托盘架是一种用于放置下午茶点心、糕点和茶具等物品的器具。它通常由三层或以上的金属托盘构成,每层之间通过支架相连。

在英国的下午茶文化中,多层金属托盘架是一个非常重要的组成部分。下午茶起源于19世纪,当时英国的贵族们喜欢在下午用茶点和糕点来招待客人,以展示自己的社交地位和品位。随着下午茶文化的流行,多层金属托盘架也逐渐成为英国不可或缺的器具之一。多层金属托盘架的设计非常实用,它能够让人们在有限的空间内摆放更多的茶点和糕点。另外,多层金属托盘架也非常美观,金属材质具有现代感和时尚感,而且容易清洗和保养。

在下午茶文化中,多层金属托盘架通常被用来放置各种茶点和糕点,如松饼、小蛋糕、饼干、三明治等。另外,托盘架的顶层通常会放置茶壶和茶杯,方便人们在品尝美食的同时享用精致的茶饮。多层金属托盘架是英国下午茶文化中非常重要的器具之一,它不仅具有实用性,还能够为下午茶增添美感和仪式感。

(六) 布丁与布丁碗

布丁是一种源于西方的甜点,通常由牛奶、鸡蛋、糖和香草等材料制成,口感细腻、滑爽,非常受人喜爱。布丁碗是专门用来盛放布丁的碗,它通常是浅碗状的,底部比较平整,碗壁较薄,便于布丁的散热和凝固。布丁的起源可以追溯到17世纪的英国,当时人们发现将牛奶、鸡蛋和糖混合后可以得到一种类似于蛋奶酥的食品。后来,这种食品逐渐演变成了现代的布丁。布丁在19世纪风靡欧美,成为了正式的甜点,而布丁碗也随之出现,成为了布丁的专用器具。

布丁碗的设计非常注重实用性和美观性,它能避免布丁出现表面干硬而内部液体的情况。此外,布丁碗通常有比较宽的口沿,方便人们用勺子舀取布丁。在美学方面,布丁碗通常采用简约、优雅的设计风格,以突出布丁本身的质感和色泽。在享用布丁的过程中,合适的布丁碗能够为人们提供更好的品尝体验,增加人们的食欲和满足感。

三、中国的筷子文化

(一) 筷子的历史与发展

"箸"是我们中国人发明的用来就餐的器具,又称为筷子。在发明筷子的过程中,我们的祖先自然是就地取材。因此,筷子有兽骨筷、牛角筷、象牙筷、铜箸、银箸、木筷、竹筷等种类。竹筷正是"箸"这个字竹字头的来历,我们用这个使用最广泛的筷子的原材料作为这个汉字的结构。

在战国的竹简上,发现有多处"箸"字。这说明我们对"箸"字的使用,早在秦朝就已经开始。"梜""筋""荚"是筷子的不同叫法。我们也是在明清之后,才将其称为筷子。但是在海南话和客家话中,部分地区说筷子还会发类似"箸"的音。

筷子是中国传统的餐具之一,最早的筷子形态比较简单,通常是用两根竹子或木头直接削制成的。随着时间的推移,筷子的形态和材质不断改进,同时也逐渐传播到了周边国家和地区。

在汉朝,筷子的制作工艺和使用方式有了进一步的发展。当时的筷子开始采用高档的材料制作,如象牙、骨头等,同时也出现了"垫筷"和"助筷"等辅助工具,使得筷子的使用更加方便和卫生。

到了唐朝,筷子的制作工艺和使用方式更加成熟。当时,筷子逐渐成为了一种重要的礼仪用品,具有丰富的文化内涵。例如,唐朝文人墨客常常以筷子为题材创作诗歌,将筷子比作各种事物,如玉树琼枝等,以体现筷子的美感和高雅。

在现代,随着中国的发展和改革开放,筷子的形态和材质得到了更加广泛的创新。除了传统的竹子、木头等材料外,还出现了金属、塑料、陶瓷等新型材质的筷子,同时也出现了各种不同款式的筷子,如儿童筷子、防滑筷子等,以满足不同人群的需求。

(二)名人与筷子

1. 姜子牙与筷子的故事

姜子牙,即吕尚,周初人,姓姜名望,字子牙,俗称姜太公。因祖先封于吕,所以叫吕尚。姜子牙是东海上(现今河南许昌,另一说法是安徽临泉姜寨)人士。在商朝时当过小官,商末民不聊生,姜子牙辞官离开商都朝歌,隐居于蟠溪峡,并在磁泉边以长杆、短线、直勾、背身而钓的奇妙方式钓鱼。

据说,姜子牙在军队中发现许多士兵因为战斗疲劳和饥饿而食欲不振,于是他便想出了一种能够让士兵轻松进食的餐具,这就是筷子。姜子牙在军队中推广筷子,很快就受到了士兵们的欢迎,并逐渐传播到了民间。另外,还有一种说法是,姜子牙是通过观察鸟类采食而得到筷子的灵感,因为鸟类采食时会用嘴巴将食物夹起来,而筷子的夹取方式和鸟类有些相似。

不论是哪种说法,姜子牙都被认为是筷子的创始人之一,他的创意让人们可以方便地用筷子夹起食物,避免了直接用手抓食物的不卫生行为,同时也提高了进食效率。虽然历史学家们并没有确凿的证据证明姜子牙是筷子的发明者。但是,这个故事已经成为了中国饮食文化的一个传说,也体现了中国古代先贤们的智慧和创新精神。

2. 借箸代筹

借箸代筹是一种传统中国的习俗,据说可以促进人与人之间的感情交流。这个故事可以追溯到中国古代,具体起源时间已无从考究。据说,在古代,一位名叫孟子的哲学家曾经和一位穷人一起进餐。由于穷人家境贫困,没有筷子可以用,于是孟子便把自己的筷子借给穷人用,自己用手进餐。后来,这个习俗就逐渐流传开来,被人们称为"借箸代筹"。

在中国传统文化中,借箸代筹被视为一种美德,表现了人们的仁爱之心和互助精神。在一些特殊的场合,如家庭聚餐、宴席等中,借箸代筹也成为了一种仪式和礼仪。这种习俗还被广泛应用于商业、社交等方面,被视为增进人际关系和社会信任的一种方式。尽管借箸代筹在现代社会中已经逐渐淡化,但它作为中国传统文化的一部分,仍然在一些特定场合得到了保留。

3. 唐玄宗与筷子的故事

据《开元天宝遗事》记载,唐玄宗很喜欢送筷子,在他眼里筷子是耿直真诚的人格象征。《开元天宝遗事》云:"宋璟为宰相,朝野人心归美焉,时春御宴,帝以所用金箸令内臣赐璟。"当年,黄金餐具器皿为皇宫所垄断,北魏时曾规定上自王公下至百姓,不许私养"金银工巧之人",私造金器者是犯法的。所以,当宋璟听说皇上赐他金箸,这位宰相十分惶恐,不知所措。帝曰:"非赐汝金,盖赐卿以箸,表卿之直耳。"当知道是表彰他如同筷箸一样耿直刚正时,宋璟才受宠若惊地接过金箸。但是这位名相,并不敢以金箸进餐,仅是把金箸供在相府而已。这就是著名的赐箸表直。

4. 毛主席与筷子的故事

毛主席也喜爱筷子,他平时用毛竹筷。大饭店里的象牙筷,他一次都不用,他说太贵重我用不动。

史料记载,1925年5月,他从宁乡县来到湖南安化县看望他的同学贺仙阶,贺仙阶见毛泽东一身尘土,忙让妻子给他换上新衣新鞋。毛泽东在同学家住了好几天,完成革命任务后,就将随身所带的一双象牙筷送给贺仙阶留作纪念。现在这双象牙筷被湖南安化县文化馆珍藏。

5. 孙中山与筷子的故事

孙中山与筷子的故事据说发生在他流亡日本的时候。当时,孙中山在一家日本餐馆里用筷子夹菜时,不小心把筷子夹断了。服务员看到后,连忙拿来一双新的筷子递给他,孙中山却拒绝了,他说:"这双筷子还可以使用,何必浪费呢?"然后他就把筷子的两端用布包裹起来,继续用它夹菜。

孙中山也因这种勤俭节约的精神深受人们的尊重和爱戴,他的这种行为也被看作一个时代的象征。他在中国的反清复明运动中,提倡国家独立、民主、自由和平等的思想,被誉为"中国近代民主革命的先驱"。他的这种勤俭节约的生活方式,也被人们所推崇和追随。因此,孙中山的筷子故事也成了中国勤俭节约精神的一个象征。

(三)筷子的礼节

在我们国家,筷子在使用中有一些传统礼节,通常与礼节、祭祀、卫生等情况关联在一起。民国年间,民间对用筷禁忌十分在意。流传较广泛的是"用筷十忌":

一忌迷筷,举筷不定;

二忌翻筷,筷从碗底挑菜捡食;

三忌刺筷,以筷叉食;

四忌拉筷,持筷撕口中的鱼肉;

五忌泪筷,用筷从汤里涝物;

六忌别筷,用筷当牙签挑牙缝;

七忌吸筷,将筷放在口中吮吸菜汁;

八忌供筷,将筷直插在饭碗中间;

九忌敲筷,以筷击碗和桌;

十忌指筷,持筷说话点人。

(四)筷子文化的传播

随着文化的传播,我们的一些邻国,比如朝鲜、韩国、日本和越南等国家,也都将筷子作为主要的进食餐具之一。虽然在用料和形状上各具风格,但是我们可以明显看出这是我们文化的"输出"。这些国家的筷子有各自的特点,如日本的筷子比较短,适合用来吃寿司;韩国的筷子较粗,适合用来吃泡菜;越南和泰国的筷子较长,适合用来吃面条。此外,在印度、巴基斯坦等地,人们也会使用类似于筷子的餐具,但形状和使用方法有所不同。

筷子在欧洲也有一定的使用率,特别是在日本料理店和中国餐馆中使用较多。此外,许多欧洲人也开始学习使用筷子,因为它们被认为是一种更健康的餐具,与用勺子和叉子相比,有助于减少热量摄入。欧洲国家也开始制造筷子,如英国、法国、意大利等国的餐具制造商都有生产筷子。

在13世纪,意大利旅行家马可·波罗在其游记《马可·波罗游记》中,记录了他在中国见到的使用筷子吃饭的情况,并称赞了筷子使用时的方便和优雅。在16世纪,葡萄牙传教士费尔南多·门德斯·皮涅多在他的著作《中国史话》中,描述了中国人使用筷子的情况,认为这是一种非常卫生的饮食方式。在19世纪初,英国人罗伯特·福尔顿在其著作《福尔顿在中国》中,写到自己在中国学习使用筷子的经历,并称赞了筷子的实用性和便捷性。

筷子在美洲的使用率相对较低,但也有一些人喜欢使用筷子,特别是在日本料理店和中餐馆中。此外,许多美国人也喜欢在家里使用筷子,认为使用筷子是一种健康的饮食习惯。美洲国家也开始出现了一些本土制造的筷子,如美国、加拿大等国的餐具制造工厂生产的产品。

四、国外的刀叉餐具及其使用规则

西餐刀叉是指在西餐餐桌上常用的刀、叉、勺等餐具。其起源可以追溯到中世纪欧洲,那时候人们还使用手、牙齿、切肉刀等来进餐。在14世纪时,由于欧洲社会的发展,餐桌礼仪变得越来越重要,人们也开始使用一些特殊的餐具。最初的西餐刀叉是叉子和勺子的组合,用于吃汤和煮菜。15世纪时,由于牛肉等红肉开始流行,人们也开始使用刀叉来切割和进食。随着时间的推移,西餐刀叉的形状和用途也逐渐发生了变化。在18世纪时,欧洲贵族的餐具开始呈现出镶嵌金银、刻有花纹的奢华风格。19世纪时,随着工业革命的到来,制造技术的发展让西餐刀叉逐渐变得平民化,成为普通人家的必备餐具。

除了欧洲,西餐刀叉也传播到了其他地区。在殖民地时期,西餐文化传到了美洲、亚洲、非洲等地。随着全球化的发展,西餐刀叉也逐渐成为了世界各地餐桌上常用的餐具之一。

刀叉在使用过程中,有一定的规则:

(1) 使用刀叉前应先用餐巾擦拭干净;

(2) 握刀的手应该紧握刀柄,食指伸直放在刀柄上,其余手指握住刀柄,刀刃指向自己;

(3) 刀的使用顺序是从外到内,也就是说如果有多个刀,则先使用最外面的刀;

(4) 使用刀切菜时,应该将食物切成适当大小的块,并慢慢地切,刀刃应该与盘子

保持一定距离,以免弄脏;

(5)同时使用刀与叉时,应该用左手握住叉柄,右手握住刀柄;

(6)叉子的使用也是从外到内,与刀相对应,先使用最外层的叉子;

(7)使用叉子将食物切成小块或插取食物时,应该插入食物中心,而不是从边缘开始;

(8)用餐完毕后,将刀和叉子放在盘子上,并将其放在餐桌右侧;

(9)使用刀叉时不要发出嘈杂的声音;

(10)不要将刀叉竖直地插在餐盘或碗里;

(11)不要使用刀叉指着别人。

西餐刀叉经历了漫长的发展过程。其发展过程,也反映了欧洲社会、文化的变迁,使其成为一种富有历史文化内涵的餐具。

教学互动

饮食文化我来讲

围绕本项目所学内容,以小组为单位进行专题研究,以世界其他国家或者地区的特色食材及其烹调方法作为主题,分组讲解,小组互评,教师点评。

项目小结

本项目重点选取了中外具有独特风格的海鲜类、肉类、蔬菜类等食材,并阐述了各食材的特点、备受关注的原因及相关的烹调方式。任务二通过对刀工技艺、制熟技艺和调味技艺中不同工具的运用讲解,体现出不同的烹饪文化;通过介绍我国不同地域独具特色的调味方法,体现出我国辽阔的地域间的饮食习惯的差异。中外不同的饮食器具出现在不同的典籍当中,中外使用的筷子与刀叉,体现出文化差异,并且筷子在外国的使用的推广和中国人对刀叉的逐渐熟悉,是中外文化交流的体现。

项目训练

一、知识训练

1.列举中外的各个种类的特色食材,如海鲜类、肉类、蔬菜类。

2.中外著名烹饪技法典籍有哪些?请列举。

3.请描述与筷子相关的名人故事。

二、能力训练

1.请分析鱼子酱珍贵的原因,并举例说明中外著名产地鱼子酱的异同。

2.研究法国布雷斯鸡的产品地域保护策略,指出哪些是我们可以借鉴的。

3.请举例分析食材的迁徙对目的地区域饮食的影响。

Note

项目七
中外饮食文化的传播与交流

 项目描述

    饮食文化是一个国家的重要组成部分。了解中外饮食文化的传播对于更好地理解各国饮食文化的价值和意义是非常重要的。这可以让学生通过研究饮食来深入了解各个国家的文化,从而提升跨文化沟通能力,拓宽视野,增进文化交流与合作。

 项目目标

知识目标

1.确保学生掌握相关的饮食文化传播知识,包括了解中外饮食文化的历史、特点、发展趋势,了解不同饮食文化之间的相似性和差异性。

2.掌握相关的术语、概念和理论。学生应该具备中外饮食文化传播的相关基本知识。

能力目标

1.培养学生在中外饮食文化传播方面的核心能力,使他们能够理解和解释中外饮食文化的差异,运用适当的沟通策略进行有效的跨文化交流。

2.学生还应具备分析、比较和评价中外饮食文化的能力,以及掌握相关的研究方法和技巧。

素养目标

1.培养学生建立正确的对中外饮食文化传播的情感态度和价值观,包括培养学生的开放心态和尊重不同文化的意识,使其能够欣赏和尊重中外饮食文化的多样性。

2.培养学生的文化包容性和跨文化敏感性,使其能够在跨文化交流中表现出尊重、理解和合作的态度。

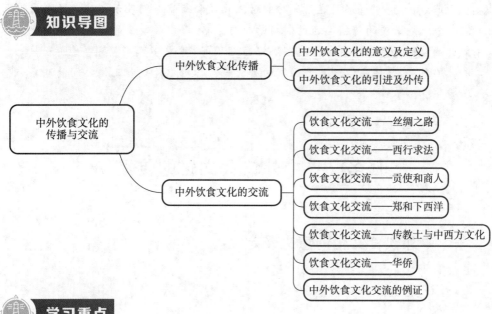

知识导图

中外饮食文化的传播与交流
- 中外饮食文化传播
  - 中外饮食文化的意义及定义
  - 中外饮食文化的引进及外传
- 中外饮食文化的交流
  - 饮食文化交流——丝绸之路
  - 饮食文化交流——西行求法
  - 饮食文化交流——贡使和商人
  - 饮食文化交流——郑和下西洋
  - 饮食文化交流——传教士与中西方文化
  - 饮食文化交流——华侨
  - 中外饮食文化交流的例证

学习重点

1.饮食文化的历史和演变。
2.用饮食文化来理解跨文化沟通技巧。
3.饮食文化的敏感性及包容性。

学习难点

1.饮食文化差异和误解。
2.饮食文化适应和理解深度。

项目导入

尝遍全世界

墨西哥传统美食的全球推广:墨西哥的传统美食,如玉米饼塔科和墨西哥卷饼等在全球都非常受欢迎。墨西哥美食的独特口味和多样性促进了其在国际上的传播。墨西哥餐厅和食品品牌的扩张,以及在国际美食节和活动中的展示,都为墨西哥饮食文化的传播做出了贡献。

日本寿司的全球化:日本寿司是一种享誉世界的传统美食。随着日本餐饮业在全球范围内的扩张,寿司成为许多人喜爱的食物。寿司连锁店的兴起和日本厨师的技艺传授,为日本寿司在全球的传播提供了基础。

印度咖喱的国际化:印度咖喱以其独特的香料和复杂的口味而闻名。随着印度餐馆在国际上的兴起,印度咖喱成为全球范围内十分受欢迎的美食。印度厨师在国际厨艺竞赛中的表现和印度餐馆的创新菜单,推动了印度咖喱的国际化传播。

正如我们所知道的,这些成功的跨文化饮食交流案例展示了特定饮食文化在全球范围内的传播。通过创新的推广策略、跨国餐饮业的发展以及文化交流活动的开展,这些美食文化得以超越国界,被更多人所了解、喜爱和接受。那么,你曾经品尝过其他国家的美食吗? 你对中外饮食文化之间的联系和差异有何了解?

任务一 中外饮食文化的传播

一、中外饮食文化的意义及定义

(一)研究饮食文化的意义

随着全球化的推进,全世界各国的饮食文化交流和传播也变得越来越频繁。中国和外国的饮食文化相互影响和传播,在很大程度上改变了人们的饮食习惯。

作为古代农耕文明的五大发源地之一,中国的饮食文化反映出人们对饮食的独特见解。美国人类学家 Carole Counihan 和 Penny Van Esteril 曾说过"饮食都与文化现象有关",此话是用来强调通过饮食来研究各个国家文化的必要性。因此,我们可以通过学习不同文化之间的交流与融合,欣赏和尊重不同文化的多样性,培养跨文化交流能力和包容心态,提高在全球化时代的交往与合作能力,同时了解中外饮食文化的传播对于理解各国饮食文化具有重要的意义。

(二)饮食文化的定义

简而言之,饮食文化是一个国家的重要组成部分。饮食文化是一个国家和地区的文化遗产,是人们生活方式、思想和价值观的反映。它包含着食材所经历的历史、食物本身的故事,以及食物准备过程中的情感等。饮食文化的发展自古以来就反映着各个国家,尤其是中国历史的潮流及中国人特有性格的形成过程。

二、中外饮食文化的引进及外传

(一)外国饮食文化的引进事例

"有朋自远方来,不亦乐乎"是我们国家的外交传统,只要他人是以和平方式进行,我们都会敞开大门欢迎域外文化的流入。随着世界各国的文化交流和融合,外国的饮食文化在中国逐渐传播和普及。外国的饮食文化在中国得到了广泛的接受,并与中国的饮食文化相融合,形成了一种新的饮食文化。

起初,外国饮食文化引进中国经历了一个漫长的过程。在中国饮食文化的不同历史阶段,外国饮食文化通过多种途径和形式被带入中国并与中国饮食文化相融合。从历史上看,外国饮食文化的引进与中国与世界其他地区的交流和接触密不可分。

1. 印度饮食文化的引进

早期,随着中国与周边邻国进行交流,邻国的饮食文化随之传入中国。例如,在春秋战国时期,中国与周围国家的交流加深,周围国家的饮食文化随之影响了中国。因为与印度建立了贸易往来,印度的饮食文化传入中国,例如,印度的素食文化在中国的佛教徒中得到了广泛的接受。

2. 西餐饮食文化的引进

在清朝时期,西式饮食文化传入中国。清朝时期的英国人和法国人还在中国开设了许多外国餐馆,推广了西式饮食文化。当时,能尝到西式餐饮的大都是官员和商人等。追求美味、美食本是中国人的喜好,食无禁忌,嗜好异味,是中国饮食文化的一大特色,因此西餐在中国流行起来。

中国人起初将西式饭菜称为"番菜",这是沿用"番邦"的传统称谓。到了清末,吃西餐的多是中外显要人士、巨商大贾,使得吃西餐成为权力、金钱、地位的象征,因此西餐又被称为大菜。其实,西餐进入中国比中国人吃西餐还要早。19世纪中叶,广州、上海开埠后,为外国侨民服务的西餐馆已经开始营业,而这些餐馆的主理者往往是外国厨师。当时,中国人认为西餐餐具好像刀枪武器,并不欣赏。

随着西式饮食文化的普及,中国人也开始尝试和模仿西式饮食,咖啡馆、面包店和甜点店等开始在中国出现。

(二)外国饮食文化的引进方式

随着全球化的推进,世界各地的饮食文化逐渐融合,更多的外国饮食文化在中国也逐渐走入人们的生活。其中最主要的引进方式有三种,即商业、文化交流和旅游。

1. 商业

商业是外国饮食文化传入中国的重要途径。随着中国经济的快速发展,越来越多的外国企业开始在中国投资建厂,并将其产品引入中国市场。这些外国企业包括餐饮业、食品加工业、酒业等行业的企业等。他们带来了一系列的外国饮食文化,如意大利面、比萨、面包、葡萄酒等,让这些饮食在中国逐渐受到人们的欢迎。

2. 文化交流

文化交流是外国饮食文化传入中国的另一个重要途径。随着中国与世界各国的文化交流不断加深,人们对外国饮食文化的了解也逐渐加深。中国人民通过旅游、学习、看电影等方式了解到了外国饮食文化,并逐渐接受和喜欢上它。

3. 旅游

旅游也是外国饮食文化传入中国的重要平台。许多外国餐馆和酒吧在旅游胜地开设分店,吸引游客。随着人们生活水平的提高,越来越多的中国人开始出国旅游,同时也有越来越多的外国游客来到中国旅游。在这个过程中,人们可以直接体验外国饮食文化,并了解外国饮食文化的各种特点。

国人在出国旅游时,在外国餐馆、酒吧等地能直接品尝到各种外国饮食。他们可以了解各种外国饮食的味道、口感、烹饪方法等,并可以直接体验外国饮食文化的多样性。随着对外国饮食文化的了解加深,他们也会带回一些外国饮食的知识,在国内传播和推广。

同样,当外国游客来到中国旅游时,他们也可以了解到中国的饮食文化,并在当地餐馆品尝到各种中国饮食。他们对中国饮食文化的了解可以帮助他们更好地了解中国文化,并对中国文化产生浓厚的兴趣。

总之,外国饮食文化的引进在当今全球化的时代越来越普遍。随着旅游和移民的增加,人们越来越容易接触到来自不同国家和地区的饮食文化,同时也更容易在本地品尝到外国美食。外国饮食文化的引进对于本地餐饮业的发展具有很大的促进作用。通过引进外国餐饮文化,本地餐饮业可以获得更多的灵感和创意,为消费者提供更多样化和丰富的选择。另外,外国饮食文化的引进也可以促进文化交流和了解。通过品尝不同国家和地区的美食,人们可以更好地了解其他文化的饮食习惯和传统,并从中受益。

当然,外国饮食文化的引进也存在一些挑战和问题。例如,对于一些传统文化保护者来说,过度引进外国饮食文化可能会对本土饮食文化造成冲击。此外,还存在着文化差异和语言障碍等问题。因此,在引进外国饮食文化的同时,我们也需要注意保护本地饮食文化的多样性和独特性。我们应该在保持本地传统美食的基础上,吸收外国美食的精华,推动本地餐饮业的发展。

(三)中国饮食文化的外传及途径

中国饮食文化在过去几千年中得到了广泛的传播和影响,成为世界上非常具有影响力的饮食文化之一。中国饮食文化流传到国外途径有多种,以下介绍主要的几种。

1. 丝绸之路

丝绸之路是中国和欧洲、中东和印度等地之间的贸易和文化交流通道。这些交流不仅涉及物品的交换,还包括文化和饮食方面的交流。中国的茶、丝绸和瓷器等商品通过丝绸之路传到了世界各地,同时中国的饮食文化也因商人和旅行者传播到了其他国家。

2. 移民和侨民

移民和侨民也是中国饮食文化传播的一个重要因素。19世纪中叶以来,中国人开始向海外移民,他们逐渐将中国的饮食文化传播到了世界各地。许多华人移民会在国外建立新的生活,并在国外保持着自己的饮食文化。在当地,他们开设的中餐馆,使得当地人可以品尝到中国饮食,并了解中国饮食文化。例如,在美国和加拿大的唐人街,人们可以品尝到正宗的中国菜。

3. 贸易活动

在近年来,中国已经成为世界上最大的贸易国,中国的饮食文化也随着贸易活动向国外传播。许多外国公司在中国建立了生产基地,外国人员也在中国生活和工作了一段时间。他们对中国饮食文化的喜爱和了解,也使得中国饮食文化在国外得到了推广。

4. 旅游业

旅游业也是中国饮食文化向国外传播的重要途径。随着人们生活水平的提高,越来越多的外国游客来到中国旅游。在这个过程中,他们可以了解到中国饮食文化的多样性,并在中国餐馆品尝到各种中国饮食。同时,随着中国的经济的发展,越来越多的中国人也开始在海外开办旅游业务,把饮食文化带入全世界。

5. 媒体传播

媒体,特别是电影和电视,是中国饮食文化传到国外的一个重要途径。随着中国电影和电视的发展,越来越多的外国观众对中国饮食文化产生了兴趣,了解了中国饮食文化。

6. 中餐烹饪技艺的传播

中国的中餐烹饪技艺和调味方法在国际上也得到了广泛的认可和传播。例如,中餐的一些烹饪方法和调料已经被国际大厨们采用并融入他们的烹饪风格中。

总的来说,中国饮食文化的外传已经持续了几千年,通过不同的途径传播到了世界各地,并对世界饮食文化产生了深远的影响。

任务二　中外饮食文化的交流

饮食是各个国家的组成要素,更是文化传播不可或缺的组成部分。饮食文化交流指自文字产生后不同地域、不同族群间的饮食文化的互通。

中国饮食文化交流曾有许多卓有成效的活动,如张骞出使西域、郑和下西洋,玄奘求法、鉴真弘法等都让中外饮食文化有了有效交流。虽然出于政治、文化、求生等不同目的,但是正是数千年这种不同方式、不同人群的持续交流才使得中国饮食文化不断的丰富。

我们能通过了解中外饮食文化的历史渊源、背后的文化价值观、不同文化之间的差异和共通之处,以及传统和习俗,尊重和理解传统文化,提高对多元文化的认同感。

一、饮食文化交流——丝绸之路

(一)丝绸之路的历史及背景

现代农业发展迅速,食材在选择上有了更多的可能。但是在汉唐时期,食物资源的选择却是相对匮乏的。随着丝绸之路的开通及发展,中原大地与域外国家的贸易交流频繁起来。起先,人们通过这条通路解决争端、平息战争,之后这条路成为内陆和西域的经济及文化沟通之路。丝绸之路的开通及发展使中原地区的经济和文化都得到了空前的进步。

丝绸之路是一个古代的贸易网络,贯穿了亚洲和欧洲,绵延数千里。这条路线由陆路和海路构成,起源于中国,连接了许多古代的文明和帝国,包括中国、印度、波斯、罗马帝国等。这条路线以其丰富的贸易和文化交流活动闻名于世界。

丝绸之路起源于汉朝时期,大约在公元前2世纪。当时,中国的丝绸出口已经开始繁荣,而丝绸之路就是为了满足其他文明对丝绸的需求而建立的。丝绸之路的贸易不仅涉及丝绸,还涉及许多其他商品,如瓷器、香料、珠宝、黄金、白银,等等。

丝绸之路贸易的发展,不仅带来了商品的交换,还带来了文化和宗教的传播。佛教、伊斯兰教和基督教在丝绸之路上得以传播,这对整个世界的历史和文化产生了深远的影响。

丝绸之路的兴衰,与历史上许多帝国的崛起和衰落有关。在唐朝,丝绸之路到达了巅峰,但在蒙古帝国入侵和欧洲大航海时代到来之后,丝绸之路的重要性逐渐减弱。

然而,丝绸之路的历史和文化遗产仍然存在于现代社会中。丝绸之路的遗址和历史遗迹,如敦煌莫高窟、天山大峡谷和古代城市中的市场和贸易路线等,成为世界文化遗产。同时,丝绸之路也成为现代中国"一带一路"倡议的重要基础。

张骞是汉武帝时期的一位重要使者,公元前139年至公元前115年,汉武帝刘彻派张骞两次出使西域。

第一次出使从公元前138年开始。张骞率领大约1000人的队伍由长安出发。他的使命是向西域各国推广汉文化和贸易,以建立友好关系和促进经济交流。他的队伍沿着黄河向西,经过甘肃、青海、新疆等地,最终到达今天的中亚地区,而后经过凉州、陇西、大宛、疏勒、于阗等地,历时两年才返回长安。他的出使成功地开拓了中原和西域之间的贸易和文化交流,对中西方的文明交流产生了重要影响。在大月氏,张骞成功地促进了汉朝和大月氏国的友好关系,还与当地的大宛商人建立了联系,并了解了当时西域的地理、民族、物产等情况。

第二次出使从公元前119年开始。这一次他的任务是访问大月氏(今天的塔里木盆地),以将其从匈奴阵营策反过来。他的队伍从陇西出发,经过狄道、酒泉、焉耆、龟兹等地,最终到达大月氏。在那里,他成功地策反了大月氏。他的使命得到了圆满的完成,并且还开辟了一些新的贸易路线。

张骞第二次出使率领的队伍和第一次出使类似,不过途中他们受到了匈奴的袭击,导致许多人死亡。后来,张骞和他的队伍到达了绿洲城市康居(今新疆吐鲁番),并成功地与康居王建立了友好关系。

张骞两次出使西域,为汉朝开辟了通往西域的贸易通道,促进了汉朝与西域地区的交流与合作。虽然开始西域之行更多的是为了抗击匈奴,但随着丝绸之路的开辟,饮食文化交流也越来越多。西瓜、葡萄、石榴等水果从西域各国流传进来,大家所熟知的"烤串",据说也是经丝绸之路传到中亚和西亚各国的。

张骞通西域后,汉朝跟西域的使者开始相互往来,东西方文化交流日渐频繁。商人们载着汉朝的丝绸等货物,从长安穿过河西走廊,经西域运往中亚、西亚,再将当地物产转运到中原。因此我们把这条沟通欧亚的陆上交通道路称为"丝绸之路"。汉朝丝绸之路的开通,使中原地带与西域各国接轨,人们通过这条交易渠道解决了争端。此后,这条交易之路逐渐成为连接内陆和西域经济和文化的道路。

古代的丝绸之路的出发点是在汉唐时期的长安。随着丝绸之路的繁荣,长安一度成为国内外备受瞩目的国际城市。当时长安聚集了大量的商人,使得经济和文化得到了史无前例的发展。经历了长期文明史的中国,在向全世界出口农业种植和生产技术的同时,也积极引进外国的农作物,丰富了自己的农业体系。各种农作物通过丝绸之路进入中国,不仅丰富了食材资源,而且促进了种植业。

中国丝绸向埃及、希腊等国流入的同时,汉王朝使者的归来及域外饮食文化持有者的来访也使葡萄、石榴、胡桃、胡蒜等进入了中国。不仅仅这些,张骞还带回了沿途各国各地区的人文地理文化及食生活、生产、风俗等饮食文化。

得益于张骞出使西域,汉朝时期食材品类就极为丰富了,新增了胡瓜、胡桃、胡麻、胡萝卜、石榴等物产。但由于引进时间太短,所以即使是贵族也难以天天吃上,对当时的饮食改变不大。后期,人们的饮食文化也因丝绸之路引进了黄瓜、大蒜等而丰富了许多。西域的烹饪方式也传入中国,中国的餐桌上出现了乳酪、馕(当时人称为胡饼)一类面粉制作而成的食物(见图7-1)。

另外,"炖"这种做法也在这一时期出现,查看历史《大秦帝国》可以知道,那个时候有道名菜叫肥羊炖,但是这个依然属于贵族的专享,而且没有什么调料来调味,做出的羊肉的膻味可能会让你难以下咽。

图7-1 馕

到了唐朝,不少的西域商人带来异域饮食文化。其中尤以"羌煮貊炙"的烹饪方法最为典型,即煮或涮羊、鹿肉和烤全羊的吃法。这时麦子能够磨成粉做成多种面食了,有馎饦(用油煎的面饼)、毕罗(以面粉作皮、包有馅心、经蒸或烤制而成的食品)、烧饼等,也逐渐出现了现代面条的雏形。但无论是面条还是烧饼,口感都是非常粗糙的。所以在电视剧里看到的喊着"小二,给我来碗面条"的人其实不是为了享受,而真的只是为了填饱肚子。

到了唐中叶,随着商业的兴盛,葡萄酒被引进,流传于上层社会中。并且当时的奶制品是非常丰富的,可以满足大众的一些营养需求。

(二)丝绸之路对饮食文化交流的贡献

1. 带来了各种地区的烹饪技术和菜肴,促进了文化交流

丝绸之路的商贸活动带来了各种地区的烹饪技术和菜肴,促进了文化交流。例如,从印度传入中国的咖喱成为中餐中不可或缺的一部分,从中东传入中国的烤肉和羊肉串也融入了中国餐饮文化。此外,通过商贸往来,中国的烹饪技术和食材也被带到了其他地区,如传统的中式烹饪技术和中国茶文化就被传到了东南亚地区。

2. 丝绸之路的商贸活动使得各种食材得以迁移,丰富了各地饮食

丝绸之路的贸易往来使得各种食材得以迁移,从而丰富了各地的饮食。例如,从中国传到中东的茶叶成为当地的传统饮品,中东的羊肉也被传到了中国,并成为中国餐饮文化的重要组成部分。此外,来自印度的香料也成为我国重要的调味品。

3. 各种饮食文化的交流融合，形成了新的风味和美食

丝绸之路的商贸往来和文化交流促进了各种饮食文化的交流融合，形成了新的风味和美食。例如，印度的咖喱、中东的烤肉、中国的面条等不同餐饮文化中的食材相互融合，形成了新的美食。

（三）丝绸之路对饮食文化发展的贡献

1. 丝绸之路的繁荣和商业交流促进了饮食文化的发展

商贸往来带来了各种新的餐饮需求和机会，餐饮业在丝绸之路沿线地区逐渐发展壮大，为当地经济做出了贡献。此外，丝绸之路也成为文化和人员交流的平台，各种餐饮店家也在这一平台上得到了更多的发展机会。

2. 不同地区的饮食文化交流创造了更多的餐饮就业机会

通过文化交流，餐饮业在沿线地区得到了发展，餐饮业的供应链也逐渐形成。从农民到生产厂家再到餐厅，这一供应链创造了大量的就业机会，为当地经济和社会发展做出了贡献。

3. 丝绸之路的交流促进了饮食技术的发展和创新

在商贸往来和文化交流中，不同地区的饮食技术互相借鉴和融合，推动了餐饮技术的发展和进步。例如，中国的面食技术和烹饪技术就在丝绸之路的交流中得到了发展和创新，成为中国餐饮文化的重要组成部分。此外，丝绸之路的交流还促进了餐饮业的技术创新和改良，从而推动了餐饮业的发展和壮大。

（四）丝绸之路食材的迁移对饮食文化界的贡献

1. 不同地区的食材互相迁移和交流，丰富了饮食文化食材的品种和质量

丝绸之路商贸活动的开展，使得各种食材得以迁移，从而丰富了当地饮食的品种，提高了当地饮食的质量。通过商业贸易，沿线地区的人们了解了不同地区的食材和烹饪技术，并将其融入当地的饮食文化中。丝绸之路的商贸活动也使得稀有或者昂贵的食材得以进入不同地区，丰富了当地的饮食文化。

2. 食材的迁移促进了当地的农业和渔业的发展

在丝绸之路商贸活动中，农产品和海鲜是重要的贸易商品。这推动了当地农业和渔业的发展，提高了农产品和海鲜的供给量和品质。此外，食材的迁移也促进了当地的贸易和经济发展。

3. 食材的迁移还带来了医学上的益处，丰富了当地的食疗文化

丝绸之路商贸活动的开展，不仅带来了食材的迁移，还促进了不同地区的医学文化交流。各种药材和食材的传输，促进了当地的医学和食疗文化的发展。例如，中医文化中讲究食疗，丝绸之路上的食材交流和医学文化交流，促进了中医文化的发展和普及。

（五）小结

总之，丝绸之路的历史和背景使得不同文化的交流和融合成为可能，这对饮食文

化交流和发展产生了巨大的影响。

首先,丝绸之路的商贸活动带来了各种地区的烹饪技术和菜肴,丰富了各地的饮食文化,同时也促进了餐饮业的发展和创新。食材的迁移还使得当地的农业和渔业得以发展,提高了食材的供应量和质量。食材的迁移还丰富了当地的食疗文化,带来了医学上的益处。

其次,丝绸之路在饮食文化交流方面扮演了重要的角色。商贸活动的开展促进了各地饮食文化的交流和融合,使得当地的饮食文化变得更加多元化和丰富。丝绸之路上的商贸活动和文化交流为当今世界各地的餐饮文化带来了影响和启示,推动了餐饮文化的进一步交流和发展。

随着全球化的发展,各地餐饮文化之间的交流和融合变得更加频繁和紧密,这也为未来的饮食发展与交流带来了更多的机遇和挑战。我们可以借鉴丝绸之路上的商贸活动和文化交流的经验,继续促进各地餐饮文化的交流和融合,推动餐饮行业的进一步创新和发展。

二、饮食文化交流——西行求法

(一)西行求法历史及背景

1. 玄奘求法历史及背景

中国唐朝的一位高僧玄奘为了到印度取回佛教经典进行了长途旅行。玄奘是一位著名的佛教大师和翻译家,幼年即显出聪明才智,深受家人和周围人的喜爱和尊敬。

公元613年,玄奘出家为僧,开始了他的佛教修行之旅。在修行过程中,他渴望深入了解佛教,尤其是印度佛教的真正含义。然而,在当时,中国佛教教义已经经历了数百年的历史变迁,佛经的译本质量也参差不齐,对于真正的佛教教义缺乏准确的表述。为了满足自己的渴望和救度众生的愿望,玄奘决定前往印度,亲自寻找真正的佛教经典和教义,并将其翻译成中文,以便更多的人能够理解和接受佛教教义。

公元627年,玄奘自西安出发,开始了他的西行求法之旅。他先后经过甘肃、新疆、吐鲁番、帕米尔高原、喜马拉雅山脉等地,历时三年最终抵达印度。并在那里学习佛法。

在印度,他先后游学于那烂陀寺、拘尸那摩诃迦叶寺等名刹,拜师学习佛教教义,修行禅定,翻译佛经。他还在印度建立了大慈恩寺,收集和保存佛教文化遗产,培养和传承佛教人才。

公元663年,玄奘完成了佛经的翻译工作,共翻译经论75部、1335卷,成为中国佛教史上的伟大贡献者。他带回了大量的佛经和文化。回到中国后,他在大慈恩寺修建了一座木塔,用来安置佛经,这就是有名的大雁塔。玄奘晚年,在大雁塔内静修,直至公元664年圆寂。这次旅行,是中印两国文化交流的重要事件之一。玄奘也是中国历史上的著名文化人物之一。

西行求法的背景是唐朝佛教文化的繁荣。自佛教传入中国之后,不仅有无数西域、印度高僧来中土弘法,也有无数高僧舍生忘死分从水陆两路西行求法。在这漫长的历史上,印度高僧弘法者的来华,中国求法者的西去,以及传法者的东行使得相关中外饮食文化绵延不绝。

说到玄奘西行就不得不提到《大唐西域记》,这是一本由玄奘口述,记述了玄奘游历110多个国家,观览到的各国山川、河流、物产及习俗的历史文化经典著作。《大唐西域记》中曾有记载,当时西域地区的主食为饼,传入唐朝后,由于西域各族人当时被称为胡人,被称为"胡饼"。另外《大唐西域记》中还有关于葡萄酒的记载,沙门婆罗门饮葡萄甘蔗浆,葡萄酒的工艺传入唐朝后被宫廷所用。

2. 法显求法历史及背景

据记载,其实比玄奘早230年,我国第一位西行取经的僧人是东晋的法显大师。法显(334—420),字勇之,东晋末期著名的佛教传教士和文化交流使者。他在佛教界和文化界都有很高的地位和影响力。

法显在年轻时便投身于佛门,并随徐无可、支遁、惠远等名师学习佛法。在修行深入后,法显怀揣着对佛法的热爱和对传承佛教的使命感,于399年离开了故乡湖南长沙,开始了自己的求法之旅。

法显经过长期的跋涉和苦行,先后到达了印度、斯里兰卡等国,深入学习佛教经典和文化,还曾到过波斯、大秦(指古印度)等地,与当地的佛教徒和官员交流。经过多年的努力,法显不仅修得了佛法真谛,还把佛教文化带回中国,为佛教在中国的传播和发展做出了巨大的贡献。

在他晚年时,法显先后受到了东晋的多位皇帝的赏识和崇敬,他还曾担任过东晋的翰林学士等重要职务,为东晋的文化事业做出了贡献。他的功绩在佛教界和文化界都得到了广泛的认可和赞誉。

他堪称古代"一带一路"的山西探险家。他是历史上第一位陆上"丝绸之路"与海上"丝绸之路"的践行者。据史书记载,他是留有准确记录的陆海两丝绸之路的第一位旅行家、翻译家,并写有我国首部记述当时中亚、印度和南海诸国山川地貌和风土人情的游记《佛国记》。法显之前,人们或者知道路上丝绸之路,或者了解海上丝绸之路,甚至知道两者可以连在一起,但却从未有人实践过。唯独法显,记录并留下了全程的旅行游记。我们可以说法显是完整开拓古代陆海丝绸之路最功勋卓越的人物。

3. 鉴真求法历史及背景

鉴真东渡日本是指唐朝高僧鉴真(687—763)于公元742年至753年间,先六次率领大批僧人,搭乘木筏或船只,从中国东渡日本,传播佛教文化,对日本佛教的发展产生了深远的影响。其背景可以从以下几个方面来解释:

(1)中国佛教的发展。

隋唐时期,中国佛教已经进入了全盛期,佛教文化在社会中具有很高的地位。鉴真作为一位出类拔萃的佛教学者,秉承着传播佛教文化的使命感,向外传播佛教文化成为他的理想和目标。

(2)日本的政治和文化环境。

当时,日本正处于奈良时代,宫廷文化繁荣,政治稳定,对外文化交流的需求也越来越大。在这种背景下,鉴真的东渡活动得以实现。

（3）两国间的交流。

唐朝和日本之间在政治、经济、文化等方面都有着密切的联系。唐朝统治者派遣使臣到日本，日本也派遣使臣到唐朝。这种交流促进了两国之间的文化交流，使得佛教文化在日本得到了更广泛的传播。

（4）鉴真个人的能力和人脉。

鉴真本身是一位卓越的佛教学者，具有很高的声望和人脉。他在中国和日本都结交了很多有名望的人物，这些人物在他的东渡活动中提供了很大的支持和帮助。

综上所述，鉴真东渡日本涉及中国佛教的发展、日本的政治和文化环境、两国间的交流以及鉴真个人的能力和人脉等方面。这些因素的共同作用，才使得鉴真的东渡活动得以实现，并对日本佛教文化的发展产生了深远的影响。

（二）西行求法对饮食文化交流的贡献

1.西行求法促进中印两国文化交流

玄奘西行求法除了带回大量的佛经和文化外，也对中外饮食文化交流做出了贡献，同时印度佛教的传播带来了印度餐饮文化，促进了文化交流。佛教在印度有着广泛的影响力，它的教义中强调了素食主义，这影响了印度饮食文化的发展。玄奘回国后，也将印度佛教文化和素食文化传播到中国，对当时中国的饮食文化产生了影响。

玄奘西行求法的行程中经过了不同地区，了解了各地的烹饪技术和菜肴，促进了文化交流。玄奘的旅行途中，经过了许多地区，如甘肃、青海、新疆等，了解了当地的烹饪技术和菜肴，这也让他更加深入地了解当地的饮食文化和习惯。他也将这些知识和经验带回中国，对当时中国的饮食文化产生了一定的影响。

综上所述，西行求法对餐饮界文化交流做出了重要的贡献，促进了不同文化间的交流和融合，也影响了当地的饮食文化的发展。

东晋的法显大师在他的《佛国记》一书，其中记载了他在印度的见闻和感受，也涉及一些饮食文化的内容。在《佛国记》中，法显对于印度的饮食文化做了不少的记载。他指出，印度人不吃牛肉，而且饮食以素食为主，多数人甚至连葱、蒜都不吃。他还提到印度信仰佛教和婆罗门教的人都禁食牛肉，而信仰释迦牟尼佛的人则更为严格，连五荤也不吃。

此外，法显还对印度的饮食方式和习惯进行了描述。他说印度人喜欢用手抓饭吃，不用筷子或者勺子，而且用餐时要坐在地上，左手放在膝盖上，右手才能用来抓食物。此外，印度人还有一种传统的用餐方式，就是使用用面团揉成的球状物来夹菜，这种球状物叫作"卢卡"。

总的来说，法显在《佛国记》中的饮食文化记载，给我们提供了一些了解印度饮食文化的线索，同时也让我们看到了佛教文化与饮食文化的融合。

2.东行求法促进中日两国文化交流

鉴真东渡日本关于饮食文化的记录已经成为珍贵的史料，它代表了中日饮食文化交流史上的一大重要转折。鉴真东渡日本对饮食文化的影响是巨大的，他将中国的佛教文化和饮食文化带到了日本，促进了日本的文化发展和变革。

首先,鉴真传授的素食文化对于日本的饮食文化产生了重要的影响。在鉴真传教之前,日本的饮食习惯以肉食为主,而鉴真传授的佛教文化强调素食,推广了素食的概念,使得日本的饮食文化中出现了更多的素食菜肴,例如寿司、天妇罗等。

其次,鉴真的文化传播也对日本的茶道文化产生了影响。在鉴真传入的佛教文化中,茶道被视为一种精神修养和禅宗思想的表现方式。因此,日本的茶道文化在鉴真传教的时期得到了很大的发展和推广。

此外,鉴真还带来了中国的书法、绘画和诗歌等文化形式,这些文化形式也在日本得到了发展和传承。例如,日本的和歌诗、屏风绘画等都受到了中国文化的影响,展现了文化交流和融合的特点。

总之,鉴真东渡对日本的饮食文化和其他文化形式产生了深远的影响。这些文化的传承和发展也为日本的文化多样性和独特性做出了重要的贡献。

(三)西行求法对饮食文化发展的贡献

1. 西行求法的传播促进了饮食文化的发展和创新

西行求法是佛教禅宗中的一种修行方法,旨在通过禅修实现心灵的净化和提升。它对中国的传播对于餐饮业的发展和创新起到了一定的促进作用,主要表现在以下几个方面:

(1)素食文化的兴起。

西行求法中强调吃素的观念,因此在佛教徒中素食文化比较盛行。随着佛教文化的传播,素食文化也逐渐在中国兴起,并促进了素食餐饮业的发展。

(2)精神文化的融合。

西行求法促进了佛教和中国传统文化的融合,形成了独特的文化氛围。餐饮业在这种文化氛围下,也开始注重精神文化的传承和体现,如通过餐厅的装修、环境和菜品等方面来展现独特的文化风格。

(3)茶文化的繁荣。

西行求法中强调禅修和饮茶的结合,因此茶文化在禅宗中得到了很好的发展。茶文化的兴起也对中国餐饮业产生了很大的影响,如茶艺表演和茶文化主题餐厅等创新形式的涌现,促进了餐饮业的创新和发展。

(4)餐饮服务的改进。

西行求法强调内心的修炼和净化,这种精神层面的需求也渗透到了餐饮服务中。餐饮业在服务上开始注重满足客人精神层面的需求,提供更加细致入微的服务,提高了服务水平和客户满意度。

总的来说,西行求法促进了中国饮食文化的发展和创新。

2. 佛教素食文化的传播推动了素食饮食文化的发展

西行求法传播了以植物为食的佛教素食文化,常见的素食食材有豆类、米、麦、蔬菜、水果、坚果,等等。在印度,素食餐饮文化有着悠久的历史,传统的印度素食菜肴如咖喱菜、豆腐等也随着佛教的传播而传入中国。此外,素食文化也带来了相关的餐饮文化和宗教信仰的传播,如清真餐饮和印度教餐饮等。

3. 不同地区的餐饮文化交流融合,形成了新的饮食文化风格和美食

西行求法作为重要的历史事件,对餐饮界的文化交流和发展产生了深远的影响。在餐饮文化交流方面,西行求法传播了印度餐饮文化。在西行求法的行程中,玄奘经过了不同地区,了解各地的烹饪技术和菜肴,促进了文化交流。同时,西行求法也传播了佛教素食文化,影响了中国饮食文化。在餐饮业发展方面,西行求法促进了餐饮业的发展和创新。佛教素食文化的传播推动了素食餐饮业的发展。由于佛教的影响,素食餐饮得到了推广和发展,成为一种健康和环保的饮食方式。此外,不同地区的餐饮文化交流融合,形成了新的餐饮风格和美食。这些美食在当今的餐饮市场中仍然备受欢迎。

因此,西行求法对饮食的文化交流和发展产生了积极的影响,为饮食文化的发展和创新提供了重要的历史参考。西行求法期间的食材迁移对餐饮界的贡献还包括以下三个方面:

(1)西行求法期间的食材交流丰富了餐饮食材的品种,提高了食材的质量。

随着西域文化的传播,印度、波斯等地的香料、干果、水果、馍馍等食材逐渐传入中国,促进了中外餐饮文化的交流和融合。例如,印度的香料、波斯的核桃、榛子等食材成为中国饮食文化中不可或缺的部分。

(2)西行求法的传播推动了茶文化的传播,带动了茶叶产业的发展。

在西行求法的过程中,玄奘带回了新的茶树和制茶技术,推动了茶文化在中国的传播和发展。茶文化的兴盛也带动了茶叶产业的发展,为中国饮食文化的发展做出了重要贡献。

(3)西行求法期间带回了许多植物和草药,促进了中药食材文化。

玄奘曾在印度学习医学,带回了不少植物和草药。这些植物和草药在中国得到广泛应用,成为中医药学的重要组成部分。这些植物和草药也被用于烹饪,如桂皮、花椒、陈皮等,为中餐带来了独特的风味和营养价值。

（三）小结

西行求法作为中国历史上重要的文化交流事件,对餐饮界的文化交流和发展、食材的迁移都做出了重要贡献。西行求法期间,印度餐饮文化得到了传播。玄奘西行求法的行程中,经过了很多地区,了解了各地的烹饪技术和菜肴,促进了文化交流,不同地区的餐饮文化得以融合,形成了新的餐饮风格和美食。此外,西行求法期间的食材交流也丰富了餐饮食材的品种和质量,推动了茶文化和中药食材文化的传播,促进了当地茶叶和中药食材的发展。

西行求法对于餐饮文化交流的重要性不可忽视。西行求法期间,佛教的传播和菩提树下的讲法,吸引了大量的学生和信众前来听讲,形成了一个具有文化交流特色的场所,同时西行求法的行程也促进了文化交流,不同地区的烹饪技术和菜肴的交流,使得餐饮文化得到了丰富和发展。

西行求法是中国历史上的一段重要历史事件,对餐饮界的影响至今仍在延续。随着世界的不断发展和变化,餐饮文化交流变得更加频繁和深入,西行求法的精神也需

要不断发扬光大。未来,我们可以通过多种形式,如文化交流活动、餐饮文化节等,促进各国餐饮文化的交流和融合,从而创造更加丰富多彩的餐饮文化。

三、饮食文化交流——贡使和商人

(一)贡使和商人的历史和背景

贡使和商人是中国古代对外交往的两种主要形式。贡使是指由中国皇帝派遣到周边国家和地区的使节,以向当地的君主献贡和传递礼仪,以维护和加强与这些国家的关系。商人则是指私人或商业组织派遣到周边国家和地区进行商业贸易的人员。

贡使是古代中国向外派遣的外交使节,他们在前往外国的途中,往往会带着各种珍贵的食材和佳肴,如茶叶、丝绸、荔枝、龙眼、糖果、糕点,等等。这些物品不仅展示了中国的独特文化和制作技术,也为外国人带去了新奇的味觉体验和丰富的文化认知。

贡使起源于古代中国的礼制,最早可以追溯到周朝。在封建社会中,贡使是实行"以贡为交"的外交政策的一种手段,也是统治者向外界展示自身权威和富强的方式。贡使活动的范围很广,包括朝鲜、日本、越南、印度、波斯等地。随着时代的发展,贡使制度逐渐演变,最终在清朝被废除。

商人则是私人或商业组织派遣到周边国家和地区进行贸易的人员,在商业贸易中也扮演着重要的角色。古代中国商人的贸易活动主要集中在海上和丝绸之路两条交通线上。海上贸易以福建、广东、江苏等地为中心,主要贸易对象是东南亚和南亚的国家。丝绸之路贸易则以陕西、甘肃、新疆等地为中心,主要贸易对象是中亚、西亚、欧洲等地。

古代中国的商人在海上丝绸之路的贸易活动中,将中国的茶叶、丝绸、瓷器、蜜饯等商品带到了世界各地,同时也从外国带回了各种新鲜的食材和烹饪技术。例如,中国在唐朝时期从印度引进了咖喱粉和食用油,而且通过贸易活动将其带到了日本和东南亚国家。此外,中国的佛教文化也为东南亚国家带去了素食文化,影响了当地的饮食习惯。

总体而言,贡使和商人是古代中国对外交往的两种不同形式,分别代表了政治和经济上的外交活动。两种形式在中国的历史和文化交流中都扮演了重要的角色。

中国历史文献显示,自张骞出使西域成功以后,域外邦国的"朝""贡"之使便络绎不绝,大部分实则为商人(取得某种官方凭信或干脆伪造某种官方凭信的商人)。因为有了这样的身份可以获得中国对其提供的安全保障及免费的奢华优待等。据记载,即便是正式的使节也会有很多随行的商人,他们所携带的商品数量自然极多。当然,贡使们返回的时候也同样载满大量的中国饮食瓷器、丝绸、食物及一些植物的种子等。另外,还有许多使节由于路途的长久跋涉和交通的不便,会选择在中国长时间滞留,他们会周游许多地区,接触各地区的文化饮食。因此我们可以看出,贡使和商人在中外饮食文化交流中发挥了重要的作用。他们带来了许多新的食材、烹饪技术和菜肴,同时也将中国的饮食文化传播到世界各地。

总之,贡使和商人在中外饮食文化交流中都发挥了重要的作用,促进了不同文化之间的交流和融合。

(二)贡使和商人对饮食文化交流的作用及贡献

贡使和商人在古代丝绸之路上发挥了重要的作用,他们不仅仅是物质贸易的传播者,还在文化上进行了交流和贡献,饮食文化也是其中之一。

首先,贡使和商人通过丝绸之路将各地的饮食文化互相传播。他们在长途跋涉中经过了很多地方,吸收了许多异地的美食,也将本地的美食传播到其他地方,促进了饮食文化的交融。比如,中国的茶文化就是通过丝绸之路传到中亚、南亚等地的。

其次,贡使和商人也将各地的饮食习惯带到了其他地方,促进了饮食文化的多样性和交流。比如,中亚地区的撒马尔罕和布哈拉等城市就是丝绸之路上的重要商业城市。这些城市的饮食文化影响了许多来往的贡使和商人,使得本地饮食文化成为各国饮食文化的一部分。

最后,贡使和商人还在饮食技术和工艺方面进行了交流和创新。例如,中国的面食和米饭技术在传播到其他地方时,也经历了一系列的改进和创新。同时,贡使和商人还将各地的饮食工具、烹饪器具等带到其他地方,促进了饮食工艺的传播和发展。

(三)本章小结

贡使和商人在饮食文化的发展中都扮演了重要的角色。他们的努力促进了饮食文化的交流和发展,丰富了人们的饮食生活,同时也促进了文化的交流和融合。

四、饮食文化交流——郑和下西洋

(一)郑和下西洋的历史和背景

郑和,云南昆阳(今云南晋宁人),航海家、外交家、美食家。郑和下西洋是指明朝宦官郑和率领船队从中国出发,穿过南海,进入印度洋和非洲东海岸等地进行贸易和交流的活动。

郑和下西洋的背景可以追溯到明朝初年。明朝成立后,海上贸易得到了极大的发展,尤其是福建、广东等地区的海上贸易。但是由于海盗活动频繁,海上贸易受到很大的影响。为了解决这个问题,明朝政府决定派遣船队进行护卫。同时,为了寻找新的贸易伙伴和资源,皇室派遣郑和率领船队下西洋。

历史文献上记录着郑和作为明朝杰出的航海家,率领庞大的船队七次远航的伟大航海历程。他的船队每次航行长达两到三年,人数多达两万七八千人,是中国古代规模最大、船只和海员最多、时间最久的海上航行船队,同时也是15世纪末欧洲的地理大发现的航行以前世界历史上规模最大的一系列海上探险。

公元7世纪以后,由于战乱和西域诸国的关系复杂,连接东西方文明的大动脉"丝绸之路"不再畅通无阻,取而代之的则是海上的"丝绸之路",也就是我们今天所说的

"郑和下西洋"所探索的航海路程。郑和率领的200余艘大小船只云帆高挂,浩浩荡荡,27800多名将士舟师以钢铁般的坚强意志、敢为天下先的雄才胆略,开通了从中国横渡印度洋直达东非的新航道,登上了人类远航探险的巅峰。

郑和下西洋的活动分为七次,每一次都有几百艘大小不同的官方船只和成千上万的船员。他们先从福建泉州出发,经过南海,然后穿过印度洋,到达非洲东海岸等地进行贸易和交流。他们不仅带去了中国的丝绸、茶叶、瓷器等物品,还带回了非洲象牙、金属、动物皮革等珍贵物品。在这个过程中,郑和还曾经到达过印度、波斯等地,甚至到达了阿拉伯半岛和非洲东海岸的一些地区,这使得中国和其他国家之间的贸易和文化交流得到了极大的促进。

(二)郑和下西洋对饮食文化交流的作用及贡献

那么如此大规模的远航队伍,在航海过程中以什么食物来进行长时期的后勤保障呢? 综合各种文献记载来看,郑和船队的食物还是比较丰富的。携带上船的食物除了盐、酱、茶、酒及饮用水之外,还有腌制或烟熏的肉类、水产、蔬菜以及晒干的糖渍果脯。但是,仅仅依靠储备的食物是远远撑不到航海结束的,如果缺乏营养,船员们还会出现败血症等疾病。

曾随郑和远航的巩珍在《西洋番国志》所附的敕书中记载:"下西洋去的内官合用盐、酱、茶、酒、油、烛等件,照人数依例关支。"从这段话可以看出,当时郑和船队不仅带了烹饪的调料,还带了茶和酒作为饮料。当时郑和船队依靠瓷器巧妙地解决了这个问题。瓷器是当时中国在海外最受欢迎的商品,郑和船队每艘船上都带有大量的中国瓷器。船队上的人在这些瓷器里埋上土,在里面种植蔬菜。

这一做法可以说是一举两得,一方面,新鲜的蔬菜能使船员保持健康的身体;另一方面,瓷器里填满泥土,使得瓷器在长时间的航行中不易破碎。巩珍的《西洋番国志》中记载,郑和船队在途经中南半岛、爪哇岛、苏门答腊岛及印度半岛等盛产粮食和食物的地方时,会下船进行补给。

另外,马欢在《瀛涯胜览》中提到,郑和的船队在爪哇、马来半岛及印度半岛等地区吃到了椰子、芭蕉、甘蔗、西瓜等,还有一些热带特产的水果,如莽吉柿(山竹)、郎扱(冷塞果)、赌尔乌(榴连)、菠萝蜜及酸子(芒果)。马欢对这些热带地区的水果做了翔实逼真的描述,它们的色、香、味历历如现。这些水果至今仍盛产。不得不说,郑和船队极大地促进了当时中外的饮食交流。

郑和七下西洋,在中国与世界30多个国家之间建立了一座文明传播与文化交流的桥梁,把博大精深的中国文化传播到东南亚、南亚乃至非洲那些遥远的地区。

按朝代来讲,明朝的饮食最大变化就是辣,且当时的烹饪技术有接近二十种。郑和下西洋带回了多种农作物:辣椒、马铃薯、番茄、花生、南瓜、番薯、玉米等,虽然没有完全推广开来,却为后面饮食多样化的发展奠定了基础。那个时候的饮食和现在没什么大区别。如今家家户户都做的番茄鸡蛋汤在那时已经出现。

除了以上农作物外,郑和下西洋还带回了很多的奇珍异宝,其中还包括很多的极品香料。在连接东西方的海上丝绸之路贸易上,香料具有举足轻重的地位,同时香料也见证了海上贸易不知其数的繁华,像其中的龙脑香不仅可以治病,还可以用于饮食。另外,至今人们仍在用的胡椒无疑是最熟知的外来香料。汉文史料中最早记载胡椒的是西晋司马彪撰写的《续汉书》,当时人们都以为胡椒产于印度、波斯或南海诸国,《续汉书》却指出,据考"胡椒属植物最初生长在缅甸和阿萨姆,先传入了印度、印度支那以及印度尼西亚,然后,又由印度传入波斯,再由波斯舶从波斯与檀香木和药材等一起转运到中世纪的亚洲各地"。

在唐朝,胡椒主要用作珍贵药物,只在"胡盘肉食"中作调料。到了宋朝,胡椒依旧是珍品。明朝中后期,"珍品"胡椒逐渐变成"常物",被平常百姓广泛使用。这与郑和下西洋有很大关系。郑和下西洋在中国引发了一场"舌尖上的革命",民间广泛流传起来关于"胡椒"的各种食谱。

今天我们能有如此多的中华美食与丰盛的味型要感谢郑和。在他以后的300年,东南亚这些珍贵的香料和资源的生意都被西班牙人和葡萄牙人所垄断。

(三)小结

总的来说,郑和下西洋加强了中国与南洋各地区的联系,很多国家都在和他的接触之后派使者来中国进行贸易。在他的影响下,到南洋去的中国人也日益增多。中国贸易范围扩大,马铃薯、番茄等美味的粮食作物逐渐传入中国,给中国的百姓带来了至今都可以作为美味的食品。

郑和下西洋是中国古代重要的海上贸易和文化交流活动,对世界饮食文化和中国饮食文化都产生了重要的影响和贡献。食材和烹饪技艺的传播、口味和文化的交流,都促进了各地餐饮的创新和发展。展望未来,这种文化交流和贸易合作将继续推动餐饮界的多元化和发展,同时也会推动了不同国家和地区之间的文化交流和理解。

郑和下西洋具有重大的历史意义,它不仅推动了明朝时期的海上贸易和文化交流,也促进了中国与其他国家之间的和平与友谊。同时,它也是中国古代航海史上的一个重要里程碑,对后来的海上丝绸之路和中国对外交流产生了深远的影响。

五、饮食文化交流——传教士与中西方文化

(一)传教士与中西方文化的历史和背景

传教士是指为了宣扬某种宗教信仰而前往其他地区传教的人员。在中西方文化交流的历史中,传教士扮演了重要的角色。传教士与中西方文化的历史和背景可以追溯到16世纪和17世纪时期。那时,欧洲国家的基督教信仰和传教士向亚洲和美洲传播。这些传教士致力于将基督教信仰传播到当地,他们在当地建立了教堂、学校和医院,同时也传授欧洲的文化和技术知识。

传教士最早是从13世纪开始进入中国,主要来自天主教和东正教。但是在明朝中期,由于西方殖民国家的侵略和教会的权力扩张,中国政府开始对外国传教士持反感态度,并在18世纪颁布了禁止传教的政策。在19世纪末,随着中国沦为半殖民地化国

家,西方传教士再次进入中国,不仅宣传信仰,还参与了医疗、教育和慈善事业。

(二)传教士对中西饮食文化交流的作用及贡献

传教士在中西文化的沟通和交流中扮演了重要的角色,并且发挥了重要的作用。他们在传播宗教信仰的同时,也把自己的饮食文化带到了新的地方。

其一,传教士将西方饮食带到中国,为中国人提供了新的口味和烹饪方法。他们不仅向中国人介绍了西方菜肴,还教授了烹饪技巧和厨房卫生知识。其二,在传教士的帮助下,中国人了解了更加均衡和营养的饮食习惯。传教士还引进了新的农作物,如马铃薯、甜玉米和番茄。这些作物成为中国菜肴的重要组成部分。

传教士还将中国饮食文化传播到了西方。他们在西方介绍了中国的烹饪技巧和菜肴,增加了西方人对中国文化的了解和认识。作为文化的桥梁,他们帮助中国人了解西方文化,也帮助西方人了解中国文化,促进了两种文化的交流和融合。下面列举关于一些知名西洋传教士对中外饮食文化交流起到的作用(见表7-1)。

表7-1 知名西洋传教士对中外饮食文化交流起到的作用

西洋传教士姓名	时期	交流与起到的作用
马蒂诺·马丁内斯	16世纪	马蒂诺·马丁内斯是西班牙耶稣会的传教士。他在中国传教期间学习了中式烹饪,并将中国的烹饪技巧介绍到了欧洲,推动了东西方烹饪文化的交流
马特乌斯·里奇	17世纪	马特乌斯·里奇是荷兰长老会的传教士。在台湾传教期间,他学习了当地的食材和烹饪方法,将其中的一些做法带回荷兰,并在荷兰出版了一本介绍台湾食材和烹饪的书籍,推动了中外食材交流
福山雅治	19世纪	福山雅治是日本较早的天主教传教士之一。在中国传教期间,他学习了中式烹饪,并将中式烹饪技巧带回日本,影响了日本的饮食文化
里卡多·科尔索	19世纪	里卡多·科尔索是意大利的天主教传教士。在中国传教期间,他学习了中式烹饪,并将其中的一些做法和食材带回意大利,推动了中意饮食文化的交流
扬·伯明翰	19世纪	扬·伯明翰是英国的基督教传教士。在中国传教期间,他对中国的饮食文化产生了浓厚的兴趣,对中国的饮食文化做了大量的记录和研究,他的研究成果被广泛地应用于中国烹饪的研究和推广中

(三)小结

传教士在中国传播西方饮食文化的同时,也深入了解中国饮食文化,将很多具有中国饮食文化的元素和中国食材带回了自己的祖国,为西方饮食文化的多样化做出了贡献。饮食文化交流也有助于增进两种文化之间的了解和尊重,让人们更好地认识和接纳不同的文化习俗。饮食文化的交流与融合不应是单向的,而应该是双向的、平等的。中西方饮食文化的交流应该在互相尊重和借鉴的基础上进行。

六、饮食文化交流——华侨

（一）华侨与中国饮食文化的历史和背景

华侨，是指长期居住在国外，但保留中国国籍的人，属于中国国民，又可称他们为"海外华侨"。另有一些国外学者对华侨的定义是"华侨一般是指离开本国移居海外各地，在当地定居并从事经济活动的中国人或其子孙。他们拥有中国国籍，在海外很多地方定居生活，与本国有着政治、文化、社会不可切断的关系"。

无论对华侨如何定义，他们对于宣传及连接本国文化有着不可磨灭的意义。他们甚至被称为"可以召唤世界的网络群体"，是中国与全世界沟通的重要渠道。他们无论在哪里定居都表现出高度的适应能力、勤劳性和事业能力，在东南亚地区甚至形成了强大的支配性经济圈。

华侨在全世界的分布状况极其复杂，集中分布在东南亚、北美、欧洲和澳大利亚等地。东南亚是全球华侨分布最为集中的地区。由于东南亚地理位置接近中国，历史文化相似，华侨在东南亚的生活更加适应。特别是新加坡、马来西亚、印度尼西亚、日本及韩国等国家，华侨分布非常密集。根据统计可以看出华侨广泛分布于全世界（见表7-2）。

表7-2　华侨的主要分布现状（20世纪80年代至90年代）

区分	国家（地区）	总人口（单位：名）	华侨人口（单位：名）
亚洲	印度尼西亚	184000000（1990年）	6000000
	马来西亚	16109000（1986年）	5097000
	泰国	529000000（1986年）	4813000
	新加坡	2610000（1987年）	2100000
	菲律宾	55576000（1987年）	1100000
	越南	62000000（1987年）	961702
	日本	121950000（1989年）	139847
	韩国	48120000（1986年）	30000
美洲	美国	239400000（1986年）	1260000
	加拿大	225000000（1986年）	600000
	墨西哥	78404500（1985年）	20000
	古巴	10250000（1986年）	7000
欧洲	英国	56618000（1985年）	200000
	法国	756000000（1985年）	200000
	德国	75600000（1985年）	46000
	瑞士	6523100（1987年）	13286

（资料来源：《简明东亚百科全书》）

身居海外的华侨们善用食物来表达思乡之情，国外中餐的兴起少不了海外华侨的推广。"十里不同风，百里不同俗"，每一道中国美食都表达着中国万里江山的文化及风情。当然，世界各地的中餐馆也成了华侨们联络感情，消遣休闲的地方。知名华侨对中外饮食文化交流起到的作用如表 7-3 所示，华侨对其他国家城市饮食的影响如表 7-4 所示。

表7-3　知名华侨对中外饮食文化交流起到的作用

华侨人名	祖籍	交流与起到的作用
李连福	福建	他是中国菜在西方传播的先驱之一，开创了李连福餐厅，促进了国际上粤菜和川菜等中华美食的传播，对在海外推广中国饮食文化起到了重要作用
沈光耀	福建	他在马来西亚开设了沈记肉骨茶，将肉骨茶这种典型的南洋美食传播到了世界各地，使得肉骨茶成为马来西亚的标志性美食
周有光	广东	他在印度尼西亚创立了周氏鸭，将广东菜的烹饪技巧应用到了鸭肉的制作上，推广了广东菜和中华美食在海外的传播
蔡澜	福建	他是著名的美食家和餐饮评论家，他在我国香港地区和新加坡等地开设了多家餐厅，对推动中西饮食文化的交流起到了重要作用
李瑞环	广东	他是新加坡著名的美食家，对新加坡美食文化的发展做出了巨大贡献。他的美食评论和美食指南广为流传，推动了新加坡美食文化的传播和发展

表7-4　华侨对其他国家城市饮食的影响

城市	内容	饮食文化
马来西亚吉隆坡	吉隆坡是一个拥有丰富多样美食的国家，这得益于华人在当地的重要地位和他们在食材和烹饪技巧方面的贡献	吉隆坡的中华美食文化，如炒粿条、咖喱鸡等都是由华侨传播开来的
新加坡	新加坡也是一个拥有丰富美食的地方，其中许多都是华人华侨所创造的。从小贩中心到高档餐厅，新加坡的餐饮业都离不开华人华侨的贡献	美食包括海南鸡饭、炒粿条、面条、烤鸭等
美国旧金山	旧金山的唐人街是全美最古老、最具规模的唐人街，其华侨社区始于 19 世纪中叶。华人华侨在这里创造了中式美食，并将其传播到全美甚至世界各地	美食包括糖醋排骨、宫保鸡丁、鱼香茄子等
澳大利亚墨尔本	墨尔本的华侨社区也有着丰富的美食文化，从小吃到正餐，都有华人华侨的贡献	美食包括烧腊、炒面、馄饨、烤鱼等

续表

城市	内容	饮食文化
泰国曼谷	曼谷的唐人街是一个充满活力的华侨社区,他们在这里创造了独特的美食文化。曼谷的华人华侨为泰国餐饮业做出了巨大贡献	美食包括芒果糯米饭、泰式炒河粉、泰式炒米粉等

1. 韩国的华侨饮食文化

中华料理店可以说是韩国最古老、最大众的餐饮产业。在韩国,最具代表性的中华料理要数炸酱面、乌冬面、海鲜面了。它们早已成为韩国的"国民饮食"。可以说,只要是韩国人,从老到少全都喜欢吃炸酱面。在韩国,炸酱面至今都是外卖餐饮里点单量最多的大众饮食。

炸酱面最早出现在19世纪90年代初的仁川。1883年,韩国仁川港被外国势力强制开港。第二年,在如今的仁川唐人街上,中国人建立了集体居住地,中国料理店也自然而然开始出现。1908年以"山东会馆"名义开业,4年后改名为"共和春"的中华料理店是真正的炸酱面诞生之地(见图7-2)。一开始,仁川港工作的港湾工人为炸酱面的便宜、便利所吸引。慢慢地,炸酱面因为它的味道逐渐流行开来。

韩国政府成立后,越来越多的华侨在饮食领域内创业。随着同类餐馆数量的增多,中餐馆面临的竞争加剧,餐馆厨师不得不开始迎合作为自己的顾客的韩国人。经营手段出众的华侨开始研发韩式炸酱面(见图7-3)。与中国本土炸酱面不同的是,华侨们用甜面酱炒拌面条,并加入焦糖,适当地保持水分。更适合韩国人口味的炸酱面就这样诞生了,并且获得了非常高的人气。韩式炸酱面配上黄色萝卜及洋葱等即可食用,无需其他配菜,无需配汤。这也是韩国人点外卖时最喜欢炸酱面的原因,它经济、实惠、方便。

图7-2 1950年的共和春饭店

图7-3 韩式炸酱面

很多学者认为,炸酱面诞生的由来是跨国饮食文化的融合。另外,韩国文化财厅发行的《仁川文化遗产故事旅行》一书中强调:仁川开港场是韩中日三国和欧美各国人民共存的空间。在这里,来自中国的炸酱面与西洋焦糖、日本腌萝卜和韩国辣白菜相遇。然后,跨国饮食文化的产物——韩式炸酱面就诞生了(见图7-4)。

如今,炸酱面已经成为韩国家喻户晓的每周必吃品。在诞生了一个世纪以后,它不仅没有随时间的拉长而过时,反而演变出了干炸酱面、三鲜炸酱面、百年炸酱面、联

Note

合炸酱面、沙川炸酱面、托盘炸酱面、辣椒炸酱面、尤瑟炸酱面等多个品种,使得美味程度倍增。韩国仁川政府仍在持续努力传承炸酱面的历史和饮食文化,并且购买了被称为韩国国内炸酱面发祥地的共和春建筑,于2012年在韩国首次开设了炸酱面博物馆(见图7-5、图7-6、图7-7)。

图7-4　韩式炸酱面配菜(腌萝卜、辣白菜、洋葱、甜面酱)

图7-5　仁川炸酱面博物馆一隅图

图7-6　仁川炸酱面博物馆正门

图7-7　仁川炸酱面博物馆内部展示

除炸酱面之外,具有红色汤料、辣辣颜色的韩国海鲜面,也是大众喜爱的饮食之一(见图7-8)。

图7-8　红色海鲜面

关于海鲜面的起源有几种说法。一种说法是它是在韩国群山市华侨经营的中国餐馆最先销售的。另外也有说它起源于中国福建省的汤肉丝面。这种汤面经由日本厨师改造后传入韩国,形成了如今的状态。如果真如后者所说,那么海鲜面可是中日韩三国的混血饮食。

总之,海鲜面不管是从日本流入韩国,还是中国山东省华侨在韩国演变,都可以算作中国华侨们的经典之作,并且人气流传至今。

2. 日本的华侨饮食文化

中国饮食文化传入日本的历史可以追溯到几千年前。中国与日本在古代就有着密切的联系,在文化、经济和外交等方面都有交流与互动,可以说两国的饮食文化一脉相承。在日本餐饮料理中,无论是食物种类、烹饪技巧还是饮食器皿,都受到了中国餐饮文化的很大影响。日本饮食文化脱胎于中国料理。

在中国和日本贸易活跃的唐宋时期,很多的中国饮食传入日本。中国唐朝时,日本处于平安时代。这一时期,日本派遣大量遣唐使来华学习,不但学习经济、文学,也学习饮食文化,为饮食文化处于萌芽期的日本,指了一个方向。日本的饮食从大量生食与少量熟食搭配,变得更加多样化。特别是对水稻等作物的引进,使得日本主食由原本的以面食为主变得更加丰富。

日本的代表性料理——乌冬面,有说法称是被派遣到日本犬堂寺的留学生采用从唐朝带去的制面技术制作的。另有资料显示,1241年从宋朝回国的恩尼本恩带着中国的制粉技术,在日本传播了面食文化。除此之外,还有素面、纳豆等也是来源于中国或从中国传入日本的饮食(见图7-9和图7-10)。

图7-9 传入日本的纳豆　　图7-10 传入日本的素面

时至今日,据考证,日本最受欢迎的两大主食"寿司"与"拉面"均源自中国。"寿司"在日本的渊源比"拉面"更加长远。中国辞典《尔雅·释器》中记载"肉谓之羹,鱼谓之鲊",意指肉酱叫羹,而搅碎熬熟的鱼肉酱叫鲊。这种"鲊"的做法,流传到了日本,经过多年演变逐步形成了现在我们吃到的寿司。不过由于地域原因,由中国传入的美食到了日本,都演变为了具有地域特色的饮食。中国菜讲究的"色、香、味"俱全,而传到日本后就变为"色、形、味"俱全。日本由于地域所限,饮食上相对中国来说,不讲究香气,更注重形态,要求饮食好吃且好看,这是日本饮食的特点。

现今日本流行的源于中国料理的饮食可以分类如下:

(1) 拉面。

据文献记载,拉面起源于山东福山,最初是一种从中国传入日本的面条。最早的拉面被称为中华面,它在日本流行的时间可以追溯到19世纪末和20世纪初。公元1921年,拉面技术正式由中国传到了日本横滨,就此在日本落地生根,根据日本人的口味演化成为日式拉面。这也是中国传统美食在海外传播的经典案例。

日式拉面除了粗细之分外,汤头大致可分为四类:骨汤面、清汤面、酱汤面以及酱油汤面,配菜多以叉烧肉和鸡蛋为主。竹笋、雪菜、紫菜等调味品,使得日式拉面口感更加多变。日本文献记载中的中国面条,可以追溯到中国明朝时期。日本学者安积觉在《舜水朱式谈绮》一书中记载道："明朝遗臣朱舜水流亡日本,用面条款待日本江户时代的大臣德川光国。"但此时拉面还没有在日本正式登陆。拉面手艺传入日本,一般被认定为在公元1921年前后。中日签订《日清友好条约》后,大量华侨涌入日本,在横滨、神户、长崎等地聚集,形成了"中华街"。拉面技术由这些华侨带到日本,从"中华街"传播出来。

最初入驻"华侨街"的华侨,以广东人和福建人居多。因为南方人习惯以盐调味,所以最初的传入日本的中国拉面以盐调味,面汤常以猪骨、牛骨或鸡骨熬制。不过为了在日本普及,中国拉面到了日本也做出了改动,改为以酱油调味。

(2)长崎海鲜面。

很多人认为长崎海鲜面是一种日本的传统面条菜肴,起源于日本南部的长崎市。但是实际上,长崎海鲜面最初是由福建籍的日籍华人陈炳顺用汤肉丝面改造而成的。1899年制作出的长崎海鲜面被称为中国乌冬面或中华乌冬面,之后演变成现在的海鲜面(见图7-11)。

图7-11   长崎海鲜面

3. 马来西亚的华侨饮食文化

华侨饮食文化在马来西亚的传播可以追溯到大约两个世纪前,当时许多华侨来到马来西亚地区寻求商机。这些华侨带来了他们独特的饮食文化。这些饮食文化逐渐融入当地饮食文化,形成了后来马来西亚独特的饮食文化。华侨在马来西亚地区经营餐馆、小吃摊等食品业务,使得华人的饮食文化得到广泛传播。例如,马来西亚著名的烧腊、煲汤、炸猪肉沙爹等传统食品都源自华人饮食文化。此外,马来西亚的美食街、夜市等也成为华人饮食文化的重要载体和展示平台。

随着时间的推移,马来西亚的饮食文化逐渐变得多元化。在这里,不仅华人饮食文化得到了传播,马来人、印度人、泰国人等族裔的饮食文化也融合到了当地的饮食文化中。而华侨饮食文化的传播也成为马来西亚的一种文化交流和融合的重要方式。马来西亚是一个多元文化和多民族的国家,以下是马来西亚的华侨饮食文化中的一些美食:

(1)福建面线。

这是一种福建省的传统面食,现在已经成为马来西亚华人的一种特色食品。它是用小麦面、马铃薯、鸡肉、鸭肉、虾、鱼丸等配料制成的汤面,通常搭配咖喱或肉骨茶汤等食用。

（2）潮州粉果。

这是一种潮汕地区传统的点心，也是马来西亚华人饮食文化中的一种特色。做这道菜，先用糯米粉和绿豆粉制出皮，再用皮包裹虾肉、猪肉、竹笋和葱花等馅料。蒸熟后，粉果呈现出半透明的外观。

（3）罗惹。

这是一种由印度尼西亚文化传入马来西亚的特色美食，也有一些华人餐馆提供这道菜。它是由椰浆、香料和辣椒制成的酱料，通常搭配鸡肉、鱼、蔬菜和米饭一起食用。

（4）华人糕点。

马来西亚的华人饮食文化中，糕点是不可或缺的一部分。年糕、糯米糍、龙眼糕、马蹄糕，等等，都是马来西亚华人餐馆和小吃摊上常见的糕点。

（5）炒粿条。

炒粿条是马来西亚华人饮食文化中一种非常流行的快餐。它是用米粉和黄面糊制成的面条，炒配以豆芽、鸡蛋、葱花和酱油等配料，是一种便宜、美味、营养丰富的餐点。

这些都是马来西亚的华侨饮食文化的具体美食。它们不仅丰富了马来西亚的饮食文化，也为世界各地的美食爱好者带来了美味的选择。

4. 泰国的华侨饮食文化

华侨饮食文化在泰国的传播可以追溯到几个世纪前。中国人移居泰国，带来了自己的饮食文化和烹饪技术。华侨餐馆在泰国各地迅速发展起来，中餐成为当地人喜爱的美食。泰国的中餐馆大多数都是华侨经营的。华侨餐馆的菜肴也逐渐适应了当地人的口味，逐渐形成了一种具有泰国特色的华侨饮食文化。

华侨饮食文化在泰国的传播还受到了其他因素的影响，例如旅游业和国际贸易。泰国的旅游业发展迅速，吸引了大量的国际游客。这些游客也将华侨饮食文化带回了自己的国家。此外，随着国际贸易的不断发展，泰国成为世界各地华侨企业的贸易中心，也进一步促进了华侨饮食文化的传播。

总的来说，华侨饮食文化在泰国的传播是多方面的，受到华侨移民、当地人的喜爱、旅游业和国际贸易等因素的影响。它已经成为泰国饮食文化中不可或缺的一部分，受到了当地人和国际游客的喜爱。

泰国是一个多民族、多文化的国家，华侨在泰国的历史悠久。华侨在泰国的饮食文化已经融合了当地的风俗习惯，这也反过来影响了泰国饮食文化的发展。以下是一些华侨饮食文化在泰国的具体事例：

泰国的中国饮食是一种融合了华侨和泰国本土特色的美食文化。在泰国，可以看到许多华侨餐馆，这些餐馆提供的美食包括中式烤肉、炒饭、炒面等传统华侨美食，但它们也添加了泰国特色的香料和调味料，使得食物更加美味可口。

泰国的华侨小吃是泰国华侨饮食文化的一个重要组成部分。这些小吃包括糯米团、汤圆、芝麻糖、芝麻糊等。这些小吃都是华侨移民带到泰国的，而且在泰国也被广泛接受和喜爱。

泰国的华侨糕点是泰国饮食文化中的一种特色美食，它们包括蛋挞、凤梨酥、莲蓉月饼等。这些糕点传统上是在中国广东省流行的,后来随着华侨移民到泰国,被带到了泰国,并深受当地人喜爱。

总之,华侨饮食文化在泰国已经融合了当地的风俗习惯,并影响了泰国的饮食文化的发展。无论是华侨餐馆还是泰国餐馆,都提供了美味可口的美食,吸引了许多人的关注。

七、中外饮食文化交流的例证

近现代中外饮食文化交流丰富了人们的饮食选择,也促进了不同文化之间的了解和交流。揭示中外饮食文化交融的例证有很多。

(1)西方快餐品牌推出适应中国市场的产品。

西方快餐品牌逐渐进入中国市场。然而,为了迎合中国人的口味和习惯,这些品牌也进行了一些本地化调整,推出了适应中国市场的产品,如辣鸡翅、米饭套餐等。这种交流不仅丰富了中国人的饮食选择,也改变了中国人的饮食习惯。

(2)西式甜点品牌迎合中国的口味偏好。

西式甜点,如蛋糕、巧克力和饼干等在中国市场越来越受欢迎。随着中国人对糖果和甜食的需求增加,国际著名的甜点品牌,如法国的和意大利的甜点店都进入了中国市场。这些品牌将传统的西式甜点与中国的口味偏好相结合,推出了一些适合中国消费者的特色产品。

(3)比萨。

比萨是一种典型的意大利食品,但其历史渊源却可以追溯到中国。公元前3世纪,罗马的第一部历史中提到"圆面饼上加橄榄油、香料和蜂蜜,置于石上烤熟"及"薄面饼上面放奶酪和蜂蜜,并用香叶加味"。在庞贝遗址,考古学家也发现了类似现今比萨店的遗址。

传说,当年意大利著名的旅行家马可·波罗在中国旅行时喜欢吃一种北方流行的葱油馅饼。回到意大利后他一直想能够再次品尝,但却不会烤制也无处可寻。一个星期天,他同朋友们在家中聚会,其中一位是来自那不勒斯的厨师。马可·波罗灵机一动,把那位厨师叫到身边描绘起中国北方的香葱馅饼来。厨师按马可·波罗所描绘的方法制作起来,但无法将馅料放入面团中。于是马可·波罗提议,就将馅料放在面饼上吃。这位厨师回到那不勒斯后又做了几次,并配上了那不勒斯的乳酪和作料,不料大受食客们的欢迎。从此,比萨就流传开了。

也有考古学家研究指出,中国唐朝就已经有了类似比萨的食品,名为"焙饼"或"馅饼"。后来,随着与国人进行贸易往来,意大利人将这种食品带回了欧洲,并进行了改良和创新,最终形成了现在广为人知的比萨。

(4)春卷。

关于春卷的传说极多。其中流传比较广泛的说法是,福建百姓为了感谢郑成功,每家出一道菜来招待他。郑成功为不负百姓的厚爱,在一张烙熟了的面皮上夹入每家的菜,卷起来吃。这便有了后来的春卷。

春卷是一种源于中国的传统食品,但其制作方法和食材在传播到外国后也发生了变化和创新。比如,越南的"春卷"是将生菜、米粉、虾、肉等填入薄米纸中制作而成的,而泰国的"春卷"则以香肠、豆芽、花生等为馅,味道各具特色。

(5)咖喱。

咖喱源于印度,但在传播到其他国家后也受到了当地食材和烹饪方式的影响。比如,日本的咖喱饭就将咖喱和米饭结合,而泰国的咖喱则以椰浆为基础,口感更为浓郁。

随着全球化和交通技术的发展,文化交流变得越来越频繁和广泛。在西方国家,中餐早已经成为"熟食"(家喻户晓熟悉的食物);在韩国、日本等国家,麻辣烫、火锅、羊肉串、酸辣粉、螺蛳粉也备受热捧;在秘鲁,"炒饭""馄饨"等词汇成为当地用语,他们甚至把中式的美食图案印在邮票上。文化融合如今成了时尚流行的单词,使我们可以更好地理解关于中外饮食文化的交融。

(1)"牛肉面"非"加州"。

我们对于加州牛肉面都不陌生,因此很多人认为加州牛肉面是美国的,但实际上它只是一个中餐品牌,与美国没有任何关系。加州牛肉面是由在美国从事餐饮业的华侨吴敬红,于1985年在北京创立的品牌。

(2)"鸡肉卷"非"墨西哥"。

肯德基和麦当劳里都有墨西哥鸡肉卷,许多人因此认为鸡肉卷来自墨西哥,但实际上这是一种非常地道的中国菜,制作方法也是中国人自己研究出来的,墨西哥人完全不知道鸡肉卷这回事。墨西哥鸡肉卷和老北京鸡肉卷之间没什么区别,只不过一个夹黄瓜,一个夹蔬菜,一个包的是酸酱,另一个包的是辣酱。

(3)"炸酱面"非"韩国"。

韩国炸酱面起源于北京,因此它是地道的中国菜。传入韩国后,人们根据口味对其进行了改造。因此,韩国炸酱面是换了个酱料的北京炸酱面。

(4)"蛋挞"非"葡式"。

很多人认为葡式蛋挞来自葡萄牙,但实际上它很有可能是澳门人发明的,因为澳门以前是殖民地,许多葡萄牙人留在这里,根据自己的口味改良了蛋挞。

中外饮食文化交流的开展,不仅可以让人们品尝到更加丰富多样的美食,还可以增进不同国家和地区之间的交流和了解,有益于不同文化的交流和融合。因此,促进饮食文化交流是每个国家文化的重要任务。

中外交流饮食文化,可以促进人们对不同文化的理解,增进相互之间的友谊和互信。人们了解和尝试不同国家和地区的饮食文化,还可以丰富自己的饮食选择和口味体验。中外饮食文化交流还可以创造就业机会、推动餐饮业的发展和经济繁荣、促进贸易和旅游业的发展。最重要的是,中国饮食文化悠久、博大精深,通过与外国饮食文化交流,可以在国外获得更好的推广,让更多人了解和喜爱中华美食。总之,中外饮食文化交流的发展将会给人们带来更多的文化、经济和社会方面的益处,是值得我们推动和支持的。

Note

课堂思考

你还知道哪些关于中外饮食文化交融的事例？

项目小结

本章的内容旨在引导学生思考中外饮食文化之间的联系、差异和影响，促进他们对跨文化交流和多元文化的理解和尊重。

项目训练

1. 中外饮食文化的差异是如何形成的？哪些因素影响了不同文化的饮食偏好和习惯？

2. 饮食文化在不同国家和地区的传播方式有何不同？它们是如何适应和融入当地文化的？

3. 中外饮食文化的交流对于促进跨文化理解和交流有何重要性？举例说明饮食文化如何成为连接不同文化的桥梁。

能力训练

杰克和玛丽是好朋友。杰克是美国人，玛丽是中国人。他们经常一起吃饭，但由于文化差异，他们的餐桌礼仪常常不一样。

有一天，杰克受邀到玛丽家里吃晚餐。当他坐下时，桌子上摆满了各种美味的中国菜。杰克看到筷子放在他面前，他犹豫了一下，因为他不太会用筷子。玛丽注意到了他的困惑，笑着对他说："杰克，别担心，我可以给你刀和叉，如果你更喜欢用它们。"

杰克说："不用的，我可以学习使用筷子。"他开始享受美食，他注意到玛丽和她的家人用筷子夹起食物并直接放入嘴里。他有些困惑，因为在美国，大家通常用刀和叉将食物切成小块，然后送入嘴里。

杰克忍不住问："玛丽，为什么你们在中国用筷子直接夹食物进嘴里，而不用刀和叉呢？"

玛丽微笑着回答说："在中国，我们相信用筷子夹食物更能保留食物的原汁原味，并且能表达对食物的敬意。我们也有一些传统观念，认为用筷子吃饭更有利于健康和消化。"

几天后，轮到杰克邀请玛丽去他家吃晚餐。杰克为玛丽准备了丰盛的西餐，包括汉堡、烤肉和沙拉。当玛丽坐下时，她看到别人的桌子上放着刀、叉和勺子。玛丽心里暗自想着，在中国，我们吃饭时一般只用筷子和汤匙，没有刀和叉。不过，玛丽聪明而灵活，她观察了一下杰克和其他客人的行为，发现他们使用刀和叉切割食物，并用刀叉送入嘴里。玛丽明白这是西方的餐桌礼仪，于是她也请杰克拿来刀和叉，并没有使用杰克为她准备的筷子。

试分析：

1.根据这个案例，比较中西方餐桌礼仪的差异，并解释其中的文化背景和意义。

2.如果你的外国朋友来到家里，你会在饮食文化差异上给予朋友什么帮助？

项目八
中外饮食文化的差异及发展趋势

 项目描述

　　每一个文化都有它的特质,中西方文化由于历史、地理环境等方面的诸多原因存在着很大的差异。在中国,饮食是中华五千年的文化的缩影。通过对比分析中西方文化,从不同角度阐述、了解中西方饮食文化的差异,能建立中国文化自信。西方的饮食文化与中国相比历史不够久远,但也是一种文化发展的结果。本项目要求学生了解中外饮食文化的差异,进一步了解中国饮食文化的深邃广博。

 **项目目标**

知识目标

1.了解饮食观念的差异。
2.了解饮食方式的差异。
3.了解饮食对象的差异。
4.了解饮食文化特征的差异。

能力目标

1.理解中外饮食在观念上的差异。
2.理解中外饮食文化的潮流与趋势。
3.理解中外饮食文化特征的差异。

素养目标

1.能够分析中外饮食观念和饮食方式的差异。
2.了解中外饮食文化差异后,尝试自己寻找中西方饮食中的差异,在研究学习中挖掘中国饮食文化中蕴含的独特审美和美育元素。
3.比较中外饮食文化,了解中国饮食文化其如何在历史的沉淀中发展成为有地域特点的文化,从而树立文化自信,增强家国情怀。

 **知识导图**

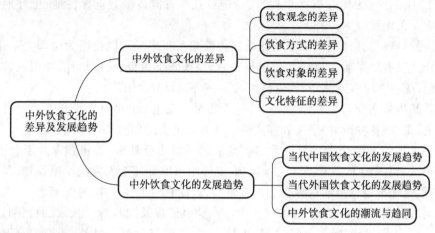

中外饮食文化的差异及发展趋势
- 中外饮食文化的差异
  - 饮食观念的差异
  - 饮食方式的差异
  - 饮食对象的差异
  - 文化特征的差异
- 中外饮食文化的发展趋势
  - 当代中国饮食文化的发展趋势
  - 当代外国饮食文化的发展趋势
  - 中外饮食文化的潮流与趋同

 **学习重点**

1. 中外饮食文化观念上的差异。
2. 中外饮食文化特征上的差异。
3. 当代中外饮食文化的潮流。

 **项目导入**

　　饮食差异可以从早餐说起。不说西方，我们的邻国韩国的早餐吃米饭。他们认为，早上吃了米饭，一天才会有力气。而在全中国恐怕都找不到几个早上吃米饭的省份。在华北地区，锅巴菜是天津人最爱的早餐；北京本地人比较偏爱的炒肝，是独特的京味，是由猪内脏浇上各种配料煮熟勾芡制成的。在湖南省和江西省，米线和米粉都是早餐的热门选择。在老上海人的心中，豆浆加上几根油条就是最好的早餐。当然，现代上海早餐是极为丰富的，有葱油饼、生煎、锅贴、饭团、咸豆浆，等等。苏浙地区的人们口味比较清淡，粥是他们早餐的首选。生煎、锅贴、馄饨也是江南人常吃的早餐。

　　中国人早餐食粥从唐朝时期就有记载。晚唐诗人皮日休有两句诗"朝食有麦饘，晨起有布衣"。白居易的一首诗里也谈到了"粥"，"今朝春气寒，自问何所欲。苏暖薤白酒，乳和地黄粥"。王维曾在诗中写道："御羹和石髓，香饭进胡麻"。胡麻粥，就是在粥里加点芝麻，健康又营养。

　　欧美人对于早餐追求更多元的营养价值，早餐选择有生鸡蛋、生烟熏三文鱼片、生牛肉堡、生火腿片、生蔬菜等。他们认为，从这样的生食中能够汲取更多养分，还能吃到食物的原汁原味。而生食确实能保留食物中几乎全部的维生素。

　　传统的英式早餐称为"英式早餐全餐"（full English breakfast），可以算是世界上最丰盛的早餐,包括培根、香肠、鸡蛋(可以是煎蛋、炒蛋、水波蛋)、茄汁焗豆(baked-beans)、吐司、煎蘑菇、炸薯块,薯饼(hashbrowns)、烤番茄。从1975年开始,英国人便将每年的12月2日定为国际英式早餐日,希望英式早餐能传播到世界各地,更好地延续英国的饮食文化及历史。

法国的早餐与其他欧洲国家相比就显得简单了很多。可能是因为法国大革命前,法国民众并没有吃早餐的习惯。他们早餐时,将法式羊角包、法棍切片、吐司或其他甜酥式面包,蘸一下咖啡或热巧,或者搭配黄油、果酱、蜂蜜食用。

土耳其当地人非常注重早餐环节,一天甚至会花上3个小时享受早餐。早餐的选择有芝士,橄榄,各种干果、坚果和蜂蜜等。土耳其芝士的原材料以羊奶为主。

瑞士人平均寿命全世界数一数二。他们的早餐十分健康,是将燕麦片混合牛奶、酸奶或果汁,再搭配上干果、果仁、鲜果、蜂蜜等制成的。瑞士人爱吃粗粮谷物,虽然口味不佳,但是理智告诉他们这种食物最有营养,纵使它们千篇一律、毫无新意。

中国人进餐时追求意境,追求"色、形、香、味、触"以及"酸、辣、甜、咸"的调制,红烧狮子头下垫白菜,粉蒸肉下垫红薯,虾米炒白菜,豆豉烧豆腐。另外,我们的菜要趁热吃,西方人却并不在乎菜已凉,甚至每天喝冰水。让我们一起来学习和探讨中外饮食文化的差异。

任务一　中外饮食文化的差异

一、饮食观念的差异

中外饮食文化的差异,在于饮食观念的不同。中国的饮食观念有"以食表意、以物传情"以及"君子以饮食宴乐"等。中国人饮食以养护人们的身体健康为重点,重视营养均衡和食物的营养价值,体现了中国人重视药食同源、食疗医疗的思想。此外,中国饮食文化还强调饮食礼仪,追求讲究的烹饪技术,以及把饮食视为节日的重要组成部分。

而西方的饮食观念更加自由,重视食物的味道和满足感,具有更强的社交性。它重视食物的美学价值,强调食物的精致烹饪,追求食物带来的极致满足感。此外,西方饮食文化也比较强调把饮食视为娱乐的重要组成部分,不断探索新的烹饪技术和口味。

详细来说,中外饮食文化中饮食观念的差异主要体现在以下几个方面:

(1)文化视野不同。

中国饮食文化以"讲究"为主,重视饮食中的美学观念,崇尚调和,把饮食视为一种艺术。而西方文化则把饮食视为一种生活的必要,有着更强的实用性色彩,对饮食的要求以"实用"为主。

(2)节日庆祝不同。

中国文化中,节日庆祝有着深厚的饮食文化,如春节、端午、中秋等节日,都有着特定的饮食习俗;而西方文化中,节日庆祝虽然也有着特定的饮食习俗,但通常不像中国文化中那样繁多。

(3)就餐方式不同。

中国文化重视家庭聚餐,崇尚家庭团聚,在就餐方式上把家庭聚餐放在第一位;而西方文化重视个人主义,把个人独立性放在第一位,就餐方式中也体现了这一点。

(4)饮食习惯不同。

中国文化重视清淡饮食,重视饮食中的和谐,不喜欢过重的口感和太多的混合口味;而西方文化崇尚饮食的多样性,喜欢把不同的口味混合在一起,制造出独特的口感。

中国和其他国家的饮食观念存在很大的差异,造成这些差异的原因可以从多个角度来分析。从饮食文化的角度来看,中国的饮食文化源远流长,拥有着悠久的历史和传统,而其他国家饮食文化的历史则没有这么厚重。例如,中国传统的家宴八菜一汤,一般有八道菜和一碗汤,而其他国家一般没有这种饮食文化。

从饮食健康的角度来看,中国会重视饮食的均衡性,倡导多吃蔬菜水果、少吃肉类,而其他国家则不一定会这么做。例如,在欧洲,饮食中肉类比较多,而蔬菜水果则比较少。

从饮食习惯的角度来看,中国人有着严格的饮食习惯,比如要按照节日的规定来吃饭,而其他国家则不一定会有这种习惯。例如,在西方国家,人们一般可以随意选择食物,没有很多限制。

中国饮食文化以独特的烹饪方法而闻名,以烹饪技巧、调味料和食材的多样性为特点。传统的中国菜肴有多种烹饪方式,如烧、炒、煮、炖、蒸、炸等。这些方法可以使菜肴口感丰富、营养丰富。另外,中国菜肴也注重调味料,如盐、醋、酱油、辣椒等,它们可以增加菜肴的风味。在中国文化中,饮食烹饪多样化、营养均衡、口味清淡。中国人重视饮食营养,注重食品材料精选,更重视食品制作工艺,讲究菜肴的烹调技巧。中国人也比较重视礼仪,在吃饭时,不仅要求表达礼节,还注重和谐的气氛,以及身体的健康和营养。

西方饮食文化更加重视食材的新鲜性和烹饪的简单性,以把食材的原汁原味最大程度地保留下来为主要目的,通常采用的是烤、烘、烩、煎等烹饪方式。这些简单的烹饪方法可以使食材的原有味道得以保留,从而使食物的口感更加鲜美。另外,西方菜肴也注重调味料的使用,但多用橄榄油、醋、芥末、黄油、茴香等,以增加食物的风味。

总之,中国和其他国家在饮食观念上存在着很大的差异,这些差异可以从饮食文化、饮食健康、饮食习惯等多个角度来看。

中国人把美食当作一种感性的享受,现代中国人对于饮食的追求已经进入艺术境界。人们不仅仅想要把肚子填满,吃大口肉、大块鸡,还想追求享受更多乐趣。艺术境界的烹调方式变化多端,创造了许多美味。同西方人相比,中国人一般不管营养是过度还是不足,也不管各种营养成分是否搭配得当,在烹制过程中不仅不追求精确的规范化,反而推崇随意性。时常对原料的分量、调料的添加量都是模糊的概念,可以随心所欲。在中国的菜谱中，"少许""一些"之类的词语随处可见，没有具体的标准，放入不同的量，可做出不同的味道。对食品加工的随意性无限扩大了中国菜谱。

当然，随着经济和科学的发展，中国人饮食观念逐渐开始注重饮食的搭配与营养的摄入，饮食观念也呈现多元化的发展趋势，各式料理融入中青年人的日常生活，也冲击着现代饮食观。

二、饮食方式的差异

中外饮食文化的差异主要体现在饮食方式上，这些差异可以归结为以下几个方面。

1. 饭前饮品的差异

中国饮食文化将饭前饮品主要分为酒、茶、水三类。酒是中国最古老的饮品，一般在宴会上、节日庆典中饮用，作为一种仪式或礼仪。茶也是中国古老的饮品，一般作为招待客人的饮品，有着许多种类，口味也各有不同。至于水，一般用来做碗、菜、手、脸的清洁剂，以及喝的饮料等。

而西方饮食文化则把饭前饮品主要分为啤酒、葡萄酒、果汁等。啤酒是西方古老的饮品，它可以帮助消化。西方人喜欢在聚餐时喝啤酒，以此来增加聚餐的气氛。葡萄酒也是西方人喜爱的饮品，它有着醇厚的口感，可以搭配各种食物，是西方人经常用来招待客人的饮品。果汁则是西方人最常喝的饮品，因为它口感清甜、有营养，比较健康。

2. 饭后饮品的差异

中国饮食文化饭后饮品比较单一，一般是茶和水，用来清洗口腔和消化食物，有利于消化系统和肠胃。

而在西方饮食文化中，饭后饮品则包括咖啡、威士忌、伏特加等。它们不仅具有清洗口腔的功效，还有促进消化、增进食欲的作用。咖啡在西方国家是人们每天必不可少的饮品，适量饮用可以帮助人们清醒，增强活力。威士忌是西方人常喝的烈酒，适量饮用有助于促进新陈代谢、活血散瘀、改善肝脏功能。伏特加则是较受西方人欢迎的烈酒，适量饮用有助于提升免疫力，可以促进消化、增强心脏功能。

3. 饮食礼仪的差异

中国饮食礼仪比较严谨，喝酒吃饭时需要遵守一些基本的规则，比如不要打嗝，不要喝太快，不要把饮料全部喝完，还要注意用餐礼仪。从西周开始，中国就建立了一套比较规范的饮酒礼仪，总体可以概括为四个字：时、序、效、令。这四个字就是要求人们饮酒要遵循严格的时令，要遵礼、适量，不能随心所欲。而干杯，今人每说先干为敬，但古人的敬酒礼仪却是后干为敬。

西方饮食礼仪则比较宽松，喝饮料时只需要注意礼貌，比如不要喝太快。西方喝酒则要注意握杯的姿势，品酒时需要晃动杯子，让酒与空气接触以增加酒的醇香，也不能将口红印在杯子的边缘，除此之外没有什么特殊的规定。

4. 餐具的差异

中国餐具一般由碗、筷、勺等组成。筷子是中国最具特色的餐具。它们是用竹子或木头制成的,需要用双手拿着,可以抓住食物,又不会把食物酒到别人身上,有着极高的礼仪性。早在三千多年以前的商代,人们就已在使用筷子这种器具吃饭了。《史记》中有"纣始有象箸"的记载。先秦时,人们称筷子为"梜";汉代时,人们叫它"箸"。其实在使用筷子之前,中国人的祖先也经历了一个用手抓食物吃的过程。但热粥、汤羹又如何抓取得了呢?于是古人不得不随手折取了一些细竹木棍来帮助进食。筷子就是这样慢慢进入人类的生活的。后来,筷子从中国传到朝鲜、日本和越南等汉字文化区域国家,接着传到东南亚,传遍世界。筷子既轻巧又灵活,在人类餐具中独树一帜,被人誉为"东方的文明"。

中国人饮白酒喜欢用小酒杯。不论饮什么品种的白酒,酒杯大多是不会变的。一只杯子可以喝所有品种的白酒。其实,在中国人的饮食生活中,不仅是筷子、酒杯有多种功能,锅和菜刀作为炊具也有众多的功能。一口锅,既可做饭也可做菜;既可炒、爆、炸,也可蒸、煮、焖、煨,万千菜点皆出于一锅之中。一把菜刀,既可用来切片排,也可用来剁、砍、锤;所切制的形状颇多,不仅有丝、丁、片、条、粒等多种形态,且相同类型的形态有不同品种,如片就有牛舌片、骨牌片、瓦楞片、指甲片、柳叶片、月牙片、灯影片等十余种。所以有人曾形象地称中国厨师是"一把菜刀走遍天下"。

西方人使用的餐具乃至炊具常常多具一用、品种较多。其中,最常使用、最具代表性的餐具是刀和叉。刀、叉是西方历史悠久的进餐工具,共同承担进餐的功能,几乎是形影不离。它们是用金属制成的。刀可以把食物切开。把食物放到叉子上,会很容易吃到食物,有利于提高吃饭的速度。一手持叉,一手持刀,用刀切割食物,用叉送食物入口,已成为西方人饮食生活的常理。

一顿正餐往往不是靠一副刀叉完成,而是靠多副刀叉共同完成的。西方人在正餐的进餐过程中,通常是吃一道菜换用一副刀叉,如吃主菜用主餐刀与主餐叉,吃鱼用鱼刀和鱼叉,吃沙拉、甜点又有专用的刀叉,一顿正餐常常需要换用四副刀叉甚至更多。不仅如此,刀叉类餐具还有一些特别的品种,如黄油刀、面包刀、生蚝叉、龙虾叉、蜗牛叉等,它们各司其职。

此外,其他进餐工具也常常是多具一用。据格汉姆·布朗《餐饮服务手册》记载,用于辅助进餐的勺匙类有汤匙、点心匙、咖啡匙、西柚匙等;用于盛酒、饮料的酒杯有红葡萄酒杯、白葡萄酒杯、鸡尾酒杯、香槟杯、浅口香槟杯、玛尼杯、甜酒杯、小甜酒杯、啤酒杯、雪利杯、直身杯、高身杯、夏威夷杯、巴黎杯、古典杯等,喝不同的酒必须使用不同的酒杯。每当举行宴会或进行正餐时,餐桌上摆的仅仅用于饮葡萄酒的酒杯就有红葡萄酒杯、白葡萄酒杯、香槟酒杯等,并且盛不同品种葡萄酒的杯子形态也可能有所不同,如盛波尔多酒的杯子四周略鼓起,盛勃艮第酒的酒杯杯口稍大,盛香槟酒的为高脚浅口杯或高脚杯。

5. 进餐方式的差异

中国人的进餐方式最终固定为合餐。众人围坐一桌,共同享用一桌饭菜,气氛热烈,相互谦让,笑声阵阵。美酒佳肴是引起欢乐的媒介,而围桌合餐是团圆、统一与和谐的象征。但由于桌面固定,许多菜肴平放或堆于桌上,距离远近不等,人们常常受礼仪的约束无法吃到较远处的菜肴,且由于共同吃菜点,不可能完全按个人的意愿决定怎样吃,吃得快慢要顾及旁人,受到制约。

刀叉与筷子的不同进食方式,影响到了人的生活方式。有学者认为,使用刀叉必然带来分餐制,由此衍生出西方人比较讲究独立的家庭习惯;而筷子则与家庭成员围坐桌边共同进餐相配,合餐制突出了家庭单元,让东方人拥有比较牢固的家庭观念。近年来,在中餐桌上使用公筷与公勺渐成主流,这让合餐制更多了一分洁净与文明。

西方人从古至今几乎一直是分餐而食,很少采用合餐的进餐方式。人们虽然围坐于一桌,但每人一套餐具、每人一套菜点,各自吃自己的,互不影响,互不干涉。分餐制虽然显得有些冷清却很从容,并且卫生又随意,吃什么、吃多少以及怎样吃完全由自己的喜好决定,个人拥有饮食的自主权和选择权。可以说,分餐制具有较强的独立性和选择性。如对于牛排,制作者常常要问食者喜欢烤的还是煎的,要几成熟,五成熟、八成熟还是全熟,然后根据食者的要求制作,最后将牛排送上餐桌。对于鸡蛋,食者可以根据自己的喜好要求制作者或煎或煮或摊,若是煎,还可以要求煎一面或两面、煎几成熟,等等。制作者会严格按照食者的要求制作食物。另外,餐桌上时常摆着胡椒、盐等调料,供食者自行调味。饮酒也是如此,人们是否喝、喝什么、喝多少,几乎都出于自己意愿,很少有人勉强他人饮酒。

三、饮食对象的差异

中国饮食因食材丰富、烹调技艺精湛、口味多样而闻名于世。中国饮食以服务人为主,用肉类、蔬菜、水果、粮食等大量的食物满足人们的饮食需求,但人们有着节制的饮食习惯。食物采用不同的方法烹调,口感大不相同。

而外国饮食以酒精饮料、面食等为主要食物,同样也有大量的肉类、蔬菜、水果等食物。欧洲人饮食以充饥为主,吃肉、喝酒、食用奶制品。欧洲人吃禽类要去头去脚。欧洲人也有节制的饮食习惯,比如素食、禁食,等等。欧洲也有不同的烹调方式,使得一种食物在烹调后呈现多种口感。

中外饮食文化中饮食"服务人"与"充饥"的差异,来源于其所处的文化背景、历史文明程度和社会结构的不同。

(1)文化背景的不同。

中国文化强调同化,以"家"为中心。家庭成员一起吃饭,也是一种表达亲情的方式。在中国文化中,家庭成员有责任在一起吃饭,以确保每个人都能享受到饭菜。

相比之下,西方文化更追求独立,每个人都可以根据自己的喜好来选择饮食。此外,西方文化中的饮食受多种外来文化的影响。人们常把多种文化的元素融合在一起,这使得他们的饮食更加丰富多彩。另外,西方文化中,人们更喜欢独自就餐,而不是像中国文化中一样,常常组织家庭聚餐。

(2)历史文明程度的不同。

中国饮食文化的发展,得益于中国悠久的历史文明。从古代到现代,中国饮食文化一直受到传统文化的影响,饮食中有着许多传统的礼数和习俗。这些习俗和礼数有助于促进家庭成员之间的沟通和交流,也有助于保持家庭成员之间的关系。

西方文化的饮食文化,则更多受到外来文化的影响,也受到社会发展的影响,更注重个人的审美。

(3)社会结构的差异。

中国的社会结构和西方的社会结构也有很大的差异。这些差异也会影响饮食文化。中国社会结构以家庭为基础,家庭内部会组织饮食活动,而家庭之外的饮食则会更多地受到政府或其他社会组织的约束。

相比之下,西方社会的结构更加复杂。西方社会的多元文化,也使得西方的饮食更加多样化、更加开放。西方人可以自由地选择各种食物。

总之,中外饮食文化中饮食"服务人"与"充饥"的差异,来源于所处的文化背景、历史文明程度和社会结构的不同。受到传统文化的影响,中国文化强调家庭成员一起吃饭。而受到多元文化的影响,西方文化更强调个人主义。这些差异,使得中外饮食文化有着各自独特的魅力。

孟子云:"口之于味,有同耆也;易牙先得我口之所耆者也。如使口之于味也,其性与人殊,若犬马之与我不同类也,则天下何耆皆从易牙之于味也? 至于味,天下期于易牙,是天下之口相似也。"既然同样都是人,人性应该一样,人的口味也应该一样。庄子说:"自其同者而视之,天下一家万物与我为一,自其异者而视之,肝胆楚越也。"也就是说,物与物之间虽有大同,但大同中亦有小异与个性。所以人类虽然大体上都吃同样的食物,并且也都有同样的口味,但不同地域、民族,甚至个体之间,饮食差异实在不小。

一个民族的饮食习惯与其生存环境和传统密切相关。自古以来,任何一个时期、任何一个区域,人们的饮食生活都离不开特定的生存环境。生存环境不仅决定了可能获得的食物来源和种类,对食物的获得方式与消费方式等也产生了重要影响,生存环境及其内部诸因素的变化,最终也将导致饮食文化体系的种种变化。

由于中国自古就是农业大国,加上人口压力以及其他多种原因,中国的饮食文化主要起源于农耕文化。这些都直接影响了人们的食物结构。从"食"的内容来看,中国人有明确的主食和副食之分。其中,主食主要包括谷类及其制品,如面食;副食则以蔬菜为主,辅以肉类。中国人的饮食从先秦开始,就是以五谷杂粮为主,肉少粮多,辅以蔬菜。中国人的菜品中植物类菜品占主导地位。据西方的植物学者的调查,中国人吃的蔬菜有600多种,比西方多六倍。中国人以淀粉为能量的主要来源,饮食中讲究荤素搭配,喜食果蔬,讲究杂食。虽然随着人们生活水平的提高,中国人饮食中肉类菜肴和奶类食品的比重加大了,肉食已成为寻常百姓餐桌上不可或缺的食物,但以蔬菜为主导的意识仍然植根于人们的观念中。

中国人一般喜欢热食,主菜大多是热的。他们认为菜凉了,就会失去原有的味道,对肠胃也不好,只有趁热吃才能吃出菜的鲜味,吃到菜原有的特色。

西方的农业结构是一种农牧混合结构,由于其地理气候不太适合农耕却有利于牧草生长,畜牧业占据了农业经济的主导地位。独特的临海区位优势使得他们的航海业也非常发达。西方饮食文化就起源于这种畜牧文化。畜牧文化决定了西方饮食结构尤其偏重肉类与乳制品。西方膳食以动物性食物为主,没有主食和副食之分,以高蛋白、高脂肪、高糖为典型特征,以牛肉、羊肉、猪肉等为主要食材。肉食在西方膳食中的比例一直很高,故他们国家的人身形普遍比中国人高大。

西方人喜爱冷食、凉菜。从冷菜拼盘、色拉到冷饮,餐桌上少不了冷菜,而且西方人多生吃蔬菜。

但西方人也认识到肉食占比高和冷食对身体的危害,开始转向以蔬菜为主的清淡型饮食和熟食。近年来,西方人的餐桌上蔬菜的种类及分量逐渐增加且日渐趋于熟吃。但是,肉食在他们饮食中的比例仍然要比中国人高。总体来看,中西方的饮食结构日趋合理化、营养化。

孙中山先生曾说:"中国常人所饮者为清茶,所食者为淡饭,而加以蔬菜、豆腐。此等之食料,为今日卫生家所考得为最有益于养生者也。故中国穷乡僻壤之人,饮食不及酒肉者,多为上寿"。他还认为"欧美人之所饮者独酒,所食者腥腹,亦相习成风,故虽在前有科学之提倡,在后有重法之厉禁"。

孙中山先生讲了中西饮食的利弊,根据中西方饮食对象的差异,有人把中国人称为植物性格,把西方人称为动物性格。这种性格反映在文化行为价值观上就是,中国人安土重迁,固本守己;而西方人则喜欢开拓、冒险。美国社会学家本尼迪克特曾经提出过"文化模式"这一理论。她认为,中国人的文化性格类似于古典世界的阿波罗式,而西方人的文化性格则近似于现代世界的浮士德式。

四、文化特征的差异

中国是一个拥有几千年文明的古国,在其历史发展过程中,诞生了独特的饮食文化。中国人认为,饮食是维系家庭的支柱,也是衡量一个家庭文化水平的重要标志。中国饮食文化有着悠久的历史,以其独特的文化特征赢得了世界的赞誉。中国饮食文化深受中国传统文化的影响,以礼仪、节日、饮食习俗为重点,以家庭的传统文化为基础,以"养生"和"营养"为主旨,强调"烹饪"和"饮食"的艺术性,以烹饪技术和餐桌礼仪来体现其文化价值。

中国饮食文化与其他文化相比,有以下特征:

一是以烹饪技艺为中心,强调"营养"和"养生",崇尚"准确、精细、均衡"的饮食;

二是重视饮食的礼仪,强调礼节和礼仪,认为饮食文化是一种社会行为规范;

三是重视饮食的艺术性,强调对烹饪技术的传承,以及对节日的习俗尊重,以满足审美要求。

外国饮食文化以不同的饮食习俗、不同的烹饪技术、不同的餐桌礼仪、不同的礼仪等特征,在全球各地拥有不同的影响和地位。外国饮食文化也有着自己的特征:

一是以烹饪技艺为中心,强调"健康"和"多样性",崇尚"简单、快速、便利"的饮食;

二是重视饮食的方便性,强调快捷、便捷和预处理,认为饮食是一种快节奏的消费行为;

三是重视饮食的欢乐性,强调创新、多元化和多样性,以获得感官满足和精神满足。

从上述内容可以看出,中外饮食文化有着不同的礼仪、节日、饮食习俗,以及不同的烹饪技术、餐桌礼仪和营养要求等,形成了两种不同的文化特色。中国饮食文化以"礼仪""营养""养生"为主旨;而外国饮食文化以"健康""多样性""方便性"和"欢乐性"为主旨。

任务二　中外饮食文化的发展趋势

一、当代中国饮食文化的发展趋势

当代中国饮食文化以传统中国饮食文化为基础,结合现代社会的发展,逐步形成了自身的特色。它既保留了传统中国饮食文化的风格,又汲取了外来文化的一些元素,具有融合性和多样性的特点。

一方面,当代中国饮食文化以营养和健康为重点,重视饮食结构,推崇健康饮食,既有传统的调味料,又有新型的调味料。比如,调味料从传统的葱、姜、蒜等发展到新增芝麻、芥末、花椒等,既维持了食物的原汁原味,又赋予了食物新的口感,满足了人们的口味及营养需求。

另一方面,当代中国饮食文化强调节约,重视环境保护,呼吁提高食物的安全性。比如,当代中国饮食文化鼓励采用低温腌制、冷藏保存、脱水处理等技术,使食物保持原有的风味和营养,同时保持食物的新鲜度,延长食物的贮藏期。

当代中国饮食文化不仅注重食物的营养与安全,而且注重社会文化的传承和发展,把一些传统的食物变成了传统文化的象征。比如,月饼、饺子等食物在中国的传统节日中有着特殊的意义,成为中国文化传承的象征。

总之,当代中国饮食文化在传统风味与现代性之间取得了平衡。它不仅保持了传统中国饮食文化的风格,还结合了现代社会的发展,注重营养和健康,节约和环保,传承和发展,成为一种新型的饮食文化。随着社会的进步,当代中国饮食文化将会发展得更加丰富多彩。

原料广泛、地大物博的中国,在古代,生存环境恶劣。遭生存所迫,中国人发掘的食物原料相当广泛。中餐菜肴丰盛到可能找不到一个完全吃遍中国菜的人。

中国的烹饪技术,讲究医食同源、药膳同工,与医疗保健有密切的联系。人们发现了原料中食物原本的药用价值,将原料做成各种菜品,以达到疾病防治的目的。《本草纲目》指出,豆蔻草果炖乌鸡一菜将草豆蔻与乌骨鸡同煮,可以补脾止泻。唐朝昝殷的《食医心鉴》中提到,豆豉与猪心炖熬可补心安神,花生猪蹄汤可养血通乳,橘皮熬粥可以理气健脾,和胃止呕,化痰止咳。古人对"症"用菜、择优而食,以此强身健体,防病治病，又营养又保健。

　　孔伋在《中庸·第一章》中说："喜、怒、哀、乐之未发，谓之中。发而皆中节，谓之和。中也者，天下之大本也。和也者，天下之达道也。"中和之美是中国传统文化的最高的审美理想。殷高宗武丁时期的贤相傅说，盐和梅子均为调味所需，羹汤需要调和。他的话的另一层意思是，处理国家事务与烹饪食物相似，需要德才兼备的国家人才去妥善处理各种情况。"和"不是"同"，"和"是建立在不同意见的协调的基础上的。因此中国哲人认为，天地万物都应在"中和"的状态下找到自己的位置以繁衍发育。"中和之美"的想法是在上古烹调实践与理论的启发和影响下产生的，反过来又影响了人们的整个的饮食生活。对于追求艺术生活化、生活艺术化的古代文人士大夫，尤其如此。

二、当代外国饮食文化的发展趋势

　　传统饮食文化是每个国家的标志。中国以外的很多国家的传统饮食文化也各具特色。例如，印度的传统饮食文化提倡素食。印度的烹饪技术极其复杂，口味十分丰富，许多菜肴带有宗教意义。最近几年，印度烹饪技术发展迅速，不断推出新的口味，令印度美食成为西方世界非常受欢迎的美食。

　　日本的传统饮食文化的特色食材以海鲜为主，讲究配菜、烹饪方式与搭配等，食物口味简洁而清新。最近几年，日本的饮食文化发展迅速，吸收了外来文化，增添了新的口味，大大增强了日本美食的吸引力。

　　欧洲的传统饮食文化中，食材以烤火鸡、肉类、面食等为主。其中，西班牙的传统饮食以其精致的烹饪技艺、简单的食材而闻名。最近几年，西班牙的传统饮食文化也在欧洲得到认可，受到欢迎。

　　可以看到，不同国家的传统饮食文化都有其独特的特点，同时也在不断发展，以满足更多消费者的需求。

　　当代外国饮食文化的特点以欧洲饮食文化的特点为主。随着全球化的发展，许多异国文化的饮食也融入欧洲饮食中，比如东南亚饮食、日本饮食、韩国饮食等。另外，外国饮食文化也受到越来越多的现代化发展的影响。比如健康意识的增强，使得许多曾经被认为不太健康的食物，如油炸食品、烧烤等，被改良成更健康的形式，比如减少油分，使用低盐、低糖、低脂肪的原料等，以健康食品为主的新饮食文化正在兴起。如今的外国饮食文化可以说是多元化的、丰富多彩的，从各个国家的饮食文化中可以看出各种不同的风格和特色。

　　多元化是当今外国饮食文化的一个最明显的特点。从各国的饮食文化中可以看出，每一种饮食文化都有自己独特的烹饪方式、食器具以及特色菜肴。比如，中国菜烹饪方式丰富多样，包括炒、煮、炸等，而西班牙烹饪方式则以烧烤为主，烤肉、烤鸡等都是西班牙饮食文化的代表。

　　在当今的外国饮食文化中，融合文化也是一个明显的趋势。由于世界各国文化的交流和融合，各种饮食文化也开始渐渐融合，比如出现了中餐和西餐的融合菜肴——融合比萨。比萨本身就是一种意大利的著名菜肴，但是融合比萨添加了中国的酱油、芝麻酱等调料,使得这种比萨更加具有中西特色。

随着当今社会的发展,健康饮食也开始受到越来越多人的重视。许多人开始用健康的饮食来替代传统的油腻、高热量的食物,多吃新鲜的蔬菜水果,限制高热量食物的摄入,少吃或不吃油炸食品。

总的来说,当代外国饮食文化的特点是多元化和融合,发展趋势则是健康饮食。随着世界各国文化的不断融合,外国饮食文化也在不断发展和变化,也将为世界提供更多的美味佳肴。

三、中外饮食文化的潮流与趋同

随着现代社会的发展,中国和世界其他国家的饮食文化也在不断发生变化。随着技术的发展,中国和其他国家之间的文化交流和文化交融也日益频繁。中国和其他国家的饮食文化也随之发生了变化,出现了一些潮流,开始趋同。

(1)营养均衡的观念。

在现代社会中,中国和世界其他国家的人们都开始认识到健康饮食的重要性。他们开始注重膳食平衡,在饮食中加入更多的蔬菜、水果等富含营养的食物,摒弃油腻、甜腻的食物,逐渐养成了健康的饮食习惯。不仅如此,中国也开始推行健康饮食理念,如"低盐、低油、低糖、低脂肪"等,以此推动人们养成健康的饮食习惯,从而促进健康的生活方式。

(2)多元化的趋势。

随着社会的发展,中国和世界其他国家的人们开始关注食物的多样性和多元性。他们开始探索不同地区和不同国家的食物,接受不同文化的影响,吸收外来文化,从而创造了多种多样的饮食文化。

例如,起初唐朝高僧鉴真东渡日本,将众多中国食品带到了日本境内,影响了如今的日本料理。日本史料《倭名类聚抄》与《日本杂事诗》中有记载,遣唐使从中国带回了数种中国点心。今天,中国人则受到日本料理文化的影响,不仅逐渐接受日本料理的烹饪技术,而且开始了解日本料理的饮食文化,如食品搭配、餐具搭配、饮食礼仪等。

(3)环保的趋势。

为了保护生态环境,中国和其他国家开始重视可持续发展,开展环保饮食。人们开始注重节约食物,摒弃浪费,采用低碳、低能耗的食材,采用可回收材料包装食物,减少包装垃圾,逐渐形成了环保的饮食文化。

总之,中国和世界其他国家的饮食文化的潮流和趋同表现在营养均衡的观念、多元化的趋势和环保的趋势上。这些潮流和趋同不仅有助于促进健康的生活方式,还有助于转变人们的饮食观念,促进人类文明的发展。

中国饮食文化融入世界,其他国家也开始趋同中国饮食文化。

首先,从口味上来说,中外饮食文化趋同越来越明显,许多国家的食物也渐渐有了中国风味,比如牛肉拉面和许多比萨、汉堡包等,都加入了中国的调料,使食物更加美味。

其次,从餐饮服务上来看,中外饮食文化趋同也明显,许多国家的餐厅都借鉴了中国传统的餐饮服务理念,比如在欧洲和美洲的餐厅里看到的碗筷服务,就是从中国借鉴而来的。

此外,中外饮食文化趋同也体现在节日饮食风俗方面,比如在西方国家,人们开始接受中国传统节日的吃饭习俗,比如在中秋节吃月饼、在春节吃饺子等。这些都显示出中国饮食文化正在全球范围内传播。

跨文化的交流已经成为当今世界的主流,中西方饮食无论个性变化多么丰富,总是具有相对稳定的共性。就当前国际饮食业的发展趋势来看,中西方饮食文化都在扬长避短,逐步走上互补的道路。讲究品种多样、营养平衡、搭配合理,重视健康已成为中西方饮食科学的共识,这是中西方饮食文化交流融合最重要的基础。中西方饮食文化交流融合相关的食物有很多,果子和素食是两个典型的例子。

(1)果子。

果子(见图8-3),全称"茶果子",起源于唐朝,距今已经有1400多年。据日本史料《倭名类聚抄》与《日本杂事诗》记载,遣唐使带回了八种中国点心制作技法,按这些方案制作出的食物就是果子。这些技法包括梅枝、桂心、黏脐、锤子、团喜等。在日本平安时代的《源氏物语》中出现了粉熟,这种果子是唐果子的一种。很多人发现唐果子、宋果子、和果子有共同之处。据《原中最秘抄》记载,粉熟是把稻米面、小麦面、大豆面、小豆面和胡麻粉做成面团,放进空竹筒里进行挤压使其拥有像围棋子的形状,再用甘葛煎调出甜味。

图8-3　果子

在镰仓时代(1185—1333)、室町时代(1336—1573),依然有点心从中国传入日本,成为日本现代羊羹、馒头的原型。同一时期的宋朝,是中式点心发展的巅峰时期,点心美味且品类丰富,有酥油鲍螺、五饮果等。宋朝人在食物上追求高超的烹饪,饮食文化蓬勃发展。虽然在江户时代,日本锁国,中国文化和欧洲文化的影响可谓意义深远。入宋留学的日本僧侣们使日本社会普遍形成了尊崇中国的文化和舶来品的潮流,各式各样的中国饮食传入日本。

说到禅僧带来的最有代表性的饮食文化,应该要数饮茶(抹茶)了。在当时的中国,人们将定时的一日三餐之外吃的便餐称为"点心"。在中国学习的禅僧以及中国僧侣将禅宗与用点心的习惯一同带到了日本。后来,日本各地都售卖羊羹和馒头。

《史记》《战国策》中有关于羹的记载,"惩羹吹齑"的成语众所周知。留学中国的僧侣耳闻目睹了用羊肉或鱼制作的羹。禅僧们把这种羹的做法带回了日本,在寺院里将红豆、大豆等豆类或大米、小麦等谷物磨成粉,搅拌成糊状,使其看起来像是加了鱼肉、羊肉或猪肉等,蒸好的羹浇汁食用,即所谓精进的仿制料理。

在中国用羊肉制作的羊羹,传到日本后经过了漫长的岁月才演变为羊羹。《随园食单》中对羊羹的做法有这样的记载:"取熟羊肉,斩小块,如骰子大。鸡汤煨。加笋丁、香蕈丁、山芋丁同煨。"而当时日本并没有羊,制羹之人发挥了自己的想象力。

十五十六世纪,西班牙、葡萄牙的大航海使得欧洲人的足迹遍布非洲、美洲及亚洲。1543年,葡萄牙人登陆日本,给日本带来了金平糖、长崎蛋糕和圆松饼等。这些果子大量使用了在当时尚属珍品的白砂糖,而即使到了江户时代,日本的白砂糖依然要全部依赖进口。金平糖,其实就是砂糖疙瘩。葡萄牙也有与长崎蛋糕相似的果子,据说这才是日本长崎蛋糕的起源。

现在,随着传统文化热,越来越多的人感受到了中国传统文化的魅力,各大电商平台抑或是甜品门店涌现出各类果子。

(2)素食。

近年来,在美国、加拿大和欧洲出现了一批纯素肉店。素肉是用植物蛋白制作的肉类仿制品,外观和味道就像真品一样。全球最大的素食肉店位于荷兰海牙,它于2010年建立,现在在16个国家有超过4000个销售点销售产品。研究调查显示,55%的美国人表示他们正在减少加工肉类的消费,41%的人正在削减红肉。越来越多的人成为素食主义者。

有人说吃素健康吗?其实只要搭配得当,营养都会被吸收。蛋奶素食已经正式被认为是健康饮食模式的一种了,并且有了具体的健康搭配方案。肉素食很好地避开了红肉和加工肉类对健康的不利影响并且有更多的膳食纤维、钙。文化经济的日益繁荣使得现代饮食文化如此璀璨辉煌。

饮食文化我来讲

围绕本项目所学内容,融会贯通饮食文化知识点,以小组为单位进行讨论。讨论主题可以是"你认为外国饮食文化的潮流是什么""想一想中外饮食文化还有什么差异"等。分组讨论,小组互评,教师点评。

饮食文化存在于地球的各个角落,贯穿了整个人类发展的始终。本章从几个角度讲述了中西方饮食文化的差异,不同文化之间的饮食习惯或许是难以调和的,但了解文化之间的差异,有助于跨越文化鸿沟,实现世界文化的融合。

项目训练

知识训练

1. 中西方饮食方式有哪些差异?

2. 当代中国饮食文化的特点有哪些?

3. 中西方饮食观念上的差异有哪些?

能力训练

1. 了解海外饮食文化概况,选一本教材阅读,写一写读后感。

2. 找一本古代饮食典籍认真阅读。

参考文献
References

[1] 赵荣光.中华饮食文化史[M].杭州:浙江教育出版社,2006.

[2] 马健鹰.中国饮食文化史[M].上海:复旦大学出版社,2011.

[3] 邵万宽.中国烹饪概论[M].北京:旅游教育出版社,2007.

[4] 杜莉,姚辉.中国饮食文化[M].北京:旅游教育出版社,2005.

[5] 何宏.中外饮食文化[M].北京:北京大学出版社,2016.

[6] 黄剑,鲁永超.中外饮食民俗[M].北京:科学出版社,2010.

[7] 陈忠明.饮食风俗[M].北京:中国纺织出版社,2008.

[8] 隗静秋.中外饮食文化[M].北京:经济管理出版社,2010.

[9] 路新国.中医饮食保健学[M].北京:中国纺织出版社,2008.

[10] 施洪飞,方泓.中医食疗学[M].北京:中国中医药出版社,2016.

[11] 王仁湘.饮食与中国文化[M].北京:人民出版社,1993.

[12] 陈苏华.人类饮食文化学[M].上海:上海文化出版社,2008.

[13] 林胜华.饮食文化[M].北京:化学工业出版社,2011.

[14] 张传军.饮食文化[M].长春:东北师范大学出版社,2019.

[15] 冯玉珠.饮食文化概论[M].北京:中国纺织出版社,2009.

[16] 叶昌建.中国饮食文化[M].北京:北京理工大学出版社,2011.

[17] 林小岗.中式面点技艺[M].北京:高等教育出版社,2010.

[18] 李维冰.国外饮食文化[M].沈阳:辽宁教育出版社,2008.

[19] 王芳.西餐原料鉴别与选用[M].重庆:重庆大学出版社,2015.

[20] 袁枚.随园食单[M].北京:北京时代华文书局,2016.

[21] 汪精玲.筷子饮食与文化[M].北京:生活·读书·新知三联书店,2019.

[22] 肖明文.英美文学中的饮食书写[M].广州:中山大学出版社,2020.

[23] 大仲马.大仲马美食词典[M].杨荣鑫,译.南京:译林出版社,2012.

[24] 华国梁,马健鹰.中国饮食文化[M].长沙:湖南科学技术出版社,2004.

[25] 李维冰,张爱东,林刚.国外饮食文化[M].沈阳:辽宁教育出版社,2008.

[26] 菩提子.中国饮食文化[M].北京:时事出版社,2019.

[27] 王文静.跨文化环境下的中外饮食文化对比——《中外饮食文化(第二版)》评述[J].食品与机械,2022,38(4):243-244.

[28] 姚伟钧,杨鹏.中外饮食文化交流研究的新进展——《丝路上的华夏饮食文明对外传播》评介[J].美食研究,2020,37(4):24-26.

教学支持说明

为了改善教学效果,提高教材的使用效率,满足高校授课教师的教学需求,本套教材备有与纸质教材配套的教学课件和拓展资源(案例库、习题库等)。

为保证本教学课件及相关教学资料仅为教材使用者所得,我们将向使用本套教材的高校授课教师赠送教学课件或者相关教学资料,烦请授课教师通过加入酒店专家俱乐部QQ群或公众号等方式与我们联系,获取"电子资源申请表"文档并认真准确填写后发给我们,我们的联系方式如下:

地址:湖北省武汉市东湖新技术开发区华工科技园华工园六路

邮编:430223

酒店专家俱乐部QQ群号:710568959

群名称:酒店专家俱乐部
群　号:710568959

扫码关注
柚书公众号